消防监督与安全管理

王 洋 姚 昆 陈春霖◎著

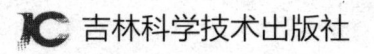

吉林科学技术出版社

图书在版编目（CIP）数据

消防监督与安全管理 / 王洋，姚昆，陈春霖著. -- 长春：吉林科学技术出版社，2023.7
ISBN 978-7-5744-0738-1

Ⅰ．①消… Ⅱ．①王… ②姚… ③陈… Ⅲ．①消防－监督管理－研究－中国②消防－安全管理－研究－中国 Ⅳ．①D631.6

中国国家版本馆 CIP 数据核字(2023)第 153182 号

消防监督与安全管理

著	王 洋 姚 昆 陈春霖
出 版 人	宛 霞
责任编辑	张伟泽
封面设计	金熙腾达
制 版	金熙腾达
幅面尺寸	185mm×260mm
开 本	16
字 数	567 千字
印 张	24.5
印 数	1－1500 册
版 次	2023年7月第1版
印 次	2024年2月第1次印刷

出 版	吉林科学技术出版社
发 行	吉林科学技术出版社
地 址	长春市福祉大路5788号
邮 编	130118
发行部电话/传真	0431-81629529 81629530 81629531
	81629532 81629533 81629534
储运部电话	0431-86059116
编辑部电话	0431-81629518
印 刷	三河市嵩川印刷有限公司

书 号	ISBN 978-7-5744-0738-1
定 价	150.00元

版权所有 翻印必究 举报电话：0431-81629508

前　言

我国生产加工类企业和大型人员密集场所数量的急剧增加，给社会火灾防控工作带来了巨大压力。这些场所呈现出规模大、功能多、装修复杂、火灾荷载大和扑救难度大等特点，一旦发生火灾事故，极易造成重特大人员伤亡和财产损失。火灾造成的严重后果，时刻提醒人们要加大消防监督工作的力度，做到防患于未然。安全工作与各行各业、千家万户密切相关，只有在全社会范围内普及消防安全知识，提高全民安全意识，增强全民防范能力，才能有效地预防和减少火灾的危害。

国家经济水平的不断进步，带动着整个社会的发展，同时也带来了更多的消防安全问题。首先，本书从燃烧、爆炸与火灾的基础知识出发，围绕如何减少和预防建筑火灾发生，对消防监督检查工作的内容方法进行了阐述，详细介绍了典型场所消防监督检查要点（如：城市综合体、石油化工企业、小场所、易燃易爆场所）；其次，从消防安全责任落实、安全制度建立、安全措施、火灾应急预案与演练等方面对社会单位消防安全管理职责进行了详细阐述，便于社会单位落实消防安全主体责任，履行消防安全法定职责；最后，论述了建筑防火设计中的总平面布局、平面布置、建筑消防设施，以及易燃易爆场所、民用工业等特殊场所的防火技术要点等内容。本书可作为消防监督执法人员、公安派出所民警、安全生产监管人员和社会单位内部消防管理人员的参考读物，也可作为注册消防工程师考试复习资料。

编写本书过程中，参考和借鉴了一些专家和知名学者的观点及论著，从其中得到启示，在此向他们表示深深的感谢。由于水平和时间所限，本书的选材和编写还有一些不尽如人意的地方，书中难免存在不足之处，敬请同行专家及读者指正，以便进一步完善提高。

目　录

第一章　燃烧、爆炸与火灾 ………………………………………………………… 1

　　第一节　燃烧基础知识 ………………………………………………………… 1
　　第二节　爆炸基础知识 ………………………………………………………… 11
　　第三节　火灾基础知识 ………………………………………………………… 16
　　第四节　典型火灾案例 ………………………………………………………… 19

第二章　建筑防火 …………………………………………………………………… 46

　　第一节　建筑火灾与建筑防火对策 …………………………………………… 46
　　第二节　建筑分类及耐火等级 ………………………………………………… 56
　　第三节　建筑材料燃烧性能 …………………………………………………… 69
　　第四节　建筑装修防火要求 …………………………………………………… 78

第三章　消防监督检查概论 ………………………………………………………… 87

　　第一节　消防监督检查的基本内容 …………………………………………… 87
　　第二节　消防监督检查仪器设备的使用 ……………………………………… 98

第四章　典型场所监督检查方法 …………………………………………………… 114

　　第一节　城市综合体消防监督检查 …………………………………………… 114
　　第二节　石油化工企业消防监督检查 ………………………………………… 135
　　第三节　小场所消防监督检查 ………………………………………………… 152
　　第四节　易燃易爆场所消防监督检查 ………………………………………… 160

第五章　社会单位消防安全管理 ... 171

  第一节　消防安全责任 ... 171
  第二节　消防安全制度 ... 177
  第三节　消防安全措施 ... 183
  第四节　火灾报警与初期火灾扑救 ... 194
  第五节　火灾应急预案的制订与演练 ... 200

第六章　建筑总平面布局与平面布置 ... 206

  第一节　消防车道 ... 206
  第二节　防火间距 ... 210
  第三节　防火分区 ... 214
  第四节　防烟分区 ... 232
  第五节　安全疏散和避难 ... 238

第七章　建筑消防设施 ... 256

  第一节　火灾自动报警系统 ... 256
  第二节　自动喷水灭火系统 ... 277
  第三节　消火栓系统 ... 286
  第四节　气体灭火系统 ... 294
  第五节　建筑防排烟系统 ... 297
  第六节　应急照明和疏散指示系统 ... 311
  第七节　灭火器 ... 322

第八章　特殊场所防火技术要点 ... 329

  第一节　易燃、易爆场所防火要求 ... 329
  第二节　民用、工业建筑防火要求 ... 345

参考文献 ... 383

第一章 燃烧、爆炸与火灾

火是人们生产和生活中一种非常普通的自然现象，人类社会发展的每一步足迹都闪烁着火的光芒。然而，它在给人类造福的同时还会给人类带来火灾。所以，我们不仅要研究火是如何燃烧，如何产生热能，利用热能，还需要研究它在什么条件下会造成火灾，研究火灾条件下的燃烧，了解和掌握失去控制条件下的燃烧原理，懂得防止和扑灭火灾的基本道理。

第一节 燃烧基础知识

一、燃烧的条件

燃烧是指可燃物与氧化剂作用发生的放热反应，一般伴有火焰、发光和（或）发烟现象。燃烧过程中，燃烧区的温度较高，使其中白炽的固体粒子与某些不稳定（或者受激发）的中间物质分子内电子发生能级跃迁，从而发出各种波长的光。发光的气相燃烧区即为火焰，它是燃烧过程中最明显的标志。由于燃烧不完全等原因，会导致产物中有一些小颗粒，这样就形成了烟。

燃烧可分为有焰燃烧与无焰燃烧。通常看到的明火均为有焰燃烧；有些固体发生表面燃烧时，有发光发热的现象，但是无火焰产生，这种燃烧方式则是无焰燃烧。燃烧的发生及发展，必须具备三个必要条件，即可燃物、助燃物（氧化剂）及引火源（温度）。当燃烧发生时，以上三个条件必须同时具备，如果一个条件不具备，燃烧就不会发生。

（一）可燃物

凡是能与空气中的氧或其他氧化剂起化学反应的物质，都叫作可燃物，如：木材、氢气、煤炭、汽油、纸张、硫等。可燃物按其化学组成，分为无机可燃物与有机可燃物两大类；按其所处的状态，又可分为可燃固体、可燃液体及可燃气体三大类。

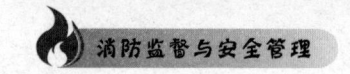

（二）助燃物（氧化剂）

凡是与可燃物结合能导致和支持燃烧的物质，都叫作助燃物，如：广泛存在于空气中的氧气。普通意义上，可燃物的燃烧均指的是在空气中进行的燃烧。在一定条件下，各种不同的可燃物发生燃烧，都有本身固定的最低氧含量要求，氧含量过低，即使其他必要条件均已具备，燃烧仍不会发生。

（三）引火源（温度）

凡是能够引起物质燃烧的点燃能源，统称为引火源。在一定情况下，各种不同可燃物发生燃烧，都有本身固定的最小点火能量要求，只有达到一定能量才能引起燃烧。常见的引火源有以下五种：

1. 明火

明火是指生产、生活中的炉火、焊接火、烛火、吸烟火，撞击、摩擦打火，机动车辆排气管火星及飞火等。

2. 电弧、电火花

电弧、电火花指的是电气设备、电气线路、电气开关及漏电打火，手机等通信工具火花，静电火花（物体静电放电、人体衣物静电打火及人体积聚静电对物体放电打火）等。

3. 雷击

雷击瞬间高压放电能够引燃任何可燃物。

4. 高温

高温指的是高温加热、烘烤、积热不散、机械设备故障发热、摩擦发热、聚焦发热等。

5. 自燃引火源

自燃引火源指的是在既无明火又无外来热源的情况下，物质本身自行发热、燃烧起火，如：钾、钠等金属遇水着火，白磷、烷基铝在空气中会自行起火，易燃、可燃物质与氧化剂及过氧化物接触起火等。

（四）链式反应自由基

自由基是一种高度活泼的化学基团，能与其他自由基和分子起反应，从而导致燃烧按链式反应的形式扩展，也叫作游离基。

研究表明，大部分燃烧的发生与发展除了具备上述三个必要条件以外，其燃烧过程中还存在未受抑制的自由基做中间体。多数燃烧反应不是直接进行的，而是借助自由基团和原子这些中间产物瞬间进行的循环链式反应。自由基的链式反应就是这些燃烧反应的实质，光和热是燃烧过程中的物理现象。所以，完整地论述应该是，大部分燃烧发生和发展需要四个必要条件，即可燃物、助燃物（氧化剂）、引火源（温度）及链式反应自由基，燃烧条件可以进一步通过着火四面体来表示。

二、燃烧的分类

任何事物的分类都必须有一定的前提条件。不同的前提条件有不同的分类方法，不同的分类方法会有不同的分类结果。燃烧的分类也是如此，按不同的前提条件通常有以下几种：

（一）按引燃方式分

燃烧按点燃方式的不同可分为引燃和自燃两种。

1. 引燃

引燃指受外部热源的作用，物质开始燃烧的现象。也就是火源接近可燃物质，局部开始燃烧，然后开始传播的燃烧现象。在规定的试验条件下，能够发生引燃的最低温度称为引燃温度，用"℃"表示。按引燃方式的不同又可分为局部引燃和整体引燃两种。如：人们用打火机点燃烟头，用电打火点燃灶具燃气等都属于局部引燃；而熬炼沥青、石蜡、松香等易熔点固体时温度超过了引燃温度的燃烧就属于整体引燃。这里还需要说明一点，有人将由于加热、烘烤、熬炼、热处理或者由于摩擦热、辐射热、压缩热、化学反应热的作用而引发的燃烧划为受热自燃，实际这是不对的，因为它们虽然不是靠明火的直接作用而引发的燃烧，但它仍然是靠外界的热源而引发的，而外界的热源本身就是一个引燃源，故仍应属于引燃。

2. 自燃

自燃指在没有外界引燃源作用的条件下，物质靠本身内部的一系列物理、化学变化而发生的自动燃烧现象。其特点是靠物质本身内部的变化提供能量。在规定的试验条件下，物质发生自燃的最低温度称为自燃温度，用"℃"表示。

（二）按燃烧时可燃物的状态分

按燃烧时可燃物所呈现的状态可分为气相燃烧和固相燃烧两种。可燃物的燃烧状态并不是指可燃物燃烧前的状态，而是指燃烧时的状态。如：乙醇在燃烧前为液体状态，在燃烧时乙醇转化为蒸气，其状态为气相。

1. 气相燃烧

气相燃烧指燃烧时可燃物和氧化剂均为气相的燃烧。气相燃烧是一种常见的燃烧形

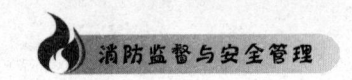

式，汽油、丙烷、蜡烛等的燃烧都属于气相燃烧。实质上，凡是有火焰的燃烧均为气相燃烧。

2. 固相燃烧

固相燃烧指燃烧进行时可燃物为固相的燃烧。固相燃烧又称表面燃烧，木炭、镁条、焦炭的燃烧就属于此类。只有固体可燃物才能发生此类燃烧，但并不是所有固体的燃烧都属于固相燃烧，对在燃烧时分解、熔化、蒸发的固体，都不属于固相燃烧，仍为气相燃烧。

（三）按燃烧速度及现象分

燃烧按燃烧速度及现象的不同可分为爆炸、着火、阴燃、闪燃、微燃和轰燃六种。

1. 爆炸

爆炸指由于物质急剧氧化或分解反应，产生温度、压力增加或两者同时增加的现象，是可燃物与氧化剂事先混合好了的混合物遇火源发生的一种非常快速的燃烧。爆炸按其燃烧速度传播的快慢分为爆燃和爆轰两种。

（1）爆燃指燃烧以亚音速传播的爆炸。亚音速是指反应中穿过燃烧介质的反应前端速度小于等于声速（空气中约340m/s）的速度。

（2）爆轰指燃烧以冲击波为特征以超音速（空气中约大于340m/s）传播的爆炸。

2. 着火

着火亦称起火，简称火，指以释放热量并伴有烟或火焰或两者兼有为特征的燃烧现象。着火是经常见到的一种燃烧现象，木材燃烧、油类燃烧、煤气的燃烧等都属于这一类型的燃烧。其特点是：一般可燃物燃烧需要引燃源引燃；再就是可燃物一经点燃，在外界因素不影响的情况下，可持续燃烧下去，直至将可燃物烧完为止。任何可燃物的燃烧都需要一个最低的温度，这个温度称为引燃温度，用"℃"表示。可燃物不同，引燃温度也不同。

3. 阴燃

阴燃是指物质无可见光的缓慢燃烧，通常产生烟和温度升高的迹象。阴燃是可燃固体由于供氧不足而形成的一种缓慢的氧化反应，其特点是有烟而无火焰。阴燃是很危险的火灾前兆，由于阴燃通常都是因供氧不足而形成的，故大多为不完全燃烧，所以，当阴燃在密闭空间内进行时，随着阴燃的进行，分解出的可燃气体和可燃的不完全燃烧产物在这个空间的浓度就会增大，就有可能达到爆炸浓度而发生烟雾爆炸；如果是棉花、麻、麦秸、稻草等可燃物的堆垛中潜入了燃着的烟头等火种时，就会发生潜伏期很长的阴燃；如果棉花、麦秸、稻草类可燃物发生火灾，未经水彻底浇灭还会产生死灰复燃的情况。

4. 闪燃

闪燃是指在液体表面产生足够的可燃蒸气，遇火能产生一闪即灭的燃烧现象。闪燃是液体燃烧特有的一种燃烧现象，但是少数低熔点可燃固体在燃烧时也有这种现象。闪燃是着火的前兆，当液体达到闪燃温度时，就说明火灾已到了一触即发的状态，必须立即采取降温措施，否则就有着火的危险。在规定的试验条件下，液体表面产生闪燃的最低温度称为闪燃温度，用"℃"表示。

5. 微燃

微燃是指燃烧物在空气中受到火焰或高温作用时能够发生燃烧，但将火源移走后燃烧即行停止的燃烧。只能发生微燃的物质称为难燃物。

6. 轰燃

轰燃是指在一限定空间内可燃物的表面全部卷入燃烧的瞬变状态。

轰燃是燃烧释放的热量在室内逐渐积累与对外散热共同作用、燃烧速率急剧增大的结果。在火灾中，供给可燃物的能量增多是引起燃烧速率增大的基本原因。当烟气量较大且较浓时，烟气层的热辐射将会很强。随着燃烧的持续，热烟气层的厚度和温度在不断增加。若着火房间对外界的传热速率不太大，则室内的温度将会逐渐升高，此时，由于火焰、热烟气层和壁面将大量热量反馈给可燃物，加剧可燃物的热分解和燃烧，使火势进一步增强，结果使火灾很快发展到轰燃阶段。

轰燃的出现，标志着火灾已经到了充分发展的阶段。一般来说，发生轰燃后，室内所有可燃物的表面都开始燃烧，但不一定每一个火场都会出现轰燃，如：大空间建筑、可燃物较少的建筑、可燃物比较潮湿的场所等就不易发生轰燃。

轰燃不需要突然增大的空气量。发生轰燃的临界条件，目前主要有两种观点：一种是以地面的热通量达到一定值为条件，认为要使室内发生轰燃，地面可燃物接受到的热通量应不小于 $20kW/m^2$；另一种是以顶棚下的烟气温度接近 600℃ 为临界条件。试验表明，在普通房间内，如果燃烧速率达不到 40g/s 是不会发生轰燃的。

（四）按有无人为控制分

有控制的燃烧指为了利用燃烧所产生的热能而有控制进行的燃烧。如：烧饭、取暖、照明、内燃机的燃烧、火箭的发射等，都属于有控制的燃烧。有控制的燃烧是人类需要的正常燃烧，不属于火灾燃烧的范畴。

失去控制的燃烧简称失火，指人们不需要的失去控制所形成的燃烧。如：各种火灾条件下的燃烧都属于失去控制的燃烧。

三、燃烧的方式及特点

可燃物质受热后，由于其聚集状态的不同，而发生不同的变化：绝大多数可燃物质的燃烧都是在蒸气或者气体的状态下进行的，并出现火焰；而有的物质则不能变为气态，其

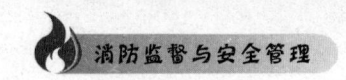

燃烧发生在固相中，比如焦炭燃烧时，呈灼热状态。因为可燃物质的性质、状态不同，燃烧的特点也不一样。

（一）气体燃烧

可燃气体的燃烧无须像固体、液体那样经熔化及蒸发过程，其所需热量仅用于氧化或分解，或将气体加热到燃点，所以容易燃烧且燃烧速度快。根据燃烧前可燃气体与氧混合状况不同，其燃烧方式分为扩散燃烧与预混燃烧。

1. 扩散燃烧

扩散燃烧就是可燃性气体和蒸气分子与气体氧化剂互相扩散，边混合边燃烧。在扩散燃烧中，化学反应速度要比气体混合扩散速度快得多。整个燃烧速度的快慢通过物理混合速度决定。气体（蒸气）扩散多少，就会烧掉多少。人们在生产、生活中的用火都属于这种形式的燃烧。

扩散燃烧的特点是燃烧较为稳定，扩散火焰不运动，可燃气体与气体氧化剂的混合在可燃气体喷口进行。对稳定的扩散燃烧，只要控制得好，就不至于导致火灾，一旦发生火灾也较易扑救。

2. 预混燃烧

预混燃烧又称为爆炸式燃烧。它指的是可燃气体、蒸气或粉尘预先同空气（或氧）混合，遇引火源产生带有冲击力的燃烧。预混燃烧通常发生在封闭体系中或在混合气体向周围扩散的速度远小于燃烧速度的敞开体系中，燃烧放热导致产物体积迅速膨胀，压力升高，压力可达 709.1~810.4kPa。一般的爆炸反应即属此种。

预混燃烧的特点是燃烧温度高，反应快，火焰传播速度快，反应的混合气体不扩散，在可燃混合气中引入火源就会产生一个火焰中心，成为热量与化学活性粒子集中源。若预混气体从管口喷出发生动力燃烧，如果流速大于燃烧速度，则在管中形成稳定的燃烧火焰，由于燃烧充分，燃烧速度快，燃烧区呈高温白炽状；如果可燃混合气在管口流速小于燃烧速度，则会发生"回火"，如：制气系统检修前不进行置换就烧焊，燃气系统在开车前不进行吹扫就点火，用气系统产生负压"回火"或漏气未被发现而用火时，往往形成动力燃烧，有可能导致设备损坏和人员伤亡。

（二）液体燃烧

易燃、可燃液体在燃烧过程中，燃烧的并不是液体本身，而是液体受热时蒸发出来的液体蒸气被分解、氧化达到燃点而燃烧，即蒸发燃烧。所以，液体是否能发生燃烧、燃烧速率高低，与液体的蒸气压、闪点、沸点及蒸发速率等性质密切相关。可燃液体会产生闪燃的现象。

可燃液态烃类燃烧时，一般产生橘色火焰并散发浓密的黑色烟云。醇类燃烧时，一般产生透明的蓝色火焰，几乎不产生烟雾。某些醚类燃烧时，液体表面常会伴有明显的沸腾状，这类物质的火灾较难扑灭。在含有水分、黏度较大的重质石油产品，如：原油、重油及沥青油等发生燃烧时，有可能产生沸溢现象及喷溅现象。

（三）固体燃烧

按照各类可燃固体的燃烧方式与燃烧特性，固体燃烧的形式大致可分为四种，其燃烧也各有特点。

1. 蒸发燃烧

硫、磷、钾、钠、松香、蜡烛、沥青等可燃固体，在受到火源加热时，先熔融蒸发，随后蒸气与氧气发生燃烧反应，这种形式的燃烧一般叫作蒸发燃烧。樟脑等易升华物质，在燃烧时不经过熔融过程，但其燃烧现象也可以看作一种蒸发燃烧。

2. 表面燃烧

可燃固体（如：焦炭、木炭、铁、铜等）的燃烧反应是在其表面由氧和物质直接作用而发生的，称为表面燃烧。这是一种无火焰的燃烧，有时又叫作异相燃烧。

3. 分解燃烧

可燃固体，如：木材、煤、合成塑料及钙塑材料等，在受到火源加热时，先发生热分解，随后分解出的可燃挥发分与氧发生燃烧反应，这种形式的燃烧通常称为分解燃烧。

4. 动力燃烧（爆炸）

动力燃烧指的是可燃固体或其分解析出的可燃挥发分遇火源所发生的爆炸式燃烧，主要包括可燃粉尘爆炸、炸药爆炸及轰燃等几种情形。例如，能析出一氧化碳的硝酸纤维素塑料、能析出氧化氢的聚氨酯等，在大量堆积燃烧时，常会产生轰燃现象。

这里需要指出的是，以上各种燃烧形式的划分不是绝对的，有些可燃固体的燃烧往往包含两种以上的形式。例如，在适当的外界条件下，木材、棉、麻及纸张等的燃烧会明显存在分解燃烧、熏烟燃烧及表面燃烧等形式。

四、燃烧的本质

（一）氧化还原反应理论

氧化还原反应理论认为，燃烧是可燃物质与氧化剂进行反应的结果，但由于氧化反应的速度不同，或成为剧烈的氧化还原反应，或成为一般的氧化还原反应，剧烈氧化的结果，放热、发光，成为燃烧；而一般氧化反应速度慢，虽然也放出热量，但能随时散发掉，反应达不到剧烈的程度，因而没有火焰、发光和（或）发烟的现象，则不是燃烧。所以，氧化反应和燃烧反应的关系为种属关系，即凡是燃烧反应肯定是氧化还原反应，而氧化还原反应不一定都是燃烧，燃烧反应只是氧化反应中特别剧烈的反应。

（二）链锁反应理论

链锁反应理论认为燃烧是一种游离基的链锁反应，是目前被广泛承认并且较为成熟的一种解释气相燃烧机理的燃烧理论。链锁反应又叫链式反应，它是由一个单独分子游离基的变化而引起一连串分子变化的化学反应。游离基又称自由基，是化合物或单质分子在外界的影响下分裂而成的含有不成对价电子的原子或原子团，是一种高度活泼的化学基团，一旦生成即诱发其他分子迅速地一个接一个地自动分解，生成大量新的游离基，从而形成了更快、更大的蔓延、扩张、循环传递的链锁反应过程，直到不再产生新的游离基为止。但是如果在燃烧过程中介入抑制剂抑制游离基的产生，链锁反应就会中断，燃烧也就会停止。

五、燃烧的产物

（一）燃烧产物的概念

燃烧产物是指由燃烧或热解作用而产生的全部物质。也就是说可燃物燃烧时，生成的气体、固体和蒸汽等物质均为燃烧产物。比如，灰烬、炭粒（烟）等。燃烧产物按其燃烧的完全程度分完全燃烧产物和不完全燃烧产物两大类。

如果在燃烧过程中生成的产物不能再燃烧了，那么这种燃烧叫作完全燃烧，其产物称为完全燃烧产物。如：燃烧产生的二氧化碳、二氧化硫、水等都为完全燃烧产物。完全燃烧产物在燃烧区中具有冲淡氧含量抑制燃烧的作用。如果在燃烧过程中生成的产物还能继续燃烧，那么这种燃烧叫作不完全燃烧，其产物即为不完全燃烧产物。例如，碳在空气不足的条件下燃烧时生成的产物是还可以燃烧的一氧化碳，那么这种燃烧就是一种不完全燃烧，其产物一氧化碳就是不完全燃烧产物。

不完全燃烧是由温度太低或空气不足造成的。燃烧产物的成分是由可燃物的组成和燃烧条件决定的。无机可燃物多为单质，其燃烧产物的组成较简单，主要是它的氧化物，如：二氧化硫、水等；对于有机物在完全燃烧时，则主要生成二氧化碳、二氧化硫、水等；氮在一般情况下不参与反应而呈游离态析出，但在特定条件下，氮气也能被氧化生成氧化氮或与一些中间产物结合生成氰根离子和氰化氢等。

不完全燃烧除会生成上述完全燃烧产物外，同时还会生成一氧化碳、酮类、醛类、醇类、酸类等，例如，木材在空气不足时燃烧，除生成二氧化碳、水和灰分外，还生成一氧化碳、甲醇、丙酮、乙醛及其他干馏产物，这些产物都能继续燃烧。不完全燃烧产物因具有燃烧性，所以对气体、蒸气、粉尘的不完全燃烧产物当与空气混合后再遇引燃源时，有发生爆炸的危险。改变燃烧条件，能使不完全燃烧产物继续燃烧生成完全燃烧产物。

当建筑物发生火灾时，在门窗关闭的情况下，生成的热烟气中往往含有大量的未燃可燃组分。如果房间由于某种原因造成门或者窗户突然被打开或碎裂；或进行机械送风形成通风口等，致使新鲜空气突然进入，则积累的可燃烟气与新进入的空气可以发生不同程度的混合，进而发生强烈的气相燃烧，即爆燃的发生。在实际火场上常常会爆燃与轰燃连锁发生。

建筑火灾中的爆燃，本质上是烟气中的可燃组分遇到补充空气再次燃烧的结果。研究表明，可燃组分的浓度必须达到10%才能发生爆燃，当其浓度超过15%时就可形成猛烈的火团。通常在爆燃前，起火区间产生的可燃烟气积聚在室内上部，后期进入的新鲜冷空气则沿室内下部流动。两者在交界面附近扩散掺混生成可燃混合气。这种可燃混合气一旦被引燃，火焰便会在混合区迅速传播开来。

（二）燃烧产物的主要特性

1. 危害性

燃烧产物最直接的是烟气。自古以来，火灾总是伴随着浓烟滚滚、火光闪闪，产生着大量对人体有毒、有害的烟气。据资料统计，在火灾造成的人员伤亡中，被烟雾熏死的所占比例很大，一般它是被火烧死者的4~5倍，着火层以上死的人，绝大多数是被烟熏死的，可以说火灾对人的最大威胁是烟。所以，认识燃烧产物的危害性非常重要。

（1）致灾危险性

灼热的燃烧产物，由于对流和热辐射作用，都可能引起其他可燃物质的燃烧成为新的起火点，并造成火势扩散蔓延。有些不完全燃烧产物还能与空气形成爆炸性混合物，遇火源而发生爆炸，更易造成火势蔓延。据测试，烟的蔓延速度超过火的5倍。起火之后，失火房间内的烟不断进入走廊，在走廊内通常以每秒0.3~0.8m的速度向外扩散，如果遇到楼梯间敞开的门（甚至门缝），则以每秒2~3m的速度在楼梯间向上蔓延，直奔最上一层，而且楼越高，蔓延得越快。

（2）减光性和刺激性

①减光性。由于燃烧产物的烟气中，烟粒子对可见光是不透明的，故对可见光有完全的遮蔽作用，使人眼的能见度下降，在火灾中，当烟气弥漫时，可见光会因受到烟粒子的遮蔽作用而大大减弱；尤其是在空气不足时，烟的浓度更大，能见度会降得更低，如果是楼房起火，走廊内大量的烟会使人们不易辨别火势的方向，不易寻找起火地点，看不见疏散方向，找不到楼梯和门，造成安全疏散的障碍，给扑救和疏散工作带来困难。

②刺激性。烟气中有些气体对人的眼睛有极大的刺激性，使人的眼睛难以睁开，造成人们在疏散过程中行进速度大大降低。所以，火灾烟气的刺激性是毒害性的帮凶，增大了中毒或烧死的可能性。

（3）毒害性

燃烧产生的大量烟和气体，会使空气中氧气含量急速降低，加上一氧化碳等有毒气体的作用，使在场人员有窒息和中毒的危险，神经系统受到麻痹而出现无意识的失去理智的动作。其毒害性主要表现在以下三个方面：

①烟气中的含氧量往往低于人们生理正常所需的数值。在着火的房间内当气体中的含氧量低于6%时，短时间内即会造成人的窒息死亡；即使含氧量在6%~10%之间，人在其中虽然不会短时窒息死亡，但也会因此失去活动能力和智力下降而不能逃离火场最终葬身火海。

②烟气中含有多种有毒气体，达到一定浓度时，会造成人中毒死亡。近年来，由于高分子合成材料在建筑、装修及家具制造中的广泛应用，火灾所生成的烟气的毒性更大。

③燃烧产物中的烟气，包括水蒸气，温度较高，载有大量的热，烟气温度会高达数百甚至上千摄氏度，而人在这种高温湿热环境中是极易被烫伤的。实验得知，在着火的房间内，人对高温烟气的忍耐性是有限的，烟气温度越高，忍耐时间越短：在65℃时，可短时忍受；在120℃时，15分钟就可产生不可恢复的损伤；在140℃时，忍耐时间约5分钟；在170℃时，忍耐时间约1分钟；在几百摄氏度的烟气高温中，人连1分钟也是无法忍受的。所以，火灾烟气的高温，对人们是一个很大的危害。

2. 有利的特性

（1）可根据烟的颜色和气味来判断什么物质在燃烧

烟是由燃烧或热解作用所产生的悬浮在大气中可见的固体和（或）液体微粒。它实际上是浮游在空气中的微小颗粒群，粒度一般在0.01~10μm。大直径的粒子容易由烟中落下来成为烟尘或炭黑。物质的组成不同，燃烧时产生的烟的成分也不同；成分不同，烟的颜色和气味也不同。根据这一特点，在扑救火灾的过程中，可根据烟的颜色和气味来判断什么物质在燃烧。例如，白磷燃烧时生成浓白色的烟，并且生成带有大蒜味的三氧化二磷。如果是这类物质在燃烧，一看一嗅就可以辨别出来。

（2）对燃烧有阻止作用

完全燃烧的产物在一定程度上有阻止燃烧的作用。如果将房间所有孔洞封闭，随着燃烧的进行，产物的浓度会越来越高，空气中的氧会越来越少，燃烧强度便会随之降低，当产物的浓度达到一定程度时，燃烧会自动熄灭。实验证明，如果空气中二氧化碳的含量达到30%，一般可燃物就不能发生燃烧。所以，对已着火房间不要轻易开门窗，地下室火灾必要时采取封堵洞口的措施就是这个道理。

（3）提供早期的火灾警报的作用

由于不同的物质燃烧，其烟气有不同的颜色和气味，故在火灾初期产生的烟能够给人们提供火灾警报。人们可以根据烟雾的方位、规模、颜色和气味，大致断定着火的方向、火灾的规模、燃烧物的种类等，从而采取正确的扑救方法。

第二节 爆炸基础知识

一、爆炸的分类

（一）物理爆炸

定义：物质因状态或压力发生突变而形成的爆炸（如：锅炉爆炸）。

特点：爆炸前后物质的化学成分均不改变；本身虽没有进行燃烧反应，但它产生的冲击力会直接或间接地造成火灾。

（二）化学爆炸

定义：由于物质急剧氧化或分解产生温度、压力增加或两者同时增加而形成爆炸现象。

特点：化学爆炸前后，物质的化学成分和性质均发生了根本的变化；爆炸速度快，爆炸时产生大量热能和很大的气体压力，并发出巨大的声响；化学爆炸能直接造成火灾，具有很大的火灾危险性。

（三）核爆炸

定义：由于原子核裂变或聚变反应，释放出核能所形成的爆炸。如：原子弹、氢弹、中子弹的爆炸。

特点：核爆炸发生后，先是产生发光火球，继而产生蘑菇状烟云。核武器在距地面一定高度的空中爆炸时，高温高压弹体迅猛向四周膨胀并以 X 射线辐射加热周围的冷空气。热空气吸收高温辐射所具有的特点使得加热、增压后的热空气团是一个温度大致均匀的球体，并且温度、压强具有突变的锋面，这个热空气团称为等温火球。火球一面向外发出光辐射，一面迅速膨胀，同时温度、压强逐渐下降。温度下降到 3000℃ 时形成以 40~50km/s 的速度向四周运动的冲击波，其阵面（也就是火球的锋面）仍然发光。冲击波形成后，火球内部的温度分布是表面低，向内逐渐升高，火球里面有一个温度均匀的高温核。冲击波阵面温度降低到略高于 2000℃ 时，冲击波脱离火球，并按力学规律向外传播，尔后其阵面不再发光。

二、爆炸极限

（一）定义

可燃气体、蒸汽或粉尘与空气混合后，遇火会产生爆炸的最高或最低浓度，称为爆炸浓度极限（爆炸极限）。

在消防工作中主要用途是确定可燃气体、粉尘的火灾危险性，一般将爆炸下限小于10%的定为甲类，将爆炸下限大于等于10%的定为乙类。

（二）影响爆炸极限的因素

通常所说的爆炸极限，如果没有标明就是爆炸浓度极限。影响爆炸极限的因素主要有初始温度、初始压力、惰性介质及杂质、混合物中含氧量、引火源等。

第一，初始温度越高，爆炸极限范围越大。

第二，初始压力升高，爆炸极限范围变大。

第三，混合物中加入惰性气体，爆炸极限范围缩小。

第四，混合物含氧量增加，爆炸下限降低，爆炸上限上升。

第五，充装混合物的容器管径越小，爆炸极限范围越小。

第六，引火源温度越高，热表面面积越大，与可燃混合物接触时间越长，则供给混合物的能量越大，爆炸极限范围也越大。

三、爆炸物的特点

爆炸品是指可燃物与氧化性物质按一定比例混合的混合物或为含有爆炸性原子团的化合物，遇激发能源的作用能够立即发生爆炸的物品。也包括无整体爆炸危险，但具有着火、迸射及较小爆炸危险，或仅产生热、光、音响或烟雾等一种或几种作用的烟火物品。不包括与空气混合才能形成爆炸性气体、蒸气和粉尘的物质。其特征是，在外界作用下（如：受热、撞击等），能发生剧烈的化学反应，瞬时产生大量的气体和热量，使周围压力急剧上升，发生爆炸冲击波，并对周围环境造成破坏。因为爆炸品是包括爆炸物质和以爆炸物质为原料制成的成品在内的总称，所以，只要对爆炸物质（炸药）的危险特性能充分了解，就可以基本掌握爆炸品的危险特性。因此，这里所说的爆炸品的危险特性，实质就是指炸药的危险特性。

（一）敏感易爆性

炸药的敏感性是指炸药在受到环境的加热、撞击、摩擦或电火花等外能作用时发生着火或爆炸的难易程度。这是炸药的一个重要特性，即对外界作用比较敏感，可以用火焰、撞击、摩擦、针刺或电能等较小的简单的初始冲能就能引起爆炸。炸药对外界作用的敏感程度是不同的，有的差别很大。例如，三碘化氮这种起爆药若用羽毛轻轻触动就可能引起爆炸，而常用的炸药TNT却用枪弹射穿也不爆炸。炸药引爆所需的初始冲能越小，说明该炸药越敏感。初始冲能又叫爆冲能，是指激发炸药爆炸所需的最小能量。

炸药的敏感性是由许多因素决定的，这些因素可以归纳为内在因素和外在因素两类。

1. 影响炸药敏感性的内在因素

炸药的内在因素是决定其敏感程度的根本因素，也就是指爆炸品的物理化学性质，如：键能、分子结构、活化能及热容、导热性等。

2. 影响炸药敏感性的外在因素

决定炸药敏感性的内在因素，均是不受人为因素影响的，但是决定炸药敏感性的外在因素，则可受人为因素的直接影响。所以，研究影响炸药敏感性的外在因素对炸药的生产、使用、储存及运输安全有着更重要的意义。这些因素主要包括下面四个方面：

（1）结晶

炸药的晶体结构与敏感度的关系是，结晶形状不同，其敏感性也就不同，这主要是由它们晶格能量的不同决定的。

（2）松密度

炸药随其松密度的增大，通常敏感度均有所降低，但是粉碎疏松的炸药，其敏感度较严密填实得高。

（3）温度

介质温度的高低，对炸药的敏感度也有显著影响。当药温接近于爆发点时，则给以很小的能量即能引爆，这是在炸药储运过程中必须注意的一个问题。

（4）杂质

沙粒、石子、水、金属、酸及碱等杂质对炸药的敏感度有很大影响，而且不同的杂质所产生的影响也不同。在通常情况下，沙粒、石子等固体杂质，特别是硬度高、有尖棱的杂质，能增加炸药的敏感度。由于这些杂质能使冲击能集中在尖棱上，产生许多高能中心，促使炸药爆炸，比如，TNT炸药混进沙粒之后，敏感度显著提高；炸药还能与很多金属杂质反应生成更易爆炸的物质，尤其是铅、银、铜、锌、铁等金属，与苦味酸、TNT及三硝基苯甲醚等炸药反应的生成物，均为敏感度极高的爆炸物，大多轻微的摩碰即行起爆；强酸、强碱与苦味酸、爆胶、雷汞、黑索金及无烟火药等许多炸药接触能发生剧烈反应，或者生成敏感度很高的易爆物，一经摩碰即起爆，例如，硝化甘油遇浓硫酸会发生不可控制的反应。相反，石蜡、糊精、沥青、水等松软的或液态的物质掺入炸药后，往往会降低其敏感度。如：硝化棉含水量大于32%时，对摩擦和撞击等机械敏感度大大降低；苦味酸含水量大于35%时、硝铵炸药含水量大于3%时就不会爆炸。这是由于水能够在炸药结晶表面形成一层可塑性的柔软薄膜，把结晶包围起来，当受到外界机械作用时，可减少结晶颗粒之间的摩擦，使得冲击作用变得较弱，因此使炸药钝感。

（二）自燃危险性

火药长时间堆放在一起时，因为火药的缓慢热分解放出的热量及产生的一氧化氮气体不能及时散发出去，火药内部就会产生热积累，当达到其自燃点时便会自行着火或者爆炸。这是火药爆炸品在储存及运输工作中须特别注意的问题。

从微观看，火药中的分子是处于运动状态的，每个分子所处的位能均符合分子状态分布的规律，即位能极高的分子或者极低的分子数目很少，而大部分分子处于某温度平均位能周围，只有分子中的活化分子才能产生化学反应。在常温条件下，火药中也有活化分子，但这种分子很少，分解反应进行得很慢，慢到通过普通方法无法观测，化学反应放出的热量也很少，可以及时散失到周围介质中去，但是当产生热积累时，火药就会自动升温。温度升高会使系统中的活化分子数目增多，所以增加了分解反应速度，反应放热又会自动加热而升温，从而使反应加速，最终造成炸药的自燃或爆炸。这里说明了火药的敏感性；对于以多元醇硝酸酯为基的火药还存在着分解产物二氧化氮的自动催化作用（安定剂失效后）。因此，压延后的双基药粒（50℃）不得装入胶皮口袋内，不得将各种火药堆大垛长时间存放，储存中应注意及时通风及散热散潮。

（三）遇热（火焰）易爆性

炸药对热的作用是非常敏感的。在实际中炸药常常因为遇到高温或火焰的作用而发生爆炸。为了确保安全，不仅要在生产、运输、储存及使用过程中让炸药远离各种高温和热源，还应对炸药的热感度、火焰感度进行测定，以便于运用更加科学的方法进行防范和管理。

炸药的热感度指的是炸药在热作用下发生爆炸的难易程度，包括加热感度和火焰感度两部分。炸药的加热感度常用爆发点来表示。炸药的爆发点指的是在一定条件下，将炸药加热到爆燃时被加热介质的最低温度。将炸药加热到爆燃所需的时间称为炸药的感应期或炸药的延滞期。

（四）机械作用机理

而炸药在生产、储存和运输过程中，均有可能受到意外的撞击、振动及摩擦等机械作用。在这些作用下能否保证安全，这即为研究机械作用危险性的目的。

1. 机械作用爆炸激发的机理

大量研究证明，机械作用下的爆炸激发是借助机械能转变为热能来实现的。但是计算表明，机械能要使整个受试验炸药温度升高至爆发点不可能。如：雷汞即使引爆冲击能全部转化为热能被它吸收，也只能够加热升温20℃，根本达不到爆发点的温度，那么又为什么会出现爆炸呢？因此出现了热点学说。热点学说认为，在机械作用下，机械能会转变为热能，这些热能来不及均匀地分布至全部试样上而聚集在小的局部范围内形成热点，在热点处发生热分解。因为分解放热促使分解反应速度急剧增加，在热点内部形成强烈的反应，从而使热点的温度比爆发点高。爆炸就在这些热点处开始，然后扩展到整个炸药。这些热点也称为反应中心。在机械作用下，炸药颗粒间的挤压及摩擦，炸药内部空气泡的绝热压缩，炸药的塑性变形，部分熔化炸药的黏滞流动等均能产生热点。

2. 机械热点的成长过程

机械热点的成长过程是逐步发展的，除了氮化铅等爆轰成长太快的炸药外，其他炸药大致可以分为热点形成阶段、热点向周围起火燃烧阶段（此时燃速为每秒几百米）、由快速燃烧转为爆燃阶段（爆速为1000~2000m/s）、从爆燃发展到爆轰阶段（此时的爆速高于5000m/s）四个阶段。

3. 热点成长为爆炸的条件

试验证明，热点成长为爆炸须具备下列条件：

（1）热点温度

它与热点的大小有关。通常热点越小要求温度也越高，通常在10^{-4}cm时需400℃~600℃。

（2）热点尺寸

通常要求热点半径为10^{-5}~10^{-3}cm。

（3）热点分解时间

这是确保热量传递给周围炸药所必须的，否则就会自动熄灭。热点分解时间通常需要10^{-5}~10^{-4}s。

实践证明，无论是撞击还是摩擦，只要能形成具备以上条件的热点，炸药都能被激发爆炸。因此，爆炸品在生产储存和运输过程中，一定要避免撞击、摩擦或挤压，消除各种可能形成热点的条件。目前，许多学者对热点学说的看法基本是一致的，但是对于形成热点的途径则有不同的看法，并且这种机理用于定量计算还需要进一步研究。

（五）着火危险性

由炸药的成分可知，凡是炸药，百分之百都是比燃固体更易燃的物质，而且着火无须外界供给氧气。这是因为许多炸药本身就是含氧的化合物或者是可燃物与氧化剂的混合物，受激发能源作用即能发生氧化还原反应而形成分解式燃烧。同时，炸药爆炸时放出大量的热，形成数千摄氏度的高温，能使自身分解出的可燃性气态产物和周围接触的可燃物质起火燃烧，造成重大火灾事故。因此，必须做好炸药爆炸时的火灾预防工作，并针对炸药爆炸时的着火特点进行施救。

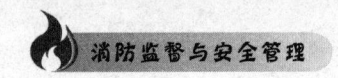

（六）爆炸破坏性

爆炸品一旦发生爆炸，爆炸中心的高温、高压气体产物会迅速向外膨胀，剧烈地冲击、压缩周围原来平静的空气，使其压力、密度、温度突然升高，形成很强的空气冲击波并迅速向外传播。冲击波在传播过程中有很大的破坏力，会使周围建筑物遭到破坏和人员遭受伤害。爆炸品无论是储存还是运输，量都比较大，一旦发生爆炸事故危害会更大，所以，我们必须研究爆炸品的爆炸破坏性。

（七）毒害性

有些炸药，如：苦味酸、硝化甘油、雷汞、叠氮化铅等，本身就具有一定的毒害性，且绝大多数炸药爆炸时能够产生有毒或窒息性气体，可从呼吸道、食道甚至皮肤等进入人体内，引起中毒。这是因为它们本身含有形成这些有毒或窒息性气体的元素，在爆炸的瞬间，这些元素的原子相互间重新结合而组成一些有毒的或窒息性的气体。因此，在炸药爆炸场所进行施救工作时，除了防止爆炸伤害外，还应注意防毒，以免造成中毒事故。

总之，研究并掌握炸药的危险性对生产、运输、储存和使用安全都是非常重要的，但是炸药的感度受多种因素的影响，常常出现一种因素掩盖着另一种因素的现象，实验时，又很难做到只改变某一因素，而其余因素保持不变。问题更加复杂的是，各种感度之间不存在当量关系，而有些作用又相互影响。如：在撞击作用下会发生摩擦，不同物体间摩擦又会产生静电等，这些问题使各种感度之间没有统一感度，使得着火或爆炸事故发生后很难找出根源。

第三节　火灾基础知识

一、火灾的定义与分类

（一）火灾的定义

根据国家消防术语标准的规定，火灾是指在时间或空间上失去控制的燃烧所造成的灾害。根据该定义，火灾应当包括以下三层含义：

第一，必须造成灾害，包括人员伤亡或财物损失等。

第二，该灾害必须是由燃烧造成的。

第三，该燃烧必须是失去控制的燃烧。

要确定一种燃烧现象是不是火灾，应当根据以上三个条件去判定，否则就不能确定为火灾。比如，人们在家里用煤气做饭的燃烧就不能算火灾，因为它是有控制的燃烧；再如，垃圾堆里的燃烧，虽然该燃烧是失去控制的燃烧，但该燃烧没有造成灾害，所以也不能算火灾。

（二）火灾的特性

火是一种快速的氧化反应过程，具有一般燃烧现象的特点，常常伴随着发热、发光、火焰、发光的气团及燃烧爆炸造成的噪声等。火的正确使用所提供的能量，不仅改善了人类基本的饮食和居住条件，而且极大地促进了社会生产力的发展，对人类文明的进步做出了重大的贡献。

火灾是火在时间和空间上失去控制而导致蔓延的一种灾害性燃烧现象，会对自然和社会造成一定程度的损害。火灾科学的研究表明，火灾的发生与发展具有双重性，也就是火灾既具有确定性，又具有随机性。火灾的确定性指的是在某特定的场合下发生了火灾，火灾基本上按照确定的过程发展，火源的燃烧蔓延、火势的发展及火焰烟气的流动传播将遵循确定的流体流动、传热传质及物质守恒等规律。火灾的随机性主要指的是火灾在何时、何地发生是不确定的，是受多种因素影响随机发生的。

火灾从发生、发展到最终造成重大灾害性事故大致可以分为四个阶段：初起期、成长期、最盛期和衰减期。火灾一旦发展到最盛期，所产生的烟和热，以及有毒有害物质（碳氢化合物、氮氧化物等）不仅会严重威胁人的生命安全，导致巨大的财产损失，对环境和生态系统也会造成不同程度的破坏。火灾导致的直接损失约为地震的 5 倍，仅次于干旱和洪涝，而其发生的频率则高居于各种灾害之首。

（三）火灾的分类

根据工作的实际需要，火灾通常有以下两种分类方法：

1. 按一次火灾所造成的人员伤亡、受灾户数和财物损失金额的大小分

火灾按一次火灾所造成的人员伤亡、受灾户数和财物损失金额的大小，分为特别重大火灾、重大火灾、较大火灾和一般火灾四类。

（1）特别重大火灾（简称特大火灾）

特别重大火灾指造成 30 人以上死亡，或者 100 人以上重伤，或者 1 亿元以上直接财产损失的火灾。

（2）重大火灾

重大火灾指造成 10 人以上 30 人以下死亡，或者 50 人以上 100 人以下重伤，或者 5000 万元以上 1 亿元以下直接财产损失的火灾。

（3）较大火灾

较大火灾指造成 3 人以上 10 人以下死亡，或者 10 人以上 50 人以下重伤，或者 1000

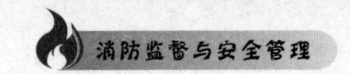

万元以上 5000 万元以下直接财产损失的火灾。

（4）一般火灾

一般火灾指造成 3 人以下死亡，或者 10 人以下重伤，或者 1000 万元以下直接财产损失的火灾。

2. 按燃烧物质的性状分

火灾根据起火物质的特性，按照英文字母顺序分为以下六类：

A 类火灾：固体物质火灾，这种物质通常具有有机物性质，一般在燃烧时能产生灼热的余烬，如：木材、棉、毛、麻及纸张火灾等。

B 类火灾：指液体或可熔化的固体物质火灾，如：汽油、煤油、原油、柴油、甲醇、乙醇、沥青及石蜡火灾等。

C 类火灾：指气体火灾，如：天然气、煤气、甲烷、乙烷、丙烷及氢气火灾等。

D 类火灾：指金属火灾，如：钾、钠、镁、钛、锆、锂及铝镁合金火灾等。

E 类火灾：指带电火灾，即物体带电燃烧的火灾。

F 类火灾：指烹饪器具内的烹饪物（如：动植物油脂）火灾。

根据火灾发生的场所，一般包括建筑火灾、森林火灾及交通工具火灾等。其中，根据建筑物功能的不同特点，建筑火灾包括民用建筑火灾、公共建筑火灾及工厂仓库火灾等。根据建筑物结构的不同特点，建筑火灾可分为高层建筑火灾与地下建筑火灾等。

二、常见火灾的起因及其危害

从众多的火灾看，除了雷击、物质自燃、地震等自然原因引发的火灾外，主要都是由于用火不慎、用电不当、抽烟、小孩玩火、违反安全操作规定等人为因素引起的。那么这些火灾都有哪些危害呢？

（一）吸烟不慎

吸烟不慎常常是引发火灾的原因。在 2022 年 1 月至 9 月全国发生的各种火灾中，有 10% 以上系吸烟引发。

（二）电器使用不当

在 2022 年 1 月至 9 月全国发生的各种火灾中，因电器使用不当而发生的火灾占有的比例相当大，占火灾总数的 31.1%。

（三）用火不慎

人们在日常生活中经常要用火，然而，由于人们消防安全知识的缺乏，又常因用火不慎引发火灾。如：某单位职工郭某从液化石油气站换气瓶回来，安装后划火点不着，便叫其兄来帮助检查，放气五六分钟，其兄用打火机点火时，泄漏的液化石油气遇明火发生爆燃，将在场的4人全部烧伤。

（四）小孩玩火

在校的少年儿童由于身心各方面的发展，初步产生了参加社会实践的愿望，但他们的知识经验还非常缺乏，能力还非常有限，还不能很好地掌握自己的行为，也不能很好地控制自己。因此，就在少年儿童渴望独立参加社会活动这种新的需要与从事独立活动的经验及能力水平之间，产生了重大矛盾。这是这一时期少年儿童心理上的主要矛盾，而游戏活动则是解决这一矛盾的主要形式。所以，少年儿童几乎对所有的社会活动都感兴趣，表现出了强烈的好奇心和模仿力。尤其对各种声、光、色更感兴趣，如：燃放鞭炮、玩火做游戏等。当火被点燃时，见到了火光，便产生一种满足，表现出欢快的情绪，手舞足蹈。但是，由于少年儿童缺乏生活经验，不知玩火时应注意些什么，更不了解火还有危险的一面，玩火时又带有一种隐蔽性，当火焰蔓延扩大到控制不住时，由于少年儿童的自制能力差、情绪作用大，于是又产生一种焦急和恐慌的心理，甚至惊慌失措，不知如何是好。所以，小孩玩火不仅常常无意识地导致火灾，而且往往威胁少年儿童的生命安全。

（五）电气焊接

电气焊接是生产、施工经常使用的动火操作，火灾危险性很大，在实际生产和生活中，常因不慎而引发大火。例如，某百货大楼家具厅顶部在进行明火焊接作业，下面的家具厅照常营业。电焊渣火花两次从屋顶落下引燃小木盒未引起重视。电焊火花第三次溅落在家具厅内一人高的海绵床垫堆垛上，引起海绵床垫起火，造成死亡81人、伤54人、财产损失400万余元的特大火灾。再如，某商厦在装修时，将地下一层大厅中间通往地下二层的楼梯通道用钢板焊封，但在楼梯两侧扶手穿过钢板处留有两个小方孔。在进行电焊作业不慎将电焊火花从方孔溅入地下二层可燃物上，引燃地下二层的绒布、海面床垫、沙发和木质家具等，加之逃生疏散通道不畅，造成死亡309人、伤7人、财产损失275万余元的特大火灾。

第四节　典型火灾案例

一、吉林省长春市宝源丰禽业有限公司"6·3"特别重大火灾爆炸事故

2013年6月3日6时10分许，位于吉林省长春市德惠市的吉林宝源丰禽业有限公司

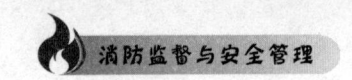

(以下简称宝源丰公司）主厂房发生特别重大火灾爆炸事故，共造成121人死亡、76人受伤，17 234平方米主厂房及主厂房内生产设备被损毁，直接经济损失1.82亿元。

（一）事故单位情况

1. 主厂房建筑情况

（1）主厂房功能分区

主厂房内共有南、中、北三条贯穿东西的主通道，将主厂房划分为四个区域，由北向南依次为冷库、速冻车间、主车间（东侧为一车间、西侧为二车间、中部为预冷池）和附属区（更衣室、卫生间、办公室、配电室、机修车间和化验室等）。

（2）主厂房结构情况

主厂房结构为单层门式轻钢框架，屋顶结构为工字钢梁上铺压型板，内表面喷涂聚氨酯泡沫作为保温材料（依现场取样，材料燃烧性能经鉴定，氧指数为22.9%~23.4%）。屋顶下设吊顶，材质为金属面聚苯乙烯夹芯板（依现场取样，材料燃烧性能经鉴定，氧指数为33%），吊顶至屋顶高度为2至3米不等。

主厂房外墙1米以下为砖墙，以上南侧为金属面聚苯乙烯夹芯板，其他为金属面岩棉夹芯板。冷库与速冻车间部分采用实体墙分隔，冷库墙体及其屋面内表面喷涂聚氨酯泡沫作为保温材料（依现场取样，材料燃烧性能经鉴定，氧指数为23.8%），附属区为金属面聚苯乙烯夹芯板，其余区域2米以下为砖墙、2米以上为金属面岩棉夹芯板。钢柱4米以下部分采用钢丝网抹水泥层保护。

主厂房屋顶在设计中采用岩棉（不燃材料，A级）做保温材料，但实际使用聚氨酯泡沫（燃烧性能为B3级）。

（3）主厂房防火分区、安全出口及消防设施情况

主厂房火灾危险性类为丁戊类，建筑耐火等级为二级，主厂房为一个防火分区，符合建筑防火的相关规定。

主厂房主通道东西两侧各设一个安全出口，冷库北侧设置5个安全出口直通室外，附属区南侧外墙设置4个安全出口直通室外，二车间西侧外墙设置一个安全出口直通室外。事故发生时，南部主通道西侧安全出口和二车间西侧直通室外的安全出口被锁闭，其余安全出口处于正常状态。

主厂房设有室内外消防供水管网和消火栓，主厂房内设有事故应急照明灯、安全出口指示标志和灭火器。企业设有消防泵房和1500立方米消防水池，并设有消防备用电源。

（4）生产工艺流程情况

该工艺流程主要有挂鸡（挂鸡台）、宰杀、脱毛、除腔（一车间，又称脏区）、预冷（预冷池）、分割（二车间，又称净区）、速冻（速冻车间）、包装（纸箱间）、储存（冷

库)。

(5) 厂房内的配电情况

冷库、速冻车间的电气线路由主厂房北部主通道东侧上方引入,架空敷设,分别引入冷库配电柜和速冻车间配电柜。

一车间的电气线路由主厂房南部主通道东侧上方引入,电缆设置在电缆槽内,穿过吊顶,引入一车间配电室。

二车间的电气线路由主厂房南部主通道东侧上方引入,在屋顶工字钢梁上吊装明敷(未采取穿管保护),东西走向,穿过吊顶进入二车间配电室。

主厂房电器线路安装敷设不规范,电缆明敷,二车间存在未使用桥架、槽盒、穿管布线的问题。

2. 氨制冷系统情况

(1) 制冷系统基本情况

事故企业使用氨制冷系统,系统主要包括主厂房外东北部制冷机房内的制冷设备,布置在主厂房内的冷却设备、液氨输送和氨气回收管线。

制冷设备包括10台螺杆式制冷压缩机组、3台15.4立方米的高压贮氨器、10台7立方米的卧式低压循环桶(自北向南分别为1~10号)等。

冷却设备包括冷库、速冻库、预冷池的蒸发排管,螺旋速冻机,风机库和鲜品库的冷风机等。螺旋速冻机和冷风机均有大量铝制部件。

10台卧式低压循环桶通过液氨输送和氨气回收管线,分别向冷库、速冻库、预冷池、螺旋速冻机、风机库和鲜品库供冷,形成相对独立的6个冷却系统。

(2) 制冷系统受损情况

6个冷却系统中,螺旋速冻机、风机库和鲜品库所在冷却系统的管道无开放性破口,设备中的铝制部件有多处破损、部分烧毁;冷库、速冻库所在冷却系统的管道有23处破损点;预冷池所在冷却系统的管道无开放性破口。

制冷机房中,1号卧式低压循环桶外部包裹的保温层开裂,下方的液氨循环泵开裂,桶内液氨泄漏。机房内未见氨燃烧和化学爆炸迹象,其他设备完好。

事故企业共先后购买液氨45吨。事故发生后,共从氨制冷系统中导出液氨30吨,据此估算事故中液氨泄漏的最大可能量为15吨。

3. 特种设备管理及作业人员资质情况

宝源丰公司未按规定建立特种设备安全技术档案,未按要求每月定期自查并记录,未在安全检验合格有效期届满前1个月向特种设备检验检测机构提出定期检验要求,未开展特种设备安全教育和培训。公司有8名特种作业人员(其中,制冷工4名、电工2名、锅炉工2名)。

（二）事故发生经过、应急救援及善后处理情况

1. 事故发生经过

2013年6月3日5时20分至50分，宝源丰公司员工陆续进厂工作（受运输和天气温度的影响，该企业通常于早6时上班），当日计划屠宰加工肉鸡3.79万只，当日在车间现场人数395人（其中，一车间113人、二车间192人、挂鸡台20人、冷库70人）。

6时10分左右，部分员工发现一车间女更衣室及附近区域上部有烟、火，主厂房外面也有人发现主厂房南侧中间部位上层窗户最先冒出黑色浓烟。部分较早发现火情人员进行了初期扑救，但火势未得到有效控制。火势逐渐在吊顶内由南向北蔓延，同时向下蔓延到整个附属区，并由附属区向北面的主车间、速冻车间和冷库方向蔓延。燃烧产生的高温导致主厂房西北部的1号冷库和1号螺旋速冻机的液氨输送和氨气回收管线发生物理爆炸，致使该区域上方屋顶卷开，大量氨气泄漏，介入了燃烧，火势蔓延至主厂房的其余区域。

2. 灭火救援及现场处置情况

2013年6时30分57秒，德惠市公安消防大队接到110指挥中心报警后，第一时间调集力量赶赴现场处置。吉林省及长春市人民政府接到报告后，迅速启动了应急预案，组织调动公安、消防、武警、医疗、供水、供电等有关部门和单位参加事故抢险救援和应急处置，先后调集消防官兵800余名、公安干警300余名、武警官兵800余名、医护人员150余名，出动消防车113辆、医疗救护车54辆，共同参与事故抢险救援和应急处置。在施救过程中，共组织开展了10次现场搜救，抢救被困人员25人，疏散现场及周边群众近3000人，火灾于当日11时被扑灭。

由于制冷车间内的高压贮氨器和卧式低压循环桶中储存有大量液氨，消防部队按照"确保液氨储罐不发生爆炸，坚决防止次生灾害事故发生"的原则，采取喷雾稀释泄漏氨气、水枪冷却贮氨器、破拆主厂房排烟排氨气等技战术措施，并组成攻坚组在宝源丰公司技术人员的配合下成功关闭了相关阀门。

事故中，制冷机房内的1号卧式低压循环桶内液氨泄漏，其余3台高压贮氨器、9台卧式低压循环桶及液氨输送和氨气回收管线内尚存储液氨30吨。在国家安全生产应急救援指挥中心有关负责同志及专家的指导下，历经8个昼夜处置，30吨液氨全部导出并运送至安全地点。

当地政府已对残留现场已解冻、腐烂的2600余吨禽类产品进行了无害化处理，并对事故现场反复消毒杀菌，避免了疫情发生及对土壤、水源造成二次污染。

3. 善后处理情况

当地政府认真做好事故伤亡人员家属接待及安抚、遇难者身份确认和赔偿等工作，共成立121个安抚工作组，对121名遇难者家属实行包保帮扶，保持了社会稳定。

(三) 事故原因和性质

1. 直接原因

宝源丰公司主厂房一车间女更衣室西面和毗连的二车间配电室的上部电气线路短路，引燃周围可燃物。当火势蔓延到氨设备和氨管道区域，燃烧产生的高温导致氨设备和氨管道发生物理爆炸，大量氨气泄漏，介入了燃烧。

造成火势迅速蔓延的主要原因有以下四点：一是主厂房内大量使用聚氨酯泡沫保温材料和聚苯乙烯夹芯板（聚氨酯泡沫燃点低、燃烧速度极快，聚苯乙烯夹芯板燃烧的滴落物具有引燃性）；二是一车间女更衣室等附属区房间内的衣柜、衣物、办公用具等可燃物较多，且与人员密集的主车间用聚苯乙烯夹芯板分隔；三是吊顶内的空间大部分连通，火灾发生后，火势由南向北迅速蔓延；四是当火势蔓延到氨设备和氨管道区域，燃烧产生的高温导致氨设备和氨管道发生物理爆炸，大量氨气泄漏，介入了燃烧。

造成重大人员伤亡的主要原因有以下四点：一是起火后，火势从起火部位迅速蔓延，聚氨酯泡沫塑料、聚苯乙烯泡沫塑料等材料大面积燃烧，产生高温有毒烟气，同时伴有泄漏的氨气等毒害物质；二是主厂房内逃生通道复杂，且南部主通道西侧安全出口和二车间西侧直通室外的安全出口被锁闭，火灾发生时人员无法及时逃生；三是主厂房内没有报警装置，部分人员对火灾知情晚，加之最先发现起火的人员没有来得及通知二车间等区域的人员疏散，使一些人丧失了最佳逃生时机；四是宝源丰公司未对员工进行安全培训，未组织应急疏散演练，员工缺乏逃生自救互救知识和能力。

2. 间接原因

①企业出资人即法定代表人根本没有以人为本、安全第一的意识，严重违反安全生产方针和安全生产法律法规，重生产、重产值、重利益，要钱不要安全，为了企业和自己的利益而无视员工生命。

②企业厂房建设过程中，为了达到少花钱的目的，未按照原设计施工，违规将保温材料由不燃的岩棉换成易燃的聚氨酯泡沫，导致起火后火势迅速蔓延，产生大量有毒气体，造成大量人员伤亡。

③企业从未组织开展过安全宣传教育，从未对员工进行安全知识培训，企业管理人员、从业人员缺乏消防安全常识和扑救初期火灾的能力；虽然制订了事故应急预案，但从未组织开展过应急演练；违规将南部主通道西侧的安全出口和二车间西侧外墙设置的直通室外的安全出口锁闭，使火灾发生后大量人员无法逃生。

④企业没有建立健全更没有落实安全生产责任制，虽然制定了一些内部管理制度、安全操作规程，主要是为了应付检查和档案建设需要，没有公布、执行和落实；总经理、厂长、车间班组长不知道有规章制度，更谈不上执行；管理人员招聘后仅在会议上宣布，没有文件任命，日常管理属于随机安排；投产以来没有组织开展过全厂性的安全检查。

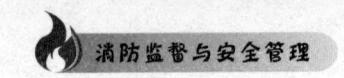

⑤未逐级明确安全管理责任，没有逐级签订包括消防在内的安全责任书，企业法定代表人、总经理、综合办公室主任及车间、班组负责人都不知道自己的安全职责和责任。

⑥企业违规安装布设电气设备及线路，主厂房内电缆明敷，二车间的电线未使用桥架、槽盒，也未穿安全防护管，埋下重大事故隐患。

⑦未按照有关规定对重大危险源进行监控，未对存在的重大隐患进行排查整改消除。尤其是2010年发生多起火灾事故后，没有认真吸取教训，加强消防安全工作和彻底整改存在的事故隐患。

（四）相关处罚

第一，依据相关法律和行政法规规定，建议吉林省人民政府责成吉林省安全生产监督管理局对宝源丰公司给予规定上限的经济处罚。

第二，建议吉林省人民政府责成有关部门按照相关法律、法规规定，对宝源丰公司依法予以取缔。

第三，建议吉林省人民政府责成有关部门对所涉及的工程项目设计、施工、监理单位的违法违规行为做出行政处罚。

二、迪庆藏族自治州香格里拉独克宗古城"1·11"重大火灾事故

2014年1月11日1时10分许，迪庆藏族自治州香格里拉独克宗古城仓房社区池廊硕8号"如意客栈"经营者唐英，在卧室内使用五面卤素取暖器不当，引燃可燃物引发火灾，造成烧损、拆除房屋面积59 980.66平方米，烧损（含拆除）房屋直接损失8983.93万元（不含室内物品和装饰费用），无人员伤亡的重大火灾事故。

事故调查组按照"科学严谨、依法依规、实事求是、注重实效"和"四不放过"的原则，经过周密细致的现场勘验、检验测试、技术鉴定、调查取证、综合分析和专家论证，查明了事故发生的原因、经过和火灾烧损房屋直接经济损失情况，认定了事故性质和责任，提出了对有关责任人员及责任单位的处理建议和事故防范及整改措施建议。现将有关情况报告如下：

（一）事故发生经过及应急处置情况

1. 事故发生经过

2014年1月10日，迪庆藏族自治州香格里拉独克宗古城仓房社区池廊硕8号"如意客栈"经营者唐英，从吃晚饭开始，先后3次大量饮酒至23时20分左右，回到客栈卧室躺下睡着。11日深夜1时左右唐英醒后发现其房间里小客厅西北角电脑桌处着火，遂先后两次用水和灭火器灭火，但没有扑灭。于是唐英让小工和春群报警并跑到一楼配电房拉下

电闸，用手机再一次报警，并从餐厅跑出。

2. 事故应急处置情况

2014年1月11日1时22分，迪庆藏族自治州消防支队接到火灾报警后，迅速调集支队特勤中队奔赴火灾现场。1时37分，特勤中队首战力量到达古城火灾事故现场；1时41分，出水控火，经15分钟扑救后，火势被控制在起火建筑如意客栈范围。之后，参战部队连续开启附近4个室外消火栓（古城专用消防系统消火栓）进行补水，但均无水，便迅速调整车辆到距离现场1.5公里外的龙潭河进行远距离供水，同时，组织力量从市政消火栓运水供水。此时，火势开始蔓延。

香格里拉市公安局110指挥中心接到报警后，及时指令县消防大队和建塘派出所出警处置，1时40分将警情上报至州公安局指挥中心。与此同时，正在执行城区巡逻防控工作的西片区巡控组发现火情，立即用对讲机向城区巡控工作办公室通报，办公室紧急指令另6个巡控组火速赶赴现场开展救援。1时41分许，建塘派出所4名民警到达现场，1时43分许，巡控组共110名警力赶到火灾现场，特警大队城区主干道巡逻组14名警力赶到现场。

公安局指挥中心接到警情报告后，副局长于2时10分抵达火灾现场，会同香格里拉市公安局现场指挥部共同指挥开展工作，州公安局机关民警100人、县公安局150名警力接到指令后陆续抵达火灾现场。从2时20分起至4时，公安民警、消防、武警及军分区官兵先后分5批到达现场，共计1600余人，全面投入救援中。5时许，挖掘机等大型机械设备陆续到场。6时许，州开发区中队、维西中队5车17人增援力量抵达现场。7时许，在全体救援力量的共同努力下，火势得到有效控制。7时50分，丽江、大理支队18车95人增援力量到场。9时45分，省消防总队灭火指挥部11人、昆明支队33人携相关设备到达现场。当日10时50分许，明火基本扑灭，对余火进行清理，防止死灰复燃。

（二）事故原因、事故性质

1. 事故原因

（1）直接原因

经现场勘验、现场实验、物证鉴定，结合对相关人员的询（讯）问笔录，排除雷击、自燃、吸烟、放火等引发火灾因素，认定火灾事故直接原因为2014年1月11日1时10分许，唐英在卧室内使用五面卤素取暖器不当，入睡前未关闭电源，取暖器引燃可燃物引发火灾。

（2）间接原因

①消防专业队伍实施火灾扑救过程中，无法控制火势蔓延的主要原因是独克宗古城2012年6月新建成的"独克宗古城消防系统改造工程"消防栓未正常出水，自备消防车用水不能满足救火需要，导致火势蔓延。

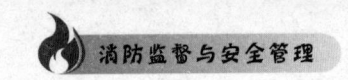

②"独克宗古城消防系统改造工程"设计方案中，未严格按国家工程建设消防技术标准设计消火栓具体防冻措施，留下消火栓不能保证高原地区低温冰冻的隐患。

③"独克宗古城消防系统改造工程"施工中，未严格按照设计要求埋深敷设管线，部分消火栓管顶覆土深度未达到要求，更加降低防冻标准，不能有效防止低温冰冻。

④"独克宗古城消防系统改造工程"在监理过程中，虽发现施工中存在未严格按照设计要求埋深敷设管线的问题，但仅向施工单位发出监理工程师通知单，未严格把关，进行跟踪督促整改。

⑤建设方为解决消火栓冰冻问题，自行采用支墩和保温材料进行了补充改造，但因直管穿越冻土层未进行保温处理，改造中又堵塞了消火栓的泄水孔，不仅未起到防冻作用，反而埋下了消火栓低温冻结的隐患，在冬季低温冰冻气象条件作用下，导致不能正常供水（火灾当日最低气温-9℃）。

⑥独克宗古城内通道狭小，纵深距离长，大型消防车辆无法进入或通行，古城内建筑物多为木质，耐火等级低，大量酒吧、客栈、餐厅使用柴油、液化气等易燃易爆物品。市政消防给水管网压力不足，且在扑救火灾时，未能及时联动，提供加压保障。

2. 事故性质

经调查认定，这是一起因使用取暖器不当引发的责任事故。

（三）事故防范和整改措施建议

1. 明确职责，加强古城监督管理

州、县政府要按照"管行业必须管安全"的要求，明确古城管理委员会、消防、安全监管、住建、发展改革、旅游等部门在古城管理方面的职责任务，将古城消防安全纳入综合治理，形成齐抓共管的合力。同时，明确单位（商户）主体责任，制定古城用火、用电、用油、用气管理措施，定期开展消防安全评估和自检自查，提高消防安全自我管理水平。

2. 强化消防基础设施建设，提升古城火灾防控能力

香格里拉市人民政府应将古城公共消防基础设施建设纳入城市消防规划内容一并规划、同步实施。同时，明确公共消防基础设施的建设、管理、维护和使用单位主体，落实监管责任，确保公共消防基础设施建设、维护、管理到位，对不符合规定要求的市政消火栓进行改造，确保完好。同时，加强古城专兼职消防力量建设，在人员招聘、培训、应急处置、管理体制上进一步理顺，配备小型、轻便、高效、灵活机动的灭火救援装备和器材，提高巡查执法和及时处置火灾能力，并与香格里拉市消防专业队伍进行无缝对接，全面提升古城火灾防控综合能力。

3. 消除隐患，推进项目尽早补充完善

迪庆藏族自治州、香格里拉市人民政府负责，由"独克宗古城消防系统改造工程"项

目主管部门牵头组织、相关部门和单位参加,对该建设项目进行专题研究,针对该项目重大缺陷和其他存在问题研究解决办法,及时组织消除隐患,推进项目尽早按照标准规范补充完善,经合法验收后投入使用。并督促独克宗古城管委会立即采取其他有效措施,解决独克宗古城在低温冰冻条件下其他供水方式的有效措施,做好应急处置工作。

4. 强化火灾隐患整治力度

迪庆藏族自治州和香格里拉市人民政府应加强火灾隐患排查整治工作的领导,针对地区消防安全方面存在的薄弱环节和突出问题,按照隐患级别建档并加强督促整改,严格执行"五落实"隐患整改责任制度,落实各级挂牌督办制度,不断加强古城、寺庙、商城、市场、人员密集场所等消防专项治理工作,切实消除火灾隐患,维护地区的火灾形势稳定,严防再次发生类似火灾。

5. 加强消防宣传教育培训,提高公众消防安全意识

要采取发布公益广告、张贴宣传画、发送警示短信、发放宣传资料等形式,广泛开展消防安全知识宣传教育,提高公众的消防安全知识,提升火灾防范意识。

三、山东潍坊寿光市龙源食品有限公司"11·16"重大火灾事故

2014年11月16日18时36分,位于潍坊市寿光市化龙镇的寿光市龙源食品有限公司(以下简称龙源公司)厂房发生重大火灾事故,共造成18人死亡、13人受伤,4000平方米主厂房及主厂房内生产设备被损毁,直接经济损失2666.2万元。

事故调查组按照"四不放过"和"科学严谨、依法依规、实事求是、注重实效"的原则,通过现场勘验、调查取证、检测鉴定、模拟实验和专家论证,查明了事故发生的经过、直接原因和间接原因、人员伤亡和财产损失情况,认定了事故性质和责任,提出了对有关责任人员和责任单位的处理建议。同时,针对事故原因及暴露出的突出问题,提出了事故防范措施建议。现将有关情况报告如下:

(一)基本情况

1. 企业概况

龙源公司于2003年6月11日经寿光市工商局批准注册成立,位于寿光市化龙镇裴岭村,为7名自然人投资控股的民营企业,法定代表人裴九志,注册资本1060万元。经营范围为蔬菜加工、储藏和进出口,主要从事胡萝卜的种植、清洗、包装和出口业务。

2. 北厂区建筑情况

(1)主厂区功能分区

该公司分南、北两个厂区。北厂区分为东、西两个院落,建于2003年。起火厂区为

北厂区东院落。北厂区东院北侧自西向东为制冷机房，5至8号恒温库、设备间和11号、12号恒温库，南侧毗邻搭建一生产车间；院东侧自北向南为13号、14号恒温库，14号恒温库西侧自北向南为冰池和清洗车间，中间有隔扇，北侧与生产车间相连；院西侧为15号恒温库，毗邻东侧为半敞开式的装柜车间，通过两个门洞与生产车间相连。北厂区西院北侧自西向东为1至4号恒温库，南侧毗邻搭建一生产车间，车间南侧有一冰池，车间东北角与东院生产车间相连；院东侧自北向南为9号、10号恒温库，东侧毗邻搭建一生产车间，与北生产车间相连；西侧为四层办公楼。

（2）北厂区厂房结构情况

恒温库为单层砖混结构，人字形屋顶。屋架为三角铁架梁，屋面为苇簾红瓦，屋顶下设内吊顶。吊顶和墙面均采用聚苯乙烯板内表面直接喷涂10cm厚的聚氨酯泡沫（依现场取样，材料燃烧性能经鉴定，聚氨酯氧指数为22.8%、聚苯乙烯板氧指数为26%），1.8m以下的内墙面采用水泥抹灰。着火的8号恒温库面积为235m²。北厂区生产车间为单层钢屋架彩钢板搭建的简易车间，墙体是砖混结构，人字形屋顶，屋架为三角铁架梁，屋面为彩钢瓦（彩钢瓦中间材质为聚苯乙烯夹芯板，下表面贴铝箔纸），屋顶下设木龙骨和PVC内吊顶，总面积为4190m²。

（3）北厂区东院厂房安全出口及消防设施情况

东院厂房共有安全出口3个，分别是东院北生产车间南墙中部有一耳房，直接与车间相连，耳房南墙设置一个3米宽安全出口直通室外，安全出口上方设置电动铝合金卷帘门；南部偏西位置有两个安全出口通过敞开式装柜车间直通室外。另外，东西两侧各设一个出口，东侧通往冰池，西侧通往西院的生产车间。北厂区（东院、西院）设有消防供水管网、消火栓和灭火器，北厂区共有室外消火栓4个，车间共有室内消火栓10个，消防泵1台，流量30L/S，水池1个，储量约400m³。恒温库内设有应急照明灯，生产车间内无应急照明灯、疏散指示、安全出口指示标志。

（4）北厂区厂房配电情况

冷风机电源线路由东院西南角的主配电室引出，沿9号、10号恒温库东墙外侧上方由南向北明敷至东院西北角，接入东院西北角制冷机房内东墙配电柜，用三角铁支架支撑。照明线路、应急照明线路由东院西南角的主配电室引出，敷设走向、位置与冷风机电源线相同。8号恒温库冷风机电源线路由配电柜引出线路，共用一块电流表、一个断路器、一个接触器、一个热保护，用一根4mm铜线引出，沿5至8号恒温库南墙外部上方自西向东明敷至8号恒温库门口西侧上方，套钢管穿墙引入室内，沿西墙保温层上方由南向北敷设至冷风机电动机处，电缆连接采用并联方式，依次连接4台轴流风机，每台轴流风机都留下3个接线头。该恒温库房热保护设定超过标准值。恒温库存在未使用桥架、槽盒，线路老化等问题。

3. 氨制冷系统情况

（1）制冷系统基本情况

事故企业使用氨制冷系统，系统主要包括厂房东西两院中间制冷机房、8号恒温库东侧制冷机房内制冷设备，15个恒温库内冷风机，两组预冷池排管及供液管道和回气管道。制冷设备包括4台活塞式制冷压缩机、2台2.25m³的高压贮氨器、1台蒸发式冷凝器、2台立式冷凝器和2台2.5m³、1台3.5m³立式低压循环桶等。冷却设备包括15个恒温库的冷风机、两组预冷池的蒸发排管等。3台立式低压循环桶通过氨泵和供液管道及回气管道，分别向15个恒温库、2个预冷池供冷，形成相对独立的2个冷却系统。

（2）制冷系统在事故发生后的情况

2个冷却系统中，15个恒温库冷风机和供液、回气管道，2个预冷池排管及4根液氨管道无开放性破口，密封良好。事故发生后，共从氨制冷系统中导出液氨5.26吨。液氨储罐、制冷系统及库房在事故前未发生氨泄漏并参与燃烧和化学爆炸迹象。

4. 特种设备管理及作业人员资质情况

龙源公司事故厂区共有压力容器（储氨器、立式冷凝器、氨油分离器、集油器、低压循环储液桶）10台及压力管道，均未经正规设计、未经验收检验。公司特种作业人员有制冷工3名，其中，2名有制冷作业操作证、1名无制冷作业操作证；电工2名，其中，1名有电工作业操作证、1名无电工作业操作证。

5. 项目立项、建设及竣工验收等情况

经调查，该公司起火车间、恒温库建筑无审批手续。

（二）事故发生经过、应急救援情况

1. 事故发生经过

2014年11月16日18时30分左右，正值公司休息吃饭时间（企业夜班时间为19时），公司员工陆续进入北厂区工作，车间满员人数为140人，当日车间当班人数129人，流水线南北两侧各60余人，正在进行装箱作业，另有1名为不在本车间上班的本厂装卸工，事故发生时正在车间打开水。

11月16日18时36分，龙源公司北厂区生产车间内流水生产线南侧装箱工姚文青发现正对面的8号恒温库顶部起火，火势通过8号恒温库门迅速向车间蔓延，姚文青立即向车间外跑并大声呼喊"着火了"。在车间内工作的员工迅速向东、西两侧逃生，随后火势蔓延至整个车间。逃出车间的员工迅速向企业负责人报告火情，企业组织员工利用厂区消火栓和灭火器进行灭火，并从冰池处营救员工，但火势未得到有效控制。

2. 灭火救援及现场处置情况

18时41分，寿光市公安消防大队接到报警后，第一时间调集力量赶赴现场处置。潍坊市、寿光市人民政府接到报告后，迅速启动应急预案，潍坊市、寿光市组织调动公安、消防、特警、卫生等有关部门和单位参加事故抢险救援和应急处置，先后调集消防官兵160余名、公安干警150余名、城管人员100名、化龙镇机关干部50名、企业专职消防员20名，出动消防车27辆、企业专职消防车3辆、医疗救护车11辆、工程车11辆，共同参与事故抢险救援和应急处置。在施救过程中，共组织开展了21次现场搜救，经排查确认事故发生时车间当班员工129人，其中，99人逃生、18人死亡（1名装卸工，事故时在车间打开水）、13人受伤。火灾于当日23时10分被扑灭。

事故发生后，企业制冷工为防止制冷设备损坏、液氨泄漏，佩戴防毒面具进入制冷间，切断了制冷系统电源。事故现场灭火救援结束后，事故现场恒温库、冰池和氨管道仍存有液氨。由于部分管道过火后弯曲、塌落，火场高温使管道内液氨气化、压力升高（现场检测为0.7MPa，正常运行压力0.2MPa以下）。调查组组织制冷专家和化工专家，制订了液氨回收处置方案，于21日10时开始回收处置制冷系统中的液氨，至21日17时30分，系统中液氨抽移完毕，共抽出液氨5.26吨，全部导出并运送至安全地点。22日下午，制冷系统中的氨气吸收完毕，并用水进行冲洗。

当地政府已对残留现场的胡萝卜进行了无害化处理，并对事故现场反复消毒杀菌。

（三）事故原因和性质

1. 直接原因

龙源公司厂房非法建设，北厂区制冷系统供电线路敷设不规范、系统超负荷运转、线路老化，致使8号恒温库内，沿西墙敷设的冷风机供电线路接头处过热短路，引燃墙面聚氨酯泡沫保温材料。火焰烟雾从8号恒温库门蹿出后，引燃了库门上方的氨管道聚氨酯泡沫保温材料、加工车间吊顶及房顶彩钢板（中间填充物为聚苯乙烯夹芯板）和车间西侧的包装纸箱，火势迅速蔓延。

造成火势迅速蔓延的主要原因有以下四点：一是恒温库和厂房大量使用聚氨酯泡沫保温材料和聚苯乙烯夹芯板（聚氨酯泡沫燃点低、燃烧速度极快，聚苯乙烯夹芯板燃烧的滴落物具有引燃性）；二是恒温库顶层为可燃物苇箔，车间吊顶采用可燃材料PVC；三是车间内有大量包装纸箱，可燃物较多；四是整个车间全部连通，火灾发生后，火势迅速蔓延至整个车间。

造成重大人员伤亡的主要原因有以下三点：一是起火后，火势从起火部位迅速蔓延，聚氨酯泡沫塑料、聚苯乙烯泡沫塑料、PVC等材料大面积燃烧，产生高温有毒烟气；二是事故车间为非法建设，无土地、规划、建设等审批手续，厂房未经消防验收备案，车间内逃生通道不符合规定要求，火灾发生时人员无法及时逃生；三是龙源公司未对员工进行安全培训，未组织应急疏散演练，员工缺乏逃生自救互救知识和能力。

2. 间接原因

（1）龙源公司着火厂房为非法建筑

该企业非法使用土地、非法建设厂房、未经消防验收擅自投入使用。

（2）存在严重消防安全隐患

龙源公司着火厂房消防安全疏散通道不符合规定，缺少应急照明，厂房内电气线路老化、敷设不规范，钢结构车间未做防火处理，恒温库内大量使用非阻燃性聚氨酯泡沫和聚苯乙烯保温材料，顶层为可燃苇簾吊顶，车间内吊顶为可燃PVC，车间内纸箱包装物等可燃物较多且占用疏散通道。

（3）安全管理混乱

企业消防安全制度和操作规程不健全，安全工作无专人负责，并因员工流动性大等，企业内部管理松散，安全生产和消防安全责任制未得到有效执行和落实。

（4）消防安全意识淡薄

龙源公司未对员工进行消防安全培训，未组织开展疏散和逃生演练，员工缺乏消防安全知识和逃生自救能力。

3. 事故性质

经调查认定，山东寿光市龙源食品有限公司"11·16"重大火灾事故是一起生产安全责任事故。

（四）事故防范措施建议

1. 牢固树立安全发展理念

潍坊市、寿光市要切实提高对安全生产极端重要性的认识，牢固树立安全发展理念，落实科学发展观、正确的政绩观，强化红线意识和底线思维，坚决防止和纠正一些地方、部门和单位重发展、轻安全的倾向。要坚持发展必须安全、不安全不发展，真正把安全生产纳入地区经济社会发展的总体布局中去谋划、去推进、去落实。潍坊市、寿光市各级各有关部门和各企业单位要深刻吸取事故的沉痛教训，举一反三，下大力气加强安全生产尤其是消防安全工作。要严格落实"党政同责、一岗双责、齐抓共管"和"管行业必须管安全、管业务必须管安全、管生产经营必须管安全"的要求，加强各行业领域的安全监管，每个生产经营单位都必须明确一个监管部门，切实落实安全监管责任。各级党委、政府要定期研究分析安全生产形势，及时发现和解决存在的问题，坚决打击企业的非法违法建设生产经营行为，严防各类事故发生。

2. 严格落实企业安全生产主体责任

各类生产经营单位，特别是中小企业、农产品加工企业、劳动密集企业，要学法、守法，坚决贯彻执行消防、国土、规划、建设和安全生产等方面的法律法规，依法依规组织

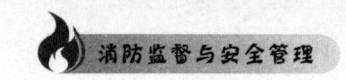

生产经营建设活动。要真正落实企业安全生产法定代表人负责制和安全生产主体责任，建立完善安全管理体系，明确责任，完善各项规章制度，并落实到日常工作中。要坚决克服重效益、轻安全的思想，严格落实安全生产"三同时"制度，保证安全投入，加强安全教育培训和应急管理，加强应急预案编制和应急演练，提高员工应急逃生和应对处置事故灾难的能力。所有劳动密集型企业必须定期进行有针对性的应急逃生演练。

3. 加强消防安全管理

潍坊市和寿光市人民政府及其有关部门要强化安全生产工作，切实做到安全设施"三同时"落实到位。要对地区农产品加工企业、劳动密集型企业逐个进行排查，全部登记造册。对未经消防验收（备案）擅自投入生产的单位，一律依法从重处罚，一律依法强制整改。要落实基层的消防安全责任制，深入开展公众尤其是从业人员消防能力提升工作，加强人员密集场所的安全管理与监督，依法关闭取缔易引发火灾的"三合一""多合一"厂点、作坊。强化消防安全日常管理，加大监督检查频次、力度，发现问题，采取断然措施加以纠正，必要时可以依法采取停电等措施，强制违法单位停止违法行为。工商、食药、农业、商检等相关行政许可部门要加强与消防部门的沟通，在实施行政许可时，要对企业消防验收情况进行核实。

4. 强化工程项目建设的监管工作

潍坊市和寿光市政府及其有关部门，要监督所有建设工程的业主、设计单位、施工单位、监理单位严格遵守国家基本建设相关法律法规规定和程序，遵守建设管理流程，依法进行项目工程建设。工程建设领域相关监督管理部门要认真履行职责，依法依规行政，加强日常监管和行政执法，全面排查和解决工程建设领域的突出问题，严厉查处未批先建、无资质设计、施工、监理，以及非法转包分包、出借资质等违法违规行为。国土资源管理部门要严格土地执法监察工作，对非法违法用地实施"零容忍"，该强制执行的坚决强制执行，绝不能"一罚了之"，确保整改措施落实到位。

5. 开展全省安全隐患大排查、大整治

集中时间，突出重点行业领域，开展全省安全隐患大排查、大整治工作。消防领域立即组织对火灾高危单位，进行一次消防安全大检查，大检查要突出农产品、食品、药品、鞋帽、纺织生产加工为主的劳动密集型企业、外来工集中企业、村办企业、民营企业和监管薄弱企业。对保温材料不符合防火要求、供电线路敷设不规范、安全出口设置不合理或堵塞、消防设施不符合要求的，一律责令停产整顿，并落实人员紧盯到底，杜绝"一查了之"，确保隐患整改到位，防止类似事故再次发生。

四、河南平顶山"5·25"特别重大火灾事故

2015年5月25日19时30分许，河南省平顶山市鲁山县康乐园老年公寓发生特别重

大火灾事故，造成 39 人死亡、6 人受伤，过火面积 745.8 平方米，直接经济损失 2064.5 万元。

（一）基本情况

1. 事故单位情况

康乐园老年公寓位于河南省平顶山市鲁山县琴台街道办事处贾王庄村三里河转盘西南、紧邻南北向鲁平大道，法定代表人范花枝（鲁山县人，女，50 岁）。事故发生前有常住老人 130 人左右、工作人员 25 人（管理人员 7 人、护工 14 人、其他人员 4 人）。火灾发生时，不能自理区共住有 52 名老人、4 名护工。

2. 主要建筑情况

（1）公寓整体布局

康乐园老年公寓占地面积 40 亩，建筑物总面积 2272 平方米，设有不能自理区 1 个（东西向单排建筑）、半自理区 1 个、自理区 2 个（南北向建筑），另有办公室、厨房、餐厅等附属设施。不能自理区建筑为聚苯乙烯夹芯彩钢板房，其他区域建筑均为砖墙、夹芯彩钢板屋顶。所有建筑均为单层。

（2）起火建筑

起火建筑长 56.5 米、宽 13.2 米，建筑面积 745.8 平方米，2013 年 2 月建设，当年 7 月安排不能自理老人入住。

①建筑内功能分区。建筑内设有 1.9 米宽东西向走廊和 3.6 米宽南北向走廊，将建筑内部分为 4 个区域。共有 13 间各自相对隔离的房间，其中 8 间分女部（西侧 4 间）、男部（东侧 4 间），其余为 3 间库房、1 间监控室、1 间更衣间。起火建筑设有 4 个安全出口，其中东西向走廊两端各设一个，南北向走廊两端各设一个，均可直通室外。

②建筑结构。该建筑主体结构为钢架结构，柱截面是 10.0 厘米×10.0 厘米的空心方型钢；墙体为内外白镀锌板中间夹 7.0 厘米厚聚苯乙烯泡沫板（依现场取样，材料燃烧性能经鉴定，氧指数 19.0%，属易燃材料），内、外镀锌板厚度均为 0.3 毫米；人字形屋顶面板为外蓝内白镀锌板中间夹 7.5 厘米厚聚苯乙烯泡沫板，外镀锌板厚 0.4 毫米，内镀锌板厚 0.3 毫米；建筑内设有吊顶，吊顶棚面材质为白色塑料扣板（依现场取样，材料燃烧性能经鉴定，氧指数为 33.8%，属难燃材料），吊顶骨架为截面是 3.0 厘米×3.0 厘米的木条。吊顶上方至屋顶空间整体贯通。

③电路敷设。起火建筑内共设 4 个回路。主线由东至西沿东西向走廊的吊顶上方敷设，分南、北区各 2 个回路，分别供照明、插座、排气扇、冷暖风机和电视机插座。每个房间内均设有照明和电源插座。照明主线线径 6.0 平方毫米，下灯线线径 4.0 平方毫米，开关线线径 2.5 平方毫米，均为铜芯线。建筑南北外墙各敷设一条 4 股线径 10.0 平方毫米的铝芯电线用作空调专用线。

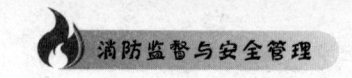

④建设施工。起火建筑由鲁山县通达卷闸门彩钢瓦门店个体老板冯春杰承包施工，并提供夹芯彩钢板材料。经调查，冯春杰及鲁山县通达卷闸门彩钢瓦门店均未取得任何相关工程施工资质。

（二）事故发生经过及应急救援情况

1. 事故发生经过

2015年5月25日19时30分许，康乐园老年公寓不能自理区女护工赵红霞、龚改新在起火建筑西门口外聊天，突然听到西北角屋内传出异常声响，两人迅速进屋，发现建筑内西墙处的立式空调以上墙面及顶棚区域已经着火燃烧。赵红霞立即大声呼喊救火并进入房间拉起西墙侧轮椅上的两位老人往室外跑，再次返回救人时，火势已大，自己被烧伤，龚改新向外呼喊求助。由于大火燃烧迅猛，并产生大量有毒有害烟雾，老人不能自主行动，无法快速自救，导致重大人员伤亡、不能自理区全部烧毁。

2. 单位组织初起火灾扑救和疏散人员情况

不能自理区男护工石胜利、常玉卿、马金德（范花枝的丈夫），消防主管孔繁阳和半自理区女护工石莉等听到呼喊求救后，先后到场施救，从起火建筑内救出13名老人，范花枝组织其他区域人员疏散。在此期间，范花枝、孔繁阳发现起火后先后拨打119电话报警。

3. 消防队接警出动、灭火救援及搜救情况

19时34分04秒，鲁山县消防大队接到报警后，迅速调集大队5辆消防车、20名官兵赶赴现场，19时45分消防车到达现场，起火建筑已处于猛烈燃烧状态，并发生部分坍塌。消防大队指挥员及时通知辖区2个企业专职消防队2辆水罐消防车、14名队员到达火灾现场协助救援。现场成立4个灭火组压制火势、控制蔓延、掩护救人，2个搜救组搜救被困人员。20时10分现场火势得到控制，同时指挥员向平顶山市消防支队指挥中心报告火灾情况。20时20分明火被扑灭。截至5月26日6时10分，指挥部先后组织7次对现场细致搜救，在确认搜救到的人数与有关部门提供现场被困人数相吻合的情况下，结束现场救援。

4. 当地政府应急处置情况

火灾发生后，鲁山县委、县政府立即启动应急响应，组织公安、消防、民政、安全监管、医疗卫生等部门人员全力展开灭火、搜救、善后及维稳工作。医疗卫生部门共调派27辆救护车、14个医疗单位，出动医务人员81人次。

河南省及平顶山市政府接到火灾事故报告后，立即启动应急预案，并做出批示。平顶山市委、市政府主要负责同志等带领省、市有关部门负责同志赶赴事故现场，成立现场指挥部，组织开展应急救援和伤员救治工作。

5. 医疗救治和善后处理情况

地方政府认真稳妥做好医疗救治、事故伤亡人员家属接待及安抚、遇难者身份确认和赔偿等工作。按照医疗救治、善后安抚两个"一对一"的要求，对遇难者家属、受伤人员及其家属分步骤进行心理疏导，全力开展善后工作，保持社会稳定。

（三）事故原因和性质

1. 直接原因

老年公寓不能自理区西北角房间西墙及其对应吊顶内，给电视机供电的电器线路接触不良发热，高温引燃周围的电线绝缘层、聚苯乙烯泡沫、吊顶木龙骨等易燃可燃材料，造成火灾。

造成火势迅速蔓延和重大人员伤亡的主要原因是建筑物大量使用聚苯乙烯夹芯彩钢板（聚苯乙烯夹芯材料燃烧的滴落物具有引燃性），且吊顶空间整体贯通，加剧火势迅速蔓延并猛烈燃烧，导致整体建筑短时间内垮塌损毁；不能自理区老人无自主活动能力，无法及时自救造成重大人员伤亡。

2. 间接原因

康乐园老年公寓违规建设运营，管理不规范，安全隐患长期存在。

①违法违规建设、运营。康乐园老年公寓发生火灾建筑没有经过规划、立项、设计、审批、验收，使用无资质施工队；违规使用聚苯乙烯夹芯彩钢板、不合格电器电线；不能自理区配置护工不足。

②日常管理不规范，消防安全防范意识淡薄。康乐园老年公寓日常管理不规范，没有建立相应的消防安全组织和消防制度，没有制订消防应急预案，没有组织员工进行应急演练和消防安全培训教育；员工对消防法律法规不熟悉、不掌握，消防安全知识匮乏。

3. 事故性质

经调查认定，河南平顶山"5·25"特别重大火灾事故是一起生产安全责任事故。

（四）防范措施

1. 落实企业主体责任和政府部门安全监管责任

河南省和平顶山市要深刻吸取事故教训，牢固树立安全发展理念，始终坚守"发展决不能以牺牲人的生命为代价"这条红线，建立健全"党政同责、一岗双责、齐抓共管"的安全生产责任体系，落实属地监管，实现责任体系"五级五覆盖"。

要规范行业管理部门的安全监管职责，特别是涉及多个部门监管的行业领域，按照"管行业必须管安全"的要求，明确、细化安全监管职责分工，消除责任死角和盲区。

要督促企业落实安全生产主体责任，做到安全责任到位、安全投入到位、安全培训到

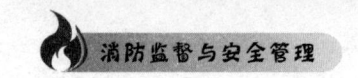

位、安全管理到位、应急救援到位。

2. 加强养老机构安全管理

河南省各级民政部门要指导养老机构建立健全安全、消防等规章制度，做好老年人安全保障工作。要按照实施许可权限，建立养老机构评估制度，加强对养老机构的监督检查，及时纠正养老机构管理中的违法违规行为。民政部门支配的福彩公益金补助民政服务机构建设项目，要优先支持安全设施建设。养老机构因变更或终止等暂停、终止服务的，民政部门应当督促养老机构制订实施老年人安置方案，并及时为其妥善安置老年人提供帮助。

3. 加大对民办养老机构的政策扶持

河南省要针对社会养老需求及现状，加强对民办养老服务业发展状况的调查研究，完善养老机构管理法规，保障养老机构健康发展、安全发展。针对制约民办养老机构发展的用地难、融资难、税费减免难、用工难、医养结合难及安全管理薄弱等突出问题，要认真研究，制定切实可行的政策制度，规范民办养老机构安全管理标准化建设、提升安全管理水平。加强养老机构设立许可办法和管理办法等法规的宣传培训，督促指导民办等各类养老机构依法依规建设、管理。

4. 加强消防安全日常监督检查

河南省各级公安消防部门要依法履行对消防重点单位日常监督检查职责，切实加强日常监督检查工作，尤其对幼儿园、学校、养老院等人员密集场所的消防安全隐患排查，要严格做到全覆盖、零容忍。严肃查处消防设计审核、消防验收和消防安全检查不合格的单位，提请政府坚决拆除违规易燃建筑，推动消防安全主体责任严格落实。

县级公安机关要加强对消防大队和公安派出所的组织领导和统筹协调，确保消防安全工作无缝衔接。加强对派出所等一线民警消防法规和业务知识的培训，切实提高发现隐患、消除隐患的能力和水平。

5. 严格养老机构等人员密集场所的消防安全整治

河南省各地区要定期组织开展对养老机构等人员密集场所的安全隐患排查，对违规使用聚苯乙烯、聚氨酯等保温隔热材料，建筑达不到耐火等级要求的，要严格按照国家标准限期整改，确保建筑符合防火安全规定；对防火、用电等管理制度不健全、不符合规范的，无应急预案、应急演练不落实的，许可审批手续不全的，要坚决予以整改。各类养老机构等人员密集场所要强化法律意识，制订突发事件应急预案，切实落实安全管理主体责任。

6. 进一步加大对违法违规经营和失职渎职行为的查处力度

各地区要建立安全生产监管执法机构与公安机关和检察机关安全生产案情通报机制，建立事故整改措施落实情况评估制度，认真组织评估工作，依法从严查处违法违规经营和失职渎职行为，落实"事故原因未查清不放过，事故责任人未受到处理不放过，事故责任人和相关人员没有受到教育不放过，未采取防范措施不放过"，切实吸取事故教训，筑牢安全防线。

五、江苏响水天嘉宜化工有限公司"3·21"特别重大爆炸事故

2019年3月21日14时48分许，位于江苏省盐城市响水县生态化工园区的天嘉宜化工有限公司（以下简称天嘉宜公司）发生特别重大爆炸事故，造成78人死亡、76人重伤，640人住院治疗，直接经济损失198 635.07万元。

事故调查组认定，江苏响水天嘉宜化工有限公司"3·21"特别重大爆炸事故是一起长期违法贮存危险废物导致自燃进而引发爆炸的特别重大生产安全责任事故。

（一）事故有关情况

事故调查组经调阅现场视频记录等进行分析认定，2019年3月21日14时45分35秒，天嘉宜公司旧固废库房顶中部冒出淡白烟，随即出现明火且火势迅速扩大，至14时48分4秒发生爆炸。

天嘉宜公司主要负责人由其控股公司倪家巷集团委派，重大管理决策须倪家巷集团批准。企业占地面积14.7万平方米，注册资本9000万元，员工195人，主要产品为间苯二胺、邻苯二胺、对苯二胺、间羟基苯甲酸、对甲苯胺、均三甲基苯胺等，主要用于生产农药、染料、医药等。企业所在的响水县生态化工园区（以下简称生态化工园区）规划面积10平方千米，已开发使用面积7.5平方千米，现有企业67家，其中化工企业56家。

事故发生后，江苏省和国家应急管理部等立即启动应急响应，迅速调集综合性消防救援队伍和危险化学品专业救援队伍开展救援，至3月22日5时许，天嘉宜公司的储罐和其他企业等8处明火被全部扑灭，未发生次生事故；至3月24日24时，失联人员全部找到，救出86人，搜寻到遇难者78人。江苏省和国家卫生健康委全力组织伤员救治，至4月15日危重伤员、重症伤员经救治全部脱险。生态环境部门对爆炸核心区水体、土壤、大气环境密切监测，实施堵、控、引等措施，未发生次生污染；至8月25日，除残留在装置内的物料外，生态化工园区内的危险物料全部转运完毕。

（二）事故直接原因

事故调查组通过深入调查和综合分析认定，事故直接原因是天嘉宜公司旧固废库内长期违法贮存的硝化废料持续积热升温导致自燃，燃烧引发硝化废料爆炸。

起火位置为天嘉宜公司旧固废库中部偏北堆放硝化废料部位。经对天嘉宜公司硝化废料取样进行燃烧实验，表明硝化废料在产生明火之前有白烟出现，燃烧过程中伴有固体颗

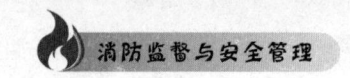

粒燃烧物溅射，同时产生大量白色和黑色的烟雾，火焰呈黄红色。经与事故现场监控视频比对，事故初始阶段燃烧特征与硝化废料的燃烧特征相吻合，认定最初起火物质为旧固废库内堆放的硝化废料。

事故调查组认定贮存在旧固废库内的硝化废料属于固体废物，经委托专业机构鉴定属于危险废物。

起火原因：事故调查组通过调查逐一排除了其他起火原因，认定为硝化废料分解自燃起火。

经对样品进行热安全性分析，硝化废料具有自分解特性，分解时释放热量，且分解速率随温度升高而加快。实验数据表明，绝热条件下，硝化废料的贮存时间越长，越容易发生自燃。天嘉宜公司旧固废库内贮存的硝化废料，最长贮存时间超过7年。在堆垛紧密、通风不良的情况下，长期堆积的硝化废料内部因热量累积，温度不断升高，当上升至自燃温度时发生自燃，火势迅速蔓延至整个堆垛，堆垛表面快速燃烧，内部温度快速升高，硝化废料剧烈分解发生爆炸，同时引爆库房内的所有硝化废料，共计约600吨袋。

（三）企业主要问题

1. 天嘉宜公司

天嘉宜公司无视国家环境保护和安全生产法律法规，长期违法违规贮存、处置硝化废料，企业管理混乱，是事故发生的主要原因。

（1）刻意瞒报硝化废料

擅自改变硝化车间废水处置工艺，通过加装冷却釜冷凝析出废水中的硝化废料，未按规定重新报批环境影响评价文件，也未在项目验收时据实提供情况；在明知硝化废料具有燃烧、爆炸、毒性等危险特性情况下，始终未向环保（生态环境）部门申报登记，甚至通过在旧固废库内硝化废料堆垛前摆放"硝化半成品"牌子、在硝化废料吨袋上贴"硝化粗品"标签的方式刻意隐瞒欺骗。

（2）长期违法贮存硝化废料

天嘉宜公司苯二胺项目硝化工段投产以来，没有对硝化废料进行鉴别、认定，没有按危险废物要求进行管理，而是将大量的硝化废料长期存放于不具备贮存条件的煤棚、固废仓库等场所，超时贮存问题严重，最长贮存时间甚至超过7年。

（3）安全生产严重违法违规

在实际控制人犯罪判刑不具备担任主要负责人法定资质的情况下，让硝化车间主任挂名法定代表人，严重不诚信。实际负责人未经考核合格，技术团队仅了解硝化废料着火、爆炸的危险特性，对大量硝化废料长期贮存引发爆炸的严重后果认知不够，不具备相应的管理能力。

2. 中介机构

中介机构弄虚作假，出具虚假失实文件，导致事故企业硝化废料重大风险和事故隐患未能及时暴露，干扰、误导了有关部门的监管工作，是事故发生的重要原因。

（四）事故防范措施建议

为深刻吸取事故教训，举一反三，亡羊补牢，有效防范和坚决遏制重特大事故，提出如下建议措施：

1. 把防控化解危险化学品安全风险作为大事来抓

各地政府和相关部门特别要坚决贯彻落实关于安全生产一系列重要指示精神，深刻吸取事故教训，举一反三，切实把防控化解危险化学品系统性的重大安全风险摆在更加突出的位置，坚持底线思维和红线意识，牢固树立新发展理念，紧紧围绕经济高质量发展要求，大力推进绿色发展、安全发展，聚焦危险化学品安全的基础性、源头性、瓶颈性问题，以更严格的措施强化综合治理、精确治理。组织全面开展安全风险评估和隐患排查，切实把所有风险隐患逐一查清查实，实行红橙黄蓝分级分类管控和"一园一策""一企一策"治理整顿，扶持做强一批、整改提升一批、淘汰退出一批，整体提升安全水平。

2. 强化危险废物监管

应急管理部门要切实承担危险化学品综合监督管理兜底责任，生态环境部门要依法对废弃危险化学品等危险废物的收集、贮存、处置等进行监督管理。应急管理和生态环境部门要建立监管协作和联合执法工作机制，密切协调配合，实现信息及时、充分、有效共享，形成工作合力，共同做好危险化学品安全监管各项工作。建议由生态环境部门牵头，发展改革、工业和信息化、交通运输、商务、卫生健康、应急管理、海关等部门参加，全面开展危险废物排查，对属性不明的固体废物进行鉴别鉴定，重点整治化工园区、化工企业、危险化学品单位等可能存在的违规堆存、随意倾倒、私自填埋危险废物等问题，确保危险废物的贮存、运输、处置安全、合理规划建设危险废物集中处置设施，消除处置能力瓶颈。对脱硫脱硝、煤改气、挥发性有机物回收、污水处理、粉尘治理等环保设施和项目进行安全评估，消除事故隐患，加强有关部门联动，建立区域协作、重大案件会商督办制度，形成覆盖危险废物产生、贮存、转移、处置全过程的监管体系。各地区特别是江苏等重点地区要抓紧组织开展，强化措施落实。

3. 强化企业主体责任落实

各地区特别要提高危险化学品企业准入门槛，严格主要负责人资质和能力考核，切实落实法定代表人、实际控制人的安全生产第一责任人的责任，企业主要负责人必须在岗履责，明确专业管理技术团队能力和安全环保业绩要求，达不到标准的坚决不准办厂办企。加强风险辨识，严格落实隐患排查治理制度和安全环保"三同时"制度。大力推进安全生产标准化建设，依靠科技进步提升企业本质安全水平，推动危险化学品重点市建设化工职业院校，加强专业人才培养。新招从业人员必须具有高中以上学历或具有化工职业技能教育背景，经培训合格后方能上岗。加大事前追责力度，建议通过刑法修订或司法解释，对于故意隐瞒重大安全环保隐患等严重违法行为，依法追究刑事责任。对重特大事故负有责任，或因未履行安全生产职责受刑事处罚或撤职处分的，终生不得担任本行业企业的主要负责人。完善落实职工及家属和社会公众对安全和环保隐患举报奖励制度，严格环评和安评等中介机构监管，强化中介机构诚信建设，严厉惩处违法违规行为。

4. 推动化工行业转型升级

建议由工业和信息化部门牵头，发展改革、应急管理、生态环境等有关部门参加，进一步完善推动落实化工行业转型升级的政策措施，统筹布局化工产业高质量发展，适时修订发布国家产业结构调整指导目录和淘汰落后安全技术装备目录，细化制定化工行业技术规范，对不符合要求的坚决关闭退出，并实行全国"一盘棋"管理，严防落后产能异地落户、风险转移。新建化工园区由省级人民政府核准，涉及"两重点一重大"（重点监管的危险化工工艺、重点监管的危险化学品和危险化学品重大危险源）的危险化学品建设项目，由设区的市以上人民政府有关部门联合核准。加快推进城镇人口密集区危险化学品生产企业搬迁工作。交通运输、公安部门要加强危险货物运输安全监管，严格行业准入，严禁挂靠经营，加快全国危险货物道路运输监控平台建设，强化运输企业储存、停车场管理和隧道、港区风险管控。各地区特别是江苏等重点地区要切实加大工作推进力度。

5. 加快制修订相关法律法规和标准

建议相关部门抓紧梳理现行安全生产法律法规，推进依法治理。加快修改《刑法》有关条款，将生产经营过程中极易导致重大生产安全事故的主观故意违法行为列入刑法调整范围；推进制定化学品安全法，修订安全生产法、安全生产许可证条例，提高处罚标准，强化法治措施，修订安全生产违法行为行政处罚办法，严格执行执法公示制度、执法全过程记录制度和重大执法决定法制审核制度。制定化工园区建设标准、认定条件和管理办法。整合化工、石化安全生产标准，建立健全危险化学品安全生产标准体系。加快制定废弃危险化学品等危险废物贮存安全技术和环境保护标准、化工过程安全管理导则和精细化工反应安全风险评估等技术规范，强制实施。各地区特别是江苏省要加强地方立法立标工作，健全危险化学品安全法规标准体系，依法严格查处违法违规行为。

6. 提升危险化学品安全监管能力

按照"管行业必须管安全、管业务必须管安全、管生产经营必须管安全"和"谁主管谁负责"的原则，将各级安委会成员单位安全生产职责写入部门"三定"规定，清晰界定并严格落实有关部门危险化学品安全监管职责。各地区特别是江苏省应急管理部门要通过指导协调、监督检查、巡查考核等方式，推动有关部门严格落实危险化学品各环节安全生产监管责任。加强专业监管力量建设，健全省、市、县三级安全生产执法体系，在危险化学品重点县建立危险化学品安全专职执法队伍；开发区、工业园区等功能区设置或派驻安全生产和环保执法队伍。通过公务员聘任制方式选聘专业人才，提高具有安全生产相关专业学历和实践经验的执法人员比例，明确并严格限定高危事项审批权限，防止监管执法放松失控。建议整合有效资源，改革完善国家危险化学品安全生产监督管理体制，强化国家危险化学品安全研究支撑。研究建立危险化学品全生命周期监管信息共享平台，综合利用电子标签、大数据、人工智能等高新技术，对危险化学品各环节进行全过程信息化管理和监控，实现来源可循、去向可溯、状态可控。统筹加强国家综合性消防救援队伍和危险化学品专业救援力量建设。

六、河南省柘城县"6·25"重大火灾事故

2021年6月25日，河南省柘城县远襄镇北街村739号（村民陈林自建房）柘城县震兴国际搏击俱乐部（震兴武馆）发生重大火灾事故，造成18人死亡、11人受伤，直接经济损失2153.7万元。

经调查认定，河南省柘城县"6·25"火灾是一起因使用蚊香不慎引发的重大火灾事故。

（一）主要建筑基本情况

1. 建筑整体布局

震兴武馆所在建筑位于河南省商丘市柘城县远襄镇北街村739号，系房主陈林（男，柘城县远襄镇北街村村民，震兴武馆经营人）的自建房。院落坐西朝东，占地面积737.4m^2，东部为两层临街门面房，西部为单层钢结构训练馆，中间为内院，院内南侧使用单层铁皮搭建厨房和凉棚，东北角用单层铁皮搭建卫生间和淋浴间，训练馆北侧使用单层铁皮搭建铁皮晾衣棚。院内建筑历经多次新建、改建（含装修）。

2. 临街门面房情况

此起火灾过火建筑为震兴武馆东部两层临街门面房。该建筑南北走向，共5跨间，先后进行2次建设和3次改建（含装修），南北长17.4米、东西宽11.9米、高9.4米，地上两层，建筑面积403.2m^2。

（1）建造情况

南侧3跨间门面房，2004年建设，一层建筑面积122.0m^2，二层建筑面积130.7m^2。北侧2跨间门面房，2012年建设，一层建筑面积72.5m^2，二层建筑面积78.0m^2。南侧与北侧2栋门面房紧挨建设，在建设时没有互相连通。

（2）改建（含装修）情况

两栋门面房建成之后，2015年、2017年先后进行了室内装修和电气线路改造。2020

年 12 月至 2021 年 5 月，陈林及其父亲陈海忠对两栋门面房进行改建，将原南侧门面房和原北侧门面房的第二层墙体打通，第一层仍保留实体墙分隔，拆除原北侧门面房内的楼梯，保留原南侧门面房内的楼梯，并进行了加宽。一层南侧第一跨间与第二跨间之间采用聚苯乙烯夹芯彩钢板（以下简称夹芯彩钢板）分隔，二层西外墙 4 个窗户上加装了防盗网。同时，改造了电气线路、监控视频、学员集体宿舍和训练室等。

3. 起火房间情况

起火房间位于一层南侧第一跨间，是余素芝住室。该房间使用夹芯彩钢板与第二跨间完全分隔，东西长 8.7 米、南北宽 3.6 米、层高 4.3 米，在距西外墙 3.1 米处使用夹芯彩钢板分隔为东西两部分，隔墙上设有门洞（悬挂半门帘）。东部为活动区，西部为休息区。在西部休息区上方距地面 2.1 米处搭建钢结构阁楼，将西部休息区分隔为上下两层，楼板为钢梁承重的双层木质五合板。阁楼东北角设一单扇钢制门和一部通往活动区地面的钢楼梯。阁楼上层摆放有 2 张单人床垫及被褥、衣服、行李箱、凉席、铁质玻璃面茶几等物品，西墙上设有 1 扇玻璃外窗，安装有空调挂机和电视机；阁楼下层贴西墙和东墙各放置 1 张单人木床，床头均紧贴南墙，两个床头之间摆放 1 张铁质玻璃面茶几，北墙自东向西依次为三门铁质衣柜、学习桌，紧贴学习桌南侧有 1 台冰柜，贴冰柜东侧摆放有 2 箱方便面，方便面箱上放置 1 台台式电风扇。

（二）事故发生经过和应急救援情况

1. 事故发生经过

2021 年 6 月 24 日晚，震兴武馆内共住有 39 人，其中，34 名学员住在临街门面房二层学员集体宿舍，余素芝、安艳玲及其 3 个孩子住在一层各自住室。23 时 43 分许，余素芝在其住室阁楼下层点燃盘式蚊香后，到阁楼上层休息。6 月 25 日 1 时 58 分许，余素芝住室东侧卷帘门上部缝隙有烟气向外飘出。3 时 04 分，余素芝被热醒，发现阁楼下层着火，到门外呼喊学员及安艳玲。3 时 08 分，安艳玲及其 3 个孩子被叫醒，随后与到场群众一起采取抛绳索、铺垫子等方式救人，先后有 16 名学员通过室内楼梯及滑绳、跳楼等方式逃生。处置过程中，余素芝、安艳玲均未拨打报警电话。

2. 灭火救援和应急处置情况

（1）灭火救援情况

6 月 25 日 3 时 13 分，柘城县消防救援大队 119 指挥中心接到报警。大队迅速调派 5 辆消防车、30 名指战员赶往现场。3 时 36 分，救援力量赶到现场（距火灾现场 14.1 公里），起火建筑已处于猛烈燃烧状态。现场指挥员立即成立两个内攻组，进入起火建筑内部强攻搜救被困人员，并同步实施灭火，先后搜救出 18 人，交现场医护人员。远襄镇政府 1 辆消防车到场参与灭火。4 时 25 分许，明火被扑灭。4 时 55 分许，建筑内部残火清理完毕，灭火救援行动结束。省消防救援总队和商丘市消防救援支队接报后，总队、支队全勤指挥部分别出动指挥。

（2）当地政府应急处置情况

火灾发生后，市、县两级政府主要负责同志带领相关部门负责人赶赴现场，组织应急、消防、卫健、公安、民政等有关部门人员全力开展灭火救援和医疗救治工作。120 急救中心先后调派 16 辆救护车、155 名急救人员前往救援。110 指挥中心先后调派 45 辆警车、警力 200 余名，对现场及周边道路进行封闭管控，协助消防、卫健部门开展灭火和伤员救治工作。处置期间，共出动各类车辆 73 辆，参与人员 400 余人。

（三）事故原因

1. 起火原因

综合分析现场勘验、调查询问、监控视频和调查实验情况认定：起火部位位于震兴武馆临街门面房一层余素芝住室阁楼下层房间北部；起火原因系余素芝使用蚊香不慎引燃纸箱、衣物等可燃物所致。

2. 火灾蔓延扩大的主要原因

（1）建筑内未形成有效的防火分隔。起火房间（余素芝住室）与训练室之间的隔墙采用易燃的聚苯乙烯夹芯彩钢板，二层部分隔墙为钢龙骨双面石膏板墙，隔墙耐火等级低，一、二层之间的楼梯为敞开式楼梯，起不到有效的防火防烟分隔作用。

（2）起火房间火灾荷载较大。起火房间使用夹芯彩钢板作为隔墙，放有家具、床上用品、衣物和大量杂物，着火后产生大量高温有毒烟气。高温有毒烟气经敞开式楼梯快速蔓延至二层学员集体宿舍，导致火势扩大。

（3）火情发现晚。6 月 25 日 1 时 58 分，余素芝住室东侧卷帘门上部缝隙已经有烟气向外飘出。3 时 04 分，余素芝才发现着火。

（4）初期处置不力。余素芝发现火情后，没有立即进行扑救，打开房门后，新鲜空气涌入，火势迅速扩大。周围群众使用盆、桶泼水和灭火器灭火，收效甚微。

3. 造成人员伤亡的主要原因

（1）着火物产生大量高温有毒烟气

夹芯彩钢板和床上用品、衣物等着火物，燃烧后产生大量高温有毒烟气，造成人员因一氧化碳中毒、呼吸道热灼伤、创伤性休克伤亡。

（2）违规集中住宿学员

震兴武馆在不具备安全条件的情况，在临街门面房二层设置学员集体宿舍。

（3）逃生通道不符合要求

震兴武馆一、二层之间仅有一部敞开式楼梯，火灾发生后，楼梯间迅速充满高温有毒烟气，二层住宿的学员难以通过楼梯逃生。二层西侧学员集体宿舍4个外窗均安装有防盗网，学员无法通过西侧外窗逃生。

（四）事故暴露的主要问题

1. 震兴武馆

震兴武馆作为校外培训机构，违法组织在校中小学生开展武术培训，未依法办理办学许可证。经营管理人员消防安全意识淡薄，未落实消防安全主体责任，培训场所不符合消防安全要求，未开展防火检查巡查、灭火和应急疏散演练，对有关部门和单位检查指出的火灾隐患没有及时整改。火灾发生后，没有及时报警，组织学员疏散和扑救火灾不力。

2. 远襄镇中心学校

远襄镇中心学校是柘城县教育体育局的下属机构，负责辖区教育体育管理工作，领导辖区内中小学校（含幼儿园）及培训机构教育教学管理工作。

2019年以来，远襄镇中心学校先后三次对震兴武馆进行检查，对发现的震兴武馆未办理办学许可证、违法开展武术培训、不符合消防安全条件等问题，未如实向柘城县教育体育局上报，且未限制震兴武馆面向中小学生开展培训业务。

（五）事故防范措施建议

1. 牢固树立安全发展理念

各级政府和行业部门要坚决坚持"人民至上、生命至上"，深刻吸取事故教训，认真落实"党政同责、一岗双责、齐抓共管、失职追责"要求，筑牢夯实安全发展根基。要树牢安全发展理念，强化党委政府领导责任，各级党委政府主要负责人要切实担负起本地安全生产第一责任人职责，班子其他成员要对分管范围内的安全生产工作负领导责任，把消防安全的政治责任牢牢地扛起来、具体细致地落下去，切实维护人民群众生命财产安全，确保社会大局稳定。要强化行业部门监管责任，进一步明晰各行业部门的消防安全监管职责，切实把"管行业必须管安全，管业务必须管安全，管生产经营必须管安全"落实到位，从制度层面、体系层面提升消防安全治理能力。要强化单位主体责任，所有企事业单位、社会团体、社会组织的法人代表和主要负责人要切实履行消防安全职责，建立完善安全管理制度，把安全责任落实到每个环节、每个岗位和每名员工，定期组织开展防火检查巡查，及时消除安全隐患。

2. 强化有针对性的排查整治

深刻吸取火灾教训，举一反三，加大安全生产排查整治力度。以市、县级政府为主体，发动基层力量开展"九小"场所和沿街门店消防安全专项治理，重点整治防火分隔不到位、安全出口不畅通、违规设置集体宿舍和防盗网等突出问题。由各行业主管部门牵头，对分管行业领域开展消防安全排查治理。集中开展易燃可燃夹芯彩钢板综合整治，强化生产、销售、使用环节监管，坚决消除安全隐患。对发现的隐患问题要跟踪督促整改，形成工作闭环。

3. 持续强化校外培训机构监管

各级教育体育部门要履行好行业监管责任，采取有针对性的措施，强化校外培训机构监管。要抓紧制定体育、文化艺术、科技等校外培训机构管理标准，严格审批、严格管理。要加强校外培训机构日常监管，对现有校外培训机构逐个排查，全部登记造册，对发现的非法校外培训机构，一律予以取缔；对存在严重安全隐患的校外培训机构，一律停业整改。要明确校外托管机构的主管部门，实施常态化排查，切实消除监管盲区。

4. 建立完善部门协同配合工作机制

各级公安机关和消防救援机构要建立完善公安派出所消防工作会商机制和派驻指导机制，明确专人负责联系指导公安派出所消防工作，推动公安派出所落实消防监督检查和消防宣传教育职责。市场监管部门要及时将校外培训机构注册登记信息抄告公安等部门，堵塞管理漏洞。要扎实推进"放管服"改革，对涉及公共安全的审批事项、审批环节、申报材料进行取消、下放或者优化时，做好部门相互衔接，层级上下衔接，审批事项和环节前后衔接，严防出现监管盲区。

5. 尽快补齐基层消防安全短板

要研究制定加强基层火灾防控工作意见，明确乡镇街道消防安全组织机构和消防力量建设，以及人员编制、经费保障、工作机制等政策措施，建立基层消防安全治理长效机制。实体运行乡镇级消防安全委员会办公室，统筹协调辖区消防安全工作。探索增设消防事业编制，建立专职消防安全检查队伍，采取委托、授权等形式赋予乡镇（街道）执法权限，弥补乡镇一级消防监管空白。建设"防消一体化"乡镇消防救援站，加强装备配备，提高初起火灾扑救能力。充分发挥村（居）民委员会对违法行为的发现报告职责，对违法行为做到零容忍。

6. 持之以恒改进工作作风

各级政府和相关部门要牢固树立"隐患就是事故，发现不了隐患就是很大隐患"的理念，在工作取向、思路、措施上变守势为攻势，以"铁的标准、铁的办法、铁的作风、铁的纪律"，坚决纠正问题整改不精准、不果断、不及时、不到位的顽瘴痼疾。要强化忧患意识、底线思维、问题导向，躬身入局、亲力亲为，抓住重要工作、重大问题、关键环节，真正走到、看到、落实到位，坚决守住消防安全底线红线。要用好督查"利器"，对消防工作开展集中检查、随机抽查和日常督查，深入查摆政策法规落实、工作落实和责任落实中的梗阻问题，限期推动整改解决，逐项对账销号，真正做到踏石留印、抓铁有痕。

第二章 建筑防火

　　建筑防火，是建筑的防火措施。在建筑设计中应采取防火措施，以防火灾发生和减少火灾对生命财产的危害。建筑防火包括火灾前的预防和火灾时的措施两个方面，前者主要为确定耐火等级和耐火构造，控制可燃物数量及分隔易起火部位等；后者主要为进行防火分区，设置疏散设施及排烟、灭火设备等。中国古代主要以易燃的木材作建筑材料，对建筑防火积累了许多经验。

第一节　建筑火灾与建筑防火对策

一、建筑火灾

（一）建筑火灾的原因

　　火灾是时间和空间上失去控制的燃烧所造成的灾害。火灾根据发生场合的不同，主要可以分为建筑火灾、工矿火灾、交通工具火灾、森林火灾等类型。其中，建筑火灾是对人们的危害最严重、最直接，对人们日常生活影响最大的火灾。

　　在我国，造成建筑火灾的原因主要有生活用火不慎，生产作业用火不慎或违章操作，电气设备设计、安装、使用及维护不当，吸烟、玩火、放火、自燃等。

　　1. 电气问题

　　这类火灾原因包括电气线路故障、电气设备故障和电加热器具过热等。在建筑内，电气线路会因为短路、超负荷运行、接触电阻过大、漏电等而产生电火花、电弧或引起绝缘导线和电缆过热而形成火灾。建筑中使用电器的工作电压和工作电流与所使用的插座功率不相符，电器长时间处于工作状态、使用完毕不及时关闭电源，建筑内私拉乱接电线，不安装漏电保护器或随意加粗保险丝等行为，都容易导致电器故障、线路老化等问题，进而引起火灾事故。此外，卤钨灯、白炽灯等高温灯具与可燃物的距离过近，电熨斗或电暖气过热等也易造成火灾。

2. 生活用火不慎

这类火灾原因在家庭火灾中占主导地位，包括油锅起火，炉具故障或使用不当，烟道过热蹿火，照明、使用蚊香、烘烤等用火不慎，其他如祭祖等用火，余火复燃，飞火，荒郊、野外生火不慎等。例如，在家中使用蚊香、油灯、蜡烛等时粗心大意，未能及时熄灭或过于靠近可燃物导致火灾；在喜庆节日、婚丧嫁娶、重大活动燃放烟花爆竹等用火不慎引发火灾；家庭中安装火炉、火盆等明火取暖或烘烤衣物，疏忽大意引发火灾；摩丝、打火机、酒精等危险生活用品存放不当，靠近火源或加热设备，引发火灾、爆炸事故等。

3. 违章作业等

这类火灾原因包括生产作业用火不当或违反安全操作规定进行生产作业等。例如，用明火熔化沥青、石蜡或熬制动、植物油脂等熬炼过程中，因操作不慎超过可燃物的自燃点而导致火灾；在烘烤烟叶、木板时，因升温过高，引起烘烤的可燃物起火；因锅炉中排出的炽热炉渣处理不当，引燃周围的可燃物导致火灾；在未采取相应防护措施的情况下，进行焊接和切割等操作，迸出的火星和熔渣引燃附近的可燃物造成火灾；在易燃易爆的车间动用明火或使用非防爆型设备，引起火灾、爆炸事故；将性质相抵触的物品混放引起火灾、爆炸事故；机器设备未能及时维修润滑，导致运转过程中因摩擦发热引发火灾；化工生产设备失修，造成跑、冒、滴、漏现象，遇到明火引发火灾等。

4. 吸烟

违反规定吸烟、卧床吸烟、乱扔烟头、火柴等也是导致火灾的一种不可忽视的原因。

5. 玩火

儿童天性好奇，在玩火柴、打火机、炉灶、燃放烟花爆竹等过程中，由于缺乏使用常识，容易引发火灾。同时，宠物狗、猫等对电线的玩弄、啃咬等，也容易导致电线短路起火。

6. 自燃

自燃是指可燃物在空气中没有外来火源的作用，靠自热或外热而发生燃烧的现象。浸油的棉织物，新割的稻草和谷草，潮湿的锯末、刨花、豆饼、棉籽、煤堆等如果通风不良，积热散发不出去，容易自燃起火。

7. 人为放火

人为放火一般是当事人以放火为手段达到某种目的。这类火灾为当事人故意为之，通常经过一定的策划准备，因而往往缺乏初期救助，火灾发展迅速，后果严重。2022年，全国因放火引发的火灾占到了总数的2%。

8. 其他

除了上述造成建筑火灾的原因以外，因为雷击、静电、地震等引发的次生火灾等，也会导致建筑火灾。

雷击引起的火灾原因可以细分为以下方面：因雷电直接击在建筑物上发生的热效应、机械效应作用等引发火灾；雷电产生的静电感应作用和电磁感应作用引发火灾；雷电沿着电气线路或金属管道系统侵入建筑物内部，因建筑物没有设置可靠的防雷保护措施而引发雷击起火等。

静电通常是由摩擦、撞击而产生的。例如，在工业生产、储运过程中，因摩擦、流送、装卸、喷射、搅拌、冲刷等操作工序而产生的静电聚积，也可引发可燃物燃烧或爆炸等。

地震次生火灾具有突发性、易发性和复杂性等特点，是地震引发的次生灾害中造成灾情最为严重的一种。

（二）建筑火灾的分类

根据不同的分类标准，可以将火灾分为不同的类型。

1. 根据可燃物的类型和燃烧特性分类

根据可燃物的类型和燃烧特性可划分为A、B、C、D、E、F六大类。

（1）A类火灾

A类火灾指固体物质火灾，如：木材、棉、毛、麻、纸张等火灾。这种物质往往具有有机物质性质，一般在燃烧时产生灼热的余烬。日常生活中发生的火灾大部分属于A类火灾。

（2）B类火灾

B类火灾指液体火灾和可溶化固体物质火灾，如：汽油、煤油、原油、甲醇、乙醇、沥青和石蜡等火灾。

（3）C类火灾

C类火灾指气体火灾，如：煤气、天然气、甲烷、乙烷、丙烷、氢气等火灾。

（4）D类火灾

D类火灾指金属火灾，如：钾、钠、镁、铝镁合金等火灾。

（5）E类火灾

E类火灾指带电火灾，即物体带电燃烧的火灾。

（6）F类火灾

F类火灾指烹饪器具内的烹饪物火灾，如：动植物油脂火灾。

2. 根据火灾损失分类

火灾根据其损失大小可以分为特别重大火灾、重大火灾、较大火灾和一般火灾四个等级。

(三) 建筑火灾的发展与蔓延

1. 建筑室内火灾的发展

建筑火灾一般最初发生在建筑内的某个房间或局部区域，然后逐步蔓延到相邻房间或区域，再进一步蔓延至整个楼层，甚至整座建筑物。根据室内火灾温度随时间变化的特点，可以将火灾发展过程大致分为五个阶段，即引燃阶段、增长阶段、轰燃和充分发展阶段、衰减阶段和熄灭阶段。

（1）引燃阶段

在火灾的引燃阶段，火灾范围较小，可燃物刚达到其临界燃烧温度，不会产生高热量辐射及高强度的气体对流，烟气生成量不大，燃烧所产生的有害气体尚未蔓延扩散，是火灾扑救和人员逃生的最好阶段。此阶段的火灾主要依靠设置的火灾探测报警装置和相应的灭火器等器材，通过尽早发现火灾，并把火灾及时控制消灭在起火点。

室内火灾刚发生时，只是起火部位的可燃物及其周围被燃烧引燃的可燃物在燃烧。随着燃烧的继续，可能出现下述三种情况：

①如果可燃物的数量有限，或者初始着火的可燃物与其他可燃物距离较远，甚至处在隔离的状态下，火灾会在最初着火的可燃物质燃烧完后逐步熄灭，不会进一步蔓延。

②如果通风或供氧不足，火灾可能自行熄灭；如果通风条件受限，火灾也可能以较低的燃烧速度缓慢燃烧。

③如果存在足够的可燃物，并且具有良好的通风或供氧条件，火灾会进一步发展蔓延，进入火灾的增长阶段。

（2）火灾增长阶段

如果初期火灾没有得到及时控制，可燃物会继续燃烧，热释放速率不断增大而进入火灾的增长阶段。此时，火灾的燃烧强度增大、速度加快、温度升高，不断分解生成大量烟气，燃烧面积不断扩大。此阶段的火灾，可以利用建筑内设置的自动灭火设施和室内消火栓系统进行控制。

（3）轰燃和充分燃烧阶段

当室内的烟气温度达到600℃以上时，室内绝大多数可燃物均会因热解速度加快、温度超过其临界着火温度而加入火灾的燃烧过程，以致发生轰燃。轰燃作为一种强烈燃烧现象，是火灾由初期的增长阶段向充分发展阶段转变的过渡阶段，持续时间一般较短。轰燃的发生与否，取决于室内的可燃物数量和通风条件，一些高大空间通常难以发生轰燃。

一旦着火房间发生轰燃，火灾即进入充分燃烧阶段。此阶段燃烧强度最大、辐射热量强，燃烧物质分解出大量的燃烧产物，温度和气体对流达到室内的最大值。此阶段，门、窗等可燃易损构件被破坏，形成良好的通风条件，燃烧将逐步趋于稳定。随着燃烧的持续进行，建筑结构受到破坏，进而可能发生变形或倒塌，对建筑的安全构成严重威胁。

火灾的充分燃烧阶段是火灾发展过程中最为危险的阶段，对扑救人员和被困人员的生命安全威胁最大。这一阶段，火灾主要依靠在建筑物内设置具有较高耐火性能的防火分隔物，阻止火灾的蔓延；采用耐火性能较高的建筑结构作为建筑物的承重与围护体系，确保建筑物发生火灾时不倒塌破坏或蔓延至相邻其他建筑物，为灭火救援、疏散逃生和灾后修复等创造条件。

（4）衰减阶段

随着可燃物的燃烧和分解，可燃物的数量不断被消耗、减少，气体对流逐渐减弱，温度逐渐降低，火灾将呈下降趋势而进入衰退阶段。在这一阶段，火场的温度下降速度比较慢，一般把室内平均温度降到温度最高值的80%作为火灾充分燃烧阶段与衰减阶段的分界点。由于此阶段火场内仍能维持一段时间的高温，要特别注意防止"死灰复燃"和建筑结构发生突然变化。

（5）熄灭阶段

当可燃物全部燃尽后，火便自然熄灭，火场温度随之逐渐降低，直至室内外温度趋于一致，宣告火灾结束。

2. 建筑火灾的蔓延方式

建筑火灾的蔓延方式与起火点、建筑材料、物质的燃烧性能和可燃物的数量及火场周围条件等因素有关。室内火灾的常见蔓延方式为直接燃烧（火焰接触、燃烧）、热对流、热辐射、热传导等。火灾向相邻建筑蔓延主要通过热对流、飞火和热辐射三种方式。

各种火灾的蔓延方式在建筑火灾中一般会单独或者组合发生作用，下面简述四种主要的蔓延方式。

（1）热传导

热传导是热量通过直接接触的物体从温度较高部位传递到温度较低部位的现象。温度差是热传导的动力，固体是热传导的主要介质。影响热传导的因素有温度、物体导热能力、导热体厚度、截面积、导热时间等。温差越大、导热体截面积越大、厚度越小、导热时间越长，传导的热量越多。

不同物体有不同的导热性能，导热系数大的物体（如金属）更容易引起与其接触的可燃物的燃烧，成为火灾发展蔓延的途径。

（2）热对流

热对流是热量通过流动介质，由空间的一处传播到另一处的现象。热对流仅发生在流体中，是在液体和气体中进行热传递的特有方式，气体的对流现象比液体明显。对流可分自然对流和强制对流两种。

可燃物着火后，其火羽流通过热对流将热量传递给其他的可燃物，通常夹带有燃烧灰烬，它会增加火灾蔓延的可能性。作为热传递的重要方式，热对流是影响建筑内初期火灾发展的最主要因素。

（3）热辐射

热辐射是物体因自身的温度而向外发射能量的现象。热辐射以电磁辐射的形式发出能量，温度越高，辐射越强。区别于热传导和热对流，热辐射能不依靠任何介质而把热量直接从一个系统传给另一系统。

热辐射是远距离传热的主要方式，是引起火势扩展的主要模式。火焰和烧热的构件都能发出辐射热。辐射热大部分是从火焰发出的，其强度随着火焰温度的增加而变大。一般火场火势最猛烈的时候，也正是火焰辐射能力最强的时候。

火灾在建筑物之间的蔓延主要依靠辐射热的作用。火灾时，辐射热主要从建筑围护结构的洞口向外传播，直接导致建筑火灾蔓延。辐射热受着火建筑及相邻建筑特性的影响，其强度与消防扑救力量、火灾延续时间、可燃物的性质和数量、外墙开口面积的大小、建筑物的长度和高度及气象条件等因素有关。

（4）飞火

在热对流的作用下，有些正在燃烧的物质会借着热对流产生的动力抛向空中，形成飞火。飞火在风力的作用下，可以偏移达数十米，甚至数百米。由于飞火所含的热量少，如果仅仅是飞火落到建筑的可燃物上，也不易形成新的起火点。即便如此，飞火对建筑物火灾蔓延的影响也不能完全忽略。如果飞火和热辐射相配合，往往比单纯的热辐射更容易使相邻的建筑物提前被引着。

3. 建筑火灾的蔓延途径

建筑内某一房间发生火灾时，在火势没有得到有效遏制而迅速发展的情况下，会突破该房间的防火分隔，向其他空间蔓延。火灾的蔓延途径主要包括水平蔓延和竖向蔓延等。

（1）火灾的水平蔓延

在建筑的着火房间内，主要因火焰直接接触、燃烧或热辐射作用等导致火灾在水平方向蔓延。在着火房间外，主要因防火分隔构件直接燃烧、被破坏或隔热作用失效，烟火从着火房间的开口蔓延进入其他空间后，因高温热对流等作用导致火灾在水平方向的蔓延。下列情况是导致建筑火灾在水平方向蔓延的常见情形：

①建筑内水平方向未设置防火分区或防火分隔。

②防火分隔方式不当，导致其不能发挥阻火作用。

③防火墙或防火隔墙上的开口处理不完善。

④采用可燃构件与装饰材料。

在实际工程中，防火隔墙和房间隔墙未砌至楼板下端，或未采用防火门而采用可燃的木质门，或防火门未能及时关闭、防火卷帘不能及时降落，以及防火分隔水幕保护设计不合理等，均会导致火灾的水平蔓延。防止火灾水平蔓延的主要方式有设置防火墙、防火门及防火卷帘等设施将各楼层在水平方向分隔为不同的防火分隔区域。

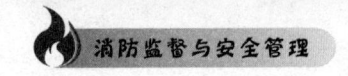

（2）火灾的竖向蔓延

烟囱效应和燃烧是造成火灾竖向蔓延的主要原因。

建筑内部的楼梯间、电梯井、管道井、天井、电缆井、垃圾井、排气道、中庭等竖向通道和空间，往往贯穿整个建筑，如果没有进行合理、完善的防火设计，一旦发生火灾，会产生较强烈的烟囱效应，导致火灾和烟气在竖向迅速蔓延。特别是对于高层建筑，烟囱效应导致的火灾竖向蔓延是使火灾迅速蔓延至整栋建筑的主要途径。防止火灾在建筑内部竖向蔓延主要是对竖向管道进行防火封堵，设置防火门等。

火灾中的高温羽流也会促使火焰蹿出外窗向上层蔓延。一方面，由于火焰与外墙面之间的空气受热逃逸形成负压，周围冷空气的压力致使烟火贴墙面而上，使火焰蔓延到上一层，甚至越层向上蔓延；另一方面，由于火焰贴附外墙面，致使热量透过墙体引燃起火层上面一层房间内的可燃物。建筑的外窗形状、大小对火势蔓延有很大影响。当窗口的高、宽比较小时，火焰或热气流贴附外墙面的现象更明显，使火势更容易向上发展。

火灾还可能沿建筑外墙面竖向蔓延。随着外墙外保温材料在我国建筑上的广泛应用，以及落地窗、幕墙等建筑构件在我国城市的不断涌现，火灾通过建筑外墙大规模蔓延的案例越来越多。

（3）其他蔓延途径

建筑中一些不引人注意的孔洞，有时会造成整座大楼发生燃烧而形成严重火灾。尤其是在现代建筑中，吊顶与楼板之间或幕墙与分隔构件之间的空隙，管道穿越墙体或楼板处、工艺开口等有可能因施工等留下孔洞，而且有的孔洞水平方向与竖直方向互相穿通，使用者往往不知道这些孔洞导致了火灾蔓延隐患的存在，更不会采取相应的防火措施，往往会使小的火灾导致严重的后果。

以火灾通过空调系统管道蔓延为例，通风和空气调节系统的风管是建筑内部火灾发生蔓延的常见途径之一。风管自身起火会使火势向相互连通的空间（房间、吊顶内部、机房等）蔓延。起火房间的火灾和烟气还会通过风管蔓延到建筑物内的其他空间。当建筑空调系统未按规定设置防火阀、风管或风管的绝热材料未按要求采用不燃材料时，都容易造成火灾蔓延。

4. 影响火灾轰燃后的温度—时间关系的主要因素

由于火灾轰燃后对建筑结构会造成不同程度的破坏，甚至使建筑结构失效倒塌，因此，研究、预测火灾轰燃后房间的温度性状，对建筑防火设计具有重大意义。

第一，火灾荷载密度和房间的通风系数是影响室内火灾发展的两个最重要因素；

第二，当房间的通风系数不变时，火灾荷载越大，轰燃后火灾的持续时间越长、温度越高，对建筑物的破坏损伤作用越大，对相应建筑构件的耐火性能要求越高；

第三，当火灾荷载密度不变时，房间的通风系数越大，火灾温度虽高，但轰燃后火灾的持续时间越短，从开口向外散发的热量也越多，对建筑物的破坏损伤作用反而要小，对相应的建筑构件的耐火性能要求可以低些。

二、建筑防火对策

广义上，建筑防火是研究在建筑规划、设计、建造和使用过程中应采取的防止建筑发生火灾和减少建筑火灾危害的技术和方法的一门科学；狭义上，建筑防火是协调和合理确定建筑的被动防火系统、主动防火系统和消防安全疏散系统的设防水准，并通过科学的消防安全管理，实现建筑消防安全目标的过程。进行建筑防火设计的目的在于：降低火灾发生的可能性，减少火灾的蔓延范围；保证建筑内的人员在火灾情况下能够安全疏散；减少火灾导致的人员伤亡、财产损失、环境危害，以及因生产、生活和商业受到影响所产生的损失；为消防人员安全、快速扑救火灾创造有利条件。

（一）建筑防火系统的组成

建筑防火系统由被动防火系统和主动防火系统两大部分构成。被动防火系统包括建筑总平面布局和平面布置、建筑构件耐火与建筑材料防火、防火分隔等；主动防火系统包括在建筑内设置与配置建筑消防给水、灭火设施与器材、火灾报警设施、防排烟设施等。建筑的消防安全疏散系统一般为相对独立的系统，也可笼统归入被动防火系统。

1. 被动防火系统

被动防火系统是根据燃烧的基本原理，由防止物质燃烧条件的产生或削弱燃烧条件的发展、阻止火势蔓延的各种措施构成的体系。通常，该系统是通过控制建筑物内的火灾荷载密度、提高建筑物的耐火等级和材料的燃烧性能、控制和消除点火源、采取分隔措施阻止火势蔓延等方式来实现。

要预防建筑发生火灾和减少建筑火灾，做到预防为主，防患于未然，首先要确保建筑物自身的本质安全。建筑被动防火系统的主要作用在于以下方面：

①将火势及烟气限制在起火的空间内，减少生命及财产损失。
②防止建筑结构的局部破坏或整体垮塌。
③防止火势蔓延至邻近区域或阻止火势从邻近区域蔓延过来。
④尽可能阻止建筑内形成发生火灾的条件。

建筑被动防火系统的设计旨在协调建筑的功能要求，合理确定建筑构件耐受火灾的性能和不同部位建筑或装修材料的燃烧性能，科学划分防火分隔区域和进行平面布置，通常包括建筑平面布置和防火分隔与防火封堵系统的设计、建筑结构或构件的耐火设计、安全疏散系统设计和建筑内外装修装饰（包括外保温系统）的防火设计等。

建筑被动防火系统的设计主要以建筑构造的形式体现，不易移动或改变。在建筑设计时必须认真研究，一次到位，避免在建筑竣工后或在使用过程中因设计缺陷形成难以改造的火灾隐患。

2. 主动防火系统

主动防火系统是由提高建筑的灭火、控火能力，改善人员安全疏散条件的措施构成的体系。其作用在于使建筑发生火灾后能尽早报警并采取措施进行人员疏散和开展灭火行动，将火灾控制在一个较小的状态或空间内，使建筑结构和疏散人员受到保护，主要依靠设置在建筑内、外的消防给水系统、灭火设施、火灾自动报警设施和防烟与排烟设施等来实现。该系统要区别于外部消防救援力量的灭火行动。

建筑主动防火系统对增强建筑自身防护能力，防止和减少火灾损失，确保建筑物的消防安全起着十分重要的作用。建筑主动防火系统的主要作用在于早期发现及扑灭火灾、保障人员安全疏散和减少烟气危害。

建筑主动防火系统的设计通常包括消防给水系统、灭火系统、火灾报警系统、建筑防烟与排烟系统的设计及灭火器材配置等。其设计要综合考虑建筑用途及其重要性、建筑高度与室内空间高度、火灾特性和火灾危险性等因素，合理设置。

（二）建筑防火设计的主要内容

在建筑设计中，设计师既要根据建筑物的使用功能、空间与平面特征和使用人员的特点，采取有效措施尽可能地降低建筑内的火灾荷载，提高建筑的耐火性能，降低建筑和装修材料的燃烧性能，研究本质安全的工艺防火措施和控制火源的措施，防止发生火灾，也要合理确定建筑物的耐火等级和构件的耐火极限，进行必要的防火分隔，并设置合理的安全疏散设施及有效的灭火、报警与防排烟等设施，以控制和扑灭火灾，实现保护人身安全，减少火灾危害的目的。其主要设计内容包括以下四个方面：

1. 总平面布局

总平面布局，应根据建筑物的使用性质、火灾危险性、高度和规模，周围邻近建（构）筑物的特点、地形、水源、道路等环境条件及主导风向等因素进行合理布局，以最大限度地降低建筑物之间的火灾威胁，减小对周围环境和生产、生活条件的不良影响，并能便于灭火救援。其主要设计内容包括以下三点：

①合理确定建筑地址，避免形成更大的二次火灾危害。

②根据建筑的类别、使用性质和火灾危险性等因素，合理确定所设计建筑与周围建（构）筑物的防火间距。

③规划和设置消防车道和救援场地，包括确定消防车道与周围交通系统的关系与连接方式、转弯半径、场地坡度与大小等。

2. 建筑的平面布置与被动防火设计

（1）合理规划功能区域和场所

设计时，应合理规划建筑内不同火灾危险性和使用用途场所的布置位置，处理好与相邻空间及安全疏散系统的关系。火灾危险性大的场所一般要尽量布置在建筑的靠外墙部位或建筑的上部；人员聚集的场所要尽量布置在建筑的下部；避开火灾危险性大的部位，如：柴油发电机房、变电所等。

(2) 确定合适的建筑耐火等级

不同火灾危险性或不同功能的建筑对内部空间和建筑规模、高度的要求不一样，对建筑结构的耐火性能要求也不一样。一般来说，火灾危险大、建筑高度高或使用性质重要的建筑要尽量按照较高耐火等级进行设计。

(3) 确定合理的空间防火分隔

设计时，可以在建筑中采用耐火性较好的分隔构件或其他防火分隔手段将建筑空间分隔成若干区域，结合平面布置和使用功能需要划分合理的防火分区和防火隔间，以实现某一区域起火时能将火灾控制在这一局部区域内的目标。

(4) 建筑内部装修防火设计

该设计应根据建筑的类型、建筑高度和使用性质等，确定建筑内地面、顶棚、墙面等不同部位装修材料和家具、窗饰品等的材料的燃烧性能，减少这些材料被引燃的危险及对火灾的扩大。

(5) 建筑外立面防火设计

该设计是针对建筑的用途和高度，确定外幕墙的材料和防火构造、外墙外保温系统和屋面保温系统中保温材料的燃烧性能和系统的防火构造。

(6) 建筑防爆设计

该设计是对于有爆炸危险的建筑，确定预防形成爆炸环境的措施、抑制发生爆炸的技术措施、减小发生爆炸后爆炸压力破坏作用的措施。

3. 消防给水、灭火系统等主动防火系统的设计

(1) 消防给水系统设计

消防给水系统涉及区域性的供水问题，一般要在区域规划时同步考虑，包括水源、供水管道、加压设施等的设计。

(2) 灭火系统设计

灭火系统设计包括自动灭火系统、室内外消火栓系统的设计。

(3) 火灾自动报警系统设计

火灾自动报警系统设计包括火灾探测系统、火灾报警与警报系统、消防联动控制系统、应急广播系统、电气火灾监控系统和消防控制室的功能设计等。

(4) 烟气控制系统设计

烟气控制系统设计包括防烟分区的划分，防烟和排烟系统设置场所的确定，排烟口或送风口、补风口的设置，排烟管道布置及风量计算等。

(5) 消防泵房及消防供配电系统设计

消防泵房及消防供配电系统设计包括泵房布置、消防电源的负荷等级确定、消防配电线路选型与敷设等的设计。

4. 安全疏散系统设计

安全疏散系统设计是针对不同使用性质的建筑内使用人员的特征和预计疏散人数，合理进行安全疏散系统设计。其主要包括以下四点：

第一，合理规划室内的疏散通道和建筑内的疏散通道，包括疏散路径的确定、疏散通道和疏散通道的宽度、坡度等。

第二，确定足够的疏散出口，包括房间的疏散门和防火分区的安全出口的数量、设置位置、每个出口的净宽度，疏散楼梯的形式与宽度的确定，疏散距离的验算等。

第三，避难区域设计，包括避难层、避难间、避难走道等的大小或宽度、设置位置，防火与防烟措施等。

第四，疏散诱导设施设计，包括疏散指示标志的形式、大小、设置位置和应急照明的照度确定、配电线路敷设等。

第二节　建筑分类及耐火等级

一、建筑构件的耐火性能

建筑构件的耐火性能，是指构件抵抗火烧的能力，包括两个方面的内容：一是构件的燃烧性能，二是构件的耐火极限。

（一）建筑构件燃烧性能分类

建筑构件按其材料的燃烧性能分为三类：不燃性构件、难燃性构件和可燃性构件。

1. 不燃性构件

用不燃烧性材料构成的建筑构件统称为不燃性构件，如：各类钢结构、钢筋混凝土结构、砖石砌体结构构件。

2. 难燃性构件

用难燃烧性材料构成的建筑构件或用可燃材料制作而表面用不燃材料做保护层的构件统称为难燃性构件，如：阻燃木材、塑料制作的构件，木板板条抹灰墙等。

3. 可燃性构件

用可燃烧性材料构成的建筑构件统称为可燃性构件，如：天然木材、竹子等制作的建筑构件。

（二）建筑构件的耐火极限

在标准耐火试验条件下，建筑构件、配件或结构从受到火的作用时起，至失去承载能力或完整性被破坏，或失去隔热作用时止所用的时间称为耐火极限，用小时表示。

1. 标准耐火试验条件

建筑耐火极限是在标准耐火试验炉内测试的。耐火试验必须符合下列条件：

（1）升温条件

耐火试验采用明火加温，使试件受到与实际火灾相似的火焰作用，炉内温度应基本均匀。

（2）试验炉

试验炉是进行耐火试验的基础设施，按适用的建筑构件类型分为墙炉、梁板炉、柱炉。试验炉设计可采用液体或气体燃料，并且应满足以下条件：

①对水平或垂直分隔构件能够使其一面受火。

②柱子的所有轴向侧面都能够受火。

③对不对称墙体能使不同面分别受火。

④梁能够根据要求三面或四面（除加载部位外）受火。

（3）加载装置

试验荷载可根据相关规范依据实际应用或由试验委托者为某一特定用途提供的实际构件荷载确定。加载可采用液压、机械或重物。

加载装置应能够模拟均布加载、集中加载、轴心加载或偏心加载，根据试件结构的相应要求确定加载方式。在加载期间，加载装置应能够维持试件加载量的恒定（偏差在规定值的±5%以内），并且不改变加载的分布。在耐火试验期间，加载装置应能够跟踪试件的最大变形量和变形速率。

（4）测温装置

试验过程中，测温装置一般采用热电偶测量试验炉内、试件背火面、试件内部及外部环境等处的温度。

①炉内热电偶采用符合相关规范规定的丝径为 0.75～2.30mm 的镍铬-镍硅（K 型）热电偶，外罩耐热不锈钢套管或耐热瓷套管，中间填装耐热材料，其热端伸出套管的长度不少于 25mm。试验开始时，热电偶的热端与试件受火面的距离应为（100±10）mm；试验过程中，上述距离应控制在 50～150mm。试验过程中标准规定的温度、单点温度、平均温度及实测温度应能随时显示。

②试件背火面的温度应使用圆铜片式热电偶进行测量。为了良好的热接触，直径为 0.5mm 的热电偶丝应低温焊接或熔焊在厚 0.2mm、直径为 12mm 的圆形铜片上。热电偶可

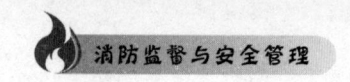

采用符合相关规范规定的镍铬-镍硅（K型）热电偶。每个热电偶覆盖长、宽均为30mm，厚度为（2.0±0.5）mm的石棉衬垫或类似材料。试验过程中，平均温度、单点温度应能随时显示。

③当需要获得试件或特殊配件的内部温度时，应使用符合温度范围和试件材料类型特点的热电偶测量。应把热电偶安装在试件内部选定的部位，但不能因此影响试件的性能。热电偶的热端应保证有50mm以上的一段处于等温区内。

（5）变形测量仪

对于建筑构件的变形情况可使用机械、光学或电子技术仪器进行测量。变形测量仪应与执行标准相一致（如：挠度值的测量或压缩值的测量），且每分钟至少要读取数值并记录一次。应采取各种必要的预防措施以避免测量探头由于受热产生数值漂移。

（6）炉内压力测量探头

测量炉内压力可使用压力测量探头进行。通过T形或管形测量探头对炉内的平均压力值进行监测，并控制炉内压力的变化，使其在试验开始5分钟后压力值为（15±5）Pa，10分钟后压力值为（17±3）Pa。

2. 耐火极限的判定条件

由耐火极限的定义可知，建筑构件耐火极限的判定条件有三个，即失去承载能力、完整性被破坏和失去隔热性。

（1）失去承载能力

失去承载能力是指承重构件承受规定的试验荷载，其变形的大小和速率超过国家规定的极限值。

（2）完整性被破坏

完整性被破坏是指建筑构件（主要针对分隔构件，如：楼板、门窗、隔墙、吊顶等）当其一面受火时，在标准耐火试验中出现穿透性裂缝或穿火孔隙。试件发生以下任一限定情况均认为试件丧失完整性：

①使用新的、未染色的、柔软的脱脂棉纤维构成棉垫，棉垫厚20mm，长度和宽度各为100mm，质量为3~4g，使用前应预先在温度为（100±5）℃的干燥箱内干燥至少30分钟。为便于使用，棉垫应安装在带有手柄的框架内。在试验进行的过程中，发现有可疑的部位时，将棉垫安放在试件该位置表面并贴近裂缝或蹿出火焰的位置，持续30秒或直到棉垫点燃。

②φ6mm的缝隙探棒能够穿过试件进入炉内，并沿裂缝方向移动150mm的长度，或φ25mm的缝隙探棒能够穿过试件进入炉内。

③背火面出现火焰且持续时间超过10秒。

（3）失去隔热性

失去隔热性是指在标准耐火试验条件下，当建筑构件（主要针对分隔构件）某一面受火时，在一定时间内其背火面温度超过标准规定的极限值。试验中，当构件背火面平均温升超过140℃，或背火面任一位置的温升超过180℃时，均认为构件失去隔热性。

建筑构件分为承重构件、分隔构件及具有承重与分隔双重作用的承重分隔构件。每一类构件的耐火极限判定条件不尽相同，在实际应用时，应具体问题具体分析，哪一条件先出现以哪一个条件为判定标准。例如：

①承重构件，如：梁、柱、屋架等。此类构件不具备隔断火焰和过量热传导的功能，所以由失去承载能力单一条件来控制其是否达到其耐火极限。

②分隔构件，如：隔墙、吊顶、门窗等。当构件失去完整性或隔热性时，构件达到其耐火极限。也就是说，这类构件的耐火极限由完整性和隔热性两个条件共同控制。

③承重分隔构件，如：承重墙、楼板、屋面板等。此类构件具有承重分隔双重功能，所以当构件在试验中失去承载能力、完整性被破坏和失去隔热性任何一个条件时，构件即达到其耐火极限。其耐火极限的判定由三个条件共同控制。

构件的耐火极限与构件的材料、截面尺寸、保护层厚度及承载状态等有关，如：无保护钢构件的耐火极限为 0.25 小时；墙的耐火极限随厚度增大，如：180mm 厚普通砖墙或钢砼的承重墙耐火极限为 3.50 小时；钢砼柱的耐火极限随柱截面增大，如：300mm×300mm 的柱，耐火极限为 3.00 小时；钢砼梁、板的耐火极限与主筋保护层厚度有关，如：保护层厚度为 25mm 厚的普通钢砼梁的耐火极限为 2.00 小时，保护层厚度为 15mm 的非预应力钢砼板的耐火极限为 1.00 小时左右，预应力钢砼板的耐火极限大都在 1.00 小时以下；等等。

（三）提高构件耐火极限的措施

1. 影响构件耐火极限的因素

建筑构件耐火极限的判定条件为承载能力、完整性和隔热性。所有影响建筑构件这三种性能的因素都会影响构件的耐火极限。

（1）影响承载能力因素

凡影响构件高温承载力的因素都影响构件的承载能力。

①材料的燃烧性能。可燃材料构件由于本身发生燃烧，截面不断削弱，承载力不断降低。当构件自身承载力小于有效荷载作用下的内力时，构件破坏失去承载能力。所以，木承重构件耐火性总是比钢筋混凝土构件要差。

②有效荷载量值。所谓有效荷载，是指承重构件在耐火试验时构件所承受的实际重力荷载。有效荷载大时，产生的内力大，构件失去承载力的时间短，所以耐火性差；反之则好。

③实际材料强度。由于钢材和混凝土的强度受到多种因素影响，其值是一个随机变量。构件材料实测强度高者，耐火性好；反之则差。

④钢筋混凝土梁支座截面优于跨中截面。因为跨中截面受拉钢筋在下部，受热温度高，强度低，而支座截面正好相反。

⑤钢筋混凝土T形梁、十字形梁、花篮形梁优于矩形梁。由于楼板对火具有屏蔽作用，所以截面上部部分材料温度相对较低，因而强度较大，耐火性较好，尤其是支座截面。

⑥钢筋混凝土梁双排配筋优于单排配筋，二级钢优于一级钢。钢筋直径较大、根数较少时，布置时必然有较多的钢筋位于截面角部，所以温度高、强度低；当钢筋直径较小、根数较多时，布置时较多的钢筋位于截面内侧或双层上部，所以温度低、强度高。二级钢（低合金钢）在温度作用下的强度折减系数要比一级钢（低碳钢）大。

⑦连续梁优于简支梁。简支梁没有多余约束，截面的破坏即构件破坏；而连续梁存在多余约束，截面破坏后尚可产生内力重分布，可延长支撑时间。

⑧钢筋混凝土轴心受压柱优于小偏心受压柱，小偏心受压柱优于大偏心受压柱。由于钢筋混凝土轴心受压构件比小偏心受压构件更多地依赖于混凝土抗压，小偏心受压构件比大偏心受压构件更多地依赖于混凝土抗压，而混凝土在高温时的强度降低幅度比钢筋要小，所以会产生如上承载力优劣排序。

⑨钢筋混凝土偏心受压构件受拉边受到保护时优于受压边受到保护时，原因同样是钢筋比混凝土更不耐火。

⑩钢筋混凝土矩形柱优于T形柱、L形柱、工字形柱、十字形柱。矩形柱侧面面积小于T形、L形、工字形和十字形（截面面积相同时），火灾时换热面积小，构件同样时间内吸收的热量少、温度低、强度高，所以耐火性好。

⑪靠墙柱优于四面受火柱。由于受到墙体屏蔽，靠墙柱部分材料温度低、强度高，所以耐火性好。

⑫截面（宽度）较大者优于较小者。截面较大时，火灾时有较多的材料处于低温区，而截面较小或宽度较小时，火更容易损伤构件的内部材料。

⑬钢筋混凝土构件配筋率低者优于配筋率高者。配筋率高时，构件截面必然小，而钢筋处于截面边缘，其温度高，强度降低幅度又大，所以高配筋率时构件耐火性差。

⑭表面抹灰者优于未抹灰者。由于混凝土和砂浆的导热、导温系数小，构件截面上距离表面越远，其温度越低。因此，抹灰后，构件的温度大幅度降低。

⑮主筋保护层厚度大者优于保护层厚度小者。保护层可有效降低主筋温度。

（2）影响完整性的因素

根据构件的耐火试验结果，凡易发生爆裂、局部破坏穿洞、构件接缝等部位都可能影响构件的完整性。当构件的混凝土含水量较大时，受火时易于发生爆裂，使构件局部穿透，构件完整性被破坏。当构件接缝、穿管处不严密，或填缝材料不耐火时，构件也易于在这些地方形成穿透性裂缝而失去完整性。

（3）影响隔热性的因素

影响建筑构件隔热性的因素主要有两个：一个是材料的导热系数，另一个是构件厚度。材料的导热系数越大，热量越易于传到其背火面，所以隔热性差；反之则好。由于金属的导热系数比混凝土、砖大得多，所以当有金属管道穿过墙体和楼板时，热量会由金属管道传向背火面而导致失去隔热性。由于热量是逐层传导，所以当构件厚度较大时，其背火面达到某一温度的时间就长，隔热性就好。

2. 提高构件耐火性能的措施

依据前述规律，当需要提高构件的耐火性能时，可采取下述措施：

①处理好构件接缝构造，防止发生穿透性裂缝；

②使用导热系数较低的材料，或加大构件厚度以提高其隔热性；

③使用不燃材料；

④采用T形、花篮形和十字形截面梁；

⑤改多跨简支梁为连续梁；

⑥适当加大主筋保护层厚度；

⑦采用低合金钢；

⑧改配较细的钢筋，双排配置，并把较粗的钢筋配于截面中部和上层，较细的钢筋配于截面角部和下层；

⑨增大截面，主要增大截面宽度，降低配筋率；

⑩构件表面抹灰并严守厚度；

⑪可能时，在柱侧面布置墙体以屏蔽热量；

⑫采用截面长高比接近的矩形柱；

⑬采用轴心受压和小偏心受压柱提高混凝土强度等级；

⑭可能时，减小柱偏心距。

（四）钢结构耐火保护方法

相对于混凝土结构，钢结构具有重量轻、强度大的特点，在超高层建筑、大跨度空间结构及特种结构中得到了广泛应用。但无耐火保护的钢结构在火灾高温作用下强度迅速下降，变形加大，耐火极限只有0.25小时。也就是说，无耐火保护的钢结构，15分钟就会发生倒塌破坏。因此，在建设工程中，必须对钢结构进行耐火保护。目前，国内外研发了多种钢结构耐火保护方法。这些保护方法从原理上来说分为两类，即截流法和疏导法。

1. 截流法

截流法的原理是截断或阻滞火灾产生的热流量向构件的传输，从而使构件在规定的时间内温升不超过其临界温度而保证稳定。具体做法是在构件表面设置一层保护材料，使火灾高温首先传给这些保护材料，再由保护材料传给钢构件。因此，所选保护材料的导热系

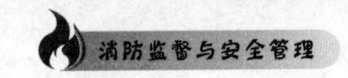

数一般较小，能很好地阻滞热流向构件的传输，从而起到保护作用。截流法又分为喷涂法、包封法、屏蔽法和水喷淋法。

（1）喷涂法

喷涂法是用喷涂机具将防火涂料直接喷涂在构件表面，形成保护层。喷涂的涂料厚度必须达到设计厚度，节点部位应适当加厚。喷涂场地要求、构件表面处理、接缝填补、涂料配制、喷涂次数、质量控制及验收等均应符合国家标准。

当遇到下列情况之一时，涂层内应设置与构件连接的钢丝网，以确保涂层牢固：

①承受冲击震动的梁；

②设计涂层厚度大于40mm；

③涂料黏结强度小于0.05MPa；

④腹板高度大于1.5m的梁。

喷涂法适用范围最为广泛，可用于任何一种钢构件的耐火保护。

（2）包封法

包封法是用防火材料把构件包裹起来。包封材料有防火板材、混凝土或砖、钢丝网抹耐火砂浆等。板材包封法适合于梁、柱、压型钢板楼板的保护。对于柱，也可采用混凝土或砖包封。当采用混凝土包封时，混凝土中应布置一些细钢筋或钢网片以防爆裂。对梁或柱，也可用钢丝网外抹耐火砂浆进行保护。

包封法适用于梁、柱和压型钢板楼板的保护。

（3）屏蔽法

屏蔽法是把钢构件包藏在耐火材料组成的墙体或吊顶内，主要适用于屋盖系统的保护。吊顶的接缝、孔洞处应严密，防止蹿火。

（4）水喷淋法

水喷淋法是在结构顶部设喷淋给水管网，发生火灾时，自动启动（或手动）开始喷淋，在构件表面形成一层连续流动的水膜，从而起到保护作用。

上述这些方法的共同特点是设法减小传到钢构件上的热流量，因而称为截流法。

2. 疏导法

与截流法不同，疏导法允许热流量传到构件上，然后设法把热量导走或消耗掉，同样可使构件温度升高不至于超过其临界温度，从而起到保护作用。

疏导法目前仅有充水冷却保护这一种方法。该方法是在空心封闭截面中（主要是柱）充满水，火灾时构件把从火场中吸收的热量传给水，依靠水的蒸发消耗热量或通过循环把热量导走，构件温度便可维持在100℃左右。从理论上来说，这是钢结构耐火保护最有效的方法。该系统工作时，构件相当于盛满水的被加热的容器，像烧水锅一样工作。只要补充水源，维持足够水位，由于水的比热和气化热均较大，构件吸收的热量将源源不断地被消耗掉或导走。充水冷却保护法的工作原理是：冷却水可由高位水箱或给水管网提供，也可由消防车补充；水蒸气由排气口排出；当柱高度较大时，可分成几个循环系统，以防止水压过大；为防止锈蚀或水的冻结，水中应添加阻锈剂和防冻剂。

水冷却法既可单根柱自成系统，又可多根柱联通。前者仅依靠水的蒸发耗热，后者既能蒸发耗热，又能借水的温差形成循环，把热量导向非火灾区温度较低处。

二、建筑物耐火等级

耐火等级是衡量建筑物耐火程度的分级标准。规定建筑物的耐火等级是建筑设计防火技术措施中最基本的措施之一。对于不同类型、性质的建筑物提出不同的耐火等级要求，可做到既有利于消防安全，又有利于节约基本建设投资。

建筑物具有较高的耐火等级，可以起到以下几个方面的作用：在建筑物发生火灾时，确保其在一定的时间内不被破坏，不传播火灾，延缓和阻止火势的蔓延；为人员安全疏散提供必要的疏散时间，保证建筑物内人员安全脱险；为消防人员扑救火灾创造条件；为建筑物火灾后修复和重新使用提供可能。

（一）影响耐火等级选定的因素

对于不同性质、不同类型的建筑应提出不同的耐火等级要求。选定建筑物耐火等级应考虑以下几个因素：

1. 建筑物的重要性

建筑物的重要程度是确定其耐火等级的重要因素。对于性质重要，功能、设备复杂，规模大，建筑标准高的建筑，如：国家机关重要的办公楼、中心通信枢纽大楼、中心广播电视大楼、大型影剧院、礼堂、大型商场、重要的科研楼、藏书楼、档案楼、高级旅馆等，其耐火等级应选定一、二级。由于这些建筑一旦发生火灾，往往经济损失大、人员伤亡大、政治影响大。因此，要求其有较高的耐火能力是非常必要的。

2. 火灾危险性

建筑物的火灾危险性大小对选定其耐火等级影响很大，特别是工业建筑。对火灾危险性大的建筑，为保证其在一定时间不倒塌，应选定较高的耐火等级。

3. 建筑高度

建筑物越高，火灾时人员疏散和火灾扑救越困难，造成的损失也越大。对高度较大的建筑物选定较高的耐火等级，提高其耐火能力，可以确保其在火灾条件下不发生倒塌破坏，给人员安全疏散和消防扑救创造有利条件。

建筑高度的计算应符合下列规定：

①建筑屋面为坡屋面时，应为建筑室外设计地面至檐口与屋脊的平均高度。

②建筑屋面为平屋面（包括有女儿墙的平屋面）时，应为建筑室外设计地面至屋面面层的高度。

③同一座建筑有多种形式的屋面时，应按上述①、②的方法分别计算后，取其中最大值。

④对于台阶式地坪，当位于不同高度地坪上的同一建筑之间有防火墙分隔，各自有符合规范规定的安全出口，且可沿建筑的两个长边设置贯通式或尽头式消防车道时，可分别计算各自的建筑高度。否则，应按其中建筑高度最大者确定。

⑤局部突出屋顶的瞭望塔、冷却塔、水箱间、微波天线间或设施、电梯机房、排风和排烟机房及楼梯出口小间等辅助用房占屋面面积不大于1/4者，可不计入建筑高度。

⑥对于住宅建筑，设置在底部且室内高度不大于2.2m的自行车库、储藏室、敞开空间，室内外高差或建筑的地下或半地下室的顶板面高出室外设计地面的高度不大于1.5m的部分，可不计入建筑高度。

4. 火灾荷载

火灾荷载大的建筑物发生火灾后，火灾持续燃烧时间长、燃烧猛烈、火灾温度高，对建筑结构的破坏作用大。为了保证火灾荷载较大的建筑物在发生火灾时不致过早发生倒塌破坏，应相应地提高其耐火等级，使建筑构件具有较高的耐火性能。

（二）民用建筑的耐火等级

1. 民用建筑分类

民用建筑可分为单层、多层民用建筑和高层民用建筑。高层民用建筑是指建筑高度大于27m的住宅建筑和其他建筑高度大于24m的非单层民用建筑。而高层民用建筑又可分为一类高层民用建筑和二类高层民用建筑。除另有规定外，宿舍、公寓等非住宅类居住建筑的防火要求，应符合国家标准；在高层建筑主体投影范围外，与建筑主体相连且建筑高度不大于24m的附属建筑称为裙房，裙房的防火要求应符合有关高层民用建筑的规定。

2. 民用建筑耐火等级确定

民用建筑的耐火等级可分为四级。民用建筑的耐火等级应根据其建筑高度、使用功能、重要性和火灾扑救难度等确定，并应符合下列规定：

第一，地下、半地下建筑（室）发生火灾后，热量不易散失，温度高、烟雾大，燃烧时间长，疏散和扑救难度大，故对其耐火等级要求高；一类高层民用建筑发生火灾，疏散和扑救都很困难，容易造成大的损失或人员伤亡。因此，地下或半地下建筑（室）和一类高层建筑的耐火等级不应低于一级。

第二，重要公共建筑对某一地区的政治、经济和生产活动及居民的正常生活有很大影响，须尽量减小火灾对建筑结构的危害，以便尽快恢复，避免造成更严重的后果，故规定重要的公共建筑应采用一、二级耐火等级的建筑。考虑到高层民用建筑与裙房在重要性和扑救、疏散难度等方面虽然有所差别，但裙房的耐火能力也应与主体相当。结合当前的工程实践情况，规定裙房及二类高层建筑的耐火等级不应低于二级。

3. 民用建筑构件的耐火极限和燃烧性能要求

建筑物耐火等级是由组成建筑物的墙、柱、梁、楼板、屋顶承重构件和吊顶等主要建筑构件的燃烧性能和耐火极限所决定的。

（1）构件耐火极限值的确定原则

在建筑结构中，楼板直接承受着人和物品等的重量，并将之传给梁、墙、柱等构件，是一个最基本的承重构件。因此，在划分建筑物耐火等级时是以楼板的耐火极限为基准的。将各级耐火等级建筑物中楼板的耐火极限确定以后，其他建筑构件的耐火极限则根据其在建筑结构中的重要性，与楼板相比较而确定。在建筑结构中所占的地位比楼板重要者，如：梁、柱、承重墙等，其耐火极限高于楼板；比楼板次要者，如：隔墙、吊顶等，其耐火极限低于楼板。楼板耐火极限值的选定，是以我国火灾发生的实际情况和建筑构件构造特点为依据的。此外，建筑物中大量使用的普通钢筋混凝土空心楼板，保护层厚度多为10mm，其耐火极限约为1.00小时；现浇整体式钢筋混凝土梁板的耐火极限大都在1.50小时以上。因此，将二级耐火等级建筑物的楼板的耐火极限选定为1.00小时；一级耐火等级的选定为1.50小时；三级耐火等级的选定为0.50小时；而四级耐火等级的楼板可由可燃性材料构造，对耐火极限不做要求。

其他建筑构件的耐火极限，以二级耐火等级建筑物为例，楼板由梁来支承，梁的耐火极限应比楼板高，选定为1.50小时；而梁又由柱或墙来支承，所以它们的耐火极限应比梁高，选定为2.50~3.00小时，依此类推。

（2）构件燃烧性能特点

概括地说，一级耐火等级建筑物的主要建筑构件全部为不燃性构件；二级耐火等级建筑物的主要建筑构件，除吊顶为难燃性构件外，其余为不燃性构件；三级耐火等级建筑物的屋顶承重构件为难燃性构件，房间隔墙和吊顶为难燃性构件，其余为不燃性构件；四级耐火等级建筑物除防火墙为不燃性构件外，其余构件为难燃性构件或可燃性构件。根据各级耐火等级中建筑构件的燃烧性能和耐火极限特点，可大致判定不同结构类型建筑物的耐火等级。一般来说，钢筋混凝土结构和砖混结构建筑可基本确定为一、二级耐火等级；砖木结构民用建筑可基本确定为三级耐火等级；以木柱、木屋架承重及以砖石等不燃烧或难燃烧材料为墙的建筑可确定为四级耐火等级。

（3）民用建筑耐火等级确定的特殊规定

①建筑高度大于100m的民用建筑，其楼板的耐火极限不应低于2.00小时。对于上人屋面的耐火极限除应考虑其整体性外，还应考虑应急避难人员在屋面上停留时的实际需要。因此，一、二级耐火等级建筑的上人平屋顶，其屋面板的耐火极限分别不应低于1.50

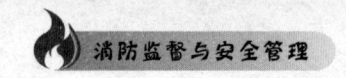

小时和 1.00 小时。

②一、二级耐火等级建筑的屋面板应采用不燃材料，但屋面防水层可采用可燃材料。

③二级耐火等级建筑内采用难燃性墙体的房间隔墙，其耐火极限不应低于 0.75 小时；当房间的建筑面积不大于 100m² 时，房间的隔墙可采用耐火极限不低于 0.50 小时的难燃性墙体或耐火极限不低于 0.30 小时的不燃性墙体。

此外，对于预应力钢筋混凝土楼板来说，其具有重量轻、经济意义大，但是耐火性能差的特点，在火灾情况下破坏发生得早、来得突然。因此，二级耐火等级多层住宅建筑内采用预应力钢筋混凝土的楼板，其耐火极限不应低于 0.75 小时。

④二级耐火等级建筑内采用不燃材料的吊顶，其耐火极限不限。为防止吊顶受火作用塌落而影响人员疏散，避免火灾通过吊顶蔓延，三级耐火等级的医疗建筑、中小学校的教学建筑、老年人建筑及托儿所、幼儿园的儿童用房和儿童游乐厅等儿童活动场所的吊顶，应采用不燃材料；当采用难燃材料时，其耐火极限不应低于 0.25 小时。二、三级耐火等级建筑中门厅、走道的吊顶应采用不燃材料。

⑤建筑内预制钢筋混凝土构件的节点外露部位，应采取防火保护措施，且节点的耐火极限不应低于相应构件的耐火极限。

（三）工业建筑的耐火等级

工业建筑的耐火等级主要是根据生产的火灾危险性分类和储存物品的火灾危险性分类确定的。此外，还考虑了建筑物的规模和高度等。

1. 生产的火灾危险性分类

生产的火灾危险性分类是按照生产过程中使用或产生物质的性质及其数量等因素划分的，共分为甲、乙、丙、丁、戊五个类别。

实际生产过程中，同一座厂房或厂房的任一防火分区内可能有不同火灾危险性质的生产，此时，厂房或防火分区内的生产火灾危险性类别应按火灾危险性较大的部分确定；当生产过程中使用或产生易燃、可燃物的量较少，不足以构成爆炸或火灾危险时，可按实际情况确定。当符合下述条件之一时，可按火灾危险性较小的部分确定：

第一，火灾危险性较大的生产部分占本层或本防火分区面积的比例小于 5% 或丁、戊类厂房内的油漆工段小于 10%，且发生火灾事故时不足以蔓延至其他部位或火灾危险性较大的生产部分采取了有效的防火措施。

第二，丁、戊类厂房内的油漆工段，当采用封闭喷漆工艺，封闭喷漆空间内保持负压、油漆工段设置可燃气体探测报警系统或自动抑爆系统，且油漆工段占其所在防火分区面积的比例不大于 20%。

2. 储存物品的火灾危险性分类

储存物品的火灾危险性是根据储存物品的性质和储存物品中的可燃物数量等因素，以及储存过程中的火灾危险性进行分类的，共分为甲、乙、丙、丁、戊五个类别。

当同一座仓库或仓库的任一防火分区内储存不同火灾危险性物品时，仓库或防火分区的火灾危险性应按火灾危险性最大的物品确定。

丁、戊类储存物品仓库的火灾危险性，当可燃包装重量大于物品本身重量的1/4或可燃包装体积大于物品本身体积的1/2时，应按丙类确定。

3. 工业建筑耐火等级的确定

①使用或储存特殊贵重的机器、仪表、仪器等设备或物品的建筑，其耐火等级应为一级。"特殊贵重的设备或物品"，是指价格昂贵、稀缺的设备、物品，或影响生产全局，或影响正常生活秩序的重要设施、设备，主要有以下三类：

a. 价格昂贵、损失大的设备。

b. 影响工厂或地区生产全局或影响城市生命线供给的关键设施，如：热电厂、燃气供给站、水厂、发电厂、化工厂等的主控室，失火后影响大、损失大、修复时间长，也应认为是"特殊贵重"的设备。

c. 特殊贵重物品，如：货币、金银、邮票、重要文物、资料、档案库及价值较高的其他物品。

②高层厂房是指两层以上，且建筑高度超过24m的厂房。高层厂房一旦发生火灾，扑救困难，损失大。因此，高层厂房，甲、乙类厂房的耐火等级不应低于二级；但对于建筑面积不大于300m²的独立甲、乙类单层厂房，在发生火灾后造成的损失不大，且不至于危及周围建筑安全的条件下，可采用三级耐火等级的建筑。

③单层、多层丙类厂房，多层丁、戊类厂房的耐火等级不应低于三级。

④使用或产生丙类液体的厂房和有火花、赤热表面、明火的丁类厂房，因其有高温或明火，容易引发火灾。对于三级耐火等级建筑，如：屋顶承重构件采用木构件或钢构件，难以承受经常的高温烘烤，因此，其耐火等级均不应低于二级；当为建筑面积不大于500m²的单层丙类厂房或建筑面积不大于1000m²的单层丁类厂房时，可采用三级耐火等级的建筑。

⑤锅炉房属丁类明火厂房，根据有关锅炉房案例分析，燃油、燃气锅炉房的火灾事故比燃煤的多，损失也严重，所发生火灾中的绝大多数是三级耐火等级建筑。因此，锅炉房的耐火等级不应低于二级；当为燃煤锅炉房且锅炉的总蒸发量不大于4t/h时，可采用三级耐火等级的建筑。

⑥油浸变压器是一种多油电器设备，当它长期过负荷运行或发生故障产生电弧时，易因油温过高而着火或产生电弧使油剧烈气化，可能使变压器外壳爆裂酿成事故，故运行中的变压器存在燃烧或爆裂的可能。因此，油浸变压器室、高压配电装置室的耐火等级不应低于二级。

⑦高架仓库是指货架高度超过7m的机械化操作或自动化控制的货架仓库，其共同特

点是货架密集、间距小，货物存放高度高，储存物品数量大，疏散扑救困难。高层仓库是指两层以上，且建筑高度超过24m的仓库，具有储存物资集中、价值高、危险性大、灭火和物资抢救困难等特点。甲、乙类物品仓库起火后，燃烧速度快、火势猛烈，其中有不少物品还会发生爆炸，危险性高、危害大。为了保障上述几类仓库在火灾时不会很快发生倒塌，并为扑救赢得时间，尽量减少火灾损失，高架仓库、高层仓库、甲类仓库和多层乙类仓库的耐火等级不应低于二级。

⑧单层乙类仓库，单、多层丙类仓库和多层丁、戊类仓库的耐火等级不应低于三级。

⑨粮食库中储存的粮食属于丙类储存物品，目前，大部分采用了先进的技术手段控制其温、湿度，但在熏蒸和倒运过程中仍存在危险，火灾的表现以阴燃和产生大量热量为主。对于大型粮食储备库和筒仓，目前主要采用钢结构和钢筋混凝土结构。所以，粮食筒仓的耐火等级不应低于二级。二级耐火等级的粮食筒仓可采用钢板仓。

⑩粮食平房仓的耐火等级不应低于三级；二级耐火等级的散装粮食平房仓可采用无防火保护的金属承重构件。

4. 工业建筑构件的耐火极限和燃烧性能要求

①甲、乙类厂房和甲、乙、丙类仓库一旦着火，燃烧时间较长、燃烧过程中释放的热量巨大，防火分区除应采用防火墙进行分隔外，防火墙的耐火极限还要求适当提高。

②一、二级耐火等级的单层厂房（仓库）的柱，其耐火极限分别不应低于2.50小时和2.00小时。

③由于甲、乙、丙类液体燃烧速度快、热量大、温度高，又不宜用水扑救，对无保护的金属柱和梁威胁较大，因此，有必要对使用和储存甲、乙、丙类液体或可燃气体的厂房和仓库有所限制。对于火灾危险性较低的场所也要考虑局部高温或火焰对建筑金属构件的影响（钢结构在高温条件下存在强度降低和蠕变现象），而采取必要的保护措施。

对于采用自动灭火系统全保护的一级耐火等级单、多层厂房（仓库）的屋顶承重构件，其耐火极限不应低于1.00小时。这里的"自动灭火系统"，要求该灭火系统能有效保护采用无防火保护的金属结构构件的全部部位，对于厂房（仓库）内虽设置了自动灭火系统，但当这些构件无保护作用时，仍须对这些构件进行防火保护。

除一级耐火等级的建筑外，设置自动灭火系统的多层丙类厂房的屋顶承重构件和设置自动灭火系统的单层丙类厂房及单、多层丁、戊类厂房（仓库），其建筑的梁、柱、屋顶承重构件可采用无防火保护的金属结构，其中能受到甲、乙、丙类液体或可燃气体火焰影响的部位，应采取外包覆不燃材料或其他防火保护措施。

④非承重外墙和屋面在工业建筑中主要起保温隔热和防风、防雨的作用。采用铝板、其他金属板、钢面夹芯板、砂浆面钢丝夹芯板等做非承重墙体和屋面，具有投资小、施工期限短的优点。但这些类型的围护构件耐火性能差。因此，对这类板材的适用范围应进行限制，降低其火灾危险性。除甲、乙类仓库和高层仓库外，一、二级耐火等级建筑的非承

重外墙，当采用不燃性墙体时，其耐火极限不应低于 0.25 小时；当采用难燃性墙体时，不应低于 0.50 小时。

对于 4 层以下的一、二级耐火等级丁、戊类地上厂房（仓库）的非承重外墙，当采用不燃性墙体时，其耐火极限不限；当采用难燃性轻质复合墙体时，其表面材料应为不燃材料，内填充材料的燃烧性能不应低于 B2 级。

⑤二级耐火等级厂房（仓库）内的房间隔墙，当采用难燃性墙体时，其耐火极限应提高 0.25 小时。

⑥二级耐火等级多层厂房和多层仓库中采用的预应力钢筋混凝土楼板，其耐火极限不应低于 0.75 小时。

⑦一、二级耐火等级厂房（仓库）的上人平屋顶，其屋面板的耐火极限分别不应低于 1.50 小时和 1.00 小时。

⑧一、二级耐火等级厂房（仓库）的屋面板应采用不燃材料，但屋面防水层和绝热层可采用可燃材料；当为 4 层以下的丁、戊类厂房（仓库）时，屋面板可采用难燃性轻质复合板，但板材的表面材料应为不燃材料，内填充材料的燃烧性能不应低于 B2 级。

⑨二级耐火等级建筑采用不燃材料的吊顶，其耐火极限不限。

第三节　建筑材料燃烧性能

一、概述

建筑材料是基本建设的重要物质基础之一。在火灾情况下，由于高温和明火的作用，建筑材料通常呈现出与常温状态不同的特性，这些特性往往直接影响到建筑物的火灾危险性大小。因此，必须研究建筑材料在火灾高温下的各种特性，以便在设计中科学、合理地选用建筑材料，预防火灾发生，减少火灾损失。

（一）对火反应特性的概念

建筑材料及其制品遇火燃烧时所发生的一切物理和（或）化学变化，统称为建筑材料的对火反应特性，即建筑材料及制品的燃烧性能。

在研究材料的对火反应特性时，通常较为关注火灾早期（室内火灾轰燃前）材料的燃烧特性，如：着火特性、热释放特性、火焰蔓延特性、烟气特性（毒性）等。

我国制定了一系列国家标准，明确规定了材料对火反应特性试验的具体方法和要求。这些试验是在可控的实验室条件下，对材料及其制品进行对火特性的测定和评价，其结果不能简单等同于材料在真实火灾条件下的对火反应特性，但对理解材料在真实火灾条件下

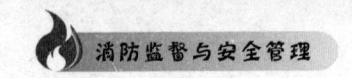

的对火反应特性有相当重要的参考意义，并可以作为材料燃烧性能分级的评价指标。

（二）对火反应特性的相关指标

1. 着火特性

材料在热辐射或明火的作用下会发生燃烧，这一特性即为材料的着火特性。根据材料的理化性能差异，不同的材料具有不同的点火能量要求。

在对火反应特性试验中，材料试样火焰熄灭处的热辐射通量或试验 30 分钟时火焰传播到最远处的热辐射通量，称为临界热辐射通量（CHF）。这一指标被视为点燃该建筑材料所需要的最低点火能量，是材料着火特性的重要指标，也是材料燃烧性能分级的重要判据之一。

根据材料燃烧性能分级的需要，材料着火特性的测定有不同的试验方法。根据建筑材料的受热状态，既可以采用辐射热源对材料进行测定，也可以采用点状小火焰作为点火源，对材料试样进行点火试验。

2. 热释放特性

材料在燃烧过程中会放出热量，这一特性称为材料的热释放特性。

可以依据国家标准来测定材料热值（单位质量材料完全燃烧所产生的热量）和总热值（单位质量材料完全燃烧，且燃烧产物中所有的水蒸气凝结成水时所释放出的全部热量）；也可以测定材料试样在试验过程中特定时刻的燃烧热释放量（THR）。例如，材料试样受火于主燃烧期最初 600 秒内总的热释放量，标记为 THR。

另外，材料试样燃烧的热释放速率（HRR）也是重要的对火反应特性指标之一。习惯上，将试样燃烧的热释放速率值与其对应时间比值的最大值，称为燃烧增长速率指数（FIGRA），并将试样 THR 值分别达到 0.2MJ 和 0.4MJ 时刻的燃烧热增长指数标记为 $FIGRA_{0.2MJ}$ 和 $FIGRA_{0.4MJ}$，这些指标均为材料燃烧性能分级的重要指标。

3. 火焰蔓延特性

火焰在材料表面的蔓延现象，可由火焰横向蔓延指标（LFS）进行判定。在规定的试验条件下，试验开始后 25 分钟内，持续火焰达到水平板状试样边缘处并持续 5 秒，即认为实验中存在火焰横向传播现象，并列入燃烧性能分级判定的依据之一。

在燃烧试验过程中，从试样上分离脱落的物质或微粒称为燃烧滴落物、微粒。这些燃烧滴落物、微粒会带来燃烧的蔓延扩大，并影响到"燃烧滴落物、微粒等级"的判定。

4. 烟气特性

材料燃烧过程中通常会释放出一定量的火灾烟气，烟气生成的速度、浓度、成分等因素，决定了材料燃烧过程中的烟气特性。

通过对火反应试验，可以测定材料试样在燃烧过程中的总产烟量（TSP）和产烟率

(SPR)。材料试样燃烧时烟气的产生速率与其对应时间比值的最大值,称为烟气生成速率指数(SMOGRA),该指数是判定材料燃烧性能的指标之一。

可以通过测量材料燃烧产生的烟气中固体尘埃对光的反射而造成的光通量的损失来评价烟密度的大小,进而测定材料燃烧或分解的最大烟密度值和材料的烟密度等级。

烟气中有毒有害物质引起损伤或伤害的程度,称为烟气毒性,应依据国家标准来进行试验测定。

(三)材料及其制品的形态对特性的影响

在研究建筑材料及其制品的对火反应特性时,除了关注相应特性项目的测量指标外,还应注意到不同形态、不同功能的材料及其制品,其对火反应特性的测定内容、测定方法也会有所不同。

从制品形态上,平板状建筑材料最为常见。例如,管状绝热材料和铺地材料的形态及功能与平板状建筑材料不同,因而需要分别采用不同的试验方法。

从制品质地上,有均质制品和非均质制品之分。均质制品通常为单一物质或均匀分布的混合物,如:金属、石材、混凝土、矿物纤维、聚合物等;非均质制品是指不满足均质制品的定义,由一种或多种主要和次要组分组成的制品。

只有根据建筑材料及其制品的不同特点,选择适用的对火反应试验标准和特性指标,才能更为有效、更有针对性地进行材料及其制品对火反应特性的研究。

二、建筑钢材的高温性能

钢材虽然属于不燃性材料,但其耐火性能很差。在火灾高温下,建筑钢材的各项物理力学性能会发生变化。

钢材的伸长率和截面收缩率随着温度升高总的趋势是增大的,表明高温下钢材的塑性性能增大,易于产生变形;弹性模量随温度升高而降低,但降低的幅度与钢材的种类和强度级别没有太大关系;在高温下钢材强度随温度升高而降低,降低的幅度因温度条件及钢材种类的不同而不同。

在建筑结构中,广泛使用的普通低碳钢的高温抗拉强度值会随着温度变化而变化。普通低碳钢的高温抗拉强度在温度为250℃~300℃达到最大值(由于蓝脆现象,强度比常温时略有提高);温度超过350℃时,强度开始大幅度下降;在温度为500℃时,约为常温时的1/2;温度为600℃时,约为常温时的1/3。

普通低碳钢在受热的情况下,随着温度的升高,曲线形状发生很大变化:在室温下钢材屈服平台明显,并呈现锯齿状;温度升高,屈服平台降低,且原来呈现的锯齿状逐渐消失;当温度超过400℃时,低碳钢特有的屈服点消失,呈现出硬钢的特性。

普通低合金钢在高温下的强度变化与普通碳素钢基本相同，在250℃~300℃的温度范围内强度增加，当温度超过300℃后，强度逐渐降低。

冷加工钢筋是普通钢筋经过冷拉、冷拔、冷轧等加工强化过程得到的钢材，其内部晶格构架发生畸变，强度增加而塑性降低。这种钢材在高温下，内部晶格的畸变随着温度升高而逐渐恢复正常，冷加工所提高的强度也逐渐减少和消失，塑性得到一定恢复。因此，在相同温度下，冷加工钢筋强度降低值比未加工钢筋大很多。当温度达到300℃时，冷加工钢筋强度降低约30%；温度达到400℃时强度急剧下降，降低约50%；温度达到500℃左右时，其极限屈服强度接近甚至小于未冷加工钢筋在相应温度下的强度。

高强钢丝适用于预应力钢筋混凝土结构。它属于硬钢，没有明显的屈服极限。在高温下，高强钢丝的抗拉强度的降低比其他钢筋更快。当温度在150℃内时，强度不降低；温度达到350℃时，强度降低约50%；温度达到400℃时，强度下降约60%；温度达到500℃时，强度下降80%以上。

预应力钢筋混凝土构件由于所用的冷加工钢筋和高强钢丝，在火灾高温下强度降低明显大于普通低碳钢筋和低合金钢筋。因此，预应力钢筋混凝土结构的耐火性能远低于非预应力钢筋混凝土结构。

三、混凝土的高温性能

混凝土是由胶凝材料、水和粗、细骨料按适当比例配合拌制，经一定时间硬化而成的人造石材。最常见的混凝土是以水泥为胶凝材料的普通混凝土。普通的水泥混凝土中，粗、细骨料共占容积的70%~80%，骨料比较坚硬，体积稳定性好，在混凝土中起骨架作用；水泥和水构成的水泥浆占容积的20%~30%，硬化后的水泥石本身具有强度，同时具有黏结性，可以把细骨料和粗骨料黏结在一起。

在温度上升的情况下，混凝土内部水分蒸发并发生热膨胀，密度降低，这种变化在很大程度上决定了混凝土的各项高温性能，特别是力学特性的变化情况。

（一）混凝土高温下的热学性质

普通混凝土在常温下的导热系数约为1.63W/m·K，随着温度的升高，导热系数减小，在温度500℃时为常温的80%，在1000℃时只有常温的50%。

混凝土在温度升高时，比热缓慢增大。经验上，在火灾高温下混凝土的比热可取值为921J/kg·K。

（二）混凝土的高温力学性能

1. 抗压强度

混凝土抗压强度随温度升高而变化，混凝土在温度低于300℃的情况下，温度升高对强度影响不大，甚至出现高于常温强度的现象；在高于300℃后，强度随温度升高明显降低；当温度为600℃时，强度降低约50%；当温度为800℃时，降低约80%。大量试验结果表明，混凝土在热作用下，当温度超过300℃以后，抗压强度基本呈直线下降。

火灾时，消防用水急骤地射到高温混凝土结构表面，也会使混凝土结构产生严重破坏。在火灾高温作用下，当混凝土结构表面温度达到300℃左右时，其内部深层温度依然较低，消防水射到混凝土结构表面后，急剧冷却会使表面的混凝土中产生很大的收缩应力，因而构件表面出现很多由外向内的裂缝；当混凝土温度超过500℃以后，从混凝土中游离的CaO遇到喷射的水流，发生水化，体积迅速膨胀，造成混凝土强度急剧下降。

2. 抗拉强度

在火灾高温条件下，混凝土的抗拉强度随着温度升高而明显下降，下降幅度比抗压强度大10%~15%。当温度超过600℃后，混凝土抗拉强度则基本丧失。混凝土抗拉强度下降的原因是由高温下水泥石中的微裂缝造成的。

3. 黏结强度

对于钢筋混凝土结构而言，在火灾高温作用下，钢筋和混凝土之间黏结强度的变化对其承载力影响很大。钢筋混凝土结构受热时，其中的钢筋膨胀，由于水泥石中产生的微裂缝和钢筋的轴向错动，会导致钢筋与混凝土之间的黏结强度下降。对于螺纹钢来说，由于其表面凹凸不平，与混凝土间的机械咬合力较大，因此，在升温过程中黏结强度下降较少。

4. 弹性模量

混凝土在高温下弹性模量降低明显，呈现明显的塑性状态，形变增加。试验结果表明，在50℃的温度范围内，混凝土的弹性模量基本没有下降，之后到200℃之间下降明显，200℃~700℃之间基本呈线性降低。弹性模量降低的主要原因是水泥石与骨料在高温时产生差异，两者之间出现裂缝，组织松弛，混凝土发生脱水现象，使其内部孔隙率增加。

（三）混凝土的高温爆裂

在火灾初期，混凝土构件受热面层发生的块状爆炸性脱落现象，称为混凝土的爆裂。爆裂具有突发性，并伴随着大小不同的响声，可发生在局部，也可能涉及较大面层。影响爆裂的因素有混凝土的含水率、密实性、骨料的性质、加热的速度、构件施加预应力的情况及约束条件等。

混凝土的爆裂在很大程度上决定着钢筋混凝土结构的耐火性能，尤其是预应力混凝土结构。混凝土的爆裂会导致构件截面减小和钢筋直接暴露于火中，造成构件承载力迅速降低，甚至失去支持能力，发生倒塌破坏。此外，爆裂会使薄壁混凝土构件出现穿透性裂缝

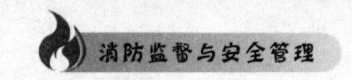

或孔洞，导致失去隔火作用。根据混凝土构件爆裂发生的条件，可采取在混凝土表面设置隔火屏障、喷涂防火涂料或涂抹水泥砂浆（避免使用大粒径的石英骨料）等措施，可以在一定程度上降低爆裂发生的概率。

四、木材的燃烧和阻燃

木材是天然高分子化合物，作为一种重要的建筑材料，其在火灾高温下的性能主要表现为燃烧性能和发烟性能。

（一）木材的热分解和燃烧

木材被加热到100℃时，其所含水分蒸发，木材呈干燥状态，化学组成无明显变化。加热到100℃~260℃时，木材中不稳定的纤维素和木质素发生热分解，分解的产物有可燃性气体（如：CO、有机酸、醛等）与不燃性气体（如：水蒸气），但分解速度缓慢。此时，木材的化学组成明显改变，颜色逐渐变黑，在260℃左右，如遇明火，便开始燃烧。加热到260℃~450℃时，热分解加剧，因分解产物大量放出，失重明显，同时释放出大量的热。温度达到420℃~460℃时，即使没有火源，木材也会自行着火。

木材的燃烧可分为两个阶段，即可燃气体产物的有焰燃烧阶段和木炭的无焰燃烧阶段。有焰燃烧阶段，温度高，时间短，火势发展蔓延快；无焰燃烧阶段，温度低，时间较长，对火势发展作用较小。

木材的燃烧速度是指单位时间内木材的炭化深度。试验证明，木材的炭化速度在0.6~0.7mm/min。试验研究表明，截面尺寸较大的木质构件本身具有良好的耐火性能。这主要是因为木材在燃烧过程中会在表面形成一定厚度的炭化层，该炭化层能起到很好的隔绝热和氧气的作用，防止了内部构件受到火的进一步作用。

（二）木材的阻燃

木材在建筑中使用时应进行阻燃处理，以改变其燃烧性能。木材的阻燃处理方法有表面涂敷和浸注处理两种。常用的阻燃剂有磷-氮系阻燃剂、硼系阻燃剂、卤素阻燃剂、金属氧化物和氢氧化物阻燃剂等。

五、其他建筑材料的高温性能

（一）有机材料

有机材料大都具有可燃性，其燃烧多以热分解的形式进行，即在受热时，先发生热分解，分解出 CO、H_2 等可燃气体，并与空气中的 O_2 混合而发生燃烧。由于有机材料在 300℃ 以前多会发生炭化、燃烧、熔融等变化，因此在热稳定方面比无机材料差。

建筑材料中常用的有机材料除木材外，还有塑料和各类人造木质构件等。

1. 塑料

塑料是一种以天然树脂或人工合成树脂为主要原料，加入填充剂、增塑剂、润滑剂和颜料等制成的一种高分子有机物，被广泛用作建筑材料。大部分塑料制品容易燃烧，燃烧时温度高、发烟量大、毒性大，给火灾中人员逃生和消防人员扑救火灾带来很大困难。

（1）塑料的燃烧过程

塑料遇到火灾高温作用时，热塑性塑料（如：聚乙烯、聚氯乙烯、聚苯乙烯等）达到一定温度便开始软化，进而熔融变成黏稠状物质；热固性塑料（如：酚醛树脂等），当温度在其分解点以下时不熔融，热量被积蓄起来。随着温度继续升高，塑料便发生分解，生成分子量较小的不燃性气体、可燃性气体（如：烃类化合物等）和炭化残渣。不同的塑料具有不同的分解温度。

当塑料受热分解产生的可燃性气体与一定比例的空气混合并达到闪点时，遇明火会发生闪燃现象；如果热分解速度进一步提高，被引燃的混合气体则会连续燃烧。若无明火，把塑料加热到足够高的温度时，也会自行发生燃烧。

（2）塑料的阻燃

对塑料进行阻燃处理的技术手段是在塑料中添加有机或无机阻燃剂。有的阻燃剂受热时释放出大量的水蒸气或其他不燃性气体，吸收热量并稀释可燃气体；有的促进成炭，减少热分解可燃气体的生成；有的形成玻璃状的隔热层，隔绝燃烧所需的氧气和热；有的分解出自由基终止剂，中断燃烧反应。

常用的阻燃塑料建材有难燃硬聚氯乙烯（PVC-U）管、难燃 PVC-U 可弯电线套管、难燃 PVC-U 门窗、难燃 PVC-U 装修型材、阻燃 PVC 卷材地板、阻燃 PVC 地板砖、阻燃 PVC 壁纸等。

2. 人造木质构件

（1）胶合板

胶合板是由木段旋切成单板，或由木方刨切成薄木，再用胶黏剂胶合而成的多层人造板材，通常采用奇数层单板，并使相邻层单板的纤维方向互相垂直胶合而成。胶合板的燃烧性能与黏合剂有关，难燃胶合板多为磷酸铵、硼酸等阻燃剂浸泡过的薄板制造。

（2）纤维板

纤维板是以木质纤维或其他植物纤维为原料，施加脲醛树脂等胶黏剂经热压成型制成的人造板材，多用于家具制造和装饰装修。制造 $1m^3$ 纤维板需 $2.5\sim3m^3$ 木材，故又名密度板。纤维板的燃烧性能取决于胶黏剂，使用无机胶黏剂的纤维板属难燃材料。

（3）刨花板

刨花板是以木质刨花或木质碎料（如：木片、木屑等）为原料，掺加胶黏剂等组料经压制而成，又叫碎料板。制作中，加入阻燃剂可形成阻燃刨花板，属于难燃性的建筑材料，广泛用于建筑物的隔墙、墙裙和吊顶等部位的装修。

（4）胶合木构件

胶合木结构是现代木结构的一个重要分支。胶合木构件是指用胶黏方法将两层或三层以上木料拼接而成的具有整体木材效能的构件。它的出现，极大地提高了木材资源的利用率，解决了实木锯材的截面尺寸和长度受到树木原材料本身尺寸限制的问题。目前，经过阻燃处理的胶合木结构大量用于大空间、大跨度的各种公共建筑与工业建筑。

（二）无机材料

建筑中使用的无机材料在高温性能方面存在的问题是变形、爆裂、强度降低、组织疏松等，这些问题往往是由高温时的受热膨胀收缩不一致引起的。此外，对铝材、花岗岩、大理石、钠钙玻璃等建筑材料的使用，要考虑高温时产生的软化、熔融等现象对建筑安全的影响。

1. 石材

石材是一种不燃性建筑材料，其抗压强度随着温度升高而降低。石材在温度超过500℃以后，由于热膨胀及热分解的作用，强度显著降低，含石英质的岩石还会发生爆裂。

2. 黏土砖

黏土砖在生产过程中经过高温煅烧，耐火性能良好。砖砌体受火后发生破坏的主要原因是砌筑砂浆在温度超过600℃以后强度迅速下降，发生粉化所致。耐火试验得出，非承重240mm砖墙可耐火8.00小时、承重240mm砖墙可耐火5.50小时。可见，砖砌体有良好的耐火性能。

3. 砂浆

砂浆是由无机胶凝材料（如：水泥、石灰等）、细骨料（如砂）和水拌和而成的，由于其骨料细、含水量少，凝结硬化后受高温的影响不如混凝土那样显著。砂浆在400℃以下温度，强度不降低，甚至有所增大；在温度超过400℃时，强度明显降低，且在冷却后强度更低。这是由于砂浆中含有较多的石灰，石灰在加热时会分解出CaO，冷却过程中CaO吸湿消解为Ca(OH)$_2$，体积急剧增大，引起组织疏松，造成强度降低。

4. 石膏

建筑石膏凝结硬化后的主要成分是二水石膏，其在高温时发生脱水，要吸收大量的热，而且产生水蒸气能阻碍火势的蔓延，起到防火作用。同时，石膏制品的导热系数小，传热慢，具有良好的隔热性能。但是二水石膏在受热脱水时会产生收缩变形，因而石膏制品容易开裂，失去隔火作用。此外，石膏制品在遇到水时也容易发生破坏。

以石膏为主要原料的建筑板材有装饰石膏板和纸面石膏板等类型。纸面石膏板重量轻，强度高，易于加工，具有一定耐火、隔热的特性，常用于室内非承重的隔墙和吊顶。

5. 石棉水泥材料

石棉水泥材料是以石棉加入水泥浆中硬化后制成的人造石材。石棉水泥材料虽属于不燃材料，但在火灾高温下容易发生爆裂现象，在3分钟左右即破裂失去隔火作用，并且温度达到500℃~600℃时强度急剧下降，在高温时遇水冷却便立即发生破坏。

6. 玻璃

玻璃按防火性能有普通玻璃和防火玻璃两种。普通玻璃虽属于不燃材料，但耐火性能差，在火灾高温作用下，由于两侧温差作用，会很快破碎。例如，门、窗上的玻璃在火灾条件下，大多在250℃左右发生破碎。

防火玻璃是能够满足规范相应耐火性能要求的特种玻璃。按防火玻璃的构成，可以分为复合防火玻璃和单片防火玻璃。其中，复合防火玻璃是指由两层以上的玻璃复合而成，或由一层玻璃和有机材料复合而成。按照防火玻璃的耐火性能，可以分为隔热性防火玻璃（A类）和非隔热型防火玻璃（C类）。

7. 无机板材

（1）岩棉板和矿渣棉板

这两种无机板材是轻质隔热防火板材，广泛用于建筑物的屋面、墙体和防火门。板材以岩棉、矿渣棉等不燃无机纤维为基材，在成型过程中掺加的有机物含量一般均低于4%，属不燃性材料，可长期在400℃~600℃的温度条件下使用。

（2）玻璃棉板

玻璃棉板是以玻璃棉无机纤维为基材，掺加适量胶黏剂和附加剂，经成型烘干而成的一种新型轻质不燃板材，可长期在300℃~400℃的温度条件下使用，在建筑中常用作围护结构的保温、隔热、吸声材料。

（3）硅酸钙板

硅酸钙板是将二氧化硅粉状材料、石灰、纤维增强材料和大量的水经搅拌、凝胶、成型、蒸压、养护、干燥等工序制作而成的一种轻质不燃板材，可长期在650℃的温度条件下使用。在结构耐火方面多用作钢结构耐火保护的被覆材料。

（4）膨胀珍珠岩板

这种板材是以膨胀珍珠岩为主要骨料，掺加不同种类的胶黏剂，经搅拌、成型、干燥、焙烧或养护等工序制作而成的一种轻质不燃板材，可长期在900℃的温度条件下使用，常用于民用建筑的顶棚、室内墙面装修或钢结构保护板材。

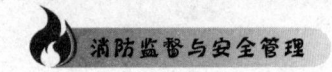

（三）复合材料

复合材料通常是将有机材料和无机材料结合起来所形成的建筑材料，如：复合板材等。复合板材的芯材一般为有机纤维板、泡沫塑料或无机纤维等材料，其面材可根据强度和硬度的要求，选用金属板、石棉水泥板、塑料板等。

复合钢板是用泡沫塑料做芯材、用钢板做面材制成的夹芯板材。复合钢板具有重量轻、强度高、施工安装方便、隔热性能好等特点；但其耐火性能较差，在火灾高温作用下，芯材中的泡沫塑料会燃烧、分解、熔融，而使构件强度降低，造成破坏。同时，还会释放出大量有毒烟气，对人体造成危害。

第四节　建筑装修防火要求

一、室内装修概述

（一）室内装修的定义及内容

装修是指在房屋工程上抹面、粉刷并安装门窗、水电等设备。装饰是指在身体或物体的表面加些附属的东西，使其美观。

仅从其定义我们可以这样理解，装修除了表面美化外，还具有诸如门窗安装、设备安装等功能行为，而装饰仅为表面的一种美化。可以这样认为，装修的概念包含了装饰的全部内容，而装饰却包含不了装修的内容。

国际建筑法规对室内装修的定义为：为室内装修应包括所有壁板、墙板或其他装修材料，不论它们在结构上使用，还是用于音响处理、绝缘、装饰等类似用途，均应包括在内。

因此，从总体上看，建筑室内装修至少包括墙面、地面、天花板三大部分。

我国现行的建筑内部装修设计防火规范所涉及的装修材料主要包括以下五种类型：

1. 饰面材料（固定构件）

主要包括室内墙壁上的贴面材料、吊顶材料、嵌入吊顶中的导光材料、楼地面的饰面材料及楼梯间饰面材料。另外，还有用于绝缘的饰面材料。

2. 隔断装修材料

隔断分固定隔断和活动隔断，如：组合柜、博古架等。

3. 固定或大型家具

指按设计要求固定设置在某一位置的家具，如：酒吧柜台、收银台、货架、档案柜及展台等。

4. 装饰织物

装饰织物包括窗帘、吸声饰面、沙发包布、床罩等纺织物品。

5. 其他饰物件

包括局部点缀挂毯、幕布、凸起造型图案、雕刻板、装饰画等。

（二）室内装修的基本特点

建筑物的内部装修设计是整个建筑设计的一部分，它是在建筑设计的基础上实现美化建筑的再创造，使建筑物功能更完善、更美观、更适用，体现以人为本的设计理念。

建筑内部装修设计涉及的内容很多，它要综合环境、社会、心理、色彩、声光等多门学科，运用技术手段和产品去进一步做艺术性处理，实现功能要求，还能够保护建筑物的结构，以延长建筑物的使用寿命，因而，它越来越受到人们的普遍重视。从总体上看，室内装修具有以下特点：

1. 功能特点

装修设计首先要考虑建筑物的功能特点。特殊的建筑有特殊的要求，使用的材料也有差异，如：公共娱乐场所要体现出热烈、活泼、欢乐、温馨等特征；影剧院除了要有良好的吸声效果外，表面也要有轻松活泼的气氛；而法院及一些爱国主义教育场馆、纪念堂则要体现庄严、肃穆、朴实的效果。

2. 光色特点

建筑物内的色彩和灯光效果对使用者的情绪和心理都会产生非常大的影响。装饰材料的色彩搭配一定要与建筑功能相协调，不能五光十色，一般不宜超过三种色彩，当然还要考虑使用者的职业、文化层次、年龄结构等因素。就光源而言，应尽量采用自然采光，因为阳光入室对健康是非常有利的。人工采光当然少不了，这时要考虑照度多少适宜，是采用冷色还是暖色光源，光源的角度及材料表面产生的反光的视觉效应等。

3. 装饰陈设特点

装饰的最终效果是以人们的认可度来衡量的，装饰设计实质上是对各种材料及其色彩的组合造型。建筑材料对装饰档次约束很大，但并不意味着好的材料一定能装修出好的效果，关键是能在特定的空间恰到好处地创造出一个功能相互协调、美观大方、格调高雅、富有个性的室内环境。室内陈设既是人们的生活必需物品，又具有外在的造型装饰功能，二者在整个室内空间功能融为一体时，才具有令人震撼的魅力；否则会显得画蛇添足，大煞风景。

（三）室内装修引发火灾的特点

建筑物本身是不会发生火灾的，通常火灾都是由人为造成的，当然仍有极少数是由自然因素造成的，如：地震、雷电等。而人的不慎、疏忽或故意纵火是引发火灾的主要因素。

目前，在室内装修中使用的大部分装修材料对火十分敏感，而绝大部分建筑物发生火灾都是由室内二次装修物引燃并扩大蔓延的。装修增加了火灾隐患，尤其是在装修中大量使用木夹板、海绵包布等一些高分子材料，着火后燃烧速度很快，且在燃烧过程中产生大量的有毒气体。

二、装修的基本原则和要求

"预防为主，防消结合"是消防工作的指导方针。在日常设计工作中，要认真贯彻这一方针，防止和减少火灾的发生，将火灾损失控制在最低限度，防患于未然，这是装修设计的基本原则。

随着社会的发展，城市建设日新月异，建设规模越来越大，建筑物越来越高，装修越来越豪华，设备越来越完善，一旦发生火灾，造成的损失越来越大，所以预防火灾越发显得重要。室内装修往往是引发火灾的源头，在装修设计中，贯彻"预防为主，防消结合"的消防工作方针是减少火灾损害的重要手段，这已是人们的共识。目前，建设和消防监督机构越来越完善，监督力度越来越大，这对减小火灾损失、保障人民生命财产安全、维护社会稳定和保证建设小康社会奋斗目标的实现有着十分重要的意义。

（一）内部装修的设计原则

民用建筑的内部装修主要包括地面、墙面、隔断、顶棚的装修，以及窗帘、帷幕、沙发、床罩、固定家具及装饰物等，而工业建筑的装修一般只指吊顶、墙面、隔断和地面装修。隔断通常是指通透的、不完全密闭分隔的或能移动的部分，否则应按隔墙看待。

建筑内部装修设计是建筑防火设计的一部分，一般建筑物首先是根据现行的建筑设计防火规范的有关要求进行建筑结构、水电、交通等设计，然后再考虑内部装修设计的防火要求。室内装修除执行建筑内部装修设计规范外，还应符合现行的有关规范、规定和标准。

装修材料按照燃烧性能划分为四个等级：A级——不燃性；B_1级——难燃性；B_2级——可燃性；B_3级——易燃性。

装修材料可按其使用的部位分为地面材料，墙面、吊顶、隔墙装修材料，固定家具、装饰织物及其他装饰材料。

装饰织物一般是指窗帘、帷幕、床罩、家具包布等装饰织物。

其他装饰材料一般是指窗帘盒、门窗套、踢脚板、挂壁画、楼梯扶手、暖气罩等。

在装修过程中对装修材料所做的一些装饰处理可改变其本身原有的燃烧性能，既能降低其耐火等级，也能提高其耐火等级。如：木夹板（又叫胶合板）本身为可燃烧体，燃烧性能为 3 级，装修时在其表面涂上防火涂料（一般涂三道），其燃烧性能可提高到 B_2 级，如果在其表面喷阻燃剂抹灰刮腻子也能提高耐火等级，当然其耐火极限与保护材料的性能和厚度有关。一般来说，当室内使用胶合板装修时，用于吊顶部位时两面均应做防火处理；当用于墙面装修时，外面应做防火处理，而朝墙的一面可不做防火处理。这主要是考虑吊顶空间大，空气易流通，着火燃烧容易，吊顶内管线、电器又多，电器线路本身又是火源，而墙面电器线路少、空隙小，气流和燃烧速度也较小，所以要求可比吊顶低一些。

（二）选择材料的原则

建筑内部装修设计应解决好装修效果与使用安全性的矛盾，应尽量采用不燃或难燃材料，不用或少用可燃材料，避免采用在燃烧时产生大量浓烟或有毒气体的材料，做到安全实用、经济合理、技术先进、美观大方。

装修的主要目的就是要以人为本，创造一个美好、温馨的生活空间。环境的美观、舒适、协调是建筑装修的最终目的，装修设计意图的实现有赖于各种建筑装修、装饰材料。在有些场所采用不同的材料同样能取得相同的效果，而不能置换的材料经过处理同样能达到与另一种材料相同的效果。如：同颜色、同品种的地毯有普通型与阻燃型；木夹板与纸面石膏板规格相同，用于吊顶装修时刮腻子后基本上看不出哪是木夹板哪是石膏板，其效果基本上是相同的，也就是说材料可以置换；木板属可燃材料，石膏板是难燃或不燃材料，有的场所不允许直接使用普通木板装修，要经过防火处理，使普通木板的燃烧性能达到难燃后才能使用。防火处理主要是在材料表面涂刷防火涂料来达到防火目的。

当设计采用多层不同装修材料分层装修时，各装修材料的燃烧性能等级均应符合规范规定，如：用于礼堂、暖通管道周围的一些隔音和保温材料与其他可燃、不燃或难燃材料形成一个整体时，其燃烧性能要看其主次、表里、比例等，一般应通过整体试验来确定。

在室内吊顶或墙面局部装饰一些泡沫塑料或海绵包布时，其厚度不应大于 15mm，面积不大于该室内吊顶或墙面面积的 10%，这是因为多孔泡沫塑料或海绵比较容易燃烧，而且在燃烧时产生的烟气对人体危害极大，装修时应尽量不用或少用。

当需要设置用多孔泡沫塑料及可燃、易燃材料制作的挂图、雕塑、模型、标本等装饰物时，应尽量远离火源或热源；否则，必须做防火处理，防患于未然。

无窗的封闭式房间的内部装修材料的耐火等级要求较高，应在其同等级别的基础上提高一个档次，即 B_2 要提到 B_1，B_1 级提到 A 级。

重要设备房间如：消防水泵房、排烟风机房、固定灭火系统设施的储存间、变配电房等，其内部装修均应采用 A 级装修材料。这些房间绝不能成为起火源，也不能因为其他地方起火而引起火灾，这是保证设备正常运行和对火灾进行控制、扑救的关键所在。这些设备房间为非人员活动场所，观感上一般要求不是很高，多采用 A 级材料，达到消声的效果

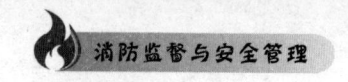

即可。

内走道、疏散楼梯间（封闭梯间）、防烟楼梯及其前室是人们逃生的安全出口和通道，也是消防扑救火灾的主要路线，这些场所的吊顶、墙面和地面均应选用 A 级装修材料。

变形缝（包括伸缩缝、沉降缝和抗震缝）两侧的基层应采用 A 级装修材料，表面材料不低于 B_1 级。变形缝贯穿整个建筑物上下层，嵌缝材料具有一定的可燃性，此处涉及的部位不大，往往不易引起人们的注意，但它可能会导致垂直防火分区完全失去防火分隔功能，一些火灾往往会通过此缝蔓延扩大。

配电箱产生的火花或高温熔珠引燃周围的可燃物而引发火灾的概率也较高，因此，配电箱不宜用木质或低于 B_1 级的装修材料来装修。照明灯具往往产生高温，当灯具靠近可燃、易燃材料时，应采取隔热、散热等防火保护措施，灯饰所用材料的燃烧性能等级不应低于 B_1 级。

灯具等用电设备经过非 A 级装修材料时必须远离可燃、易燃物或采取线路保护分隔措施。线路接头部位容易松动打火，更应该注意搭接牢靠，保护彻底。

在进行建筑内部装修时不得遮挡或妨碍消防设施及疏散指示标志的正常使用功能。

建筑物的消防设施主要包括室内消火栓、自动灭火器、自动报警器、排烟机、防火防烟分隔构件及安全疏散诱导指示标志等。这些设施、设备要根据建筑物的规模和档次而设置。超高层建筑除这些设施之外，还应设供人们逃生的避难层（避难间），该层设备齐全，平时不用。而有些火灾危险性小、体型也不很大的建筑物，什么消防设施也没有。消防设备、设施一般都是根据国家现行有关规范的要求去配置的，配置数量、间距、位置要经过设计计算而确定。而有个别单位或个人，在进行装修时片面追求装修效果，擅自改变消防设施的位置，或随意增加或减少隔墙，改变了原有空间的布局，这种做法轻则影响消防设施的原有功效，减少其有效的保护面积，重则完全丧失了消防设施应有的作用，形同虚设。改变室内布局时，消防设施应重新设计布局。疏散指示标志使人易于辨认安全出口，不能因装修而使人员在紧急情况下产生疑问和误导。目前，在室内墙面、柱子上镶嵌大面积玻璃的做法较多，设计师的想法是扩大空间感，延伸视觉，增添华丽造型，别有一番情趣。然而，一旦火灾发生，大面积玻璃的反光会使人们惊恐得六神无主，也会误导造成致命的灾难。因此，在疏散通道和安全出口附近避免采用镜面玻璃和壁画玻璃等进行装修。

综上所述，室内装修应符合以下三个方面的要求：

第一，性质重要的建筑物防火要求比一般建筑物要求严，地下建筑防火要求比地面上建筑要求严，100m 以上超高层建筑要求比一般高层建筑要求严，危险性大的部位比一般建筑部位要求严。

第二，建筑物内顶棚的防火要求严于墙面，墙面又严于地面（架空地面与顶棚相同），悬挂物（如：窗帘、幕布等）严于粘贴在基础上的物件。

第三，固定消防设施比装修效果更为重要，不得因强调装修效果而影响消防设施的使用功能。

三、单层、多层民用建筑装修防火要求

我国建筑内部装修设计防火规范对非地下的单层、多层民用建筑内部各部位装修材料的燃烧性能等级做了较为具体的规定。

影院、礼堂、剧院、音乐厅均属公共活动场所，且在一定时间内人员高度密集，使用时多为晚上，即使白天也似"黑夜"，装修又复杂，防火要求高，其中音乐厅、剧院要求较为特殊，万一发生火灾，损失大、伤亡大。结构装修耐火等级低往往铸成大错，教训惨痛。规范要求，大的影剧院、礼堂、音乐厅、体育馆的窗帘和帷幕均采用 B_1 级材料制作，这个要求相对来说是较高的，主要是考虑这类建筑发生火灾时人员逃生较为困难，而且窗帘、幕布有较大的火灾危险性。

幼儿园、托儿所、医院病房楼、疗养院、养老院的装修也要求采用不燃和难燃材料，连固定家具也要求是难燃的，主要是因为生活在这些建筑物里的人们为老幼或病人，万一出现火灾，他们不具有正常人的应变能力。

事实上，一些重要场所，应设有火灾自动报警装置和自动灭火系统，装修材料选择只不过是整个安全系统中的一环，建筑物的防火安全性是由各种防火设施和管理措施共同保证的。因此，建筑内部装修设计防火要求必须综合考虑其他防火系统介入所带来的影响等因素。装了自动灭火系统的建筑的内部装修，在原规定的建筑内部装修的防火等级的基础上，做适当放宽是符合客观实际的。装了消火栓、移动灭火器、火灾自动报警装置的建筑，发生火灾时，需要人们去发现这些设施并动手扑救，故不能降低防火等级标准。

四、高层民用建筑装修防火要求

高度大于 100m 的超高层民用建筑内部装修材料应高于或等于同类建筑内部装修材料的燃烧性能等级。

目前，在公共民用建筑中，内部使用功能多样化的趋势有增无减，旅馆不仅有客房，还有厨房、餐厅、舞厅、卡拉 OK 厅、健身房、美容厅等，这些使用功能复杂的建筑物内部各部位装修应根据使用性质确定其装修材料的燃烧性能等级。

随着商品房的普及，家庭住宅的装修档次越来越高，风格也千差万别，要按规范要求进行统一难度极大，但要有相应的法规和监督管理机制来保证其达到防火的要求。

高层建筑的火灾危险性较单层、多层建筑要大一些，发生火灾后，逃生和扑救都较单层、多层难些，烟火是往上升的，楼层越高，空气对流越大，人们目前又不能在空中行走，因此防范措施也相对要全面加强。对于顶层设有餐厅（旋转观光厅）和大于 800 座位

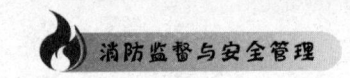

的观众厅、报告厅、会议厅的高层建筑，以及高度大于 100m 的超高层建筑，必须按相关规定执行，其他部位当设有火灾自动报警装置和自动灭火系统时，其内部装修材料的燃烧性能等级可在规定的基础上降低一级。

电视发射塔往往高度都比较高，一般在 100m 以上或者数百米，是特殊的超高层建筑，其内部装修所有部位均应采用 A 级装修材料。

五、地下建筑装修防火要求

地下建筑通常是指地面以下的建筑，诸如地下人防工程、地下工厂、地下仓库、地下交通、地下商场、地下影剧院等。地下建筑可分为民用、军事、工业和交通等类型。

从防火角度来说，地下工程更具有特殊性，一般无自然采光和通风，万一发生火灾，烟和热排出地面比较困难，高温和浓烟将很快充满整个地下空间，此时，往往一片漆黑，出口不清，火点不明，人员的疏散避难及灭火扑救都十分困难，尤其是烟害、烟雾浓、味大、不易散热、温度高、缺氧，往往会造成很大的经济损失、人员伤亡和社会影响。

引起地下工程火灾的原因是多种多样的。要在火灾发生以前预测受灾人数、伤亡人员、经济损失大小和政治影响等是不可能的，也是不切合实际的，因为火灾的发生经常是偶然的。但是，火灾事故的发生是有条件的，而且有一个成因和过程，因此，对火灾的预防是可能的，这就要弄清火灾事故的成因。火灾的发生有两大类：一类是由点火源引起的火灾，如：纵火、违章用火、用电或用火不慎、用电设施设备故障等；另一类是不需要点火源，即物质自燃着火引起的火灾。需要点火源的，一定避开火源，再从管理制度上加以防范；不需要点火源自燃的，则弄清物质本身的物理、化学性质或分开存放、使用，并采取其他防范措施，积极预防火灾的发生，并从已发生的火灾中吸取教训。

如：某公司地下仓库内存放各类黑色金属材料，地下存放橡胶、海绵等非金属材料，地下仓库长 36m，宽 18m，梁板柱结构，由于地上金属材料存放过多，局部超载，地下仓库局部出现下塌危险。为了加固顶板，在其柱间扞入 7mm×130mm 槽钢。事先在槽钢两端钻 φ25mm 安装紧固螺栓孔，但当运到现场后发现错位，需要重钻，操作工人图省事，就在现场用乙炔气割开孔。在操作地点有通向地下仓库的洞口，洞口未封堵，也未采取其他遮盖措施，因此，气割熔渣掉入地下库房。工人割完后就离开现场，只隔五六分钟就发生了火灾，这是因为气割熔渣掉入地下仓库时，正好落在放有海绵板、橡胶板等可燃物品的货架上。据事后分析，气割熔渣掉落在海绵板上 30 秒即起火燃烧，1.5 分钟后火焰蹿起 100mm 高。

这是一起责任事故。如果工作做细致一些，采取挡住洞口熔渣等措施就能避免火灾发生。

还如，某市地下贸易中心工程，共三层，第一、第三层为拱形结构，第二层为通道，有12个出入口，工程在5条街道交会处，既是贸易中心又是过街通道。一层为3000多 m^2 的商场和有一家咖啡店；二层为通道，设有23家摊位；三层为娱乐场（舞厅和餐厅），有3000多 m^2。第三层地面距室外地坪15m，有3个出口，该工程为老工程改造成平战结合工程。一、二层于改造完成后开始营业。第三层同年改造，次年营业。

某日，此工程地下一层东北部的咖啡店和服装店因大灯泡烤焦胶合板起火灾。值班人员在0点45分发现火灾，当时还刚起火，由于值班人员不会使用灭火器，扑救无效，火势迅速蔓延，0点58分发出火灾报警，5分钟后（1点03分）消防车到达火场，这时有3~4个出入口浓烟很大，由于值班人员慌乱，开地下商场门的钥匙全部遗忘在地下商场值班室内，出入口的两道铁门无法及时打开，因此延误了灭火时机，商店内挂着琳琅满目的服装，店店相连，既无防火分隔，又无固定灭火设施。先后出动各方面的消防力量，采取分段堵截，在高倍泡沫、水枪的保护下步步推进，经过17个小时的扑救控制了火灾，于当日下午才把火灾基本扑灭。

着火的一层商业厅全周长435.6m，270多米全部烧毁，其中180m长的拱部钢筋混凝土结构的混凝土脱落，钢筋外露，混凝土脱落厚度最大处有70~80mm，结构强度破坏的程度经过鉴定需要加固。墙面水泥砂浆抹面基本脱落或烧松，地面大理石及马赛克贴面由于水泥砂浆烧松而鼓起或破坏，人造大理石全部烧坏，木龙骨钙塑板吊顶、电缆电线和电气设备全部烧毁，着火部位的铝合金柜台及货架、68家商店的商品全部烧成灰烬或烧坏熔化，而未被烧的165m长的商店，有钙塑板吊顶烧烤发黄或被烟熏黑变形，电缆电线外绝缘保护层烤坏，商品全部被污染，不能再出售，损失严重，直接经济损失200多万元，影响很大。

这场火灾的原因：一是没有防火意识，把灯泡直接靠在属于可燃物的夹板上，吊顶用的钙塑板、木龙骨也不符合要求，钙塑板属易燃材料，毒性较大；二是值班人员缺乏起码的消防灭火知识。

我国的科技水平尚无法保证地下火灾被准确地预报和及时扑灭，因而控制火灾的发生就变得十分重要，而降低火灾发生概率的关键在于控制可燃装修材料的数量和远离点火源。

建筑物内部装修防火要求主要取决于内部人员的密度。对人员比较密集的商场、影剧院，应选用燃烧性能等级高的装修材料；图书馆、资料库等本身存放的都是可燃物，车库中车辆的燃料属易燃品，所以要求全部采用不燃的装修材料；而旅馆客房、医院病房及各类办公用房，因其空间容纳人数相对较少，且常有专人值班管理，所以，在确定装修材料燃烧性能等级时可以适当放宽，但也不允许使用可燃、易燃材料。

人行安全通道与地面上建筑有很大的不同，除了出口之外，其他部位都是封闭的，人们只能通过安全通道出口才能到达地面，而且没有自然光线。当发生火灾时，地面建筑烟火是向窗外及其他部位扩散，而地下建筑烟火则只能向出口扩散，人员疏散与烟火蔓延是

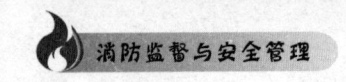

同一方向，人们选择逃生和安全疏散的可能性比地面建筑要小得多，地面建筑可通过窗攀爬求生，而地下建筑却无法实现。为确保地下工程内人员能安全疏散，保证地下工程各种安全通道畅通是完全必要的，所以规范要求地下建筑的疏散通道和安全出口门厅的顶棚、墙面和地面的装修材料均应采用不燃的 A 级材料。

随着城市的用地紧张促进了大批地下建筑的兴建，使用功能、内部结构逐步多样化。虽然内部固定装修燃烧性能等级可以限制，但是，对于地下商场，却无法限制其销售商品的燃烧性能等级（特殊化工产品除外）。为了尽量减少地下空间的火灾荷载，对商场展厅的柜台、货架、展台等应采用不燃的 A 级建筑装修材料是完全能做得到的，也是必要的。

对单独建造的地下民用建筑的地面附属部分也应有相应的要求。单独建造的地下民用建筑地面部分相对来说面积比较小，发生火灾时人员的疏散、扑救都比地下容易得多，危险性也小。

六、工业建筑装修防火要求

工业建筑与民用建筑在设计原则、建筑技术、建筑材料及内部装修上都有许多共同性。

有的厂房由于设备、工艺等需要，往往将楼地板架空。当楼地面架空时，其地面装修材料的燃烧性能等级（除 A 级外）应提高一级，这是根据火灾的特点考虑的，因为烟火是向上的，所以对顶棚装修材料的防火性能、耐火极限要求最高；其次是墙面，地面要求最低。然而，地面架空时情况就不一样了，因为地板架空后架空层空气流通，可补充氧气，火势蔓延的速度较快，而且架空层地面有可能来自室内两个方向的点火源，所以应对架空层地面要求高一些，应按顶棚的标准进行装修。

贵重设备用房及要害部位保证防火安全是至关重要的，如：发电厂（站）、化工厂生产中心控制设备用房等。这些厂房一旦失火，除自身价值直接受到损失外，还会导致更大的间接损失，对诸如计算机、中央控制室、贵重机器、仪表、仪器等用房，其顶棚和墙面应采用 A 级装修材料，地面及其他部位的装修材料不得低于 B_1 级。

第三章 消防监督检查概论

当前，随着经济的不断发展，人民生活水平日益提高，各类生产经营单位如雨后春笋般不断涌现，社会火灾也呈逐年上升趋势，由此带来的消防安全问题日趋严重。各级政府与公安消防部门对此高度重视，采取了多种形式进行了积极有效的消防监督检查，取得了一定成效。

第一节 消防监督检查的基本内容

一、消防监督检查的基本规定

（一）消防监督检查的性质、特点和作用

消防监督检查是国家赋予公安消防机构的一项重要职责。公安消防机构应当对机关、团体、企业、事业单位遵守消防法律、法规的情况依法进行监督检查。因此，消防监督检查是公安消防机构依照法律行使社会消防监督管理的一项职权。

1. 消防监督检查的性质

消防监督检查是行政机关的执法行为。由公安消防机构依法对机关、团体、企业、事业单位遵守消防法律、法规情况进行监督检查；对违反消防法律、法规的行为责令改正，并依法实施行政处罚。

消防监督检查是国家消防监督制度的主要组成部分，是预防火灾和减少火灾危害，保护公民、公共财产和公民财产安全，维护公共安全的有效措施。

2. 消防监督检查的特点

消防监督检查是公安消防机构依法行使的消防监督管理职责，具有以下三个特点：

（1）具有权威性

由于消防监督检查是法律赋予的职责，并且依据国家和地方消防（或与之有关的）法

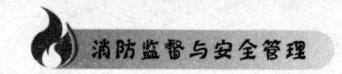

律法规，因此具有权威性。

(2) 具有强制性

消防法律、法规对公民、法人和其他组织具有普遍约束力。公安消防机构对机关、团体、企业、事业单位的消防监督检查不受时间和场所的限制，不管被监督者是否愿意接受，监督检查具有强制作用。这种监督检查不同于企业事业单位内部的防火检查，单位内部的防火检查是企业事业单位自身的管理行为，不是执法行为。

(3) 具有客观公正性

消防监督检查是一种抽查性检查，通过监督检查，督促企业事业单位履行消防安全职责。公安消防机构在检查中发现和纠正违反消防法律法规行为，提出整改意见，消除火灾隐患，逾期不改的，依法实施处罚。监督检查的目的是纠正，辅之以处罚，具有客观公正性。

3. 消防监督检查的作用

(1) 督促企业事业单位切实贯彻"预防为主，防消结合"的消防工作方针，落实消防安全责任制

"预防为主，防消结合"这一方针是我国人民同火灾做斗争的科学总结，它正确反映了消防工作的客观规律。企业事业单位应当认真贯彻落实各项消防法律、法规，制定消防安全管理制度和技术措施，切实落实消防安全责任制和逐级防火责任制。公安消防机构依法进行检查、监督，促进消防工作经常化、制度化。

(2) 及时发现和纠正违反消防法律、法规的行为，消除火灾隐患

当前，由于人们的消防法治意识和安全意识不强，忽视消防安全，违法违章行为时有发生，据统计，每年由于违法违章造成的火灾占火灾总数的近一半，给社会造成很大危害。消防监督检查通过正确地行使法律手段，可以纠正违法违章行为，消除火灾隐患，保障消防安全。

（二）消防监督检查的分工

国家公安部明确规定，消防监督检查由各级公安消防机构组织实施。上级公安消防机构对下级公安消防机构的消防监督检查工作负有监督和指导职责；直辖市、市（地区、州、盟）、县（市辖区、县级市、旗）公安消防机构具体实施消防监督检查。

公安派出所可以对居民住宅区的物业服务企业、居民委员会、村民委员会履行消防安全职责的情况和上级公安机关确定的单位实施日常消防监督检查。

消防监督检查的分工，是依据行政区划和各级公安消防机构的职能划分的，并以城市为重点。

1. 消防监督检查分工的意义

(1) 有利于落实逐级责任制

实行监督检查的分工，使各级公安消防机构分工明确，责任清楚，能增强消防监督人

员的责任感和自觉性，使之能经常地对管辖的单位实施监督检查，熟悉和掌握单位生产工艺及火灾危险性，并督促单位落实各项消防安全措施和防火责任制，有效地保障消防安全。

（2）有利于突出对重点单位的管理

实行分级监督以后，将消防安全重点单位的监督检查交给所在市、区、县公安消防机构，有利于促进消防监督检查的制度化、经常化。同时，各级公安消防机构可根据辖区情况，进行调查研究，突出重点，配备力量，做到抓住重点，兼顾一般，确保安全。

（3）有利于加强宏观监督指导

由于实行分级监督检查，消防安全重点单位的日常性监督管理由当地公安消防机构负责，上级公安消防机构对下级公安消防机构能够经常进行监督检查指导，及时发现问题，纠正偏差，总结经验教训，有利于提高消防监督工作的整体水平。

2. 消防监督检查分工的原则

按照我国的行政区划和各级公安消防机构的职能，各级消防监督检查的职责有以下方面：

①省、自治区、直辖市公安消防机构主要负责：a. 制定有关监督检查的法规政策，并组织实施；b. 监督、检查、指导下级公安消防机构的消防监督检查工作。

②城市（包括直辖市、副省级市、地级市）公安消防机构具体实施消防监督检查，其职责是直辖市公安消防机构除担负上述职责外，还担负着组织实施全市消防监督检查和市级消防安全重点单位的定期检查。副省级、地级市公安消防机构担负着全市消防监督检查的组织实施、市级消防安全重点单位的定期检查和对所属区、县公安消防机构的监督、检查、指导。

③地区（州、盟）公安消防机构主要担负对下级公安消防机构进行监督、检查、指导职责，也可以根据需要具体对重点单位实施监督检查。

④城市的区、县级市、县（旗）公安消防机构是具体担负消防监督检查的基层单位，负责区、县、旗消防安全重点单位的定期检查和非重点单位的抽查，并指导辖区公安派出所的消防监督检查工作。

⑤公安派出所负责对物业服务企业、居民委员会、村民委员会履行消防安全职责的情况和上级公安机关确定的单位实施日常消防监督检查。

二、公共聚集场所投入使用、营业前的消防安全检查

公众聚集场所在投入使用、营业前，建设单位或者使用单位应当向场所所在地的县级以上地方人民政府公安机关消防机构申请消防安全检查。消防安全检查工作要求有以下几点：

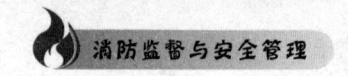

（一）受理申请

公安机关消防机构受理窗口对申请人提交的公众聚集场所投入使用、营业前消防安全检查申请材料进行初步审查，并做出是否同意受理的决定。

对公众聚集场所同时申请建设工程消防验收和投入使用、营业前消防安全检查的，应当一并受理、办理，分别出具相应的法律文书。

1. 审查场所性质是否为公众聚集场所

依据相关规定，下列公众聚集场所需要在投入使用、营业前申请消防安全检查：

①宾馆、饭店；

②商场、集贸市场；

③客运车站候车室、客运码头候船厅、民用机场航站楼；

④体育场馆、会堂；

⑤公共娱乐场所。

根据国家公安部规定，前述"公共娱乐场所"包括：①影剧院、录像厅、礼堂等演出、放映场所；②歌舞厅、卡拉OK厅等歌舞娱乐场所；③具有娱乐功能的音乐茶座和餐饮场所；④游艺、游乐场所；⑤保龄球馆、旱冰场等营业性健身、休闲场所。此外，营业性健身、休闲场所不限于保龄球馆、旱冰场，还包括其他与上述场所功能相同或者类似的营业性场所，如：美容院等。

2. 审查申请材料是否齐全并符合法定形式

公众聚集场所在投入使用、营业前申请消防安全检查，建设单位或者使用单位应当提交下列材料：

①消防安全检查申报表；

②营业执照复印件或者工商行政管理机关出具的企业名称预先核准通知书；

③依法取得的建设工程消防验收或者进行竣工验收消防备案的法律文件复印件；

④消防安全制度、灭火和应急疏散预案、场所平面布置图；

⑤特有工种职业资格证书复印件；

⑥法律、行政法规规定的其他材料。

不需要进行竣工验收消防备案的公众聚集场所申请消防安全检查的，还应当提交场所室内装修消防设计施工图、消防产品质量合格证明文件，以及装修材料防火性能符合消防技术标准的证明文件、出厂合格证。

建筑面积小于300m^{2}或工程投资低于30万元等依法无须办理施工许可的建设工程，可不要求其提交建设工程消防验收或者进行竣工验收消防备案的法律文件复印件。

公众聚集场所进行扩建、改建（含室内装修、用途变更）或者变更场所名称、法定代表人、消防安全责任人等事项的，应重新申请投入使用、营业前消防安全检查，公安机关消防机构应当依法核发新的消防安全检查合格证，并收回原发证件。若公众聚集场所仅变更法人名称、法定代表人的，申请消防安全检查时可以不提交前文所列第③项材料。

公安机关消防机构受理人员对申请材料进行审查时，一方面要审查申请材料是否齐全，另一方面还要审查其是否符合法定形式。前述申请材料中，消防安全检查申报表、营业执照、企业名称预先核准通知书、建设工程消防验收意见书、消防备案凭证、职业资格证书都要求有法定形式，受理人员应当核对复印件与原件是否一致。

3. 受理意见

经初步审查后，公安机关消防机构应做出同意受理或不予受理的决定，出具受理或不予受理的凭证，加盖公安机关消防机构业务受理专用印章并注明做出决定的日期。

（1）受理

申请事项符合下列条件，公安机关消防机构应当受理并出具受理凭证：

①场所性质属于消防安全检查范围；

②申请材料齐全、符合法定形式；

③按照规定属于本机构职权范围。

受理的项目应当当场录入消防监督管理系统，实行网上审批。

（2）不予受理

申请事项具有下列情形之一的，公安机关消防机构应当不予受理并出具不予受理凭证：

①依法不需要消防安全检查；

②不属于本公安机关消防机构职权管辖，应向有关行政机关申请；

③申请材料不齐全或者不符合法定形式。

不予受理的书面凭证，应当载明不予受理的理由。对于因申请材料不齐全及不符合法定形式而决定不予受理的，应当当场或在收到申请材料后五日内一次性告知需要补正的材料内容。逾期不告知的，自收到申请材料之日起即为受理。

（二）交办

受理后，承办部门负责人应当及时交办给具体消防监督检查人员。

（三）实施消防安全检查

1. 检查程序

①承办消防安全检查的消防监督检查人员，应当及时对申请材料的内容进行资料审查。

②消防监督检查人员应当自受理申请之日起 7 个工作日内进行现场检查。

③现场检查时消防监督检查人员不得少于两人，并出示执法身份证件。

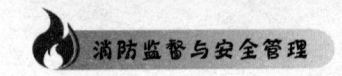

2. 检查内容

①建筑物或者场所是否依法通过消防验收合格或者进行竣工验收消防备案抽查合格；依法进行竣工验收消防备案但没有进行备案抽查的建筑物或者场所是否符合消防技术标准。

②消防安全制度、灭火和应急疏散预案是否制订。

③自动消防系统操作人员是否持证上岗，员工是否经过岗前消防安全培训。

④消防设施、器材是否符合消防技术标准并完好有效。

⑤疏散通道、安全出口和消防车通道是否畅通。

⑥室内装修材料是否符合消防技术标准。

⑦外墙门窗上是否设置影响逃生和灭火救援的障碍物。

对依法通过消防验收合格或者进行竣工验收消防备案抽查合格的公众聚集场所，现场核对消防设施、器材及室内装修材料是否与消防验收合格或者竣工验收备案抽查合格时一致，检查上述②、③、④、⑤项内容。

对依法进行竣工验收消防备案但没有进行备案抽查的公众聚集场所，按照相关规定对场所是否符合消防技术标准进行检查，并填写《建设工程消防验收记录表》，检查上述②、③、⑤项内容。

对与其他单位设在同一建筑物中的公众聚集场所，除对本场所进行消防安全检查外，还应对共用的消防控制室、疏散通道、安全出口、建筑消防设施和消防车通道进行检查。

3. 检查方法

以下（1）项、（2）①项、（3）①项为资料审查，其余为实地检查。

（1）申报的公众聚集场所合法性检查

审查建筑物或者场所是否依法通过消防验收合格或者进行竣工验收消防备案抽查合格。核对公安机关消防机构出具的消防验收意见书或者竣工验收消防备案凭证载明的使用性质和规模，与申请建筑物或者场所是否一致，核查是否存在擅自改建、扩建或者室内装修的情况。

（2）消防安全管理制度检查

①查看是否建立消防安全制度，是否包括以下必要内容：员工消防安全教育培训，用火、用电、用油、用气安全管理，防火检查、巡查，消防设施、器材维护管理，电器线路、燃气管路维护保养，火灾隐患整改，消防（控制室）值班，灭火和应急疏散预案演练。

②查看是否依法明确消防安全责任人、消防安全管理人，现场提问单位消防安全责任人、消防安全管理人，检查是否熟悉消防安全职责。

（3）灭火和应急疏散预案检查

①重点检查预案是否符合单位实际，内容是否完整。

②提问承担灭火和组织疏散任务的人员，检查职责明确及预案熟悉情况。有条件的，可以要求单位组织灭火和应急疏散演练。

（4）自动消防系统操作人员持证上岗及员工岗前消防安全培训情况检查

①全数检查自动消防系统操作人员，检查是否持证上岗；设有消防控制室的，值班人员人数是否符合24小时专人值班及每班两人的要求；提问是否掌握消防控制室管理及应急处置程序，要求自动消防系统操作人员对自动消防系统逐项进行操作，检查操作是否熟练。

②检查员工岗前消防安全培训记录，抽查员工参加消防安全教育培训和消防安全知识掌握情况，员工总数在50人以上的，抽查不同岗位的员工，总数不应少于10人；员工总数不足50人的，抽查不同岗位的员工，总数不应少于5人；员工总数不足5人的，全数检查。对抽查到的单位员工，提问是否懂岗位火灾危险性、是否会报警、会扑救初起火灾、会疏散逃生。

（5）消防设施、器材完好有效情况检查

应当根据场所所在建筑的层数、防火分区数及消防设施的设置情况，确定抽查的项目及数量。单层建筑，只有1个防火分区的全数检查，3个防火分区（含）以上的，抽查防火分区数不少于总数的二分之一。多层或者高层建筑，18层（含）以下的，抽查楼层数不少于总层数的三分之一；18层以上的，抽查楼层数不少于总层数的五分之一，其中首层、顶层、标准层和地下层必查。依照消防技术标准不需要设置自动消防设施，而公众聚集场所自行设置的，应当进行检查，并对存在的问题提出整改意见，在《消防监督检查记录》中注明，但不列入判定范围。

对具体消防设施、器材完好有效情况的检查，按照以下要求进行：

①检查消防控制室所有自动消防系统、联动设备的运行、控制和显示情况，检查消防电话通话情况、火灾应急广播的播放情况。

②现场抽查消防设施运行情况：

a. 火灾自动报警系统：选择不同回路进行抽查，每个回路至少抽查3个探测器、1处手动报警按钮和1处消防电话。

b. 自动喷水灭火系统：全数检查报警阀；至少抽取1个报警阀，在最不利点的末端试水装置进行放水检查。

c. 气体灭火系统：检查气瓶间的气瓶重量、压力，以及自动、手动装置运行情况。

d. 泡沫灭火系统：检查泡沫泵房，启、停水泵；检查泡沫液贮量及有效期，泡沫产生设备运行情况。

e. 防排烟系统：检查风机运行情况；对抽查到的防火分区或者楼层，每个至少抽查1个送风口、排烟口。

f. 防火卷帘：采用防火卷帘进行防火分隔的场所，检查防火卷帘联动、手动升降情况；对抽查到的防火分区或者楼层，每个全数检查防火卷帘动作情况。

g. 防火门：查看封闭楼梯、防烟楼梯及其前室的防火门的开启方向，是否具有自闭功能；常开防火门是否能联动、手动关闭，启闭状态能否在消防控制室正确显示。

h. 室内消火栓：在消防水泵房启、停消防水泵，检查运行情况；在每个消防给水分区的最不利点抽查1处室内消火栓进行放水检查。

i. 室外消火栓：至少抽查1处室外消火栓，进行放水检查。

j. 水泵接合器：查看是否被埋压、圈占、遮挡，是否标明供水区域和供水系统类型。

k. 疏散指示标志、应急照明：对抽查到的防火分区或者楼层，每个至少检查4处疏散指示标志、应急照明，切断主电源后测试是否具备应急功能。

l. 消防水源：查看消防水池、消防水箱水量，消防水箱出水管阀门是否常开。

m. 灭火器：对抽查到的防火分区或者楼层，每个至少检查3个灭火器配置点；查看配置类型是否正确，压力是否符合要求。

n. 对其他消防设施进行抽查。

（6）疏散通道、安全出口、消防车通道畅通情况检查

①检查疏散通道和安全出口有无占用、堵塞、封闭及其他妨碍安全疏散的情况。

对公共娱乐场所全数检查。对其他公众聚集场所，单层建筑，只有1个防火分区的全数检查，3个防火分区（含）以上的，抽查防火分区数不少于总数的二分之一。多层或者高层建筑，18层（含）以下的，抽查楼层数不少于总层数的三分之一；18层以上的，抽查楼层数不少于总层数的五分之一。

②建筑物周围消防车通道是否被占用、堵塞、封闭。

（7）室内装修材料检查

①对场所提交的装修材料产品质量证明文件，核实防火性能是否符合消防技术标准。

②对有防火性能要求的室内装修材料，无法提供证明文件的，应当取样后送具有资质的检测机构进行防火性能检测。送检时间不计入消防安全检查时限。

（8）外墙门窗障碍物检查

检查公众聚集场所的外墙门窗是否设置影响逃生和灭火救援的障碍物。

4. 填写《消防监督检查记录》

消防监督检查人员应当将资料审查和现场检查的情况，填写《消防监督检查记录》（公众聚集场所投入使用、营业前消防安全检查适用）。检查完毕，《消防监督检查记录》应由消防监督检查人员、被检查场所随同检查人员签名确认；对记录有异议或拒绝签名的，消防监督检查人员在《消防监督检查记录》末尾的"备注"栏注明情况。

（1）封面

未确定消防安全管理人，可不填写。对是否属于消防安全重点单位，不予勾选。其他内容均应填写完整。

(2) 消防许可及验收备案

填写被查建筑物名称，根据检查发现的场所性质勾选是否属于公众聚集场所。对建筑物的消防验收及竣工验收消防备案情况，一般应判定是否依法通过消防验收和依法进行竣工验收消防备案，并予勾选；未办理建设工程消防验收和备案手续，或属于其他不需要办理消防验收和备案手续（依法不需要取得施工许可的建设工程）的，在"其他情况"栏填写注明具体情况。对建筑物或场所是否保持办理消防验收或者竣工验收消防备案时的使用性质，应勾选是否相符。

(3) 消防安全管理

对涉及的所有选项均应勾选。因未依法投入使用、营业而未做要求的"防火检查、巡查"至"消防档案"的内容，可勾选"不涉及"，对属于统一管理机构的共用建筑，如果存在这些内容，仍应填写。有关消防安全管理的其他特殊情况，在"其他情况"栏填写注明。

(4) 建筑防火、安全疏散、消防控制室、消防设施器材

根据实地检查情况，客观记录所列全部内容。检查的具体情况，对有抽查部位、数量要求的，应按要求填写，内容较多不能全部记录的，可添加附页，附页下方应有消防监督检查人员和被检查单位随同检查人员签名。

（四）拟定处理意见

根据实地检查情况做出合格或者不合格的判定，并在消防监督管理系统中的审批表中载明检查情况、存在的问题及不合格的情形。发现存在下列情形之一的，应当判定为不合格：

1. 未依法申请消防验收或者进行竣工验收消防备案（依法不需要竣工验收消防备案的除外），或者经消防验收不合格，经竣工验收消防备案抽查不合格的；

2. 存在擅自改建、扩建和室内装修情况，依法需要申报建设工程消防设计审核、消防验收或者进行竣工验收消防备案；

3. 改变场所使用性质的；

4. 单位未建立消防安全制度，或者未依法明确消防安全责任人、消防安全管理人，或者未制订灭火和应急疏散预案的；

5. 自动消防系统操作人员未持证上岗的，或者数量不能满足 24 小时专人值班、每班两人要求的；

6. 自动消防系统操作人员不掌握消防控制室管理和应急程序，不会操作设施、设备的；

7. 未进行员工岗前消防安全培训，抽查的员工中超过三分之一达不到"一懂三会"要求的；

8. 疏散通道、安全出口、消防车通道存在影响疏散、通行的障碍物，不能立即改正的；

9. 外墙门窗设置影响逃生和灭火救援的障碍物，不能立即改正的；

10. 应急照明和疏散指示标志不具备应急功能的；

11. 火灾探测器的火灾报警、故障报警、火灾优先功能不能实现的，手动报警按钮不能实现报警功能的，或者联动控制功能不能实现的；

12. 消防电话系统、应急广播系统功能不能实现的；

13. 报警阀组等主要组件缺失、损坏，无法实现正常功能的；

14. 消火栓泵、喷淋泵不能正常工作，或者联动功能不能实现，信号不能正常反馈的；

15. 气体灭火系统的模拟自动启动不能实现的，或者联动功能不能实现，信号不能正常反馈的；

16. 防排烟风机、排烟口、送风口不能正常启动的，或者联动功能不能实现，信号不能正常反馈的；

17. 防火卷帘手动、联动控制功能不能实现的，或者信号不能正常反馈的；

18. 防火门开启方向不正确，或者常闭防火门不具备自闭功能，常开防火门不能联动、手动关闭，启闭状态不能正确显示的；

19. 应当设置的其他消防系统、设施无法正常使用的；

20. 顶棚、墙面、装修、地面、隔断装饰材料的燃烧性能、固定家具、装饰织物（窗帘、帷幕）和其他装饰材料违反消防技术标准，采用易燃、可燃材料进行室内装修装饰的。

（五）审批

消防监督检查人员拟定处理意见后，应当按规定在消防监督管理系统中履行内部审批程序，报公安机关消防机构行政负责人签发。

（六）制作并送达法律文书

消防监督检查人员应根据公安机关消防机构行政负责人的审批意见，自检查之日起3个工作日内制作并送达《公众聚集场所投入使用、营业前消防安全检查合格证》或者《不同意投入使用、营业决定书》。

送达《公众聚集场所投入使用、营业前消防安全检查合格证》时应使用《送达回证》。

（七）建档

公众聚集场所投入使用、营业前消防安全检查卷的归档内容及装订顺序如下：

1. 卷内文件目录；

2. 公众聚集场所投入使用、营业前消防安全检查合格证复印件，不同意投入使用、营业决定书及审批表；

3. 消防安全检查申报表；

4. 营业执照或工商行政管理部门出具的企业名称预先核准通知书；

5. 依法取得的建设工程消防验收或竣工验收消防备案的法律文书；

6. 消防安全管理制度、灭火和应急疏散预案、场所平面布置图；

7. 员工岗前消防安全教育培训记录，自动消防系统操作人员取得的消防行业特有工种职业资格证书；

8. 场所室内装修消防设计施工图，消防产品质量合格证明文件，装修材料防火性能符合消防技术标准的证明文件、出厂合格证；

9. 消防安全检查申请受理凭证；

10. 消防监督检查记录；

11. 现场抽样检查、功能测试、检测等有关记录和资料，现场照片；

12. 集体讨论意见；

13. 送达回证；

14. 其他有关材料；

15. 备考表。

公众聚集场所投入使用、营业后，公安机关消防机构应督促单位在互联网社会单位消防安全户籍化管理系统建立消防安全"户籍化"管理档案。

（八）消防监督管理系统应用

办理公众聚集场所投入使用、营业前消防安全检查，应当按照"网上录入、网上流转、网上审批"的要求，在消防监督管理系统中形成法律文书。

1. 受理申请

公安机关消防机构受理窗口的工作人员接到建设单位或使用单位报送的消防安全检查申请材料后，应当将申报表的信息录入消防监督管理系统"行政许可"模块的"安全检查"栏目。

对申请材料进行形式审查，做出是否受理的决定，制作打印受理凭证，并当场将全部申请材料上传到消防监督管理系统"申请材料"栏下。

2. 任务分配

公安机关消防机构的消防安全检查承办部门负责人，通过系统选定主责承办人、协办人负责消防安全检查。

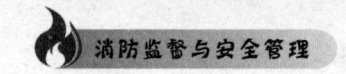

3. 消防安全检查

主责承办人、协办人应当将资料审查和现场检查的情况，写入检查记录，利用消防移动执法终端设备录入消防监督管理系统或当日（夜查的于次日）返回办公地点后完成补录。

4. 制作处理决定文书

主责承办人、协办人完成现场检查后，应当提出是否同意投入使用、营业的处理意见。需要组织集体研究的，主责承办人、协办人应当将参加人员的发言如实、完整地录入讨论记录，根据讨论结论制作处理决定文书。

5. 报送审批

承办人将处理意见按照事先设定的审批流程将处理决定文书上传领导审批，公安机关消防机构行政负责人在系统审批流程中签批处理决定文书，做出最终决定。

6. 印制、送达处理决定文书

主责承办人对已经完成系统审批流程的文书进行文字校核和排版，打印系统生成的处理决定文书，并在送达后在消防监督管理系统"送达"栏下做送达登记。

第二节　消防监督检查仪器设备的使用

一、使用要求

各级消防救援机构均应配备消防监督技术装备，其中用于防火检查的装备有建筑消防设施检测类装备，如：数字照度计、消火栓测压接头、点型感烟探测器功能试验器、测厚仪等；消防安全检测类装备，如：漏电电流检测仪、红外测温仪、激光测距仪、红外热像仪等；消防产品现场检测类装备，如：实验气体、电子秤、测力计、磁性测厚仪等。

使用消防监督检查仪器开展消防监督检查，就是对建筑消防设施、安全设施、消防产品进行功能测试和性能检查，依靠测量得到的数据，通过分析对比以判定消防设施、安全设施、消防产品是否达到规定的要求。由此，可以提高执法检查的准确性，提升检查的严肃性，增强消防机构的执法公信力。有关使用要求如下：

第一，各级消防救援机构应建立消防监督技术装备使用管理制度，明确专人管理、专人维护和专人保养。装备管理制度主要包括入库、流转、降级、报废制度，使用、维护、保养制度，周期检定制度，现场抽检制度，培训、考核、奖惩制度等。

第二，仪器、装备的使用人员，应熟悉其性能、技术指标及有关标准，并接受相应的培训，熟练掌握操作规程。

第三，所有仪器和设备的技术资料、图纸、说明书，维修和计量检定记录应存档备查。

第四，凡依法需要计量检定的仪器，应进行定期计量检定，以保证装备的可靠性。

二、使用方法

消防监督检查所用的仪器、仪表、工具通常按照性能指标来选择，而市场上满足性能指标要求的仪器、仪表、工具种类繁多，这也造成各地消防救援机构选配的监督技术装备不尽相同。为叙述方便，下面以特定型号为例，介绍其使用方法、注意事项等，在实际工作中，消防监督检查人员应按照配备实物的使用说明进行操作。

（一）数字照度计

1. 用途及性能

数字照度计实物用于测量应急照明和疏散指示场所的光亮照度。光照度是物体被照明的程度，即物体表面所得到的光通量与被照面积之比，单位为 lux，法定符号 lx。一般黑夜照度为 0.001~0.02lx，月夜照度为 0.02~0.3lx，阴天室内照度为 5~50lx，晴天室内照度为 100~1000lx。

2. 使用方法及步骤

①打开电源，选择适合的测量挡位。

②打开光检测器盖。测量应急照明照度时，应将光检测器水平放在测量目标照射范围内最不利点的位置；测量疏散指示照度时，应将光检测器水平放在疏散指示标志前通道中心处。

③读取照度计显示屏的测量值，如左侧最高位数"1"显示，表示照度过量，应立即选择在较高挡位测量。

④当显示数据稳定时，按读取锁定键"HOLD"，显示屏显示"H"符号并显示锁定读值；再按"HOLD"键，则可取消读值锁定功能。

⑤欲测光脉动信号时，按读取锁定键"PEAK"，显示屏显示符号及脉动峰值；再按"PEAK"键，则恢复正常测试。

⑥测量工作完成后，将光检测器盖盖回，关闭电源。

3. 注意事项

第一，根据消防技术标准要求，建筑内疏散照明的地面最低水平照度应符合下列规定：对于疏散通道，不应低于 1.0lx；对于人员密集场所、避难层（间），不应低于 3.0lx；对于老年人照料设施、病房楼或手术部的避难间，不应低于 10.0lx；对于楼梯间、前室或

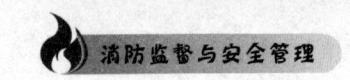

合用前室、避难走道，不应低于 5.0lx。消防控制室、消防水泵房、自备发电机房、配电室、防排烟机房及发生火灾时仍须正常工作的消防设备房应设置备用照明，其作业面的最低照度不应低于正常照明的照度。

第二，疏散指示标志的照度规定：辅助性自发光疏散指示标志，当正常光源变暗后，应自发光，其亮度应符合有关要求；灯光疏散指示标志，状态指示灯应正常。工作状态时，灯前通道地面中心的照度不应低于 1.0lx。

第三，光源测试参考准位在受光球面正顶端，光检测器的灵敏度会因使用条件或时间而降低。

第四，使用时，光检测器须保持干净，勿在高温、高湿场所下测量，长时间不使用须取出电池。

（二）数字声级计

1. 用途及性能

数字声级计实物用于测量应急广播、水力警铃、电警铃、蜂鸣器等报警器件的声响效果，测量单位一般为分贝（dB）。

2. 使用方法及步骤

①按下电源开关，按下"LEVEL"键选择合适的挡位测量当前的噪声，以不出现"UNDER"或"OVER"符号为准。

②要测量以人耳为感受的噪声，选用"dBA"。

③要读取即时的噪声量请选择"FAST"，如果获得当时的平均噪声量，选"SLOW"。

④如要取得噪声量的最大值，可按"MAX"键，即可读到噪声的最大值。

⑤测量结束后，关闭电源。

3. 注意事项

①根据消防技术标准要求：环境噪声大于 60dB 的场所，火灾应急广播应高于背景噪声 15dB；水力警铃在工作压力不低于 0.05MPa 时，距其 3m 远处的声强值不低于 70dB；防火卷帘的起闭噪声不得大于 85dB。

②在室外测量噪声的场合，可在麦克风头装上防风罩，避免麦克风直接被风吹到而测量到其他的杂音。

③一般为室内使用，勿置于高温、潮湿的地方使用。长时间不使用须取出电池。

（三）数字风速计

1. 用途及性能

数字风速计实物用于测量机械加压送风系统、机械排烟系统的送风风速和排烟风速。

测量单位一般选用米/秒（m/s）。

2. 使用方法及步骤

①打开电源开关，屏幕全屏显示1秒后进入正常当前风速测量。

②每次开机默认风速单位为m/s。按"UNIT"键则屏幕上m/s符号闪动，按"△"键可在m/S、ft/m²n、km/h之间选择，按"UNIT"键确认选择。

③手持风扇或固定于脚架上，让风由风扇上的箭头所指方向吹过。测量时，应在风速稳定后再进行测量，风扇与风向的夹角尽量保持在90°。按下列方法测量排烟风口的风速，计算平均风速：

a. 小截面风口（风口面积小于0.3m²），可采用5个测点。

b. 当风口面积大于0.3m²时，对于矩形风口，按风口断面的大小划分成若干个面积相等的矩形，测点布置在每个小矩形的中心，小矩形每边的长度为200mm左右；对于条形风口，在高度方向上，至少安排两个测点，沿其长度方向上，可取4~6个测点；对于圆形风口，至少取5个测点，测点间距不大于200mm。

c. 若风口气流偏斜时，可临时安装一截长度为0.5~1m，断面尺寸与风口相同的短管进行测定。

④等待约4秒后以获得比较稳定的读数，按下锁定键"HOLD"，再按"HOLD"键，则恢复正常测量。

⑤在测量状态中，按"LED"键，显示屏背光灯亮，再按下"TED"键则关闭背光灯。

⑥每次开机默认为当前风速测量，当风叶转动的时候，可实现风速测量，屏幕上显示当前风速值。按"MAX/m²N/AVG/CU"键，可选择测量最大、最小、平均风速显示当前风速测量。

⑦测量结束后关闭电源。

3. 注意事项

①根据消防技术标准要求：正压送风口风速不宜大于7m/s，排烟口的风速不宜大于10m/s。

②平均风速测定后，按"平均风速×有效面积"计算排烟量（m³/h）、送风量。

③开机后无任何操作，则约在1分钟后自动关机。

④随时保持仪器的清洁和干燥，长时间不使用须取出电池。

（四）数字微压计

1. 用途及性能

数字微压计是用于测量保护区域内顶层、中间层及最下层防烟楼梯间、前室、合用前室的余压值，测量单位为帕斯卡（Pa）。

2. 使用方法及步骤

①开机：按动面板"ON/OFF"开关键，仪器进入初始状态，显示屏读数（9999、8888→0000）后仪器预热时间5分钟。

②清零：预热后仪器在使用前，按面板清零键"Auto-Zero"归零。

③选择测量方案。

④功能键：根据测量要求按功能键"Press/Velo"，在单位指示区可有"Pa""kPa"的测量方法，根据量程而定。

⑤压力连接：可用胶管将被测压力通过仪器的正号端接头引入被测气路。

⑥压力测量：

测量压力：皮托管连接微压计正端。

测量动压（差压）：一根皮托管连接微压计正端，一根皮托管连接微压计负端。

⑦温度：按仪器温度键"Temp"，仪器显示为环境温度。

⑧仪器归零后，即可连接被测压力，如果测量值是负压时，在显示数前有"-"号显示，在数值后有测量单位指示"Pa"。

3. 注意事项

①根据消防技术标准，防烟楼梯间与走道之间的压差为40~50Pa；前室、合用前室、消防电梯前室、封闭避难层（间）与走道之间的压差为25~30Pa；隧道火灾避难设施内设置独立的加压送风系统，其送风的余压值应为30~50Pa。

②仪器工作处须远离振动源、强电磁场。环境温度须稳定。

③一般情况下，不得测量有腐蚀性的气体压力和液体压力。

④测量压力不得超过允许过载的压力范围。

⑤当仪器显示屏右上角电量变黑时，表示应更换电池。

⑥仪器应周期检定（暂定一年）。

⑦仪器应轻拿轻放，避免高温、潮湿。电池应及时充电，长时间不使用须取出电池。

（五）消火栓测压接头

1. 用途及性能

消火栓测压接头用于检测消火栓的静水压力、出水压力，并可用来校核水枪充实水柱，测量单位为兆帕（MPa）。

2. 使用方法及步骤

（1）消火栓栓口静水压力的测量

①将测压接头接到消火栓栓口。

②安装好压力表，并调整压力表位置，使之便于观察。

③将测压接头出口处后端盖拧松。

④缓慢打开消火栓阀门，待后端盖处空气排尽，拧紧后端盖；读取并记录压力表的稳定显示值，该值为消火栓栓口的静水压力。

⑤测量完成后，关闭消火栓阀门，拧松后端盖，泄掉压力；待水不再从后端盖流出时，拧紧后端盖，将测压接头从消火栓上取下，使之呈竖直状态，然后将剩余水量倒出。

（2）消火栓栓口出水压力的测量

①将水带延展好，水带一端连接到消火栓栓口。

②将水带另一端接到测压接头的进口，取下测压接头后端盖。

③待持测压接头人员把持好后，逐步打开消火栓阀门直至全开，按下消火栓箱内启泵按钮，待压力表数值稳定时读取数值，该值即为消火栓口的出水压力。

3. 注意事项

第一，根据消防技术标准要求：室内消火栓栓口的动压力不应大于 0.5MPa，当大于 0.70MPa 时，必须设置减压装置。高层建筑、厂房、库房和室内净空高度超过 8m 的民用建筑等场所，消火栓栓口动压应不小于 0.35MPa，其他场所消火栓栓口动压应不小于 0.25MPa。

第二，高层建筑、厂房、库房和室内净空高度超过 8m 的民用建筑等场所，消防水枪充实水柱应按 13m 计算，其他场所应按 10m 计算。

第三，测量消火栓栓口静压时，开启阀门应缓慢，避免压力冲击造成检测装置损坏；现场放置盛水装置。

第四，测量出口压力和充实水柱时，水带应尽量沿地面延展，不应有弯折；射流方向不应站人，不应朝带电装置射水；地面应有排水设施。

第五，测量操作不应少于 2 人。

第六，消火栓测压接头使用完成后应将水擦净，放回检测箱。

（六）点型感烟探测器功能试验器

1. 用途及性能

点型感烟探测器功能试验器是用于感烟探测器的火灾响应试验。在试验时，模拟感烟探测器动作与报警的条件，该仪器即可产生烟雾。

2. 使用方法及步骤

①将发烟器主体与连接杆相连。

②打开开关，产生烟雾，根据现场实际情况拉伸加长杆，将出烟口对准感烟探测器，观察感烟探测器是否在规定时间内报警。

③检测结束后，关闭开关，拆下连接杆，将其放置入箱内。

3. 注意事项

①使用前确认此装置部件齐全：发烟器主体、连接杆。

②确保设备有电，若无电或电量不足，使用专用充电器充电，时间宜在 4 小时，充电器红灯亮，表示正在充电；绿灯亮起，表示电量已充满，此时须拔下充电器，切勿再持续充电。

③通过液位镜，观察雾香液的多少。若看不到液位，保持发烟器直立，使用注射器通过液位孔缓缓注射雾香液，边注边观察液位，液位到达液位镜中部即可，无须再继续注液。第一次使用无须注液，出厂已注，可连续测量 200 个探头。

④仪器使用完后，切记将开关关闭。长时间不关会导致仪器损坏。

（七）点型感温探测器功能试验器

1. 用途及性能

点型感温探测器功能试验器是用于感温（定温、差定温）探测器的火灾响应试验，使探测器加热升温，模拟火灾条件下探测器所处环境的温度变化情况。

2. 使用方法及步骤

①将气体加热器底部连接插头与加长杆连接，上部与降温导管连接。

②将气体加热器中部按钮向上推，打开点火开关，点燃丁烷气体，此时有热气体从加热器部喷出，待热量达到一定温度后便可测量，将出温口对准探测器，观察探测器是否在规定时间内报警。

3. 注意事项

①在将加热器与加长杆连接时不用过度用力，看准插头与加长杆的位置进行插拔。

②不得在有爆炸危险的场所使用。

③加热器加热后局部温度较高，应注意防止烫伤。

④使用完毕后将开关推下，使其处于关闭位置，待降温导管冷却后拔下放入箱内。

（八）线型光束感烟探测器滤光片

1. 用途及性能

线型光束感烟探测器滤光片是用于检测线型光束感烟的探测器。该仪器配备两片滤光片，分别为 0.9dB 和 10.0dB（dB 是一个比值），颜色较浅的为 0.9dB 滤光片，颜色较深的为 10.0dB 滤光片。

2. 使用方法及步骤

第一，将减光值为 0.9dB 的滤光片置于线型光束感烟火灾探测器的光路中，并尽可能靠近接收器，观察火灾报警控制器的显示状态和线型光束感烟火灾探测器的报警确认灯状态。如果30秒内发出火灾报警信号，记录其响应阈值，如响应阈值小于1.0dB，则表明不合格，结束试验。

第二，上述步骤后，若探测器不报警，则继续将减光值为10.0dB的滤光片置于线型光束感烟火灾探测器的光路中，并尽可能靠近接收器，观察火灾报警控制器的显示状态和线型光束感烟火灾探测器的报警确认灯状态。如果30秒内发出火灾报警信号，记录其响应阈值，如响应阈值大于10.0dB，则表明不合格；若仍不报警，则合格。

3. 注意事项

①当被监视区域烟参数达到报警条件时，线型光束感烟火灾探测器应输出火灾报警信号，红色报警确认灯应点亮，并保持至被复位。线型光束感烟火灾探测器的响应阈值应不小于1.0dB，不大于10.0dB（1.0dB≤报警响应阈值<10.0dB）。

②0.9dB和10.0dB的滤光片都是探测不响应的极限值。当放置这两片滤光片在探测器光路中时，如果探测器不响应，则正常；探测器报警，则不正常。必须两个测试都合格，才认为探测器正常。

③镜片严禁磨损、挤压、冲撞，用后及时清洗，分类存放。

④镜片远离热源，保持清洁，存放于通风、干燥处。

（九）火焰探测器功能试验器

1. 用途及功能

火焰探测器功能试验器由燃烧笔、燃烧嘴、燃烧室、红外镜筒、紫外镜筒、红外滤光片、紫外滤光片组成。模拟火灾条件，检验红外、紫外火焰探测器在一定时间内能否响应，同时能否启动报警确认灯。

2. 使用方法及步骤

①将丁烷气注入燃烧笔。

②将燃烧笔上的点火开关向上推，点燃烧嘴。

③松开连接接头的固定套，将检测杆的第一段杆插入固定套，锁紧固定套锁母。

④根据被测红外、紫外火焰探测器的安装高度调节检测杆长度，将火焰探测器试验装置举高至探测器检测范围内、距离探测器0.20~1.00m的部位，将火焰探测器试验装置红外镜筒或紫外镜筒对准红外或紫外火焰探测器，查看火灾报警控制器信号的显示内容。

3. 注意事项

①不得将燃烧笔置于阳光下直晒或环境温度高于50℃的地方存放。

②不得在具有潜在爆炸危险的场所使用FDT3.5火焰探测器试验装置。

③燃烧笔点燃后，燃烧室的上部温度较高，应注意燃烧室的上部距顶棚、探测器等可燃物的距离，以免引起火灾。

④使用完毕后将开关推下，使其处于关闭位置，待其冷却后放于携带箱内。

（十）激光测距仪

1. 用途及性能

激光测距仪实物用于测量室内外物体或空间的长度、宽度、高度、间隙、面积和体积。难以直接测量的场所，可以通过勾股定律进行间接测量。

在不良环境条件下（如：强烈的阳光、测量表面过弱的反光或粗糙的表面）使用该仪器可能会导致较大误差，在不使用觇板测量 30m 以上距离时，最大测量误差可能会上升到 ±10mm。

2. 使用方法及步骤

①按动电源键，屏幕短暂显示"DEVON"图标后，自动进入单段距离测量模式。

②开启仪器，将激光束指向所要测量的点。默认的测量基准为仪器的尾端。按一次"切换测量基准"键可以改变基准设置，下次测量所得尺寸以仪器的前端为基准。当仪器关机重新开启时，测量基准回到默认状态，从仪器的尾端来计算。

③改变测量单位。

④测量：按下测量模式，可依次进行单次距离测量、面积测量、体积测量、勾股定律测量、单次测量的加减运算、面积和体积的加减运算。

3. 注意事项

①测量时不要将激光测距仪指向太阳或其他强光源，防止测量出错或测量不准确。

②不要长时间在潮湿、沙尘等恶劣环境下使用本激光测距仪。长时间在恶劣环境下使用，会损坏激光测距仪的内部器件或导致测量数据不准确。

③将激光测距仪从一个环境带到另一个环境时，如两个环境的温差很大时，要待仪器温度与环境温度大体一致后再使用。

④激光测距仪在测量浅色液体（如水）、透明玻璃、泡沫塑料，或者其他类似半透明、低密度的物质时，会出现差错。高反光的被测量面会反射激光束，导致测量错误。在高亮度低反射率的测量环境中，会缩短仪器的有效测量距离和降低测量精度。

⑤不要将仪器浸在水里。可以使用干净的软布浸湿清水挤干后擦拭仪器，不要使用腐蚀或挥发性物质来清理仪器。光学部件只能用干净的软布或棉签浸湿蒸馏水挤干后擦拭。不要用手触摸仪器的镜头。

⑥使用仪器时要小心轻放，不要将机器暴露在极其冷或热的环境内，也不要使仪器受到外力挤压或长时间使仪器受到振动。

⑦仪器要求在室内存放，不使用时须将仪器放入包装盒内。不要自行拆装仪器，避免受到激光伤害；不要移动仪器上的任何光学部件。仪器跌落或受到其他外力挤压后，要重新校核。

（十一）超声波流量计

1. 用途及性能

超声波流量计用于测量消防气压给水设备和消防增压稳压给水设备、消防恒压给水设备内介质的流量，由主机、手持中型传感器、专用信号电缆、铝合金保护箱等部件组成。

2. 使用方法及步骤

①先将传感器与主机相接，红色传感器接于上游端子，蓝色传感器放于下游端子。

②选择传感器安装位，其管道中的液体必须是满管，而且要有足够的直管段长度。

③安装传感器。清除管道上的杂物和锈蚀物，在传感器的反射面上涂上足够多的耦合剂再安装。若不能相吸引，须采用支架固定传感器。

④超声波流量计的传感器一般采用 V 方式和 Z 方式安装。通常情况下，管径在 50～300mm 时，可先采用 V 方式安装，V 方式测不到信号或信号质量差时再采用 Z 方式；管径大于 300mm 时，优先采用 Z 方式安装。选择管道上均匀顺直的管段，没有阀门的干扰。

⑤固定好后按"ON"键打开主机，输入管道材质、直径、传感器距离、流体性质等相应的参数，即可开始测量。

3. 注意事项

①安装传感器的管路要有足够长的直管段。传感器安装位置顺直管段的长度应距测点上游 10 倍的管径，距测点下游 5 倍的管径，距泵出口 30 倍的管径，不能在拐弯处测试。一般上游 10 倍管直径，下游 5 倍管直径。

②安装传感器时，应避免沙粒和杂物进入。传感器要保持干燥，防止腐蚀。

③随时保持仪器的清洁和干燥，不使用时，取出电池，以免电池漏电、腐蚀仪器。

（十二）磁性测厚仪

1. 用途及性能

磁性测厚仪用于检测薄型（膨胀型）钢结构防火涂料或超薄型钢结构防火涂料的涂层厚度，根据工作原理可分为涡流式和超声波式两种。

2. 使用方法及步骤

先将探头线插在仪器上，然后按动"ON/OFF"键（探头与铁基或磁场的距离保持 10cm 以上），开机听到蜂鸣声后仪器进入测量状态，可以直接进行测量。如果测量数据偏差较大，可以进行校准后再测量。测量时要注意测量指示箭头，箭头消失后才能再次测量。

3. 注意事项

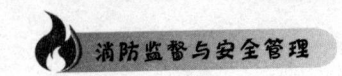

①仪器使用前须进行调零和校准，调校正确后方可进行测量。平时可在随仪器配置的校零用底材板上使用标准厚度试块进行调零和校准。

②底材的材料、表面曲率半径、粗糙度、污物、厚度及涂层的表面曲率半径、粗糙度、污物、测量面积，都会影响测量精度。

③测量时，必须保证探头轴线垂直于被测工作表面，并且接触严密。

④插拔探头时，请抓住探头线上的接插件部位插拔，不要直接抓住探头线，以免损坏探头。

⑤一般测量，取一次测量值；准确度要求较高时，取多次测量平均值。

⑥仪器须远离强磁性环境，保持清洁。

⑦不使用时须取出电池，防止电池泄漏损坏仪器。

（十三）漏电电流检测仪

1. 用途及性能

漏电电流检测仪用于家用电器、电动工具和电动机的泄漏电流测量。在消防监督检查工作中，一般用于测量泄漏电流，量程为毫安级。

2. 使用方法及步骤

①拨通电源开关。

②将拨动开关置于所需电流挡。如果不知被测量电流大小时，暂先拨置于最大电流挡，随后进行调整。

③按下扳机，张开电流钳，把导线夹在钳内中心位置即可测得导线的电流值。同时，夹住两根以上导线是不能测量的。

④从显示器上读取测量结果。

3. 注意事项

①严禁对仪表的电流钳部位进行敲打和冲击。

②使用前要检查仪表，谨防任何损坏或不正常的现象。如出现不正常的情况，请不要进行测量。

③为了安全，请使用交流电压600V以下的电路，而且测量导线的外部必须是绝缘的。

④不要使仪表暴露在强光、高温或潮湿的地方。

（十四）红外测温仪

1. 用途及性能

红外测温仪被用来测量物体表面温度，常用于高温、有毒或难以到达的物体表面温度的测量。该仪器可通过光传感辐射、反射并传输能量，然后由探头收集、聚焦能量，再由其他电路将信息转化为数值显示在 LCD 屏上。

2. 使用方法及步骤

①按下电池门开关，正确装上电池，按动开关按钮开机，LCD 屏上显示电池符号、温度数值，数值保留时间约 7 秒。

②对准目标，按住扳机，将测温仪镭射点通过上下移动进行扫描以进行定位，显示屏显示读取物体表面温度。

3. 注意事项

①避免在电磁场所，如：有弧焊机、感应电加热器等的场所使用。

②远离高温热源，避免因环境温度骤变造成的热冲击而影响测量的准确度。

③室内存放温度不宜过高。

（十五）便携式可燃气体检测仪

1. 用途及性能

便携式可燃气体检测仪是可连续检测可燃气体浓度或者有毒气体浓度的本质安全型设备，适用于有可燃性气体或有毒气体的场所，地下管道或矿井等场所危害气体的现场检测，在消防安全检测和防火检查中有广泛用途。

2. 使用方法及步骤

①按"ON"开机，仪器进行自检测，出现声光报警约 3 秒；如按"ON"不能开机，说明检测仪电池电量不足，应予以充电。

②检测仪充电应使用专用充电器。充电时，仪器必须处于安全场所且处于关机状态。

③充电时会有一个充电指示灯。接通电源未充电或电池已经充满电时，指示灯为绿色；正在进行充电时，指示灯为红色；进入充电后期或浮充时，指示灯为橙色。

④当仪器工作电压低于一定值时，仪器将闪烁显示"LOB"两次，同时伴有声光报警，此后仪器还能工作 10~30 分钟，接着仪器将闪烁显示"LOB"三次，仪器自动关机。

⑤当甲烷浓度超过 100%LEL 时，应使仪器的显示值维持在超限状态。

3. 注意事项

①严禁在井下拆装仪器电池，严禁使用说明书中规定的型号之外的电池，应在地面安全区域对仪器充电。

②仪器使用时应防止水溅入，避免经受猛烈撞击和挤压，仪器使用时必须佩戴动物皮套。

③仪器具有高浓度自动保护功能。当可燃气体浓度超过 100%LEL 时，仪器将自动关机。

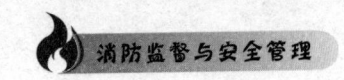

④仪器检修时，不得随意更改产品元器件的参数、规格及型号；长期不用，应放于通风干燥处储存。

（十六）防爆型静电电压表

1. 用途及性能

在一些具有可燃性气体或粉尘的场所，静电是绝对要禁止的，而静电又往往无法被发现和被感觉到。管道或皮带的输送、物料的搅拌或人体上产生的静电，是我们日常检查的重点之一。另外，在怀疑是静电火灾时，也需要对怀疑可以产生静电的同类物质进行测量，以确认产生静电的可能性。

2. 使用方法及步骤

①打开电源开关，接通电源。

②距离带电体 30cm 以上处按调零开关调零，消除感应屏上的静电。

③将电压表探头由 30cm 处靠近被测物体规定的距离处，读取电压值（为液晶显示值×10）。

④不要用手去触摸感应屏，以避免损坏输入器件。

⑤液晶显示器数字暗淡，显示不稳定或测试数据不准确，应检查 9V 积层电池，当电压低于 8V 或使用半年以上时应更换电池。

3. 注意事项

①电极板不能直接接触被测物体，以避免发生静电转移，影响测量准确性。

②由于静电总是集中在物体的尖端、边缘等部位，这些部位的电荷密度高，且容易放电。因此，要尽可能测量这些部位。

③应保持感应板的清洁，感应板不能碰撞硬物体。

（十七）易燃液体探测仪

1. 用途及性能

易燃液体探测仪用于探测火灾现场残留的易燃液体成分（包括汽油、煤油、柴油、油漆稀释剂及有机溶剂等），根据需要可用于对可疑部位的样品提取后进行技术鉴定。该仪器的灵敏度可以达到 50mg/L，即十万分之五的体积浓度。

2. 使用方法及步骤

①开启电源：向上拨动仪器右侧的电源开关，开机后，红绿指示灯均亮；经 2 分钟预热后，发出间隔蜂鸣声；5 分钟后表头数字由大向小变，此时应在纯净空气中，用随机配的小螺丝刀缓慢调整仪器左侧的调零电位器，向顺时针方向旋转是向下趋零，逆时针方向旋转是向上趋零。经调整到仪器零点变化不大时，即可使用。

②电源电压检查：当开机或仪器工作过程中，如蜂鸣器发出报警，同时绿色发光二极管亮，表明电源电压不足，应及时给电池充电。

3. 注意事项

①仪器调零时应在纯净空气中进行，以避免受到其他气体的干扰。

②火场中的各种可燃材料燃烧后的烟尘中均含有可燃性气体，会使仪器报警。因此，使用该仪器时，应保证火场中没有烟尘，碳化物没有温度。

③用仪器上端的探头靠近被测的部位，显示值为测量部位的可燃气体的浓度值，单位为 mg/L。

④仪器的报警点为 500mg/L（显示数值为 50）。当易燃液体蒸汽浓度达到 500mg/L 时，仪器发出声光报警，表明该部位可燃气体或可燃液体的浓度较高，须仔细勘察，并提取该部位的样品。该仪器只能检测出有机助燃剂是否存在，如须确定是何种物质，还需要用大型分析仪器鉴定。

⑤仪器的探头要保护好，不要接触水、灰尘、高温环境，也不要用大浓度或大分子的可燃气体来测试，避免探头"中毒"，影响使用寿命。

⑥仪器连续开机时间为 2~4 小时。长时间不用时应关机。

⑦轻拿轻放，防止跌落，避免受潮、雨淋，严禁暴晒。

（十八）移动执法终端工具

1. 用途及性能

移动执法终端工具是供消防监督移动执法、移动办公、移动指挥使用，是消防监督管理系统在执法现场的延伸，可通过"在线"或"离线"两种方式实现现场文书的出具，大大提高消防监督的工作效率，同时也更规范了执法流程，避免了执法记录和文书的随意更改。采集的证据在现场直接录入网络系统，更体现了执法的严肃性和规范性。移动执法终端主要包括执法终端采集信息用的笔记本电脑、便携式打印机、便携式扫描仪、摄录设备等。

2. 使用方法及步骤

①打开电脑。

②使用专用的加密卡，接入专网。

③打开专用软件，进行网络视频传输，进行即时对话或监督。

④登录消防监督管理系统或其客户端软件，进行各项执法操作。

3. 注意事项

①使用专用的加密卡才能开机并登录专网。加密卡类似网上银行使用的身份认证的 U 盾，专机专用。

②保持电脑等各项设备清洁、干燥，避免受潮湿、重压、震动。

（十九）执法记录仪

1. 用途

执法记录仪能够对执法现场进行动态、静态的音视频记录，并具备前后双摄、视频对讲、语音通话、实时定位、IP68 防护等级等功能。该仪器具有远距离红外光源和白光灯功能，还可保证在夜间全黑环境下的执法记录效果。

2. 使用方法及步骤

（1）开关机

按开/关机键开机，系统进入默认的预览模式。在操作结束后按开/关机键关机。在开机或录像状态短按下开/关机键可关闭 LCD 屏幕，进入省电模式，同样的操作可开启 LCD 屏幕，退出省电模式。

（2）拍照

①在待机或者录像状态下短按"拍照功能键"可进行拍照、抓拍。

②长按"拍照功能键"（约 4 秒）可开启 LED 灯爆闪功能。

（3）录像

①在实时监控待机状态，短按一下"录像功能键"，机身振动，语音提示"现场执法，录像开始"，红色录像指示灯闪烁，即开始录像；再次按下"录像功能键"停止录像，机身振动，红色录像指示灯熄灭，录像结束并已保存。（注：语音播报功能在菜单中设置有选择开关，出厂是默认关闭状态。）

②关机状态下，长按"录像功能键"4 秒即可直接进入录像工作中状态。

（4）录音

①在待机状态下，按"录音功能键"开始录音，结束录音再按此键一下。

②在机器关机时，长按"录音功能键"（约 4 秒），机器会开机并自动进入录音状态。

③在机器待机状态下，长按"录音功能键"（约 4 秒），机器会自动切换高清和标清两种分辨率。

（5）驱动安装

执法记录仪开机连接电脑后，将配套软件从随机附带光碟拷贝至电脑，运行相关软件，并按软件提示完成驱动安装、密码设置、编号设置、警号设置、设定上传路径等。

3. 注意事项

①使用前必须先设置消防监督员编号。

②长时间不用，再次使用前，要提前充满电。

③当开机后，机器屏幕颜色有色差时（发红），重新开关"红外功能键"一次，即可

恢复正常颜色。

④机器充电有两种方式：一种是在关机的状态下用最大充电电流 1.2A 左右充电（约 5 小时电量可以充满），另一种是开机充电，在开机时充电电流大概在 500mA（开机时启动了充电保护电路，起到保护电路板的寿命和电池寿命的作用）。快充关机充电，慢充开机充电。

⑤若机器出现死机或异常状态时，点击"复位"键，重新开机，机器即可恢复正常。

第四章 典型场所监督检查方法

人员密集场所的消防监督检查是消防监督检查的一项重要工作，消防部门对于属于人员密集场所的消防安全重点单位，除每年至少组织一次监督抽查外，还可按地区区域火灾规律、特点组织消防监督检查。

第一节 城市综合体消防监督检查

一、检查要求

城市综合体建筑集购物、娱乐、餐饮、文化等消费功能于一体，一般设有宾馆、商场（营业厅及库房）、公共娱乐场所、电影院、餐饮场所、儿童活动场所等各类场所，因占地面积大、功能复杂、火灾荷载高、人员数量多，发生火灾后，火灾蔓延速度快、人员疏散逃生和灭火救援难度大，极易造成重大人员伤亡和财产损失。对该类建筑开展消防监督检查时，应着重检查消防安全管理制度，各场所的消防设置，建筑防火、消防设施，安全疏散通道及其他重点部位。在对各场所开展检查时，单位的消防安全责任人、消防安全管理人员应一并参加，消防监督员边检查、边指导、边培训。

二、消防安全管理情况

检查要点：检查消防安全重点单位的消防档案内容是否完整，了解单位的消防安全基本情况；检查管理组织制度是否健全，逐级消防安全责任制是否明确；查看是否制定了各种安全操作规程；了解重点工种人员是否符合上岗条件，了解消防设施维护保养制度是否已落实，了解重点部位是否落实了防火措施；消防安全培训是否已定期开展，灭火和应急疏散预案是否定期进行了演练。

检查方法：通过查阅单位消防安全制度文本，相关消防安全工作记录、文件等消防档案台账，现场询问单位有关人员。

（一）消防档案建立情况

建立健全消防档案，应包括消防安全基本情况和消防安全管理情况，内容翔实，能全面反映单位消防基本情况，并附有必要的图表，根据实际情况及时更新。登录户籍化消防安全管理系统，核查日常管理及"三项备案"等情况。

（二）消防安全基本情况

消防安全基本情况应包括以下内容：

1. 单位基本概况和消防安全重点部位情况。
2. 各场所开业前消防安全检查情况。
3. 消防管理组织机构和各级消防安全责任人。
4. 消防安全制度。
5. 消防设施、灭火器材情况。
6. 专职消防队、志愿消防队人员及消防装备配备情况。
7. 与消防安全有关的重点工种人员情况。
8. 消防产品、防火材料的合格证明材料。
9. 灭火和应急疏散预案。

（三）消防安全责任

实地抽查提问相关人员，检查单位是否已明确以下工作：

1. 各级、各部门、各岗位的消防安全责任人及其职责、权限和消防安全工作的目标、任务。
2. 确定消防安全管理人具体实施和组织落实单位的消防安全工作情况。
3. 城市综合体实行承包、租赁或者委托经营、管理时，产权单位应当提供符合消防安全要求的建筑物，当事人在订立的合同中应依照有关规定明确各方的消防安全责任。
4. 消防车通道、涉及公共消防安全的疏散设施和其他建筑消防设施应当由产权单位或者委托管理的单位统一管理。
5. 对消防安全责任落实情况进行经常性检查，并实施考评奖惩。

（四）消防安全操作规程

查看单位是否根据消防安全工作的实际需要，有针对性地制定相应的安全操作规程。各项安全操作规程是否明确了岗位人员资格要求，设施、设备的操作、检修方法和程序，容易发生的问题及处置方法，操作注意事项等。

（五）消防安全管理制度

1. 消防安全制度

主要包括以下内容：
①消防安全教育、培训。
②防火巡查、检查，安全疏散设施管理。
③消防（控制室）值班。
④消防设施、器材维护管理。
⑤火灾隐患整改。
⑥用火、用电安全管理。
⑦易燃易爆危险物品和场所防火防爆。
⑧专职和义务消防队的组织管理。
⑨灭火和应急疏散预案演练。
⑩燃气和电气设备的检查和管理（包括防雷、防静电）。
⑪消防安全工作考评和奖惩。
⑫其他必要的消防安全内容。

2. 防火检查、巡查

①查阅相关制度、操作规程，看是否已建立完善并符合单位实际。
②查看防火检查、巡查记录，火灾隐患整改通知书及复查意见等档案资料。
③查看单位是否至少每月进行一次防火检查，是否已填写《防火检查记录》。
④营业期间是否至少每两个小时进行一次防火巡查并填写过《防火巡查记录》，检查人员、被检查部门负责人及巡查人员是否分别已在记录上签名，现场询问单位防火巡查员等有关人员。
⑤检查单位消防安全状况及火灾隐患整改情况。

3. 灭火和应急疏散预案制订、演练

针对建筑内每一个重点部位，是否已分别制订预案，灭火行动组、通信联络组、疏散引导组的职责是否分工明确。查看各组人员是否按在岗排班动态执行。通过查阅灭火救援演练资料，包括演练记录、现场演练及灭火器使用等照片，检查是否至少每半年重点部门组织一次实地演练，看预案演练是否到位。询问各岗位员工职责、处置程序和措施。

4. 消防安全培训

检查单位消防宣传教育制度文本、工作台账、员工消防安全培训记录、新员工岗前培训记录、岗位资格证书等资料，随机抽查单位不同岗位员工对消防安全"四个能力"的掌握情况。

5. 消防设施维护保养检测和消防安全评估

①查阅制度样本、操作规程、各类维护管理记录、相关合同文本等档案,检查单位建筑消防设施是否每月至少进行一次维护保养、每年至少进行一次全面测试并出具报告,看建筑设施维保责任是否已落实到位。

②检查单位是否每年至少进行一次消防安全评估,查看评估报告。

③查看建筑消防设施易损件的储备情况,查看有关人员的职业资格证书,询问单位工作人员,检查维保、测试和评估中发现的问题是否已及时整改到位。

三、总平面布局与平面布置

检查要点:查看防火间距、消防车道及消防车登高操作场地是否有改变,是否有占用防火间距、增设妨碍消防车道及消防车登高操作场地的障碍物等现象;查看室外消防设施是否保持完好、有效;查看各场所使用性质;查看各场所经营使用面积是否有调整过的现象。

检查方法:通过查阅资料、交流询问、现场检查、实地测量(使用测距仪或卷尺等工具)等方式实施。

(一)防火间距

第一,查阅竣工验收资料中总平面图和有关消防设计文件,询问单位工作人员情况,确定城市综合体建筑与周围相邻建筑、构筑物的使用性质和生产、储存、经营物品的火灾危险性是否改变,防火间距是否仍尚足要求。

第二,实地测量城市综合性建筑与周围相邻建筑、构筑物的距离,高层民用建筑与高层民用建筑之间不应小于13m,高层民用建筑与裙房和单层、多层一、二级耐火等级的民用建筑之间不应小于9m,裙房之间和裙房与一、二级耐火等级的单层、多层民用建筑之间及一、二级耐火等级的单、多层民用建筑之间不应小于6m。涉及三、四级耐火等级的单层、多层民用建筑,防火间距还要相应增加,并符合规范要求。

第三,既有建筑周边扩建附属用房或两幢建(构)筑物之间不应存在扩建屋顶、雨棚、围栏,堆放可燃物,设置封闭连廊等改变或占用防火间距情况。

(二)消防车道

1. 核查消防车道设置是否与竣工图一致

①高层民用建筑、占地面积大于3000m² 的商店建筑等单、多层公共建筑应设置环形消防车道,确有困难时,可沿建筑的两个长边设置消防车道。

②山坡地或河道边临空建造的高层民用建筑,可沿建筑的一个长边设置消防车道,但该长边所在建筑立面应设消防车登高操作场地。

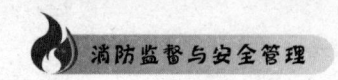

③消防车道靠建筑外墙一侧的边缘距离建筑外墙不宜小于5m，且不应大于10m，场地的坡度不宜大于3%。

2. 沿消防车道行走，检查消防车道畅通情况

①环形消防车道至少应有两处与其他车道连通。

②通道路面不应设置妨碍消防车通行的停车泊位、路桩、隔离墩、地锁等障碍物，并须设有"严禁占用"等标志。

③车道两侧、上方不应有影响通行和作业的电力设施、架空管线、广告牌、围墙、栅栏、树木等障碍物。

④尽头式消防车道应设回车道或回车场，回车场地面及周围不应设置有妨碍消防车回车操作的障碍物，回车场的面积不应小于12m×12m；对于高层建筑，不宜小于15m×15m；供重型消防车使用时，不宜小于18m×18m。

⑤控制车辆、人员进出的电子栅栏、栏杆等是否具有应急时开启的措施。

3. 实地测量消防车道的净宽度、净空高度、坡度

抽查消防车道的净宽度和净空高度均不应小于4m，消防车道的坡度不宜大于8%。

4. 必要时可利用消防车进行实地检验

检验消防车道的通行、转弯、登高等作业情况，消防车道路基承载能力和消防车作业场地空间是否满足需求，以及供消防车取水的通道是否保证消防车顺利通行、停靠、取水及回车等。

（三）救援场地和入口

1. 查看消防登高操作面、场地，其设置不应改变

消防登高操作面范围内直通室外的楼梯或者直通楼梯间的入口不应被占用、堵塞、封闭，并应设有警示标志。

2. 实地测量消防车登高操作场地尺寸、间距及坡度

场地的长度应至少沿高层建筑的一个长边或周边长度的1/4且不小于一个长边的长度，场地的长度和宽度分别不应小于15m和10m。对于建筑高度大于50m的建筑，场地的长度和宽度分别不应小于20m和10m；当建筑高度不大于50m的建筑连续布置消防车登高操作场地确有困难时，可间隔布置，但间隔距离不宜大于30m。场地坡度不宜大于3%。

3. 现场查看

消防登高操作面一侧的建筑裙房进深不应大于4m，且不应存在架空管线、广告牌、围墙、栅栏、树木等障碍物。

4. 必要时可利用消防车实地检验

可利用消防车实地检验消防登高操作面设置、消防车道路基承载能力是否满足要

求等。

5. 现场查看救援入口的设置

与消防车登高操作场地相对应的位置，每层均应设置可供消防救援人员进入的窗口，净高度和净宽度均不应小于1.0m，窗口下沿距室内地面不宜大于1.2m。该窗口间距不宜大于20m且每个防火分区不应少于两个。窗口的玻璃应易于破碎，并应设置可在室外识别的明显标志。

（四）室外消防设施

第一，现场抽查室外消火栓，查看室外消火栓是否被埋压、圈占，抽测水压是否满足要求，并且室外消火栓2.0m范围内不应设置影响其正常使用的障碍物。

第二，现场抽查水泵接合器，查看水泵接合器2.0m范围内是否设置了影响正常使用的障碍物。

（五）平面布置

对照竣工图纸现场核查各楼层平面布置，查看各层，其使用性质不应改变。不应存在建筑顶部擅自加层或搭建，在建筑内部增加夹层，拆除建筑内部防火分隔物，紧贴原有建筑外墙搭建或将两幢建筑通过搭建相连通等擅自扩建的情况；除住建部门规定的无须办理消防设计审核、验收的建设工程外，不应存在对场所进行二次室内外装修、在建筑外墙上设置保温材料、变更建筑用途等擅自改建的情况。对于按特殊设计评审的建筑，应对照查看原设计文件。

四、商场

检查要点：查看营业厅平面布置是否有改变的现象，抽查防火分区、安全疏散设施是否完好、有效，是否存在改变装修材料、增设装饰材料的现象，用火用电是否规范，库房的防火分隔是否有效，库房物品存放、用火用电管理是否规范。

检查方法：查阅竣工资料和有关消防设计文件，询问单位工作人员，现场检查、测试，随机提问员工对消防安全"四个能力"、消防安全制度、灭火和应急疏散预案及自身承担职责任务的熟悉掌握和落实情况。

（一）商场的营业厅

1. 平面布置

（1）营业厅内的柜台和货架布置应与原设计文件相符

核查疏散通道设置是否符合下列要求：

①营业厅内的主要疏散通道应直通安全出口。

②主要疏散通道的净宽度不应小于3.0m，其他疏散通道净宽度不应小于2.0m。

③当一层的营业厅建筑面积小于500m^2时，主要疏散通道的净宽度可为2.0m，其他疏散通道净宽度可为1.5m。

④疏散通道与营业区之间应在地面上设置明显的界线标志。

（2）抽查商品、货柜、摊位的设置情况

商品、货柜、摊位的设置不应影响防火门、防火卷帘、室内消火栓、洒水喷头、机械排烟口、机械加压送风口、自然排烟窗、火灾探测器、手动火灾报警按钮、声光报警装置等消防设施的正常使用。其中，防火卷帘两侧各0.5m范围内不应放置物品，并应用警戒标志线划定范围。

2. 防火分隔

①设置在城市综合体建筑内的商场，查看是否采用耐火极限不低于1.50小时的不燃烧体楼板和不低于2.00小时的不燃烧体隔墙与其他部位隔开。

②现场核查防火分区的设置，防火分区的划分位置、面积不应改变。商场内防火分区一般应符合下列规定：

a. 多层商场地上按2500m^2为一个防火分区，地下按500m^2为一个防火分区。如商场设置有自动喷水灭火系统时，防火分区面积可增加一倍。

b. 商场如设置在一、二级耐火等级的建筑内，且设有火灾自动报警系统、自动喷水灭火系统，并采用不燃或难燃材料装修时，设置在高层建筑内的商场防火分区面积可扩大至4000m^2，设置在单层建筑或仅设置在多层建筑的首层时的商场防火分区面积可扩大至10 000m^2，设置在地下的商场防火分区面积可扩大至2000m^2。

③现场核查防火分区的防火分隔是否完好：

a. 防火门的位置、类型不应改变。

b. 查看电梯间、楼梯间、自动扶梯等贯通上下楼层的孔洞，是否安装防火门或防火卷帘进行分隔。

c. 抽查管道井、电缆井每层检查口是否安装丙级防火门，每层楼板处是否采用不低于楼板耐火极限的不燃材料或防火封堵材料封堵。

3. 安全疏散

（1）安全出口

核查安全出口的数量、形式、布置，抽查其设置是否符合以下要求：

①商场内的安全出口和疏散门应分散布置。每个防火分区或一个防火分区的每个楼层相邻两个安全出口最近边缘之间的水平距离不应小于5m。

②营业厅内任何一点至最近安全出口的直线距离不应大于37.5m，且行走距离不应大于45m。当疏散门不能直通室外地面或疏散楼梯间时，应采用长度不大于10m的疏散通道

通至最近的安全出口。当设置自动喷水灭火系统时，营业厅内任一点至最近安全出口的安全疏散距离可分别增加25%。

③安全出口、疏散门净宽度不应小于0.9m。

④商场内的疏散门应采用向疏散方向开启的平开门，不应采用推拉门、卷帘门、吊门、转门和折叠门。

⑤商场直接对外的安全出口或通向楼梯间的疏散门净宽度不应小于1.4m，不应设置门槛，紧靠门口内外各1.4m范围内不应设置踏步。

⑥不宜在商场的窗口、阳台等部位设置封闭的金属栅栏，当必须设置时，应有从内部易于开启的装置。窗口、阳台等部位宜根据其高度设置适用的辅助疏散逃生设施。

⑦各楼层的明显位置是否设置了安全疏散指示图，指示图上是否有疏散路线、安全出口、人员所在位置和必要的文字说明。

⑧安全出口不应被堵塞、占用、锁闭等。

（2）疏散通道

核查疏散通道的布置，抽查其设置是否符合以下要求：

①营业厅的安全疏散不应穿越仓库。当必须穿越时，应设置疏散通道，并采用耐火极限不低于2.00小时的隔墙与仓库分隔。

②疏散通道设置应符合下列要求：

a. 走道应简捷，并按规定设置疏散指示标志和应急照明灯具。

b. 尽量避免设置袋型走道。

c. 走道上方不应设置影响人员疏散的管道、门垛等突出物，走道中的门应向疏散方向开启。

d. 主要疏散通道的净宽度不应小于3.0m，其他疏散通道净宽度不应小于2.0m；当一层的营业厅建筑面积小于$500m^2$时，主要疏散通道的净宽度可为2.0m，其他疏散通道净宽度可为1.5m。

e. 疏散通道在防火分区处应设置常开甲级防火门。

f. 商场室外疏散通道的净宽度不应小于3.0m，并应直接通向宽敞地带。

g. 疏散通道不应被堵塞、占用等，应保持畅通。

h. 有的步行街、中庭应仅供人员通行，严禁设置店铺摊位、游乐设施及堆放可燃物。

（3）疏散楼梯

核查疏散楼梯的数量、布置，抽查疏散楼梯的设置是否符合以下要求：

①疏散楼梯的形式不应改变。

②通向楼梯间的乙级防火门应完好、有效，常闭式防火门的标志是否清晰、完好。

③楼梯间内墙上是否开设其他门窗洞口，楼梯间的顶棚、墙面和地面应采用不燃材料装修。

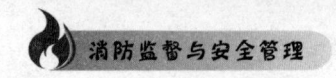

④疏散楼梯净宽度不应小于1.1m，高层商场的疏散楼梯净宽度不应小于1.2m。

⑤楼梯间不应被封堵、占用或设置其他功能的场所，可开启外窗不应被固定或封堵。

⑥楼梯间栏杆、扶手应完好。

⑦楼层标志应完好、醒目。

⑧消防应急照明应完好、有效。

（4）疏散指示标志与应急照明

①抽查疏散指示标志的设置是否符合下列要求：

a. 当疏散通道两侧设置了墙、柱等结构时，疏散指示标志灯应设置在距离地面高度1m以下的转弯和交叉部位等的墙面、柱面上；当疏散通道两侧无墙、柱等结构时，疏散指示标志可设置在疏散通道上方2.2~3.0m处。

b. 灯光疏散指示标志的规格不应小于0.85m×0.30m。当一层的营业厅建筑面积小于500m²时，灯光疏散指示标志的规格不应小于0.65m×0.25m。

c. 当疏散指示标志与疏散方向垂直时，大型疏散指示标志的间距不应大于30m，中型疏散指示标志的间距不应大于20m；当疏散指示标志与疏散方向平行时，大型疏散指示标志的间距不应大于15m，中型疏散指示标志的间距不应大于10m。

d. 总建筑面积大于5000m²的地上商场和总建筑面积大于500m²的地下或半地下商场，疏散通道的地面上应设置视觉连续的灯光疏散指示标志或蓄光型辅助疏散指示标志。该疏散指示标志应设在疏散通道的中心位置，间距不应大于3m。

②抽查各部位疏散照明的照度是否符合下列规定：

a. 疏散通道的地面最低水平照度不应低于1.0lx。

b. 商场内的地面最低水平照度不应低于3.0lx。

c. 楼梯间、前室内的地面最低水平照度不应低于10.0lx。

③查看应急照明的供电时间是否符合以下规定：

a. 商场所在大型综合体建筑为高度大于100m的民用建筑，其消防应急照明和疏散指示标志的备用电源的连续供电时间不应小于90min。

b. 商场所在建筑为总建筑面积大于100 000m²的公共建筑和总建筑面积大于20 000m²的地下、半地下建筑，供电时间不应少于60分钟。

c. 其他建筑，供电时间不应少于30分钟。

4. 装饰装修

（1）对有重新装饰装修的，应检查其防火性能，核查装修材料是否符合规定

①商场地下营业厅的顶棚、墙面、地面及售货柜台、固定货架应采用A级装修材料，隔断、固定家具、装饰织物应采用不低于B_1级的装修材料。

②附设在单层、多层建筑内的商场：

a. 每层建筑面积大于3000m²或总建筑面积大于9000m²的商场营业厅装修材料，其

顶棚、地面、隔断应采用 A 级装修材料，墙面、固定家具、窗帘应采用不低于 B_1 级的装修材料。

b. 每层建筑面积 1000~3000m² 或总建筑面积 3000~9000m² 的商场营业厅，其顶棚采用 A 级装修材料，墙面、地面、隔断、窗帘应采用不低于 B_1 级的装修材料。

c. 其他商场营业厅，其顶棚、墙面、地面应采用不低于 B_1 级的装修材料。

d. 当商场装有自动灭火系统时，除顶棚外，其内部装修材料的燃烧性能等级可降低一级；当同时装有火灾自动报警装置和自动灭火系统时，其顶棚装修材料的燃烧性能等级可降低一级，其他装修材料的燃烧性能等级可不限制。

③附设在高层建筑内的商场：

a. 设置在一类高层民用建筑内的商业营业厅，其顶棚应采用 A 级装修材料，窗帘、帷幕及其他装饰材料应不低于级。

b. 设置在二类高层民用建筑内的商业营业厅，其顶棚、墙面应采用不低于 B_1 级的装修材料。

c. 附设在 100m 以上的高层建筑内的商场，当同时装有火灾自动报警装置和自动灭火系统时，除顶棚外，其内部装修材料的燃烧性能等级可降低一级。

（2）节假日期间开展消防监督检查

应重点核查营业厅是否增设了可燃、易燃装饰材料、临时柜台等。

5. 用火用电

①重点检查营业厅内食品加工区，其明火部位应靠外墙布置，并应采用耐火极限不低于 2.00 小时的防火隔墙与其他部位分隔。敞开式的食品加工区应采用电能加热设施，不应使用可燃油品、液化石油气、天然气等做燃料。

②检查商场是否存在电动车、电动叉车违规充电情况。

③禁止在营业时间进行柜台、摊位的动火施工改造。如须用火、动火施工，应在商场停止营业后进行。

a. 需要动火施工的区域与使用、营业区之间应进行防火分隔。

b. 电气焊等明火作业前，实施动火的部门和人员应按照制度规定办理动火审批手续，清除易燃可燃物，配置灭火器材，落实现场监护人和安全措施，在确认无火灾、爆炸危险后方可动火施工。

6. 灭火和疏散演练

（1）模拟火情演练

检查过程中，随机选定一个部位，假设火情，组织灭火和疏散预案实地演练。通知消防控制室确认联动控制设备设在"自动"状态，在营业厅内按下一个手动报警按钮（或触发同一个防火分区的两个感烟探测器），检查该防火分区内的防火卷帘、应急照明、事故广播、防排烟等消防设施是否动作；检查员工是否按照职责分工迅速展开报警、引导疏散和灭火行动。

检查微型消防站接到消防控制室报警后，能否按照火灾处置流程，作为增援梯队赶赴现场扑救初起火灾、组织人员疏散。

（2）查看微型消防站建设

以"有人员、有器材、有战斗力"为标准，以救早、灭小和"3分钟到场"扑救初起火灾为目标，依托单位消防控制室和志愿消防队伍，建立不少于6人的重点单位微型消防站，配备必要的消防器材，有条件的可配备小型消防车或消防摩托车，明确岗位职责，定期组织培训，按要求制作悬挂火灾处置流程图，建立完善值守联动、管理训练等规章制度，承担单位防火巡查和初起火灾扑救等工作。对微型消防站的值班备勤情况进行检查。

（二）商场的周转库房

1. 防火分隔

查看防火分隔的完整性，抽查库房是否采用耐火极限不低于3.00小时的隔墙与营业、办公部分进行分隔，通向营业厅的门是否为甲级防火门。

2. 物品存放

抽查库房物品的存放情况是否符合以下要求：

①商场库房内不得存放易燃易爆物品，甲、乙类库房应按消防技术规范独立设置。

②查看库房的物品是否分类、分垛储存，"五距"（堆垛与楼板之间距离不小于0.3m，物品与照明灯具之间距离不小于0.5m，物品与墙之间距离不小于0.5m，堆垛与柱之间距离不小于0.3m，堆垛之间距离不小于1m）符合要求。

③相互发生化学反应或者灭火方法不同的物品，是否已分间、分库储存，并在明显处标明储存物品的名称、性质和灭火方法。

3. 用火用电管理

第一，检查库房是否存在电动叉车违规充电情况。

第二，查看库房用电管理是否符合下列要求：

①严禁使用碘钨灯和超过60W的白炽灯等高温照明灯具。

②使用日光灯等防燃型灯具时，应对镇流器采取隔热、散热等措施。

③不应设置移动式照明灯具。

④照明灯具下方不应堆放物品，其垂直下方与储存物品水平间距不小于0.5m。

⑤敷设配电线路时应穿金属管或用非燃硬塑料管保护。

⑥不应随意乱拉电线、擅自增加用电设备。

⑦应在库房外单独安装开关箱，保管人员离库时必须拉闸断电。

⑧仓库内的防潮、通风设施应当符合要求。

⑨禁止在营业时间进行动火作业。需要动火作业的区域,应与其他区域进行防火分隔。

⑩建立出入库登记制度,检查入库物品、人员是否已如实登记,是否做到了人走电断。

第三,查看库房用火管理是否符合下列要求:

①物品入库前应当有专人负责检查,确定无火种等隐患后,方准入库。

②库房内严禁使用明火或火炉取暖。

五、宾馆

检查要点:查看平面布置、防火分隔是否改变,查看是否存在改变装修材料、增设装饰材料的现象,抽查安全疏散设施是否完好、有效,重点查看客房管理是否符合要求。

检查方法:查阅竣工资料和有关消防设计文件,询问单位工作人员,现场检查,随机提问员工对消防安全"四个能力"、消防安全制度、灭火和应急疏散预案及自身承担职责任务的熟悉掌握和落实情况。

(一)平面布置

宾馆、饭店是否存在擅自改变防火分区、防火分隔,降低装修材料的燃烧性能等级等现象。

(二)防火分隔

查看城市综合体建筑内的宾馆、饭店与商店等部位的防火分隔是否完好、有效,是否满足了各自不同工作或使用时间对安全疏散的要求。

(三)安全疏散

1. 建筑内通至安全出口和屋面的疏散楼梯间是否封堵、锁闭。

2. 各楼层的明显位置应设置安全疏散指示图,指示图上应标明疏散路线、安全出口、人员所在位置和必要的文字说明。

3. 客房层应按照有关建筑火灾逃生器材及配备标准设置辅助疏散、逃生器材,并应有明显的标志。

4. 平时需要控制人员出入或设有门禁系统的疏散门,应有保证火灾时人员疏散畅通的可靠措施。

5. 安全出口、公共疏散通道上不应安装栅栏、卷帘门。

6. 外墙门窗、阳台等部位不应设置影响逃生和灭火救援的障碍物。

(四) 客房

1. 客房严禁使用大功率电热设备。
2. 客房内应设置醒目、耐久的"请勿卧床吸烟"提示牌。
3. 客房内应设置楼层安全疏散示意图。
4. 客房内应配备应急手电筒、防烟面具等逃生器材及使用说明，应急手电筒和防烟面具的有效使用时间不应小于 30 分钟。
5. 客房内的窗帘和地毯应采用经阻燃处理的织物或选用带阻燃标志的阻燃制品。
6. 设在高层建筑内的宾馆，客房内所有的装修材料应采用不燃或难燃材料。
7. 客房内的电子屏幕、电视等应能切换到火灾提示模式，引导人员快速疏散。
8. 客房服务员应经过岗前消防安全培训，掌握基本防火、灭火知识，熟悉灭火和应急疏散预案，会引导客人疏散，并逐个房间检查确认。

六、公共娱乐场所

检查要点：查看平面布置、防火分隔是否改变；是否存在改变装修材料、增设装饰材料的现象；抽查装修材料是否符合技术规范要求，安全疏散设施是否完好、有效；检查用火用电管理情况。

检查方法：查阅竣工资料和有关消防设计文件，询问单位工作人员，现场检查、测试，随机提问员工对消防安全"四个能力"、消防安全制度、灭火和应急疏散预案及自身承担职责任务的熟悉掌握和落实情况。

(一) 防火分隔

设置在城市综合体建筑内的公共娱乐场所，应采用耐火极限不低于 1.50 小时的楼板和 2.00 小时的隔墙与商场部分隔开，应采用耐火极限不低于 1.00 小时的楼板和 2.00 小时的隔墙与其他部位隔开，与建筑内其他部位相通的门均应采用乙级防火门，应满足各自不同工作或使用时间对安全疏散的要求。

(二) 场所设置

公共娱乐场所不应布置在地下二层以下。当公共娱乐场所设置在地下一层或四层以上楼层时，重点查看厅、室的设置是否符合以下要求：

1. 一个厅、室的建筑面积不应大于 200m^2。
2. 厅、室之间应用耐火极限不低于 1.00 小时的不燃烧体楼板和不低于 2.00 小时的不燃烧体隔墙做防火分隔。

3. 厅、室的疏散门应为不低于乙级的防火门。

（三）装修材料

当设置在地下一层时，重点查看装修材料是否符合下列要求：顶棚、墙面的装修材料应为 A 级，地面的装修材料应不低于 B_1 级；设置在四层以上楼层时，顶棚的装修材料应为 A 级，墙面、地面的装修材料应不低于 B_1 级。无窗房间装修材料均应为 A 级。

（四）安全疏散

1. 查看人员计数器，检查是否超过额定人数。
2. 公共娱乐场所在各楼层的明显位置是否设置了安全疏散指示图，指示图上是否有疏散路线、安全出口、人员所在位置和必要的文字说明。
3. 查看卡拉 OK 厅及其包房内是否设置了声音或视像警报，保证在火灾发生初期，系统能将其画面、音响消除，播送火灾警报，引导人员安全疏散。
4. 查看营业期间安全出口、疏散通道和楼梯间是否畅通和完好。

（五）用火用电管理

1. 禁止在公共娱乐场所内使用明火，燃放烟花爆竹。
2. 各种灯具距离周围窗帘、幕布、布景等可燃物应不小于 0.5m。
3. 严禁电动车在场所内违规充电。
4. 公共娱乐场所严禁在营业时间进行设备维修、电气焊、油漆粉刷等施工、维修作业。
（1）需要动火施工的区域与非施工区域之间应进行防火分隔。
（2）电气焊等明火作业前，实施动火的部门和人员应按照制度规定办理动火审批手续，清除易燃、可燃物，配置灭火器材，落实现场监护人和安全措施，在确认无火灾、爆炸危险后方可动火施工。
5. 营业时间和营业结束后，切断营业场所的非必要电源，指定专人进行消防安全检查，清除烟头等遗留火种。

七、电影院

检查要点：查看平面布置、防火分隔是否改变；是否存在改变装修材料、增设装饰材料的现象；抽查装修材料是否符合技术规范要求，安全疏散设施是否完好、有效；检查用火用电管理情况。

检查方法：查阅竣工资料和有关消防设计文件，询问单位工作人员，现场检查、测试，随机提问员工对消防安全"四个能力"、消防安全制度、灭火和应急疏散预案及自身承担职责任务的熟悉掌握和落实情况。

（一）防火分隔

查看城市综合体建筑内的电影院是否采用耐火极限不低于2.00小时的不燃烧伸隔墙和甲级防火门与其他部位隔开，查看放映室与其他部位之间的防火分隔是否完好、有效。

（二）安全疏散

城市综合体建筑内的电影院每个防火分区至少应有1个独立的安全出口和疏散楼梯；查看与其他功能区公用的疏散楼梯，是否确保在商场等其他功能区停止营业后仍能直通室外。四层以上楼层每个观众厅的疏散门不应少于两个，查看是否设置疏散示意图。

（三）用火用电管理

第一，小卖部使用的电气设备与可燃物是否保持0.5m以上的距离。

第二，严禁带入和存放易燃易爆危险物品，严禁明火照明，营业期间严禁动用明火施工。

第三，每场电影放映完后，服务人员进行安全检查，清除烟头等遗留火种。

八、餐饮场所

检查要点：查看平面布置、防火分隔是否改变，是否存在改变装修材料、增设装饰材料的现象，重点检查厨房用火用气情况。

检查方法：查阅竣工资料和有关消防设计文件，询问单位工作人员，现场检查、测试，随机提问员工对消防安全"四个能力"、消防安全制度、灭火和应急疏散预案及自身承担职责任务的熟悉掌握和落实情况。

（一）防火分隔

设置在城市综合体建筑内的餐饮场所应采用耐火极限不低于1.50小时的楼板和2.00小时的隔墙与商场部位隔开，并应满足各自不同工作或使用时间对安全疏散的要求。

（二）厨房

1. 厨房应采用防火隔墙与其他部位分隔，在隔墙上开设的防火门、窗的耐火等级应为乙级，无破坏防火分隔的情况。

2. 厨房的顶棚、墙面、地面的装修材料应采用A级。

3. 设置在地下室、半地下室内的厨房严禁使用液化石油气做燃料。

4. 营业面积大于 1000m² 餐厅，其烹饪操作间的排油烟罩及烹饪部位应设置自动灭火装置，燃气或燃油管道上应设置紧急自动切断装置。

5. 厨房应按照规定设置火灾探测系统、可燃气体探测系统并与燃气的应急切断阀联动。

6. 厨房内机电设备不应超负荷用电，查看是否有防止电器设备和线路受潮的措施。

7. 抽查厨房的排油烟管设置、使用和管理。

（1）厨房的排油烟管不应暗设，应设直通室外的排烟竖井。排烟竖井应有防回流设施。

（2）排油烟系统应设有导出静电的接地装置。

（3）排油烟水平支管严禁穿越其他房间和场所。

（4）排除油烟的风管应采用不燃材料制作，柔性接头可采用难燃材料制作。

（5）厨房的排油烟管道应按防火分区设置。

（6）厨房内排油烟罩应及时擦洗，排油烟管道应每季度至少清洗一次，并记录存档。

8. 厨房的垂直排风管应采取防回流措施，且水平排风管与垂直排风管连接的支管处应设置动作温度 150℃ 的防火阀。

九、儿童活动场所

检查要点：查看平面布置、防火分隔是否改变，是否存在改变装修材料、增设装饰材料的现象，抽查安全疏散设施是否完好、有效。

检查方法：查阅竣工资料和有关消防设计文件，询问单位工作人员，现场检查、测试，随机提问员工的消防安全"四个能力"、消防安全制度、灭火和应急疏散预案及自身承担职责任务的熟悉掌握和落实情况。

（一）场所设置

设置在城市综合体建筑内的儿童活动场所不应设在地下、半地下建筑内或建筑的四层以上楼层。

（二）防火分隔

设置在城市综合体建筑内的儿童活动场所应采用耐火极限不低于 1.50 小时的楼板和 2.00 小时的隔墙与商场部分隔开，采用耐火极限不低于 1.00 小时的楼板和 2.00 小时的隔墙与其他部位隔开，墙上必须设置的门、窗应采用乙级防火门、窗，并应满足各自不同工作或使用时间对安全疏散的要求。

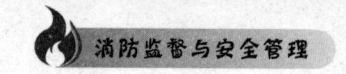

（三）安全疏散

1. 设置在单、多层建筑内时，宜设置单独的安全出口和疏散楼梯；设置在高层建筑内时，应设置独立的安全出口和疏散楼梯。

2. 安全出口不应少于两个。

3. 场所工作人员应经过岗前消防安全培训，掌握基本防火灭火指示，熟悉灭火和应急疏散预案。发生火灾时，工作人员应协助无独立行走能力婴幼儿及疏散能力弱的儿童快速疏散，引导其他在场人员撤离，并逐个区域检查确认。

十、重要设备用房

（一）消防水泵房

1. 查看消防水泵房设置

①应采用耐火极限不低于2.00小时的隔墙和1.50小时的楼板与其他部位隔开。
②应采用甲级防火门。
③出口应直通室外或直通安全出口。
④泵房内应设置应急照明，照度应满足正常工作要求。

2. 启动消防泵测试

消火栓泵、喷淋泵及水泵控制柜上是否设有明显标志；通过水泵控制柜逐台启动消火栓泵、喷淋（含水幕喷淋）泵、水炮泵，查看能否正常工作；通过消防控制室远程启动消火栓泵和喷淋泵，查看能否正常启动，启泵信号能否传送到消防控制室。泵房与消防控制室之间通过消防电话通话应正常。

3. 检查主备泵自动切换功能

抽取其中一台水泵控制柜，将开关设置为"1主2备""自动"运行模式，打开水泵测试阀门，模拟系统管网泄水，待电接点压力表指针下降到启泵位时，1泵自动投入运行；按下水泵控制柜内1泵组热保护继电器，2泵自动运行，运行灯点亮；松开热保护继电器，2泵停止运行，1泵投入运行。

4. 主备电源自动切换功能

打开双电源自动切换控制柜，按下"手动/自动"切换按钮，拉动"常用"手柄，指针指向"R合"，观察备用电源投运情况；拉动"常用"手柄，指针指向"N合"，观察常用电源投运情况。

（二）消防水池与高位水箱

1. 消防水池

通过消防控制室的水位显示仪查看水池存水量，现场查看水池标志、水位计（或浮球或池内水位）、溢流管、通气孔，判断水池存水量是否达到要求；查看补水设施是否有效；消防水池是否设有确保消防用水不被他用的措施。

2. 高位消防水箱

现场查看水位计或打开水箱盖板，检查水位是否达到设计要求，检查消防水箱浮球控制阀功能是否正常，检查水箱自动补水功能是否完好；出水管上控制阀是否常开。水箱间设置的应急照明、消防电话是否符合要求，是否存放有影响水箱安全或检修的杂物。

（三）配电室

1. 查看油浸式变压器室的防火分隔是否符合规定

①与其他部位之间应采用耐火极限不低于2.00小时的不燃烧体隔墙和1.50小时的不燃烧体楼板隔开。在隔墙和楼板上不应开设洞口，当必须在隔墙上开设门窗时，应设甲级防火门窗。

②变压器室之间、变压器室与配电室之间应采用耐火极限不低于2.00小时的不燃烧体墙隔开。

③油浸式变压器下面应设置储存变压器全部油量的事故储油设施。

2. 检查配电室工作人员对配电设备的检查维护记录

查看配电室内是否有违反操作规程作业及吸烟、堆放杂物的现象；配电室内的消防器材是否齐全有效，是否设有应急照明。配电室内是否有防水和防小动物钻入的设施。

（四）锅炉房

1. 查看锅炉房的防火分隔是否符合规定

①查看燃气、燃油锅炉房与其他部位之间是否采用耐火极限不低于1.50小时的楼板和2.00小时的不燃烧体隔墙隔开，隔墙上的防火门窗等是否完好；

②锅炉房内设置的储油间的总储存量不应大于$1m^3$，查看储油间与锅炉间分隔的耐火极限不小于3.00小时的防火隔墙、甲级防火门等是否完好。

2. 泄压防爆

①查看锅炉房开设的泄压口或设置的金属爆炸泄压板等是否被破坏或改变。

②查看是否已选用防爆型灯具和电器。

③燃气锅炉房是否已设置可燃气体浓度探测器并与锅炉燃烧器上的燃气速断阀、供气

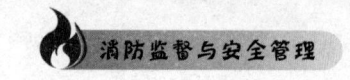

管道的紧急切断阀联动。

④燃气锅炉房的通风换气装置应与可燃气体浓度探测装置联动控制。

⑤燃气、燃油锅炉房设置的独立通风系统的换气能力应符合有关规定。

a. 燃气做燃料，通风换气能力不应小于 6 次/小时，事故状态下 12 次/小时；

b. 燃油做燃料，通风换气能力不应小于 3 次/小时，事故状态下 6 次/小时。

⑥当锅炉房设置在地下室时，应采取强制通风措施。

（五）消防控制室

调取、打印检查过程中各类消防设施动作信号反馈情况，核对信号反馈是否正确。同时检查消防控制室管理及设施运行情况。

1. 设置

消防控制室标志是否醒目、完好；通向室外的出口或通道是否畅通，开向建筑内的门是否采用乙级防火门并保持完好；消防控制室内设备布置是否符合要求；室内是否存在与其无关的电气线路、管路通过；火灾应急照明是否满足正常工作需要；直接拨打"119"火警电话的外线电话是否配置到位并能正常使用。

2. 值班

消防控制室人员实行 24 小时专人值班制度，每班不少于两人；值班人员须通过消防特有工种职业技能鉴定，持有初级技能等级以上建筑物消防员职业资格证书。应按照要求填写值班记录，对火灾报警控制器进行每日检查；值班期间做到每 2 小时记录一次消防设备运行情况；交接班记录规范。

3. 规章制度

检查各项规章制度是否健全并悬挂上墙，主要包括消防控制室基本技术标准、消防控制室值班人员职责、消防控制室管理制度、消防控制室规范化管理标准、建筑自动消防设施维护管理制度、火灾事故紧急处理程序流程图等。

4. 设备运行

检查火灾报警控制器、消防联动控制器、可燃气体报警控制器、电气火灾自动报警系统是否设在"自动"状态，是否存在报故障、火警、动作反馈、屏蔽等情况，了解存在相关现象的原因；检查控制柜上的启动按钮是否有明显标志；按下打印机自检按钮，检查控制柜打印设备是否正常；消防设施打印记录应当粘贴到消防控制室值班记录上备查；CRT 图形显示装备是否处于正常工作状态；查看是否按照要求设置了远程监控系统。

手动操作火灾报警控制器自检装置，观察控制器火灾报警声、光信号；切断火灾报警控制器的主电源，备用电源自动投入运行，电源故障指示灯亮；切断火灾报警控制器的备用电源，系统自动转为主电源运行，电源故障指示灯亮。

5. 值班人员操作技能

模拟火灾报警、监管报警、故障报警信号，检查当班人员处理程序是否规范；当班人员能否正确拨打火警电话；能否熟练操作消防应急广播系统；能否熟练自动或手动启停消防控制设备；询问值班人员，查看应急处置程序是否已落实到位。

6. 图纸资料

检查建筑竣工总平面布局图，建筑消防设施平面布置图、系统图、火灾自动报警系统编码表等资料，结合现场检查情况，核查是否相符。

十一、消防设施

检查要点：按要求设置建筑消防设施，各项消防设施、器材应完好、有效；消防设施应定期检查保养。

检查方法：实地检查、测试。

（一）室外消火栓系统

室外消火栓系统分高压、临时高压和低压三种，有地上和地下两种安装方式。以地上式低压室外消火栓为例，检查消火栓有无被埋压、圈占、锈蚀现象，外观是否完好，有无漏水现象；是否配备了开启扳手。至少选择 1 处消火栓，用消火栓测压计测试水压。二类高层公共建筑、多层公共建筑的静水压力不应低于 0.07MPa，一类高层公共建筑不应低于 0.1MPa。

（二）室内消火栓系统

1. 查看室内消火栓是否醒目无遮挡

栓口是否向下或与墙面垂直，水带、水枪、栓口、手轮、启泵按钮是否齐全有效，箱内有无定期巡检记录卡片，营业期间至少每两个小时巡查一次。检查发现消火栓箱内缺少水带、水枪，应当责令单位立即改正。按下启泵按钮，检查消火栓泵能否正常启动并将信号传送到消防控制室。选择一处消火栓，测量栓口静水压力不应低于 0.1MPa，测试栓口动压力不应大于 0.50MPa，但当大于 0.70MPa 时应设置减压装置。检查各接口处是否渗漏。检查软管卷盘质量是否符合要求，转动是否灵活，供水阀门各连接处是否无渗漏。检查喷水情况是否正常，并进行测量。指导营业员使用软管卷盘。

2. 水泵接合器接安装方式分地上、地下和墙壁式三种

查看是否有明显标志，是否已标明供水区域，相关组件是否有锈蚀、堵塞或被水淹没等现象；水泵接合器周围消防水源、操作场地是否完好；地下式水泵接合器还要检查井盖

开启是否方便。必要时，用消防车等移动供水设施对水泵接合器进行供水试验。

（三）自动喷水灭火系统

进行自动喷水灭火系统末端试水装置功能试验：选择一楼层末端试水装置，检查阀门、接头、压力表是否完整，标志是否醒目；打开试验阀，检查排水设施是否畅通，是否能满足正常测试排水需要。开启放水阀进行放水试验，压力是否不低于0.05MPa。询问控制室消防水泵能否正常启动。功能试验还可以通过抽查测试湿式报警阀进行。打开放水阀进行放水试验，查看报警阀上下部压力表压力变化情况，延迟器泄水一段时间后，水力警铃是否开始持续鸣响。压力开关应能够直接连锁启动水泵，火灾报警控制器应接收到压力开关的报警信号。

（四）火灾自动报警系统

进行火灾自动报警系统楼层显示装置和探测器功能试验：查看火灾探测器0.5m范围内是否有障碍物；具有巡检指示功能的探测器指示灯是否正常闪亮。进行探测器故障报警试验，旋下一个探测器，用对讲机询问控制室故障报警情况；进行火警优先功能试验，使用感烟探测器测试装置模拟报警试验，查看探测器火灾报警确认灯是否点亮，报警控制器是否优先显示火警信号；恢复火灾探测器，查看报警控制器是否自动撤销故障报警信号。选取1个手动报警按钮进行报警试验，询问控制室信号反馈情况。

（五）排烟风机系统

检查排烟风机、送风机控制装置是否有明显的标志；通过风机控制柜逐台启动送风机和排烟机，均应能够正常投入运行；通过消防控制室远程启动送风机和排烟机，查看风机是否能够正常启动，风机启动后应在消防控制室接收到风机的启动信号。查看机械排烟机、送风机的铭牌标志是否清晰；风机启动后运转平稳，叶轮旋转方向是否正确，有无异常振动与声响。抽查前室送风口和走道等部位排烟口，检查送风机、排烟机能否联动启动。检查排烟防火阀是否处于常开状态，手动关闭后，询问控制室是否接收到反馈信号。检查完毕后手动复位。测试正压送风口风速。

（六）灭火器

查看灭火器选型是否正确，检查灭火器设置位置是否正确、明显且便于取用，灭火器箱是否已上锁。每个配置点的灭火器是否不少于两具，配置等级是否符合要求。检查灭火器生产日期、维修标志、外观及压力表，是否有锈蚀、过期或压力不足的现象。

第二节　石油化工企业消防监督检查

一、检查要求

第一，在检查消防档案时，应了解单位基本情况及消防安全重点部位确定情况，主要检查消防安全组织制度、消防安全责任制、安全操作规程、灭火和应急疏散预案制订及落实情况，以及消防设施维护保养、消防安全评估等消防技术服务的结论文书和档案留存情况等。

第二，在检查总平面布局和总平面布置时，应主要检查区域规划、防火间距、消防车道等。

第三，在检查工艺装置区时，应主要检查装置布置及防火分隔、设备结构耐火保护等；在检查储运设施时，应主要检查罐区、防火堤、隔堤及装卸设施布置情况等。

第四，在检查消防设施时，应主要检查火灾报警、灭火设施和器材配置及维护保养情况等。

第五，在检查电气系统时，应主要检查消防电源及配电、电气防爆、防雷防静电设施等。

第六，在检查过程中，亦应对单位消防安全"四个能力"建设情况、消防站建设及运行情况进行检查。

二、消防安全管理情况

（一）消防档案建立情况

建立健全消防档案，应包括消防安全基本情况和消防安全管理情况，要求内容翔实，能全面反映单位消防基本情况和工作状况，并根据实际情况及时更新。

消防档案实行统一保管。

（二）消防安全基本情况

消防安全基本情况包括以下八点：
1. 单位基本概况和消防安全重点部位情况；
2. 建、构筑物消防设计审核、消防验收情况；
3. 消防管理组织机构和各级消防安全责任人；

4. 消防安全制度；

5. 消防设施、灭火器材情况；

6. 专职消防队、志愿消防队人员及消防装备配备情况，与消防安全有关的重点工种人员情况；

7. 消防产品、防火材料的合格证明材料；

8. 灭火和应急疏散预案等。

（三）消防安全责任制落实情况

应建立各级、各岗位消防安全责任制，明确各级、各部门、各岗位的消防安全组织架构、职责、权限和消防安全工作目标、任务。

消防安全管理人具体实施和组织落实单位的消防安全工作，应对消防安全责任落实情况进行经常性检查，并实行考评奖惩。

（四）安全操作规程制定及落实

根据单位消防安全工作的实际需要，有针对性地制定安全操作规程。各项安全操作规程应明确岗位人员资格要求，设施、设备操作、检修的方法和程序，以及容易发生的问题及紧急情况发生后的处置方法和要求、操作注意事项等。

（五）消防安全管理制度建立及完善情况

1. 单位应当建立的消防安全管理制度

①消防安全教育、培训；

②防火巡查、检查，安全疏散设施管理；

③消防（控制室）值班；

④消防设施、器材维护管理；

⑤火灾隐患整改；

⑥用火、用电安全管理；

⑦易燃易爆危险物品和场所防火防爆；

⑧专职和志愿消防队的组织管理；

⑨灭火和应急疏散预案演练；

⑩电气设备防雷、防静电检测；

⑪消防安全工作考评和奖惩等制度。

单位应以正式文件公布消防安全责任人、管理人和消防安全管理制度及职能归口部门，并留存有关文件。

2. 各项制度执行情况应有的记录

（1）消防设施巡查记录

消防设施巡查职责应落实到相关工作岗位。各类建筑消防设施器材的巡查部位、频次和内容应明确。对巡查发现的问题应向单位消防安全管理人报告并按规定及时处理。《建筑消防设施巡查记录表》填写应全面、规范、真实。消防安全重点单位建筑消防设施器材每日须巡查一次。

（2）自动消防设施全面检查测试的报告及维护保养记录

主要检查单位定期对消防设施进行维护保养和检测的记录、维护保养合同及年度检测报告。应保持生产装置和主要设备的报警与自保联锁系统正常。定期对紧急停车系统进行功能检查，查看有关记录和结果。

（3）火灾隐患及其整改情况记录

建立火灾隐患整改制度，及时消除火灾隐患。对不能当场整改的火灾隐患，应当确定整改措施、期限及整改的部门、人员。在隐患未消除之前，应当落实防范措施。随时可能引发火灾的，应当将危险部位停产停业或停止使用并进行整改。

（4）动火、用火审批记录

应当建立动火、用火安全管理制度，明确动火、用火管理责任部门和责任人，动火、用火审批范围、程序和要求，以及电气焊工持证上岗及其职责要求等内容。

（5）防火检查、巡查记录

定期开展防火检查的记录，查看检查时间、内容和火灾隐患整改情况。检查每日防火巡查记录，查看巡查的人员、内容、部位、频次是否符合有关规定。检查发现火灾隐患的处置程序及火灾隐患的整改情况。

（6）电气设备防雷、防静电检测及可燃气体探测等记录资料

单位应指定专人负责，做好防雷装置的日常维护工作。防雷装置检测应当每年一次，对爆炸危险环境场所防雷装置应当每半年检测一次。检查单位应定期对防静电设施导电性能和完好情况进行检查，定期对接地阻值进行检测，查阅检测记录或报告。可燃气体浓度探测装置（包括固定式和便携式）的报警阈值应每年由当地质量技术监督部门进行检定，并查阅检定证书。

（7）消防安全培训记录

查看单位消防安全培训计划制订情况和职工岗前消防安全培训、定期消防安全培训记录。

（8）灭火和应急疏散预案演练记录

对各个重要设施及关键部位制订相应的消防应急预案；检查灭火和应急疏散预案的组织机构、火情报告及处置程序，明确供水、供电和关阀断料人员，扑救初起火灾程序及措施，人员疏散组织程序及措施，通信联络、安全防护救护程序及措施等内容，查看定期演

练记录、预案修订完善情况等。

（9）火灾情况记录

查阅单位历次火灾起火时间、起火部位、起火原因、火灾财产损失和处理情况等记录。

（10）消防奖惩情况记录

查阅单位消防奖惩情况，单位应当将消防安全工作纳入内部检查、考核、评比内容。对在消防安全工作中成绩突出的部门（班组）和个人，单位应当给予表彰奖励。

对未依法履行消防安全职责或者违反单位消防安全制度的行为，应当依照有关规定对责任人员给予行政纪律处分或者其他处理。

（六）"四个能力"建设情况

查阅有关"四个能力"建设的文件档案资料，"四个能力"建设是否达标。

（七）"户籍化"系统应用情况

抽查单位消防安全"户籍化"管理系统动态数据维护更新情况。

三、总平面布局和平面布置

检查要点：查看总平面布局和平面布置情况是否与原审批意见一致；重点检查储罐区、厂区道路及铁路、污水处理场、高架火炬、消防站、厂区绿化、总变配电站、汽车装卸站及生活区的设置是否符合相关要求。

检查方法：查阅竣工资料和有关消防设计文件，对照竣工图纸现场核查，并进行实地检查。

（一）总平面布局

对照竣工图纸现场核查总平面布局，应无改变。

石油化工企业的生产区宜位于邻近城镇或居民区全年最小频率风向的上风侧，山区或丘陵地区应避免布置在窝风地带，沿江河岸布置时，宜位于邻近江河的城镇、重要桥梁、大型锚地、船厂等重要建筑物或构筑物的下游。

（二）平面布置

1. 消防车道

①消防车道应保持畅通，不得堵塞、占用。

②装置或联合装置、液化烃罐组、总容积大于或等于 120 000 m^3 的可燃液体罐组、总

容积大于或等于120 000m³的两个以上可燃液体罐组应设环形消防车道。可燃液体的储罐区、可燃气体储罐区、装卸区及化学危险品仓库区应设环形消防车道，当受地形条件限制时，也可设有回车场的尽头式消防车道。消防车道的路面宽度不应小于6m，路面内缘转弯半径不宜小于12m，路面上净空高度不应低于5m。占地大于80 000m²的装置或联合装置及含有单罐容积大于50 000m³的可燃液体罐组，其周边消防车道的路面宽度不应小于9m，路面内缘转弯半径不宜小于15m。

③装置区及储罐区的消防道路，两个路口间长度大于300m时，该消防道路中段应设置供火灾施救时用的回车场地，回车场地不宜小于18m×18m（含道路）。

④液化烃、可燃液体、可燃气体的罐区内，任何储罐的中心距至少两条消防车道的距离均不应大于120m；当不能满足此要求时，任何储罐中心与最近的消防车道之间的距离不应大于80m，且最近消防车道的路面宽度不应小于9m。

⑤甲、N类装置内部的设备、建筑物区应用IBS分割成占地面积不大于10 000m²的设备、建筑物区，当大型石油化工装置的设备、建筑物区的占地面积大于10 000m²小于20 000m²时，在设备、建筑物区四周应设环形消防车道，宽度不应小于6m。设备、建筑物区的宽度不应大于120m，相邻两设备、建筑物区的防火间距不应小于15m，并应加强安全措施。

⑥当一套联合装置的占地大于80 000m²时，应用装置内道路分隔，分隔的每一区块面积不应大于80 000m²，相邻两区块的设备、建筑物之间的防火间距不应小于25m。分隔道路应与周边道路连通形成环形道路，分隔道路路面宽度不应小于7m。

⑦装置内应设贯通式消防车道，应有不少于两个出入口，宜位于不同方位。装置外两侧消防车道间距不大于120m时，可不设贯通式消防车道。路面净宽不应小于6m，净空高度不应小于4.5m，路面内转弯半径不宜小于6m。

⑧应在乙烯裂解炉及高度超过24m且长度超过50m的可燃气体、液化烃和可燃液体设备的构架附近适当位置设置不小于15m×10m（含道路）的消防扑救场地。

2. 厂内道路及铁路装卸运输

①工厂主要出入口不应少于两个，并宜位于不同方位。厂内主干道宜避免与调车频繁的厂内铁路线平交。两条以上的工厂主要出入口的道路应避免与同一条铁路线平交，确须平交时，其中至少有两条道路的间距不应小于所通过的最长列车的长度，若小于所通过的最长列车的长度，应另设消防车道。

②在液化烃、可燃液体的铁路装卸区应设与铁路线平行的消防车道。若一侧设消防车道，车道至最远的铁路线的距离不应大于80m；若两侧设消防车道，车道之间的距离不应大于200m，超过200m时，其间尚应增设消防车道。

③液化烃、可燃气体或甲、乙类固体的铁路装卸线停放车辆的线段应为平直段。当受地形条件限制时，可设在半径不小于500m的平坡曲线上。

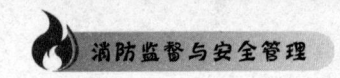

④液化烃、可燃液体的铁路装卸线不得兼作走行线。当液化烃装卸站台与可燃液体装卸站台布置在同一装卸区时，液化烃站台宜布置在装卸区的一侧。

⑤厂内道路路面高出附近地面 2.5m 以上且距道路边缘 15m 范围内，有工艺装置或可燃气体、液化烃、可燃液体的储罐及管道时，应在该段道路的边缘设护墩、短墙等防护设施。

⑥管架支柱（边缘）、照明电杆、行道树或标志杆等距道路路面边缘不应小于 0.5m。

3. 污水处理场和循环水场

石油化工企业应采取防止泄漏的可燃液体和受污染的消防水排出厂外的措施。当区域排洪沟通过厂区时，不宜通过生产区，并应采取防止泄漏的可燃液体和受污染的消防水流入区域排洪沟的措施。

①处理场宜位于厂区边缘，且地势及地下水位较低处应布置在厂区全年小频率风向的上风侧。污水处理厂内的设备、建构（筑）物平面布置的防火间距不应小于 15m 的规定。

②处理场应设置隔油池，隔油池的保护高度不应小于 400mm，隔油池应设难燃材料的盖板。隔油池的进出水管道应设水封井。距隔油池池壁 5m 以内的水封井、检查井的井盖与盖座接缝处应密封，且井盖不得有孔洞。

4. 高架火炬

全厂性的高架火炬宜位于生产区全年最小频率风向的上风侧。

5. 企业专职消防站

大中型石油化工企业应设置消防站，宜位于生产区全年最小频率风向的下风侧。

消防站的服务范围应按行车路程计，行车路程不宜大于 2.5km，并且接火警后消防车到达火场的时间不宜超过 5 分钟。对丁、戊类的场所，消防站的服务范围可加大到 4km。工厂消防站与甲类工艺装置的防火间距不应小于 50m。

6. 厂区的绿化

①核查厂区内的树木种类，生产区不应种植含油脂较多的树木，宜选择含水分较多的树种；

②液化烃罐组防火堤内严禁绿化，在可燃液体罐组防火堤内可种植生长高度不超过 15cm、含水分多的四季常青的草皮；

③所有的绿化均不应妨碍消防车通行和操作。

7. 汽车装卸站

①汽车装卸站在总平面布置时应将其独立分区，并与生产区用实体围墙分隔开，形成两个独立的区域，实地查看分区和围墙分隔情况；

②装卸站的进出口宜分开设置，当进、出口合用时，站内应设回车场；

③装卸车场应采用现浇混凝土地面。

8. 生活区

工厂生产管理及生活服务设施主要指全厂性的办公楼、中央控制室、化验室、消防站、电信室，一般应布置在厂前区。厂前区要远离工艺装置和油罐区布置，特别是要布置在厂区全年最小频率风向的下风侧，其防火间距应满足规范的要求。

四、厂区出入安全管理

检查要点：是否设立了提示性标语、图示，入厂检查制度落实情况。

检查方法：实地查看，随机提问值班和入厂工作人员。

第一，应落实禁带火种入厂，厂区内禁止吸烟、禁止擅自动火等的规定。

第二，应在厂区内设置明显的"禁止烟火"等消防安全标志。

第三，进入生产、贮存、装卸等危险区域的机动车排气管应加装有阻火熄火设施。

第四，进厂职工应按照防止产生火花、静电的要求着装，使用不产生火花的专用检修、测量工具。

第五，随机抽查进厂员工，核查通过培训掌握所在岗位的火灾危险性和火灾应对措施等情况。

五、装置区消防安全检查要点

检查要点：应当对其工艺流程和所涉及的原料、中间产物、产品和催化剂等物料的理化性质、在装置内的状态（是否带压、是否高温等）进行询问了解，并据此判断出该装置的火灾危险性类别，检查相应的防范措施。重点检查装置内部的控制室、机柜间、变配电室、化验室、办公室等。

检查方法：现场检查、测试，随机提问员工对消防安全"四个能力"、消防安全制度、灭火和应急疏散预案及自身承担职责任务的熟悉掌握和落实情况。

（一）防火分隔

1. 装置的控制室、机柜间、变配电所、化验室、办公室等不得与设有甲类设备的房间布置在同一建筑物内。装置的控制室与其他建筑物合建时，应设置为独立的防火分区。查看防火分隔的形式和措施，应符合相关要求。

2. 控制室宜设置在建筑物的底层。控制室、机柜间面向有火灾危险性设备侧的外墙应为无门窗洞口、耐火极限不低于 3.00 小时的不燃烧材料实体墙，查看防火隔墙现状是否保持完好。

3. 化验室、办公室等面向有火灾危险性设备侧的外墙宜为无门窗洞口不燃烧材料实体墙。确须开门窗时，应采用防火门窗，查看防火隔墙、防火门窗完好情况。控制室、化验室的室内不得安装可燃气体、液化烃和可燃液体的在线分析仪器。

（二）钢结构耐火保护

1. 下列承重钢结构应采取耐火保护措施

①单个容积等于或大于 $5m^3$ 的甲、乙 A 类液体设备的承重钢结构架、支架、裙座。

②在爆炸危险区范围内，且毒性为极度和高度危害的物料设备的承重钢构架、支架、裙座。

③操作温度等于或高于自燃点的单个容积等于或大于 $5m^3$ 的乙 B 类、丙类液体设备承重钢构架、支架、裙座。

④加热炉炉底钢构架。

⑤在爆炸危险区范围内的主管廊的钢管架；跨越装置区、罐区消防车道钢管架。

⑥在爆炸危险区范围内的高径比等于或大于 8m，且总重量等于或大于 25t 的非可燃介质设备的承重钢构架、支架和裙座。

2. 上述 1. 中的承重钢结构的下列部位应覆盖耐火层，覆盖耐火层的钢构件，其耐火极限不应低于 1.50 小时

（1）支承设备钢构架。

①单层构架的梁柱。

②多层构架的楼板为透空的钢格板时，地面以上 10m 范围的梁、柱。

③多层构架的楼板为封闭楼板时，地面至该层楼板面及其以上 10m 范围的梁柱。

（2）支承设备钢支架。

（3）钢裙座外侧未保温部分及直径大于 1.2m 的裙座内侧。

（4）钢管架。

①底层支承管道的梁、柱；当底层低于 4.5m 时，地面以上 4.5m 内的支承管道的梁、柱。

②上部设有空气冷却器管架，其全部梁、柱及承重斜撑。

③下部设有液化烃或可燃液体泵的管架，地面以上 10m 范围的梁柱。

（5）加热炉从钢柱脚板到炉底板下表面 50mm 范围内的主要支承构件应覆盖耐火层，与炉底板连续接触的横梁不覆盖耐火层。

（6）液化烃球罐支腿从地面到支腿与球体交叉处以下 0.2m 的部位。

3. 耐火层包括水泥砂浆、保温砖、防火涂料等，应选用适用于烃类火灾的防火保护设施。

对照设计图纸检查工艺装置的承重钢结构耐火保护是否完好，厚型无机且适用于烃类火灾的防火涂料是否存在漏涂、碰伤、脱落等现象。

（三）可燃气体压缩机、液化烃泵、可燃液体泵的设置

第一，可燃气体压缩机宜布置在敞开或半敞开式厂房内；比空气轻的可燃气体压缩机半敞开式或封闭式厂房的顶部应采取通风措施，楼板宜部分采用钢格板。比空气重的地面不宜设地坑或地沟，并有防止可燃气体积聚的措施。压缩机的上方不得布置甲、乙和丙类工艺设备，自用的高位润滑油箱除外。

查看可燃气体压缩机的设置位置和场所，测试通风系统的运作情况。

第二，液化烃泵、可燃液体泵宜露天或半露天布置，布置在泵房内时，液化烃泵、操作温度等于或高于自燃点的可燃液体泵、操作温度低于自燃点的可燃液体泵应分别布置在不同房间内，各房间之间的隔墙应为防火墙。

查看防火分隔的措施和完好情况。

（四）管线检查

1. 管道及其桁架跨越厂区内铁路线的净空高度不应小于5.5m；跨越厂内道路的净空高度不应小于5m。查看跨越铁路、道路的可燃气体、液化烃和可燃液体的管道上是否设置阀门和易发生泄漏的管道附件。

2. 生产污水管道的下列部位应设置水封，且水封高度不得小于250mm。

（1）工艺装置内的塔、加热炉、泵、冷换设备等区围堰的排水出口。

（2）工艺装置、罐组或其他设施及建筑物、构筑物、管沟等的排水出口。

（3）全厂性的支干管与干管交会处的支干管上。

（4）全厂性支干管、干管的管线长度超过300m时，应用水封井隔开。

3. 可燃气体、液化烃、可燃液体的管道横穿铁路或道路时，应敷设在管涵或套管内，且不得穿过与其无关的建筑物。

4. 距离散发比空气重的可燃气体设备30m以内的管沟、电缆沟、电缆隧道，应采取防止可燃气体蹿入和积聚的措施。

5. 可燃气体、液化烃、可燃液体的管道，应架空或沿地敷设，必须采用管沟敷设时，应采取防止气液在管沟内积聚的措施，并在进、出装置及厂房处密封隔断；管沟内的污水，应经水封井排入生产污水管道。

6. 进、出装置的可燃气体、液化烃和可燃液体的管道，在装置的边界处应设隔断阀和"8"字盲板，在隔断阀处应设平台，长度等于或大于8m的平台应在两个方向设梯子。

（五）紧急切断设备检查

因物料爆聚、分解造成超温、超压，可能引起火灾、爆炸的反应设备，其安装的报警设施、泄压排放设施和自动或手动遥控的紧急切断进料设施应定期检修测试，查看是否功能正常。

六、储运设施消防安全检查要点

检查要点：检查可燃液体的地上储罐的布置是否符合要求；罐区是否按照规定设置了防火堤、隔堤和围堰等防火分隔设施；防火堤与储罐的安全距离是否符合要求，检查防火堤的容积是否符合要求。可燃液体的铁路装卸设施是否按照规定设置，可燃液体的汽车装卸站是否按照规定设置；检查液化烃泵房设置是否符合要求。

检查方法：实地检查、测试，随机提问员工对消防安全"四个能力"、消防安全制度、灭火和应急疏散预案及自身承担职责任务的熟悉掌握和落实情况。

（一）罐区布置

可燃液体的地上储罐组的总容积和个数应符合下列规定：

1. 固定顶罐组的总容积不应大于120 000m³。
2. 浮顶、内浮顶罐组的总容积不应大于600 000m³。
3. 固定顶罐和浮顶、内浮顶罐的混合罐组的总容积不应大于120 000m³，其中浮顶、内浮顶罐的容积可折半计算。
4. 罐组内单罐容积大于或等于10 000m³的储罐个数不应多于12个；单罐容积小于10 000m³的储罐个数不应多于16个；但单罐容积小于1000m³的储罐及丙B类液体储罐的个数不受此限。

储罐区的平面布置、总储量、储罐的数量、储存物料的种类不应发生变化，与周围其他建（构）筑物的防火间距应符合要求。消防车道应保持畅通，不存在妨碍消防操作的现象。

（二）防火堤和隔堤

1. 检查防火堤距离储罐的距离

立式储罐至防火堤内堤脚线的距离不应小于罐壁高度的一半，卧式储罐至防火堤内堤脚线的距离不应小于3m。

2. 检查防火堤和隔堤的高度

立式储罐防火堤的高度不应低于1.0m（以堤内设计地坪标高为准），且不宜高于

2.2m（以堤外3m范围内设计地坪标高为准）；卧式储罐防火堤的高度不应低于0.5m（以堤内设计地坪标高为准）。立式储罐组内隔堤的高度不应低于0.5m，卧式储罐组内隔堤的高度不应低于0.3m。

3. 检查防火堤的容积

防火堤内的有效容积不应小于罐组内1个最大储罐的容积，当浮顶、内浮顶罐组不能满足此要求时，应设置事故存液池储存剩余部分，但罐组防火堤内的有效容积不应小于罐组内1个最大储罐容积的一半。

隔堤内有效容积不应小于隔堤内1个最大储罐容积的10%。

4. 检查防火堤和隔堤的完整性

防火堤应无破损、无倒塌，严禁在防火堤上开孔，管线穿越防火堤处须穿套管，采用不燃烧材料严密封闭。

5. 检查雨水沟穿堤处

是否采取了防止可燃液体流出堤外的措施，隔油池、水封井等应完好、有效。

（三）装卸设备

1. 检查可燃液体的铁路装卸设施

在距装车栈台边缘10m以外的可燃液体（润滑油除外）输入管道上应设置便于操作的紧急切断阀。

2. 检查可燃液体的汽车装卸站

装卸车场应采用现浇混凝土地面；甲B、乙、丙A类液体的装卸车应采用液下装卸车鹤管。

3. 检查液化烃铁路和汽车的装卸设施

在距装卸车鹤位10m以外的装卸管道上应设置便于操作的紧急切断阀。

4. 检查可燃液体码头、液化烃码头

液化烃泊位宜单独设置，当不同时作业时，可与其他可燃液体共用一个泊位；在距泊位20m以外或岸边处的装卸船管道上应设置便于操作的紧急切断阀；液化烃的装卸应采用装卸臂或金属软管，采取安全放空措施。

5. 检查油罐车卸油作业区

油罐车卸油必须采用密闭卸油方式，作业区内，不得有"明火地点"或"散发火花地点"，手机应关闭；检查各卸油接口及油气回收接口，应有明显标示。

（四）液化烃泵房

当液化石油气泵露天设置在储罐区内时，泵与储罐之间的距离不限。液化石油气储罐

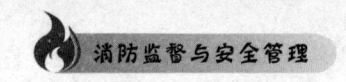

与所属泵房的间距，不应小于15m。当泵房面向储罐一侧的外墙采用无门窗洞口的防火墙时，其间距可减少至6m。

七、消防设施

检查要点：火灾自动报警系统是否完好、有效；消防泵房的设置是否合理，消防泵能可靠运行；各项灭火设施完好、有效；消防设施定期检查维护，消防控制室人员是否能熟练操作。

检查方法：实地检查、测试。

（一）火灾自动报警系统及消防控制室

生产区、公用及辅助生产设施、全厂性重要设施和区域性重要设施的火灾危险场所应设置火灾自动报警系统和火灾电话报警。全厂性消防控制中宜设置在中央控制室或生产调度中配置可显示全厂消防报警平面图的终端。

消防控制中心实行24小时值班制度，每班不少于两人，值班人员应取得消防特有工种职业技能鉴定证书。值班人员能熟练掌握应急程序、操作消防控制设备、报警，并按单位灭火和应急疏散预案开展工作，熟知消防安全"四个能力"。

消防控制室的建筑耐火等级、设置位置、安全疏散、设备布置等应符合要求；消防安全资料应齐全、保管得当，有关制度、规程应上墙悬挂；应配置初期火灾有关的个人防护装备、灭火装备及器材，并处于完好状态。

检查火灾报警控制器、消防联动控制器、可燃气体报警控制器等是否处于工作状态，查看现场测试信息反馈情况，设备自检，声、光、文本显示、打印等功能均应正常。

设置火灾受警录音电话，且应设置无线通信设备；设置与生产调度中心、消防水泵站、中央控制室、总变配电所等重要场所直通的专用电话。电话的呼叫音和通话语音应清晰。

火灾报警装置工作应正常，无故障点和屏蔽点，故障点和屏蔽点应及时记录并报修。

探测器、手动报警按钮的设置应符合要求。测试火灾探测器和可燃气体探测器、手动报警按钮，控制器能及时报警，正确显示报警信号。甲、乙类装置区周围和罐组四周道路边等生产区域手动报警按钮间距不应超过100m。

（二）灭火设施

石油化工企业消防灭火设施一般包括消火栓、自动喷水灭火系统和水喷雾灭火系统、消防水炮、低倍数泡沫灭火系统、蒸汽灭火系统和灭火器等。通过查阅消防设计文件、竣工图、系统图等，了解单位生产性质、规模，消防用水总量，灭火设施的种类、数量等。

1. 消防水源

当消防用水由工厂水源直接供给时,进水管不应少于两条,当其中一条发生事故时,另一条仍应能满足消防用水总量要求。当由消防水池(罐)供水时,其容量应满足火灾延续时间内消防用水总量的要求,水池(罐)的总容量大于 1000m³ 时,应分隔成两个,并设带切断阀的连通管,补水时间不宜超过 48 小时;当与生活或生产水池(罐)合建时,应有消防用水不做他用的措施,寒冷地区应设防冻措施,应设液位检测、高低液位报警及自动补水设施,消防控制室设置显示装置。

供消防车取水的消防水池,应设置取水口,取水口吸水高度不应大于 6.0m,与建筑物(水泵房除外)的距离不宜小于 15m,与甲、乙、丙类液体储罐等构筑物的距离不宜小于 40m,与液化石油气储罐的距离不宜小于 60m,当采取防止辐射热保护措施时,可为 40m。

2. 消防水泵房和消防水泵

(1) 消防水泵房

作为全厂性重要设施,与储罐、工艺装置等防火间距应满足规范要求,耐火等级不应低于二级。其疏散门直通室外或安全出口,应采用甲级防火门,设置明显的指示标志;严寒、寒冷等冬季结冰地区采暖温度不应低于 10℃,当无人值守时不应低于 5℃,应设置排水设施;应急照明应能保证正常工作的照度,消防电话通话清晰,按照要求配置灭火器材。

(2) 检查消防水泵房管理情况

泵房设置位置是否合理,耐火等级、安全疏散、应急照明等应符合要求;入口处挡水设施应完好,有可靠的排水措施,进出泵房的管孔、开口等部位防火封堵是否完好,各项操作规程、维护保养制度应上墙并具有可操作性。

(3) 消防水泵房的值班人员应能够熟练操控设备

消防水泵房的值班人员应熟练操控设备并熟知应急处置程序和消防安全"四个能力"内容。

(4) 消防水泵应采用自灌式吸水

泵的每台消防水泵宜有独立的吸水管;两台以上成组布置时,其吸水管不应少于两条;成组布置的水泵,至少应有两条出水管与环状消防水管道连接,两连接点间应设阀门;泵的出水管道应设防止超压的安全设施;泵的流量、扬程满足要求。

(5) 检查消防水泵铭牌

是否清晰,是否注明了系统名称和编号的标志牌,进出口阀门常开,压力表、试水阀及防超压装置均应正常。

（6）检查消防泵运行情况

手动盘车，用手左右转动消防泵组联轴器，应无锈蚀、卡死等现象。分别以手动、自动控制方式启泵，消防泵应运转正常，信号反馈正确。

（7）消防水泵、稳压泵

应分别设置备用泵，不得小于最大一台泵的能力。消防水泵应在接到启泵信号后2分钟以内投入正常运行。稳高压消防给水系统的消防水泵应能依靠管网压降信号自动启动。消防水泵应设双动力源，末端设切换装置，双电源间切换可靠；当采用柴油机作为动力源时，柴油机的油料储备量应能满足机组连续运转6小时的要求。远程及现场启动消防水泵，泵应启动正常，运行可靠。

3. 泡沫站

①查看泡沫液储罐铭牌，记载内容应清晰、完整。

②储罐组件应齐全完好，外观无锈蚀，连接牢固。

③储罐附设的呼吸阀、安全阀、出液阀等应处于正常状态。

④根据泡沫液进货发票，检查泡沫液是否过期，泡沫液类别是否符合设计要求。

⑤根据泡沫液储罐上设置的液位计，查看泡沫液储量是否满足要求。

4. 消防给水管道和消火栓

大型石油化工企业的工艺装置区、罐区等，应设独立的稳高压消防给水系统，其压力宜为0.7~1.2MPa；其他场所采用低压消防给水系统时，消火栓的水压不低于0.15MPa（自地面算起）。消防给水系统不应与循环冷却水系统合并，且不应用于其他用途。

消防给水管道应环状布置，进水管不应少于两条，应用阀门分成若干独立管段，每段消火栓的数量不宜超过5个；消防给水管道应保持充水状态。

室外消防栓应设置在罐区及工艺装置区防火堤或防护墙外的四周道路边，保护半径不应大于120m，间距不宜大于60m，距被保护对象15m以内的消火栓不应计算在该保护对象可使用的消火栓数量之内。地上式室外消火栓，距路面边不宜大于5m，不宜小于1m，距建筑物外墙不宜小于5m。大口径出水口应面向道路。当有可能受到机械撞击时，应采取防撞措施。室外消火栓不得埋压、圈占、遮挡，便于消防车停靠使用，标志明显，外表油漆无脱落、锈蚀，有专用开启工具，消防水带、水枪配置齐全，阀门开启灵活、方便，出水压力、流量符合要求；地下式消火栓应有明显标志。

5. 消防水炮、水喷淋冷却系统

①消防水炮、水喷淋冷却系统的设置应满足规范要求。管网有明显标志，阀门开启灵活、无锈蚀。

②检查消防水炮射流方式（直流、喷雾）及射程是否符合要求，水炮部件完好、操作灵活。

③固定喷淋冷却水系统消防冷却水流量和供水强度应符合要求；系统的控制阀、放空阀、清扫口、喷头、管道、雨淋阀等组件应完整好用，冷却盘管、喷头及注水管线应符合要求。启动冷却喷淋系统，查看压力表值是否达到稳高压消防给水系统（0.7~1.2MPa）要求，并测试电磁阀及应急阀是否正常开启。

④在寒冷地区设置的消防软管卷盘、消防水炮、水喷淋或水喷雾等消防设施应采取防冻措施。

6. 低倍数泡沫灭火系统

①对泡沫泵及控制柜、泡沫喷头进行检查，各部件应完好无损。

②查看泡沫液储罐罐体、铭牌及配件是否完好。铭牌应标明泡沫液种类、型号、出厂与灌装日期及储存量等，核对泡沫液储量和备用量是否满足要求，泡沫液是否在保质期内。查验泡沫液罐运行、清洗、测试记录和泡沫灭火剂检测、更换记录。

③固定式泡沫炮的回转机构、仰俯机构或电动操作机构性能应达到标准，遥控功能或自动控制设施及操纵机构性能应符合要求；各阀门能自由开启和关闭，不能锈蚀；压力表、管道过滤器、金属软管、管道及管件不能有损伤；电气设备工作状态应良好。

④泡沫产生器吸气孔、发泡网及暴露的泡沫喷射口不能有堵塞。

⑤可以手动或自动控制的方式测试消防泵，泵可以打回流或空转，空转时间不能大于5秒，看其是否运转正常。

7. 蒸汽灭火系统

工艺装置有蒸汽供给系统时，宜设固定式或半固定式蒸汽灭火系统，但在使用蒸汽可能造成事故的部位不得采用蒸汽灭火。

8. 灭火器

①生产区内是否设置干粉或泡沫灭火器，控制室、机柜间、计算机室、电信站、化验室等是否按规范要求设置气体灭火器。

②灭火器设置地点应明显，附近无障碍物，取用方便，不影响人员安全疏散，保护距离符合规定。

③现场抽查单位员工是否能够熟练操作，且能掌握岗位的灭火注意事项。

（三）消防站

1. 大中型石油化工企业应设消防站，其规模应根据石油化工企业的规模、火灾危险性、固定消防设施的设置情况及临近单位消防协作条件等因素确定。

2. 消防站应由车库、通信室、办公室、值勤宿舍、药剂库、器材库、干燥室、培训学习室及训练场、训练塔，以及其他必要的生活设施组成。

3. 消防车辆应根据被保护对象灭火要求合理选型，以大型泡沫车为主，且应配备干粉或干粉-泡沫联用车，大型石油化工企业尚宜配备高喷车和通信指挥车。

4. 消防站应设置可受理不少于两处同时报警的火灾受警录音电话，且应设置无线通信设备。

5. 在生产调度中心、消防水泵站、中央控制室、总变配电所等重要场所应设置与消防站直通的专用电话。

6. 车库、值勤宿舍必须设置警铃，并应在车库前场地一侧安装车辆出动的警灯和警铃。通信室、车库、值勤宿舍及公共通道等处应设事故照明。

7. 消防站的各种器材配备齐全，定期维护保养，并有记录。

8. 消防站配备的车辆定期保养，通过拉动，查看消防车辆各项性能是否完好，人员对器材设备操作能力和对灭火预案的掌握能力是否达到要求。

9. 消防站各项灭火疏散预案制订完备，有定期演练记录。

（四）灭火物资储备

应根据单位生产、经营、储存物品的理化性能，确定发生火灾的种类、特点和扑救要求，建立灭火物资储备制度，加强灭火物资的采购、入库、更新等控制管理，确保灭火物资数量充足、完好有效。对照单位的灭火预案，现场查看灭火物资的储备仓库和储存点，储备的泡沫液、干砂、灭火毯、铁锹、消防桶、特殊灭火药剂或器材（如：扑灭 D 类火灾的灭火器或药剂）及个人防护装备等，应能满足扑救火灾的要求。

八、电气、防雷、防静电及防爆设施

检查要点：消防电源应按规范要求设置，发电机正常运转，查验防雷、防静电设施组件完整，连接正常。

检查方法：现场核查，随机提问员工对消防安全"四个能力"、消防安全制度、灭火和应急疏散预案及自身承担职责任务的熟悉掌握和落实情况。

（一）消防电源及配电

1. 检查消防水泵应为双动力源；当采用自备发电设备作备用电源时，自备发电设备应设置自动和手动启动装置。

2. 现场采用手动自动两种方式启动发电机，应能保证在 30 秒内供电。

3. 消防水泵房及其配电室应设消防应急照明，照明可采用蓄电池作为备用电源，其连续供电时间不应少于 30 分钟。

4. 装置内的电缆沟应有防止可燃气体积聚或含有可燃液体的污水进入沟内的措施，电缆控制室的墙洞处应填实、密封。散发比空气重的可燃气体设备 30m 以内的电缆沟、电缆隧道应采取防止可燃气体窜入积聚的措施；在可能散发比空气重的甲类气体装置内的电缆应采用阻燃型，并宜架空敷设。

查看电缆沟的设置，沟内应填满砂，沟盖用水泥抹死，管沟应设有高出地坪防水台并加水封；查看电缆沟进入变配电所前的沉砂井，黄砂下降后应及时补充新砂。

（二）防雷

装置塔、容器和可燃气体、液化烃、可燃液体的钢质储罐设置防雷接地装置应完好，装在金属设备顶部避雷针（避雷带）组件应完整。

查看防雷设施定期检测报告。

（三）防静电

1. 对爆炸、火灾危险场所内可能产生静电危险的设备和管道，应当采取静电接地措施。

2. 外浮顶罐的浮船、罐壁、活动走梯等活动的金属构件与罐壁之间的防静电连接应正常。

3. 检查油（气）罐及罐室金属构件，以及呼吸阀、量油孔、放空管和安全阀等金属附件的防静电连接是否完好。

在聚丙烯树脂处理系统、输送系统和料仓内应设置静电接地系统，严禁出现不接地孤立导体，料仓内有金属突出物时，应做防静电处理。

4. 检查在罐体扶梯进口处，应设置人体静电导除装置；检查管道法兰，应做防静电跨接连接，防静电设施应完好，无断线、破损的现象。

5. 应定期对接地装置的接地电阻进行检测，查阅相应记录或报告，结论应为合格。每组专设的静电接地体的接地电阻值宜小于 100Ω。

6. 检查现场工作人员着装应符合要求，在进入爆炸性危险场前触摸消除人体静电装置。

7. 检查现场作业时，应按照安全规程实施，不应有易燃液体飞溅冲击等现象。

（四）防爆

1. 查阅设计文件，明确爆炸危险区域的划分情况，核对各危险区域范围内的电气线路敷设、设备选型，应达到相应的防爆等级要求。

2. 有爆炸危险的甲、乙类装置或厂房宜独立设置，并宜采用敞开或半敞开式。

3. 有爆炸危险的厂房或厂房内有爆炸的部位应设置泄压设施。检查防爆泄压设施应无被更换、遮挡、盖压等现象。

泄压设施宜采用轻质屋面板、轻质墙体和易于泄压的门、窗等，应采用安全玻璃等在爆炸时不产生尖锐碎片的材料。

泄压设施的设置应避开人员密集场所和主要交通道路，并宜靠近有爆炸危险部位。作为泄压设施的轻质屋面板和墙体的质量不宜大于 $60kg/m^2$。

查看泄压口的设置位置、面积及材质，应符合要求。

4. 散发较空气重的可燃气体、可燃蒸汽的甲类厂房和有粉尘爆炸危险的乙类厂房，应符合下列规定：

（1）应采用不发火花的地面，采用绝缘材料为整体面层，应采取防静电措施。

（2）散发可燃粉尘、纤维的厂房，其内表面应平整、光滑，并易于清扫。

（3）厂房内不宜设置地沟，确须设置时，其盖板应严密，地沟应采取防止可燃气体、蒸汽和粉尘、纤维在地沟积聚的有效措施，且应与相邻厂房连通处用防火材料密封。

5. 散发较空气轻的可燃气体、可燃蒸汽的甲类厂房，宜采用轻质屋面板作为泄压面积。顶棚应尽量平整、无死角，厂房上部空间应通风良好。

6. 甲、乙、丙类液体仓库防止液体流散的设施和遇湿燃烧爆炸物仓库防水措施应完好。

7. 有爆炸危险的甲、乙类厂房的总控制室应独立设置，分控制室宜独立设置。当贴邻外墙设置时，应采用耐火极限不低于 3.00 小时的防火隔墙与其他部位分隔。

8. 有爆炸危险区域内的楼梯间、室外楼梯或有爆炸危险的区域与相邻区域连通处，应设置门斗等防护措施。门斗的隔墙应为耐火极限不应低于 2.00 小时的防火隔墙，门应采用甲级防火门并应与楼梯间的门错位设置。

第三节　小场所消防监督检查

一、生产加工企业、家庭小作坊消防监督检查

这里所指的生产加工企业、家庭小作坊，是指专门生产制造纺织、服装、鞋帽、玩具、食品等产品的小型场所。

（一）生产加工企业、家庭小作坊的火灾危险性

1. 部分建筑消防安全条件差

一些生产加工企业、家庭小作坊利用住宅或出租房屋从事生产加工，宿舍与生产、库房往往设在同一建筑内，有的还是违章建筑，耐火等级低，安全出口数量不足，未进行防火防烟分区，缺乏必要的消防设施器材。有的业主为方便管理，用铁栅栏将窗户、通向屋面的通道封锁，造成先天性火灾隐患。

2. 致灾因素多

一些生产加工企业、家庭小作坊为满足生产需求，用铜丝代替保险丝，私拉乱接电气线路，擅自动用明火作业；有的在加工间、库房内堆放大量易燃可燃原料和产品，发生火灾时蔓延迅速，散发大量有毒气体。

3. 人员疏散困难

一些生产加工企业、家庭小作坊只注重经济效益，忽视消防安全，原料和成品占用、堵塞疏散通道，锁闭安全出口，一旦发生火灾，人员难以在短时间内有效疏散，极易造成伤亡。

（二）生产加工企业、家庭小作坊有关消防安全规定

1. 生产加工企业、家庭小作坊的车间、厂房应独立设置，车间、厂房内严禁设置员工宿舍，当员工宿舍与车间、厂房设置在同一建筑时，应采取防火分隔措施，并有独立的疏散通道和安全出口。

2. 生产车间、厂房内应保持疏散通道畅通，通向安全出口的主要疏散通道的净宽不小于2m，其他疏散通道净宽不小于1.5m，生产车间、厂房的安全出口应分散布置，且不应少于两个。当符合以下条件时，可设置1个安全出口：甲类厂房每层建筑面积小于等于100m^2，且同一时间的生产人数不超过5人；乙类厂房每层建筑面积小于等于150m^2，且同一时间的生产人数不超过10人；丙类厂房每层建筑面积小于等于250m^2，且同一时间的生产人数不超过20人；丁、戊类厂房每层建筑面积小于等于400m^{2}且同一时间的生产人数不超过30人；地下室、半地下室厂房或厂房的地下室、半地下室，其建筑面积小于等于50m^2，且经常停留人数不超过15人。

3. 生产过程中的原料、半成品、成品应集中摆放，生产机电设备周围0.5m范围内不得堆放可燃物，生产加工中使用电熨斗等电加热器具时，应固定使用地点，并采取可靠的防火措施；车间、厂房、员工宿舍不应擅自拉接电气线路、设置炉灶。

4. 建筑占地面积大于300m^{2}的厂房（仓库）应设室内消火栓，生产加工企业、家庭小作坊可选用水型灭火器、ABC型干粉灭火器、泡沫灭火器。每个摆放点配置数量不应少于两具，不多于5具。

（三）生产加工企业、家庭小作坊消防监督检查要点

第一，生产加工企业建筑是否依法通过消防验收或者竣工验收消防备案手续。

第二，是否确定消防安全管理人员，定期开展防火检查巡查，组织消防培训和灭火逃生演练；生产工人、保安员是否懂场所火灾危险性、是否会报火警、是否会扑救初起火灾、是否会火场逃生自救。

第三，生产、加工建筑内是否设有员工集体宿舍，用火、用电是否安全。

第四，生产、加工建筑内物品摆放、操作台设置是否影响安全疏散；生产期间安全出口是否锁闭，员工就寝后宿舍安全出口是否锁闭；安全出口和疏散指示标志是否明显。

第五，室内消火栓箱内水枪、水带是否齐全、完好，是否被圈占或遮挡，消火栓是否有水；配备的灭火器种类和数量是否符合要求、是否有效。

二、仓储场所消防监督检查

（一）仓储场所的火灾危险性

1. 建筑消防安全条件差

一些仓储场所由其他性质的建筑改建，有的利用住宅、地下室、车库作为仓储场所，有的在仓储场所内设置办公、休息场所，形成典型的合用场所。

2. 易燃可燃物品多

有的仓储场所储存大量易燃可燃物品，储存物品种类繁多，有的物品混合存放，堆垛与堆垛、墙壁、灯具之间的安全距离不足，发生火灾时蔓延迅速且不易扑救。

3. 违规用火、用电

一些仓储场所的管理人员缺乏消防安全常识，违反电气安全管理、操作规程，随意搭接电线，使用电器取暖，使用高温照明灯具，有的还擅自使用明火照明或在仓储场所使用明火烧水做饭，极易引发火灾。

（二）仓储场所有关消防安全规定

第一，仓库内严禁设置员工宿舍；确须设置办公室、休息室的，应当采用不燃烧体隔墙、楼板与库房隔开，并设置独立的安全出口。仓库的安全出口应分散布置，且不少于两个。当仓库的占地面积小于等于300m^2，或地下、半地下仓库建筑面积小于等于100m^{2}时，可设置1个安全出口。

第二，仓储场所库存物资每垛占地面积不宜大于100m^2。垛与垛的间距不少于1m，垛与墙的间距不少于0.5m，垛与梁、柱的间距不少于0.3m，主要通道宽度不少于0.3m，垛与灯具垂直下方的间距不少于0.5m。

第三，仓库内敷设的配电线路，须穿金属管或用非燃硬塑料管保护，严禁随意拉接电线；仓库区应当设置醒目的禁火标志，库房内严禁吸烟和使用明火，确须动火作业的，应当办理动火手续，并指定专人进行监护。库房及周围50m内，严禁燃放烟花爆竹。

第四，储存可燃物品的仓库，不得使用碘钨灯和60W以上的白炽灯等高温照明灯具；库房内不准设置移动式照明灯具。

第五，建筑面积大于 3000m² 的仓库，应当设置室内消火栓。仓储场所可选用水型灭火器、ABC 型干粉灭火器、泡沫灭火器。每个摆放点配置数量不应少于两具，不多于 5 具。

（三）仓储场所的消防监督检查要点

第一，仓储建筑是否依法通过消防验收或竣工验收消防备案。

第二，是否明确消防安全管理人员，定期开展防火检查；保管员是否懂场所火灾危险性、是否会报火警、是否会扑救初起火灾、是否会火场逃生自救。

第三，仓库物资堆放是否影响安全疏散，疏散通道是否畅通。

第四，用火、用电是否安全。

第五，室内消火栓箱内水枪、水带是否齐全、完好，是否被圈占或遮挡，消火栓是否有水；配备的灭火器种类和数量是否符合要求、是否有效。

三、废品收购站消防监督检查

这里所指的废品收购站，是指专门对废弃电器、纸张、衣物、家具、瓶罐等物资进行有偿回收的场所。

（一）废品收购站的火灾危险性

1. 易燃可燃物资多

废品收购站回收的物品种类繁多，物品性质不同，存储量大，纸张、衣物、沙发、家具、泡沫塑料等属易燃可燃物品，堆放混乱，加之废品收购站建筑一般耐火等级低，消防安全条件差，一旦发生火灾会迅速蔓延且不易扑救，燃烧时还散发大量有毒气体。

2. 部分废弃瓶罐存在爆炸危险

废弃的液化气钢瓶、乙炔瓶、氧气瓶等易燃易爆危险品储罐，因容器内残留有危险物品，存在爆炸危险性。特别是在露天高温条件下，在装卸碰撞挤压时，或在罐体切割过程中，容易引起燃烧爆炸。

3. 违规用火、用电

有的废品收购站在物品堆放区域随意建造、搭建办公或居住一体的建筑，私拉乱接电线，使用高温照明灯具，使用明火做饭，极易引发火灾。有的废品收购站内配有粉碎机、压缩机、切割机等设备，在废品粉碎、压缩过程中，容易产生火花，引起火灾。

（二）废品收购站有关消防安全规定

第一，废品收购站应当根据回收物资的不同性质分类堆放，储存区、加工区、生活区

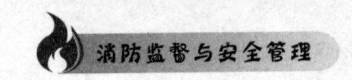

应当分开设置，严格用火用电管理，严禁违章搭建、私拉乱接电线。

第二，废品收购站内使用粉碎机、压缩机、切割机等设备加工作业，应当严格遵守安全操作规程。

第三，回收的易燃易爆物资及罐体不得存放在地下室或者半地下室。

第四，可燃易燃废旧物资堆放区域内应当设置醒目的禁火标志。

第五，废品收购站可选用水型灭火器、ABC 型干粉灭火器、泡沫灭火器。每个摆放点配置数量不应少于两具，不多于 5 具。

（三）废品收购站消防监督检查要点

对废品收购站的消防监督检查主要检查以下内容：

第一，是否明确消防安全管理人员，定期开展防火检查巡查；工作人员是否懂场所火灾危险性、是否会报火警、是否会扑救初起火灾、是否会火场逃生自救。

第二，回收易燃易爆危险品的废品收购站内是否有人居住。

第三，用火、用电是否安全。

第四，配备的灭火器种类和数量是否符合要求、是否完好有效。

四、居民住宅区物业服务企业消防监督检查

这里所指的居民住宅区物业服务企业，是指依法设立、具有独立法人资格，从事居民住宅区物业管理服务活动的企业。

（一）居民住宅区的火灾危险性

1. 建筑数量多，使用功能复杂

随着社会发展和城镇化程度加快，居民住宅区内的多层、高层住宅（商住）楼数量呈现逐步增多的趋势，居民住宅区内设有幼儿园、诊所、商店、理发店、饮食店等服务配套设施。

2. 消防设施维护管理差

一些建设年代较早的居民住宅区，没有设置消火栓；一些设有消防设施的住宅，由于维护管理不到位，消火栓被圈占、遮挡、消火栓配件丢失、损坏等现象普遍，一旦发生火灾，不能有效发挥作用。

3. 堵塞通道，疏散困难

一些居民住宅区的建筑与建筑之间，安全距离不足，一些业主在住宅区内道路上随意停放车辆，堵塞消防车通道；有的住宅楼疏散楼梯堆放物品，影响人员疏散。

（二）物业服务企业有关消防安全规定

第一，物业服务企业在做好共用消防设施维护管理的同时，还应开展多种形式的消防宣传工作，定期组织开展消防演练，提高居民消防安全意识和逃生能力。

第二，居民住宅区物业服务企业从事自动消防系统操作的工作人员，应当经过消防专门培训，持证上岗。

第三，住宅与附建公共用房的出入口应分开布置，生产、储存、经营易燃易爆危险品的场所不应与居住场所设置在同一建筑物内。

第四，物业服务企业管理区域内的共用消防设施一般包括室外消火栓、消防水池、消防水泵房及室外灭火器材等。物业服务企业应通过定期维护保养，保证室外消火栓有明显标志，不被圈占或遮挡；室外消火栓专用扳手、闷盖、消防水带、水枪等配件齐全，栓口完好，接口垫圈完整，消火栓水量水压充足。消防水池的水质、水量满足要求。室外灭火器材应在固定地点放置，摆放整齐，完好有效。

（三）居民住宅区物业服务企业消防监督检查要点

对居民住宅区物业服务企业的消防监督检查主要检查以下内容：

第一，是否明确消防安全管理人员，定期开展防火检查巡查，对员工进行消防培训，组织居民开展灭火逃生演练；企业的保安员、保洁员、维修人员是否懂场所火灾的危险性、是否会报火警、是否会扑救初起火灾、是否会组织居民疏散。

第二，消防车通道是否畅通；建筑内疏散通道是否畅通，安全出口是否锁闭，防火门是否完好有效。

第三，是否对共用消防设施进行维护管理，住宅区内消火栓箱内水枪、水带是否齐全、完好，是否被圈占或遮挡，消火栓是否有水；配备的灭火器种类和数量是否符合要求、是否有效。

五、居住出租房屋消防监督检查

这里所指的居住出租房屋，是指房屋业主出租给承租人专门用于居住的房屋。不包括旅店业客房、廉租房、公共租赁房屋。

（一）居住出租房屋的火灾危险性

第一，用可燃材料分隔出租房屋，"群租"现象普遍。房屋出租者为获得更大利润，对出租房间进行多次分隔，形成多个狭小空间，分租给不同住户，致使一个房间多人租住，有的一个房间内同时租住几十人。房屋出租者一般采用木夹板、三合板等可燃材料对房间进行分隔,一旦发生火灾,火势蔓延迅速。

第二,用火用电多,出租房屋的居住人员成分复杂,流动性大,消防安全意识差。房屋内动用明火多,如:使用液化气罐做饭,随意抽烟;私拉乱接电线,使用电炉、电暖气、电热毯等电器设备,有的外来务工人员甚至在租住的房屋内进行零配件加工,稍有不慎,易引发火灾。

(二)居住出租房屋有关消防安全规定

第一,居住出租房屋应当设置在一、二级耐火等级的建筑中。设置在三、四级耐火等级建筑中时,应当遵守当地政府或公安机关消防机构的相关要求。

第二,居住出租房屋与生产、储存、经营其他物品的场所设置在同一建筑物内的,居住部分与非居住部分应进行防火分隔,并设置独立的楼梯等疏散设施;其防火分隔措施应采用耐火极限不低于2小时的隔墙和耐火极限不低于1.5小时的楼板,当墙上确须开门时,应为不低于乙级的常闭防火门。

第三,居住出租房屋内的公共疏散通道和疏散楼梯净宽度不宜小于1.1m,疏散楼梯宜通至屋顶平台;疏散通道和安全出口应保持畅通,严禁在通道、出口处堆放物品影响疏散;出租房屋的窗户或阳台不得设置金属栅栏,当必须设置时,应当能从内部易于开启。

第四,居住出租房屋除厨房外,不应使用、存放液化石油气罐等易燃可燃液体储罐。使用、存放液化石油气罐的厨房应当采取分隔措施,并设置自然排风窗。

第五,居住出租房屋所在建筑公共部位建筑面积每层不超过100m^2的,每层配备不少于两具灭火器;每增加100m^2增配1具灭火器。

(三)居住出租房屋消防监督检查要点

对居住出租房屋的消防监督检查主要检查以下内容:

第一,居住人员是否掌握必要的消防常识,是否会扑救初起火灾,是否会逃生。

第二,居住出租房屋的安全出口是否锁闭,疏散通道是否畅通。

第三,用火、用电、用气、用油是否安全。

第四,配备的灭火器种类和数量是否符合要求、是否有效。

六、村民委员会、居民委员会消防监督检查

(一)村(居)民委员会消防管理工作特点

1. 管理的自主性

农村、社区建设是以村(居)民委员会为基本单元开展的,基本特征是让村(居)

民自主管理自己的事务。村（居）民委员会利用法律赋予的权利，按照群众意愿自主发展、自我管理，按国家政策法规做好相关工作，为依法行政、落实管理目标创造有利条件，实现国家管理与基层社会的良性互动。村（居）民委员会消防工作依靠基层群众，尊重群众意愿，重视和发挥群众组织的自主管理作用。

2. 管理的群众性

村（居）民委员会消防安全管理的目标就是要充分调动村（居）民的积极性，依靠自身力量，对农村、社区公共消防事务实施自我管理。组织和动员单位、群众广泛参与，挖掘社会资源，整合社会力量，维护消防安全，实现农村、社区消防"自我管理、自我教育、自我服务、自我提高"，达到有效预防和控制火灾的目的。

3. 管理的复杂性

农村、社区消防宣传教育培训相对薄弱，村（居）民消防安全意识比较淡薄，自防自救能力较差。加之村（居）民委员会不具备行政执法权，一些居民群众不配合、不支持消防安全管理工作，致使消防宣传教育、火灾隐患整改难以落实，农村、社区消防基础建设欠账较多，消防工作困难多、任务艰巨。

（二）村（居）民委员会消防监督检查要点

对村（居）民委员会的消防监督检查主要检查以下内容：

第一，消防安全网格化管理落实情况，是否明确村民委员会、居民委员会主任是网格中消防工作的第一责任人；是否确定消防专兼职管理人员，具体负责本级消防安全网格化管理日常工作，是否组织建立防火安全公约，开展经常性防火检查巡查、消防宣传教育和组织扑救初起火灾。

第二，村民、居民对消防安全知识的掌握情况，是否会报火警、会扑救初起火灾、会逃生。

第三，消防设施维护管理情况，查阅有关记录，查看、测试消防水源、消防车通道、消防器材是否完好有效。

第四，多种形式消防队伍建立情况，查阅有关文件资料，抽查保安消防队、巡防队队员对岗位职责和消防常识的掌握情况，检查村民委员会、居民委员会是否建立多种形式的消防组织并开展训练、演练。

（三）需要注意的问题

第一，对村（居）民委员会的监督检查，应当突出公安派出所消防监督管理工作的指导职能，指导村（居）民委员会开展消防工作。

第二，村（居）民委员消防安全管理人一般由村（居）民委员会负责人或治安保卫委员会负责人担任，负责组织制定防火安全公约，建立消防安全多户联防制度，组建保安

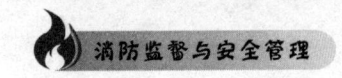

消防队、巡防队等群众性消防组织，开展消防宣传教育，组织防火安全检查，及时消除火灾隐患。

第三，村民委员会、居民委员会一般应每月对居民楼院（小区）、村组和沿街门店、家庭式作坊等小单位、小场所开展一次排查。

第四，农村、社区应保持消防车通道畅通，不得设置固定栏杆、隔离桩，不得堆放土石、柴草等影响消防车通行的障碍物。

第五，鼓励村民、居民根据家庭情况配置必要的家用灭火器和逃生器材。

第六，农村村民住宅与草垛应当分离，草垛在安全地带集中存放；耐火等级低的连片村寨应当设置防火隔离带。

第四节　易燃易爆场所消防监督检查

一、易燃易爆危险物品储存、经营场所消防监督检查要点

（一）消防安全管理

1. 防火巡查、检查

查档案资料，重点单位是否按要求开展每日防火巡查及建筑消防设施每日巡查，并填写《每日防火巡查记录本》及《建筑消防设施巡查记录表》。

2. 仓库管理

（1）仓库储存管理

①露天存放物品应当分类、分堆、分组和分垛，并留出必要的防火间距。堆场的总储量及与建筑物等之间的防火距离，必须符合建筑设计防火规范的规定。

②甲、乙类桶装液体，不宜露天存放。必须露天存放时，在炎热季节必须采取降温措施。

③库存物品应当分类、分垛储存，每垛占地面积不宜大于 $100m^2$，垛与垛间距不小于 1m，垛与墙间距不小于 0.5m，垛与梁、柱间距不小于 0.3m，主要通道的宽度不小于 2m。

④甲、乙类物品和一般物品，以及容易相互发生化学反应或者灭火方法不同的物品，必须分间、分库储存，并在醒目处标明储存物品的名称、性质和灭火方法。

⑤易自燃或者遇水分解的物品，必须在温度较低、通风良好和空气干燥的场所储存，并安装专用仪器定时检测，严格控制湿度与温度。

⑥物品入库前应当有专人负责检查，确定无火种等隐患后，方准入库。

⑦甲、乙类物品的包装容器应当牢固、密封，发现破损、残缺、变形和物品变质、分解等情况时，应当及时进行安全处理，严防跑、冒、滴、漏。

⑧使用过的油棉纱、油手套等沾油纤维物品及可燃包装，应当存放在安全地点，定期处理。

⑨库房内因物品防冻必须采暖时，应当采用水暖，其散热器、供暖管道与储存物品的距离不小于0.3m。

⑩甲、乙类物品库房内不准设办公室、休息室。其他库房必须设办公室时，可以贴邻库房一角设置无孔洞的一、二级耐火等级的建筑，其门窗直通库外，具体实施应征得当地公安消防监督机构的同意。

⑪储存甲、乙、丙类物品的库房布局、储存类别不得擅自改变。如确须改变的，应当报经当地公安消防监督机构同意。

（2）仓库装卸管理

①进入库区的所有机动车辆，必须安装防火罩。

②蒸汽机车驶入库区时，应当关闭灰箱和送风器，并不得在库区清炉。仓库应当派专人负责监护。

③汽车、拖拉机不准进入甲、乙、丙类物品库房。

④进入甲、乙类物品库房的电瓶车、铲车必须是防爆型的；进入丙类物品库房的电瓶车、铲车，必须装有防止火花溅出的安全装置。

⑤各种机动车辆装卸物品后，不准在库区、库房、货场内停放和修理。

⑥库区内不得搭建临时建筑和构筑物。因装卸作业确须搭建时，必须经单位防火负责人批准，装卸作业结束后立即拆除。

⑦装卸甲、乙类物品时，操作人员不得穿戴易产生静电的工作服、帽和使用易产生火花的工具，严防震动、撞击、重压、摩擦和倒置。对易产生静电的装卸设备要采取消除静电的措施。

⑧库房内固定的吊装设备需要维修时，应当采取防火安全措施，经防火负责人批准后，方可进行。

⑨装卸作业结束后，应当对库区、库房进行检查，确认安全后，方可离人。

（3）仓库电器管理

①仓库的电气装置必须符合国家现行的有关电气设计和施工安装验收标准规范的规定。

②甲、乙类物品库房和丙类液体库房的电气装置，必须符合国家现行的有关爆炸危险场所的电气安全规定。

③储存丙类固体物品的库房，不准使用碘钨灯和超过60瓦的白炽灯等高温照明灯具。当使用日光灯等低温照明灯具和其他防燃型照明灯具时，应当对镇流器采取隔热、散热等

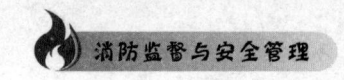

防火保护措施，确保安全。

④库房内不准设置移动式照明灯具。照明灯具下方不准堆放物品，其垂直下方与储存物品水平间距离不得小于0.5m。

⑤库房内敷设的配电线路，须穿金属管或用非燃硬塑料管保护。

⑥库区的每个库房应当在库房外单独安装开关箱，保管人员离库时，必须拉闸断电。禁止使用不合规格的保险装置。

⑦库房内不准使用电炉、电烙铁、电熨斗等电热器具和电视机、电冰箱等家用电器。

⑧仓库电器设备的周围和架空线路的下方严禁堆放物品。对提升、码垛等机械设备易产生火花的部位，要设置防护罩。

⑨仓库必须按照国家有关防雷设计安装规范的规定，设置防雷装置，并定期检测，保证有效。

⑩仓库的电器设备，必须由持合格证的电工进行安装、检查和维修保养。电工应当严格遵守各项电器操作规程。

（4）仓库火源管理

①仓库应当设置醒目的防火标志。进入甲、乙类物品库区的人员，必须登记，并交出携带的火种。

②库房内严禁使用明火。库房外动用明火作业时，必须办理动火证，经仓库或单位防火负责人批准，并采取严格的安全措施。动火证应当注明动火地点、时间、动火人、现场监护人、批准人和防火措施等内容。

③库房内不准使用火炉取暖。在库区使用时，应当经防火负责人批准。

④防火负责人在审批火炉的使用地点时，必须根据储存物品的分类，按照有关防火间距的规定审批，并制定防火安全管理制度，落实到人。

⑤库区及周围50m内，严禁燃放烟花爆竹。

（5）仓库器材管理

①仓库内应当按照国家有关消防技术规范，设置、配备消防设施和器材。

②消防器材应当设置在明显和便于取用的地点，周围不准堆放物品和杂物。

③仓库的消防设施、器材，应当由专人管理，负责检查、维修、保养、更换和添置，保证完好有效，严禁圈占、埋压和挪用。

④甲、乙、丙类物品国家储备库、专业性仓库及其他大型物资仓库，应当按照国家有关技术规范的规定安装相应的报警装置，附近有公安消防队的宜设置与其直通的报警电话。

⑤对消防水池、消火栓、灭火器等消防设施、器材，应当经常进行检查，保持完整好用。地处寒区的仓库，寒冷季节要采取防冻措施。

⑥库区的消防车道和仓库的安全出口、疏散楼梯等消防通道，严禁堆放物品。

（二）建筑防火

1. 平面布局

（1）查看是否有生产、储存、经营易燃易爆危险品或其他物品的场所与居住场所设置在同一建筑内的情况。

（2）易燃易爆危险物品储存、经营场所设置部位是否符合下列要求：

①甲、乙类仓库不应设置在地下和半地下。

②桶装、瓶装甲类液体不应露天存放。

③甲、乙类仓库的耐火等级不能低于一、二级。

④甲、乙类液体储罐区，液化石油气储罐区，应设置在城市（区域）的边缘或相对独立的安全地带，并宜设置在城市（区域）全年最小频率风向的上风侧。

⑤甲、乙类液体储罐（区）宜布置在地势较低的地带。当布置在地势较高的地带时，应采取安全防护设施。液化石油气储罐（区）宜布置在地势平坦、开阔等不易积存液化石油气的地带。

（3）易燃易爆危险物品储存、经营场所平面布置是否符合下列要求：

①仓库内严禁设置员工宿舍。甲、乙类仓库严禁设置办公室、休息室等，并不应贴邻建造。在丙、丁类仓库设置的办公室、休息室，应采用耐火极限不低于2.50小时的不燃烧体隔墙和不低于1.00小时的楼板与库房隔开，并应设置独立的安全出口。如隔墙上须开设相互连通的门时，应采用乙级防火门。

②甲、乙仓库内不应设置铁路线。

③桶装、瓶装甲类液体不应露天存放。液化石油气储罐组或储罐区四周应设置高度不小于1.0m的不燃烧实体防护墙。甲、乙、丙类液体储罐区，液化石油气储罐区，可燃、助燃气体储罐区，可燃材料堆场，应与装卸区及办公区分开布置。

④甲、乙类仓库，甲、乙类液体储罐（区）及乙类液体桶装堆场与建筑物，甲、乙类液体储罐之间的防火间距是否符合要求。

⑤甲、乙类液体储罐成组布置时，组内储罐的单罐储量和总储量是否符合规范要求。组内储罐的布置不应超过两排。甲、乙类液体立式储罐之间的防火间距不应小于2m，卧式储罐之间的防火间距不应小于0.8m。

2. 消防车通道

查看消防车道、消防车登高面用途是否改变，是否被占用。

①仓库区内应设置消防车道。甲类仓库、占地面积大于1500m² 的乙类仓库，应设置环形消防车道。

②液化石油气储罐区，甲、乙类液体储罐区和可燃气体储罐区，应设置消防车道。区内环形消防车道之间宜设置连通的消防车道。区中间消防车道与环形消防车道连接处应满

足消防车转变半径的要求。

③消防车道不应设置妨碍消防车作业的障碍物。

④消防车路面、扑救作业场地及其下面的管道和暗沟等应能承受大型消防车的压力。

3. 防火分区

仓库的防火分区应注意：

①仓库中的防火分区之间必须采用防火墙分隔。

②石油库内桶装油品仓库应按现行国家有关规定执行。

③一、二级耐火等级的煤均化库，每个防火分区的最大允许建筑面积不应大于12 000m²。

④独立建造的硝酸铵仓库、电石仓库、聚乙烯等高分子制品仓库、尿素仓库、配煤仓库、造纸厂的独立成品仓库及车站、码头、机场内的中转仓库，当建筑的耐火等级不低于二级时，每座仓库的最大允许占地面积和每个防火分区的最大允许建筑面积可按规定增加1.0倍。

⑤一、二级耐火等级粮食平房仓的最大允许占地面积不应大于12 000m²，每个防火分区的最大允许建筑面积不应大于3000m²；三级耐火等级粮食平房仓的最大允许占地面积不应大于3000m²，每个防火分区的最大允许建筑面积不应大于1000m²。

⑥一、二级耐火等级冷库的最大允许占地面积和防火分区的最大允许建筑面积，应按国家有关规定执行。

⑦酒精度为50%（V/V）以上的白酒仓库不宜超过三层。

4. 防火分隔

查看分隔设施用材燃烧性能是否符合要求。

①甲、乙类液体的地上式、半地下式储罐或储罐组，其四周应设置不燃烧体防火堤。防火堤的设置应符合下列规定：

a. 防火堤内的储罐布置不宜超过两排。

b. 防火堤的有效容量不应小于其中最大储罐的容量。对于浮顶罐、防火堤的有效容量可为其中最大储罐容量的一半。

c. 防火堤内侧基脚线至立式储罐外壁的水平距离不应小于管壁高度的一半。防火堤内侧基脚线至卧式储罐的水平距离不应小于3m。

d. 防火堤的设计高度应比计算高度高出0.2m，且其高度应为1.0~2.2m，并应在防火堤的适当位置设置灭火时便于消防队员进出防火堤的踏步。

e. 沸溢性液体地上式、半地下式储罐，每个储罐应设置一个防火堤或防火隔堤。

f. 含油污水排水管应在防火堤的出口处设置水封设施，雨水排水管应设置阀门等封闭、隔离装置。

②甲、乙、丙类仓库内布置有不同类别火灾危险性的房间，其隔墙应采用耐火极限不

低于2.00小时的不燃烧体，隔墙上的门窗应为乙级防火门窗。

③高层仓库屋面板的耐火极限低于1.00小时时，防火墙应高出不燃烧体屋面0.4m以上，高出燃烧体或难燃烧体屋面0.5m以上。其他情况时，防火墙可不高出屋面，但应砌至屋面结构层的底面。

④防火墙上不应开设门窗洞口，当必须开设时，应设置固定的或火灾时能自动关闭的甲级防火门窗。

（三）安全疏散

易燃易爆经营及储存场所应急灯具的设置要点：

1. 在正常运行时可能出现爆炸性气体混合物的环境（1区）

适用：①隔爆型固定式灯；②隔爆型携带式电池灯；③隔爆型指示灯类；④隔爆型镇流器。

慎用：①隔爆型移动式灯；②增安型镇流器。

不适用：①增安型固定式灯；②增安型指示灯类。

2. 在正常运行时不可能出现爆炸性气体混合物的环境（2区）

适用：①隔爆型固定式灯；②隔爆型携带式电池灯；③隔爆型指示灯类；④隔爆型镇流器；⑤隔爆型移动式灯；⑥增安型镇流器；⑦增安型固定式灯；⑧增安型指示灯类。

（四）消防设施

1. 火灾自动报警系统

下列场所应设火灾自动报警系统：

①每座占地面积大于1000m² 的棉、毛、丝、麻、化纤及其织物的库房，占地面积超过500m² 或总建筑面积超过1000m² 的卷烟库房。

②建筑内可能散发可燃气体、可燃蒸气的场所应设可燃气体报警装置。

③按二级负荷供电且室外消防用水量大于30L/S 的仓库宜设置漏电火灾报警系统。

④大于或等于50 000m³ 的浮顶罐应采用火灾自动报警系统，泡沫灭火系统可采用手动或遥控控制。大于或等于100 000m³ 的浮顶罐，泡沫灭火系统应采用程序控制。

2. 室内消火栓

下列场所应设室内消火栓：建筑占地面积大于300m² 的仓库。

3. 自动灭火系统

（1）自动喷水灭火系统

下列场所应设置自动喷水灭火系统：每座占地面积大于1000m² 的棉、毛、丝、麻、化纤、毛皮及其制品的仓库，每座占地面积大于600m² 的火柴仓库，邮政楼中建筑面积大于 500m² 的空邮政库，建筑面积大于 500m² 的可燃物品地下仓库，可燃、难燃物品的高架仓库和高层仓库（冷库除外）。

（2）雨淋喷水灭火系统

下列场所宜设置雨淋喷水灭火系统：

①建筑面积超过 60m² 或储存量超过 2t 的喷漆棉、火胶棉、硝化纤维等仓库。

②日装瓶数量超过 3000 瓶的液化石油气储配站的罐瓶间、实瓶库。

（3）泡沫灭火系统

下列场所宜设置泡沫灭火系统：

①石油库的油罐应设置泡沫灭火设施；缺水少电及偏远地区的四、五级石油库中，当设置泡沫灭火设施较困难时，亦可采用烟雾灭火设施。

覆土油罐灭火药剂宜采用合成型高倍数泡沫液，地上式油罐的中倍数泡沫灭火药剂宜采用蛋白质中倍数泡沫液。

②可燃液体火灾宜采用低倍数泡沫灭火系统。

③液化石油气油罐区应设置灭火系统和消防冷却系统，且灭火系统宜为低倍数泡沫灭火系统。

④下列场所应采用固定式泡沫灭火系统：单罐容积大于或等于 1000m³ 的非水溶性和单罐容积大于或等于 500m³ 水溶性甲、乙类可燃液体的固定顶罐及浮盖为易熔材料的内浮顶罐，单罐容积大于或等于 50 000m³ 的可燃液体浮顶罐，机动消防设施不能进行有效保护的可燃液体罐区，地形复杂消防车扑救困难的可燃液体罐区。

⑤下列场所可采用移动式泡沫灭火系统：罐壁高度小于 7m 或容积等于或小于 200m³ 的非水溶性可燃液体储罐，润滑油储罐，可燃液体地面流淌火灾、油池火灾。

⑥下列场所宜采用半固定式泡沫灭火系统：除安装固定式和移动式泡沫灭火系统以外的可燃液体罐区，工艺装置及单元内的火灾危险性大的局部场所。

（4）气体灭火系统

下列场所宜设置气体灭火系统：

①贮存容器外观有无明显碰撞变形、缺陷，组件是否固定牢固，操作装置的铅封是否完好；

②贮存容器压力表有无明显机械损伤，压力表在同一系统中的安装方向是否一致并使其正面朝向操作面；

③贮存容器是否标明设计规定的灭火剂名称，贮存容器的编号、充装量、充装压力、充装日期。

（5）防排烟设施

下列场所应设置防排烟设施：占地面积大于 1000m² 的丙类仓库。

(6) 爆炸性气体环境电气设备的设置是否符合要求

选用的防爆电气设备的级别和组别，不应低于该爆炸性气体环境内爆炸性气体混合物的级别和组别。当存在有两种以上易燃性物质形成的爆炸性气体混合物时，应按危险程度较高的级别和组别选用防爆电气设备。

爆炸危险区域内的电气设备，应符合周围环境内化学的、机械的、热的、霉菌及风沙等不同环境条件对电气设备的要求。电气设备结构应满足电气设备在规定的运行条件下不降低防爆性能的要求。

(7) 爆炸性气体环境电气线路的设置是否符合要求

当易燃物质比空气重时，电气线路应在较高处敷设或直接埋地；架空敷设时宜采用电缆桥架；电缆沟敷设时沟内应充砂，并宜设置排水措施。

当易燃物质比空气重时，电气线路宜在较低处敷设或电缆沟敷设。

电气线路宜在有爆炸危险的建、构筑物的墙外敷设。

敷设电气线路的沟道、电缆或钢管，所穿过的不同区域之间墙或楼板处的孔洞，应采用非燃性材料严密堵塞。

当电气线路沿输送易燃气体或液体的管道栈桥敷设时，应敷设在危险程度较低的管道一侧。当易燃物质比空气重时，敷设在管道上方；比空气轻时，敷设在管道的下方。

二、易燃易爆危险物品生产场所消防监督检查要点

(一) 消防安全管理

1. 防火巡查、检查

查档案资料，重点单位是否按要求开展每日防火巡查，以及建筑消防设施每日巡查，并填写《每日防火巡查记录本》及《建筑消防设施巡查记录表》。

2. 仓库管理

①露天存放物品应当分类、分堆、分组和分方，并留出必要的防火间距。堆场的总储量及与建筑物等之间的防火距离，必须符合建筑设计防火规范的规定。

②库存物品应当分类、分垛储存，每垛占地面积不宜大于 $100m^2$，垛与垛间距不小于1m，垛与墙间距不小于0.5m，垛与梁、柱间距不小于0.3m，主要通道的宽度不小于2m。

③易自燃或者遇水分解的物品，必须在温度较低、通风良好和空气干燥的场所储存，并安装专用仪器定时检测，严格控制湿度与温度。

④物品入库前应当有专人负责检查，确定无火种等隐患后，方准入库。

（二）建筑防火

1. 平面布局

①液化烃罐组或可燃液体罐组是否毗邻布置在高于工艺装置、全厂性重要设施或人员集中场所的阶梯上。但受条件限制或有工艺要求时，可燃液体原料储罐可毗邻布置在高于工艺装置的阶梯上，是否采取防止泄漏的可燃液体流入工艺装置、全厂性重要设施或人员集中场所的措施。

②采用架空电力线路进出厂区的总变电所是否布置在厂区边缘，甲、乙类厂房内是否设置铁路线。

2. 贴邻建造、设置部位是否符合要求

①甲、乙类生产场所是否设置在地下或半地下；厂房内是否设置员工宿舍；办公室、休息室等是否设置在甲、乙类厂房内，当必须与本厂房毗邻建造时，其耐火等级是否低于二级，是否采用耐火极限不低于 3.00 小时的不燃烧体防爆墙隔开和设置独立的安全出口。

②变、配电所是否设置在甲、乙类厂房内或毗邻建造，且是否设置在爆炸性气体、粉尘环境的危险区域内。当乙类厂房的配电所必须在防火墙上开窗时，是否设置密封固定的甲级防火窗。

（三）安全疏散

1. 安全出口

①厂房的安全出口应分散布置。每个防火分区、一个防火分区的每个楼层，其相邻两个安全出口最近边缘之间的水平距离不应小于 5.0m。

②厂房的每个防火分区、一个防火分区内的每个楼层，其安全出口的数量应经计算确定，且不应少于两个。当符合下列条件时，可设置 1 个安全出口：

a. 甲类厂房，每层建筑面积小于等于 100m^2，且同一时间的生产人数不超过 5 人。

b. 乙类厂房，每层建筑面积小于等于 150m^2，且同一时间的生产人数不超过 10 人。

③地下、半地下厂房或厂房的地下室、半地下室，当有多个防火分区相邻布置，并采用防火墙分隔时，每个防火分区可利用防火墙上通向相邻防火分区的甲级防火门作为第二安全出口，但每个防火分区必须至少有 1 个直通室外的安全出口。

2. 疏散宽度

厂房内的疏散楼梯、走道、门的各自总净宽度应根据疏散人数，按规定计算确定。但疏散楼梯的最小净宽度不宜小于 1.1m，疏散通道的最小净宽度不宜小于 1.4m，门的最小净宽度不宜小于 0.9m。当每层人数不相等时，疏散楼梯的总净宽度应分层计算，下层楼梯总净宽度应按该层以上人数最多的一层计算。

首层外门的总净宽度应按该层以上人数最多的一层计算,且该门的最小净宽度不应小于1.2m。

3. 疏散楼梯

高层厂房和甲、乙、丙类多层厂房应设置封闭楼梯间或室外楼梯。建筑高度大于32.0m且任一人数超过10人的高层厂房,应设置防烟楼梯间或室外楼梯。建筑高度大于32.0m且设置电梯的高层厂房,每个防火分区内宜设置一部消防电梯。

符合下列条件的建筑可不设置消防电梯:

①高度大于32.0m且设置电梯,任一层工作平台人数不超过两人的高层塔架;

②局部建筑高度大于32.0m,且升起部分的每层建筑面积小于等于50m²的丁、戊类厂房。

(四) 消防设施

1. 火灾自动报警系统

下列场所应设火灾自动报警系统:任一层建筑面积大于1500m²或总建筑面积大于3000m²的制鞋、制衣、玩具等厂房。

2. 室内消火栓

下列场所应设室内消火栓:建筑占地面积大于300m²的厂房。

3. 自动灭火系统

(1) 自动喷水灭火系统

下列场所应设置自动喷水灭火系统:大于等于50 000纱锭的棉纺厂的开包、清花车间;大于等于5000锭的麻纺厂的分级、梳麻车间;火柴厂的烤梗、筛选部位;泡沫塑料厂的预发、成型、切片、压花部位;占地面积大于1500m²的木器厂房;占地面积大于1500m²或总建筑面积大于3000m²的单层、多层制鞋、制衣、玩具及电子等厂房;高层丙类厂房;飞机发动机试验台的准备部位;建筑面积大于500m²的丙类地下厂房。

(2) 水喷雾灭火系统

下列场所宜设置水喷雾灭火系统:单台容量在40MV·A及以上的厂矿企业油浸电力变压器、单台容量在90MV·A及以上的油浸电厂电力变压器,或单台容量在125MV·A及以上的独立变电所油浸电力变压器;飞机发动机试验台的试车部位。

(3) 雨淋喷水灭火系统

下列场所宜设置雨淋喷水灭火系统:火柴厂的氯酸钾压碾厂房,建筑面积大于100m²生产、使用喷漆棉、火胶棉、硝化纤维等的厂房。

(4) 泡沫灭火系统

下列场所宜设置泡沫灭火系统:甲、乙、丙类液体储罐等。

(5) 气体灭火系统

下列场所宜设置气体灭火系统：主机房建筑面积大于等于140m²的电子计算机房内的主机房和基本工作间的已记录磁（纸）介质库，其他特殊重要设备室。

4. 防排烟设施

下列场所应设置防排烟设施：丙类厂房中建筑面积大于300m²的地上房间，人员、可燃物较多的丙类厂房或高度大于32.0m的高层厂房中长度大于20.0m的内走道，任一层建筑面积大于5000m²的丁类厂房。

第五章　社会单位消防安全管理

消防安全是公共安全的重要组成部分，社会单位是消防安全管理的基本单元，管理模式的选择直接影响管理水平的高低，只有进一步强化单位自我管理、自我约束及落实消防安全自我管理机制，推进消防安全管理责任建设，才能有效消除火灾隐患，减少火灾事故的发生。

第一节　消防安全责任

一、通用要求

第一，单位应确定各单位及各部门的消防安全责任人，并明确各级、各部门消防安全责任人的职责。

第二，单位的消防安全责任人应由法定代表人、主要负责人或实际控制人担任，各部门的负责人是该部门的消防安全责任人。消防安全责任人对所在单位的消防安全工作全面负责，单位其他负责人对分管部门的消防安全工作负责。

第三，消防安全重点单位应确定单位的消防安全管理人，组织实施日常消防安全管理工作。其他单位可以根据需要确定消防安全管理人。消防安全管理人应具备与其职责相适应的消防安全知识和管理能力，应取得注册消防工程师执业资格。

第四，消防安全重点单位应设置或者确定消防工作的归口管理职能部门，并确定专职或者兼职的消防管理人员。其他单位应确定专职或者兼职消防管理人员，宜确定消防工作的归口管理职能部门。归口管理职能部门和专兼职消防管理人员在消防安全责任人、消防安全管理人的领导下开展消防安全管理工作。其他部门应按照分工，实施部门日常消防安全管理工作。

第五，连锁型、集团型企业应设置消防安全管理机构，配备专门的消防安全管理人员，对所属单位和经营主体消防安全工作实施指导监督、检查管理。

第六，在同类单位相对集中的区域，宜成立消防安全区域联防联勤组织，协同开展区

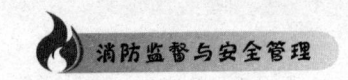

域消防安全管理工作。

二、单位、组织消防安全职责

（一）单位应履行的消防安全职责

1. 明确各级、各岗位消防安全责任人及其职责，制定单位的消防安全制度、消防安全操作规程、灭火和应急疏散预案。定期进行消防工作检查考核，保证消防安全责任制和各项规章制度的落实。

2. 保证防火巡查检查、消防设施器材维护保养、消防设施检测、火灾隐患整改及企业专职或志愿消防队、微型消防站建设等消防工作所需资金的投入。生产经营单位安全费用保证适当比例用于消防工作。

3. 按照相关标准配备消防设施、器材，设置消防安全标志，定期检查维修，对消防设施每年至少进行一次全面检测，确保完好有效。

4. 保证建筑构件、建筑材料和室内装修装饰材料燃烧性能及防火防烟分区、防火间距等符合消防技术标准。保障疏散通道、安全出口、消防车通道畅通。人员密集场所的门窗不设置影响逃生和灭火救援的障碍物。

5. 定期开展防火巡查、检查，及时消除火灾隐患。

6. 安装、使用的电器产品、燃气用具和敷设的电气线路、燃气管线，符合相关标准和用电、用气安全管理规定，并定期维护保养、检测。

7. 根据需要建立企业专职或志愿消防队、微型消防站，定期组织训练、演练，配备消防器材装备、储备灭火药剂，建立与国家综合性消防救援队伍联勤联动机制。

8. 应用大数据、物联网等技术，推进消防安全管理信息化建设，采用消防设施联网监测系统、单位消防安全管理系统、电气火灾监控系统等技防、物防措施。

9. 组织员工进行岗前消防安全培训，定期组织消防安全培训和消防演练。

10. 消防法律、法规、规章及政策文件规定的其他职责。

（二）消防安全重点单位除履行（一）规定的职责外，还应履行下列消防安全职责

1. 确定承担消防安全管理工作的机构和消防安全管理人，组织实施单位消防安全管理。

2. 建立消防档案，确定消防安全重点部位，实行严格管理。

3. 建立微型消防站，积极参与消防安全区域联防联控，提高自防自救能力。属于人员密集场所的消防安全重点单位，应建立消防安全例会制度，研究单位消防工作，处理涉

及消防经费投入、消防设施设备购置、火灾隐患整改等重大问题，每月不宜少于一次。

（三）火灾高危单位除履行（一）、（二）规定的职责外，还应履行下列消防安全职责

1. 每月召开消防安全工作例会；
2. 企业专职消防队或微型消防站根据单位火灾危险特性配备相应的消防装备器材，储备足够的灭火救援药剂和物资，定期组织消防业务学习和灭火技能训练；
3. 按照标准配备应急逃生设施设备和疏散引导器材；
4. 建立消防安全评估制度，每年开展评估，评估结果向社会公开；
5. 参加火灾公众责任保险。

（四）产权方、使用方、统一管理单位应履行的消防安全职责

1. 制定消防安全管理制度和保障消防安全的操作规程；
2. 开展消防法律法规和防火安全知识的宣传教育，对从业人员进行消防安全教育和培训；
3. 定期开展防火巡查、检查，及时消除火灾隐患；
4. 保障疏散通道、通道、安全出口、疏散门和消防车通道的畅通，不被占用、堵塞、封闭；
5. 确定各类消防设施的操作维护人员，保证消防设施、器材和消防安全标志完好有效，并处于正常运行状态；
6. 组织扑救初起火灾，疏散人员，维持火场秩序，保护火灾现场，协助火灾调查；
7. 制订灭火和应急疏散预案，定期组织消防演练，建立并妥善保管消防档案。

（五）具备隶属关系的连锁型、集团型企业总部除应履行自身消防安全职责外，还应对所属单位消防安全实施全程监管和系统管理，承担下列指导、监督、检查和管理责任

1. 指导下级单位建立健全消防安全责任制及保障消防安全责任落实的制度措施；
2. 定期组织对下级单位进行消防安全评估，适时开展消防安全检查，督促消除火灾隐患，指导下级单位整改无能力解决的火灾隐患；
3. 督促下级单位开展防火巡查检查、消防安全培训教育、消防演练等日常消防安全管理工作；
4. 定期召开消防安全例会，部署消防安全工作；
5. 每年对下级单位消防安全管理工作进行综合考核并实施奖惩。

三、人员消防安全职责

（一）消防安全责任人应履行的消防安全职责

1. 贯彻执行消防法律、法规，保障单位消防安全符合规定，掌握单位的消防安全情况；
2. 将消防工作与单位的生产、科研、经营、管理等活动统筹安排，组织制订并批准实施单位年度消防工作计划；
3. 为单位消防安全管理提供必要的经费和组织保障；
4. 确定逐级消防安全责任，组织制定并批准实施消防安全制度和消防安全操作规程；
5. 定期组织防火检查，督促整改火灾隐患，及时处理涉及消防安全的重大问题；
6. 组织或者委托有关单位对消防设施、器材和消防安全标志进行检测、维护和保养；
7. 建立企业专职或志愿消防队、微型消防站，并配备相应的消防器材和装备；
8. 组织制订符合单位实际的灭火和应急疏散预案，并定期组织演练；
9. 落实单位内部的消防安全工作奖惩。

（二）消防安全管理人应履行的消防安全职责

1. 拟订年度消防安全工作计划，组织实施日常消防安全管理工作；
2. 拟订消防安全工作的资金投入和组织保障方案；
3. 制定消防安全制度和保障消防安全的操作规程，并检查督促落实；
4. 建立消防档案，确定单位的消防安全重点部位，设置消防安全标志；
5. 组织实施防火检查和火灾隐患整改工作，负责动火、临时用电作业的审批；
6. 组织实施对单位消防设施、器材和消防安全标志的维护保养，确保完好有效和处于正常运行状态，确保疏散通道、安全出口、消防车通道畅通；
7. 管理企业专职或志愿消防队、微型消防站，组织开展日常业务训练、初起火灾扑救和人员疏散；
8. 组织开展消防安全宣传和从业人员消防安全教育培训，拟订灭火和应急疏散预案并定期组织演练；
9. 定期向消防安全责任人报告消防安全状况，提出加强消防安全工作的意见和建议，及时报告涉及消防安全的重大问题；
10. 完成消防安全责任人委托的其他消防安全管理工作。

（三）专兼职消防管理人员应履行的消防安全职责

1. 根据年度消防工作计划，开展日常消防安全管理工作；

2. 督促落实消防安全制度和消防安全操作规程；

3. 实施防火检查和火灾隐患整改工作，负责动火作业、临时用电现场监管；

4. 检查消防设施、器材和消防安全标志状况，督促维护保养；

5. 开展消防安全知识、技能宣传教育培训；

6. 组织企业专职或志愿消防队、微型消防站开展训练、演练；

7. 及时向消防安全管理人报告消防安全情况；

8. 完成单位消防安全管理人委托的其他消防安全管理工作。

（四）部门消防安全责任人应履行的消防安全职责

1. 组织实施部门的消防安全管理工作计划；

2. 根据部门的实际情况开展消防安全教育培训，制定消防安全制度，落实消防安全措施；

3. 按照规定开展防火巡查、检查，管理消防安全重点部位，确保管辖范围的消防设施、器材完好有效；

4. 及时发现和消除火灾隐患，不能立即消除的，采取相应防范措施并及时向消防安全管理人报告；

5. 发现火灾及时报警，并组织人员疏散和初起火灾扑救。

（五）消防控制室值班人员应履行的消防安全职责

1. 持有消防设施操作员职业资格证书，落实消防控制室值班制度；

2. 熟悉和掌握消防控制室设备的功能及操作规程，按照规定测试自动消防设施的功能，保障消防控制室设备的正常运行；

3. 接到火灾报警后，按照应急程序处置；

4. 对故障报警信号及时确认，排除故障；

5. 对消防设施联网监测系统监测中心的查岗、信号核查等指令及时应答，做好火警、故障和值班记录。

（六）消防设施操作员应履行的消防安全职责

1. 持有消防设施操作员职业资格证书；

2. 熟悉和掌握消防设施的功能和操作规程；

3. 定期对消防设施进行检查，保证消防设施和消防电源处于正常运行状态，确保有关管道阀门处于正确位置；

4. 发现故障及时排除，不能排除的及时向消防安全管理人报告；

5. 做好消防设施检查、运行操作、故障排除和维护保养记录。

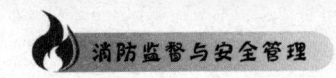

（七）防火巡查人员应履行的消防安全职责

1. 按照单位的管理规定进行防火巡查，并做好记录，发现问题及时整改、报告；
2. 发现火灾及时报火警并报告消防安全管理人，扑救初起火灾，组织人员疏散，协助开展灭火救援；
3. 劝阻和制止违反消防法律法规和消防安全制度的行为；
4. 接到消防控制室指令后，对有关报警信息及时确认。

（八）电气焊工、易燃易爆危险品操作人员应履行的消防安全职责

1. 持相应的特种作业操作证书；
2. 执行有关消防安全制度和操作规程，落实作业现场的消防安全防护措施；
3. 发现火灾后立即报火警，实施扑救。

（九）企业专职或志愿消防队、微型消防站队员应履行的消防安全职责

1. 熟悉单位基本情况、灭火和应急救援疏散预案、消防安全重点部位及消防设施器材设置情况；
2. 参加消防业务培训及消防演练，熟悉场所火灾危险性、火灾蔓延途径、消防设施器材、安全疏散路线；
3. 定期开展灭火救援技能训练，掌握常见火灾特点、处置方法及防护措施；
4. 发生火灾时，迅速集结，参加扑救火灾、疏散人员、保护现场等工作；
5. 根据单位安排，参加日常防火巡查和消防宣传教育。

（十）单位员工应履行的消防安全职责

1. 接受单位组织的消防安全培训，遵守消防安全制度、操作规程；
2. 熟悉场所消防设施、器材及安全出口的位置，参加单位组织的消防演练；
3. 掌握单位及自身岗位火灾危险性、消防设施及器材操作方法和火灾现场逃生方法；
4. 保护消防设施、器材和消防安全标志，保障消防车通道、疏散通道、安全出口畅通；
5. 指导、督促其他人员遵守消防安全制度，制止影响消防安全的行为；
6. 班前班后检查岗位工作设施、设备、场地、电气设备等使用状态，发现隐患及时排除并向消防安全管理人报告；
7. 发生火灾时，及时报警并报告消防安全管理人。

第二节　消防安全制度

一、消防安全

（一）消防工作制度

1. 认真学习并贯彻落实消防工作制度，加大宣传、培训力度，对员工进行消防常识的教育，做到人人都对企业消防工作负责。
2. 明确任务，落实责任，逐级签订安全防火责任书，按照"谁主管，谁负责"的工作原则，真正把消防工作落实到实处。
3. 加大检查整改力度，除每周组织专项检查外，每天都要有保卫部三级巡查制检查安全防火情况，发现问题，及时汇报、及时处理。
4. 每年组织企业灭火疏散演练不低于两次。
5. 做好重大节日期间防火工作，并制订具体保卫方案。
6. 加强火源、电源的管理，落实好天然气液化气的检查制度，电气线路设备的检查制度，及时清除火险隐患。
7. 建立企业消防档案，组建义务消防队，做到预防为主，防消结合。加强吸烟管理制度，商场为无烟商场的禁止吸烟。
8. 坚持做好安全出口，疏散通道的专项治理和检查工作，对火灾隐患整改不及时的部门，应对相关责任人予以责罚。
9. 保障消防设施设备就位，完整好用，符合法律法规要求，并落实维护责任人。

（二）消防监控中心交接班制度

1. 接班人员必须提前15分钟到达岗位，做好交接准备。
2. 上岗前必须按规定着装，检查仪容仪表，精神面貌良好。
3. 检查岗位的设备运行是否良好和交接巡视检查。
4. 当班人员必须在记录本上填写好设备运行、巡检等情况，并要求字迹清楚，记录齐全。
5. 各消防应急工具，相关资料如数按规定摆放整齐。
6. 做好中控室卫生清理工作，保证机器、地面、墙面洁净。
7. 接班人员未到，在岗人员不得离岗，应及时向有关领导汇报，请示处理办法。
8. 交接班各项内容经确认后必须在交接班本上签姓名和时间，以示确认和负责。

9. 如遇到突发事件等特殊情况，接班者协助交班者对事件进行处理，待事件处理告一段落，经交上级领导批准，再进行交接班。

10. 当接班人存在酒醉、情绪不稳、意识不清等情况时，不得交接班，应上报请示处理办法。

11. 交班者要按制度进行交班，如未按规定执行，接班者可以提出意见，要求交班人员立即补办；否则可以不接班，并向有关领导报告。

12. 消防中控室双人执机，不得单人交接执机，不得电话交接，应有文字体现。

（三）消防监控中心安全巡查工作制度

1. 防火巡查每两小时一次

主要包括以下内容：

（1）用火、用电有无违章情况

商场为无烟商场禁止吸烟、禁止随意用火。餐饮用火：微波炉、灶具1m内不得有易燃可燃危险品，灶具与气瓶之间的净距离不得小于0.5m，灶具与气瓶连接的软管长度不得超过2m。

（2）安全出口、疏散通道是否通畅，安全疏散指示标志、应急照明是否完好

安全出口不得封闭、堵塞，安全出口处不得设置门槛，疏散门应当向疏散方向开启，不得采用卷帘门、转门、吊门、侧拉门。

（3）消防设施、器材和消防安全标志是否在位、完整

任何店铺、个人不得损坏或者擅自挪用、拆除、停用消防设施、器材，不得埋压、圈占、遮挡消火栓，不得占用防火间距、堵塞消防车通道。

（4）常闭式防火门是否处于关闭状态，防火卷材下是否堆放物品影响使用

商场使用为甲级防火门，查闭门器、顺位器是否完好，防火卷帘下1m处不得堆放物品影响使用。

（5）消防安全重点部位的人员在岗情况

配电室、机房、库房、厨房的人员责任落实与管理情况。

2. 巡查人员应当及时纠正违章行为

巡查人员要妥善处置火灾危险，无法当场处置的，应当立即报告。发现初起火灾应当立即报警并及时扑救。

3. 防火巡查、检查应当填写巡查、检查记录

巡查、检查人员及其主管人员应当在巡查、检查记录上签名，存档备查。

4. 巡查人员是保安部的安防力量，遇有可疑人、可疑事要有跟进、有交接

对店铺、个人的违规行为、危险举动（吸烟、拍照、散发广告、带宠物、擅自施工、

危险搬运、长时间逗留在通道内、做客服调查、着装不整、新闻媒体擅自采访、顾客纠纷、客诉、斗殴等）要及时发现、询问、制止，保证合法人的权益，保持商场的有序经营环境。通道内有无杂物，门锁杠推是否完好。安防执勤时注意自我保护。

5. 巡查人员禁止利用工作时间闲谈或办私事

巡查人员不得擅自进入独立经营管理的区域，如因工作需要，应两人以上经上级、区域负责人同意后方可进入，并配合负责人的工作。

（四）消防监控中心工作制度

1. 严格遵守国家的法律、法规和公司的相关规章制度。了解和掌握消防报警控制设备设施各项性能指标及操作方法，熟悉相关专业理论知识和安全操作规程，持证上岗。

2. 坚守岗位，时刻保持高度警惕。监视火灾报警控制和监控设备设施，严格按程序操作，认真处理当班发生的事件，并如实记录。

3. 经常对消防控制室设备及通信器材等进行检查，定期做好各系统功能试验、维护等工作，确保消防设施运行状况良好。

4. 保持室内清洁卫生，设施设备无污渍、无尘土，室内物品摆放整齐，墙面、地面洁净；要妥善保管和使用控制室内相关设备设施和各种公用物品，杜绝丢失和损坏，并且做好领用、借用登记。

5. 发现设备设施故障时，及时通知值班领导和工程技术人员进行修理维护，不得擅自拆卸、挪用和停用设备设施，主动配合相关人员进行设备设施检修和维护并如实登记。

6. 充分发挥监控系统优势，密切关注商场内各种情况，注意发现可疑人或可疑物。发现异常情况应及时报告值班领导，按照操作程序果断采取应对措施，不得麻痹大意、延误战机。

7. 做好中控室的保密工作。无关人员禁止进入消防控制室内，因工作需要进入监控室的，须经保安部经理同意后方可进入，当班值班员应做好记录。

8. 认真填写当值期间相关设施设备运行记录、发生的情况和处理结果。当班未处理完毕的应交代接班人员继续跟进，并做好物品交接工作。

9. 完成领导交给的其他工作任务。

（五）消防监控中心值班员制度

1. 值机员必须坚守岗位，不得擅离职守

按规定准时接岗、巡视，认真执行岗位职责，除楼层巡视和出警以外，值机员不得做与本职工作无关的事情。

2. 值机员不得无故缺勤和私自换班

因特殊情况亟须换班时，值机员必须提前3天向消防领班申请并填写《换班申请表》，

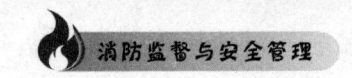

上报部门领导同意后方可调班。换班过程中若发生重大责任事故，当班者要负主要责任。

3. 积极配合保安员做好日常工作

发生紧急情况时，若值机员无法处理或超出职权范围时应及时按程序上报公司领导，值机员不得擅自做主。

4. 建立完善的工作记录制度

值机员应将本人姓名、日期、班次、消防监控系统运行情况、值班情况及须跟进事项详细记录在案，并认真做好交接。

5. 无关人员不得擅自进入中控室

如有公司领导批准的，中控人员应严格执行来客登记制度。

二、消防安全制度的落实

（一）确定消防安全责任

全面落实单位的消防安全主体责任，是提高单位消防安全管理能力和水平的根本。单位必须深入推进和落实消防安全责任制，按照消防安全组织要求，明确各级、各部门的消防安全责任人，对本级、本部门的消防安全负责，对下级消防安全工作进行指导、督促，层层落实消防安全责任。

（二）定期进行消防安全检查、巡查，消除火灾隐患

1. 社会单位实行逐级防火检查制度和火灾隐患整改责任制。单位定期组织开展防火检查、防火巡查，及时发现并消除火灾隐患；消防安全责任人对火灾隐患整改负总责。

2. 社会单位消防安全责任人、消防安全管理人应对单位落实消防安全制度和消防安全管理措施、执行消防安全操作规程等情况，每月至少组织一次防火检查；员工每天班前、班后进行岗位防火检查，及时发现火灾隐患。社会单位内设部门负责人应对部门落实消防安全制度和消防安全管理措施、执行消防安全操作规程等情况每周至少开展一次防火检查。

3. 社会单位及其内设部门组织开展防火检查。

4. 社会单位应对消防安全重点部位每日至少进行一次防火巡查；公众聚集场所在营业期间的防火巡查至少每两小时一次，营业结束时应当对营业现场进行检查，消除遗留火种；公众聚集场所，医院、养老院、寄宿制的学校、托儿所、幼儿园夜间防火巡查应不少于两次。

5. 社会单位组织开展防火巡查应包括下列内容：（1）用火、用电有无违章情况；（2）

安全出口、疏散通道是否畅通，有无堵塞、锁闭情况；（3）消防器材、消防安全标志完好情况；（4）重点部位人员在岗在位情况；（5）常闭式防火门是否处于关闭状态、防火卷帘下是否堆放物品等情况。

6. 员工应履行岗位消防安全职责，遵守消防安全制度和消防安全操作规程，熟悉岗位火灾危险性，掌握火灾防范措施，进行防火检查，及时发现岗位的火灾隐患。

员工班前、班后防火检查应包括下列内容：（1）用火、用电有无违章情况；（2）安全出口、疏散通道是否畅通，有无堵塞、锁闭情况；（3）消防器材、消防安全标志完好情况；（4）场所有无遗留火种。

7. 发现的火灾隐患应当立即改正；对不能立即改正的，发现人应当向消防工作归口管理职能部门或消防安全管理人报告，按程序整改并做好记录。

8. 火灾隐患整改责任人和部门应当按照整改方案要求，落实整改措施，并加强整改期间的安全防范，确保消防安全。火灾隐患整改完毕后，消防安全管理人应当组织验收，并将验收结果报告消防安全责任人。

（三）组织消防安全知识宣传教育培训

1. 社会单位应当确定专（兼）职消防宣传教育培训人员，这些人员应当经过专业培训，具备宣传教育培训能力。

2. 社会单位消防安全责任人、消防安全管理人和员工通过消防安全教育培训应掌握以下内容：（1）消防法律法规、消防安全制度、消防安全操作规程等；（2）单位、岗位的火灾危险性和防火措施；（3）消防设施、灭火器材的性能、使用方法和操作规程；（4）报火警、扑救初期火灾、应急疏散和自救逃生的知识、技能；（5）单位安全疏散路线，引导人员疏散的程序和方法；（6）灭火和应急疏散预案的内容、操作程序。

3. 单位应当购置或制作书籍、报纸、杂志等消防宣传教育培训资料，悬挂或张贴消防宣传标语，利用展板、专栏、广播、电视、网络等形式开展消防宣传教育培训。

4. 员工上岗、转岗前，应经过消防安全培训合格；在岗人员每半年进行一次消防安全教育培训。

（四）开展灭火和疏散逃生演练

1. 消防安全责任人、管理人应当熟悉单位灭火力量和扑救初期火灾的组织指挥程序。

2. 员工发现火灾应当立即呼救，起火部位现场员工应当于1分钟内形成灭火第一战斗力量，在第一时间内采取如下措施：

（1）灭火器材、设施附近的员工利用现场灭火器、消火栓等器材、设施灭火。

（2）电话或火灾报警按钮附近的员工打"119"电话报警、报告消防控制室或单位值班人员。

（3）安全出口或通道附近的员工负责引导人员疏散。

3. 火灾确认后，单位应当于3分钟内形成灭火第二战斗力量，及时采取如下措施：

（1）通信联络组按照灭火和应急预案要求通知预案涉及的员工赶赴火场，向消防队报警，向火场指挥员报告火灾情况。将火场指挥员的指令下达有关员工。

（2）疏散引导组按分工组织引导现场人员疏散。

（3）安全救护组负责协助抢救、护送受伤人员。

（4）现场警戒组阻止无关人员进入火场，维持火场秩序。

4. 人员密集场所应在主要出入口设置"消防安全责任告知书"和"消防安全承诺书"，在显著位置和每个楼层提示场所的火灾危险性，安全出口、疏散通道位置及逃生路线，消防器材的位置和使用方法。

5. 人员密集场所员工在火灾发生时应当通过喊话、广播等方式稳定火场人员情绪。消除恐慌心理，积极引导群众采取正确的逃生方法，向安全出口、疏散楼梯、避难层（间）、楼顶等安全地点疏散逃生，并防止拥堵踩踏。

6. 社会单位消防安全责任人、消防安全管理人和员工应当熟悉单位疏散逃生路线及引导人员疏散程序，掌握避难逃生设施使用方法，具备火场自救逃生的基本技能。

7. 火灾发生后，员工应当迅速判明危险地点和安全地点，立即按照疏散逃生的基本要领和方法组织引导疏散逃生。

8. 发生火灾时，应当按照以下顺序通知人员疏散：

（1）二层及以上的楼房发生火灾，应先通知着火层及其相邻的上下层。

（2）首层发生火灾，应先通知本层、二层及地下各层。

（3）地下室发生火灾，应先通知地下各层及首层。

（4）婴幼儿和老、弱、病、残人员应当优先疏散。

（五）建立健全消防档案

消防档案包括消防安全基本情况和消防安全管理情况。

（六）消防安全重点单位"三项"报告备案制度

1. 消防安全管理人员报告备案

消防安全重点单位依法确定的消防安全责任人、消防安全管理人、专（兼）职消防管理员、消防控制室值班操作人员等，自确定或变更之日起5个工作日内，向当地公安机关消防机构报告备案，确保消防安全工作有人抓、有人管。

2. 消防设施维护保养报告备案

没有建筑消防设施的消防安全重点单位，应当对建筑消防设施进行日常维护保养，并每年至少进行一次功能检测，不具备维护保养和检测能力的消防安全重点单位应委托具有资质的机构进行维护保养和检测。提供消防设施维护保养和检测的技术服务机构，必须具有相应等级的资质，确保建筑消防设施正常运行，并自签订维护保养合同之日起 5 个工作日内向当地公安机关消防机构报告备案。

3. 消防安全自我评估报告备案

第三节 消防安全措施

一、通用要求

对按照国家工程建设消防技术标准需要进行消防设计的建设工程，单位应依法申请消防设计审查、消防验收，申报消防验收备案。特殊建设工程未经消防设计审查或者审查不合格的不应施工，未经消防验收或者消防验收不合格的不应投入使用；其他建设工程经依法抽查不合格的应停止使用。公众聚集场所在投入使用、营业前应申请消防安全检查，未通过消防安全检查的，不应投入使用、营业。

单位不应擅自改变建筑使用性质、平面布局、防火防烟分区和消防设施，不应改变疏散门的开启方向，不应减少安全出口的数量和宽度。

单位不应违反消防技术标准使用易燃、可燃装修装饰材料，不应采用夹芯材料燃烧性能低于 A 级的彩钢板作为室内分隔或搭建临时建筑。营造各类节庆活动、主题活动氛围时，室内装饰品不应大量使用易燃、可燃材料，活动结束后应及时拆除。

除为满足民用建筑使用功能所设置的附属库房外；民用建筑内不应设置生产车间和其他库房。

厂房和仓库内不应设置员工宿舍。生产、储存、经营场所与人员居住场所设置在同一建筑物中的，应符合相关消防技术标准的规定。

二、安全疏散和避难逃生

疏散通道、安全出口、疏散门应保持畅通，不应占用、堵塞、封闭。平时需要控制人员出入的安全出口、疏散门和设置门禁系统的疏散门，应保证火灾时不须使用钥匙等工具即能从内部易于打开，并在显著位置设置醒目的提示和使用标志。

楼梯间及其前室内不应设置烧水间、配电柜、可燃材料储藏室、垃圾道、影响疏散的突出物或其他障碍物。

除丙、丁、戊类仓库首层靠墙的外侧可采用推拉门或卷帘门外，其他建筑疏散门应采用平开门，不应设置推拉门、卷帘门、吊门、转门和折叠门。除甲、乙类车间、仓库外，

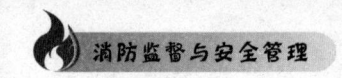

人数不超过60人且每樘门的平均疏散人数不超过30人的房间，其疏散门的开启方向不限，其他建筑的疏散门应向疏散方向开启。安全出口的门应向疏散方向开启。

人员密集场所的安全出口、疏散门不应设置门槛或其他影响疏散的障碍物，且在其1.4m范围内不应设置台阶。

安全出口和疏散通道及其尽端的顶棚、墙面上不应设置镜面反光类材料遮挡、误导人员视线等影响人员安全疏散行动的装饰物，疏散通道上空不应悬挂可能遮挡人员视线的物体及其他可燃物。

人员密集场所每层外墙的窗口、阳台等部位不应设置影响逃生和灭火救援的栅栏，确须设置时，应能从内部易于开启。

应急照明、疏散指示标志应完好有效，不应被遮挡；发生损坏时，应及时维修或更换相同型号的应急照明、疏散指示标志。消防安全标志应完好、清晰，不应被遮挡。疏散指示标志应采用灯光疏散指示标志，不应采用蓄光型指示标志。

通至屋面的疏散楼梯应在楼梯间顶部设有"可通至屋面"字样的明显标志。

设有避难层（间）的单位应在醒目位置设置标志，指示避难层（间）的位置。避难层（间）和避难走道不应被占用或者堆放杂物。

在宾馆、商场、医院、公共娱乐场所等单位各楼层的显著位置应设置疏散引导箱，配备过滤式消防自救呼吸器、瓶装水、毛巾、救援哨、发光指挥棒、疏散用手电筒等安全疏散辅助器材。设置在高层公共建筑的疏散引导箱，还应配备逃生疏散设施器材。

举办展览、展销、演出等大型群众性活动，应事先根据场所的疏散能力核定容纳人数，活动期间，应对人数进行控制，采取防止超员的措施。

除休息座椅外，商场有顶步行街、中庭和自动扶梯下方不应设置店铺、摊位、游乐设施，不应堆放可燃物。营业厅的安全疏散路线不应穿越仓储、办公等功能用房。

建筑内各经营主体营业时间不一致时，应采取确保各场所人员安全疏散的措施。

员工集体宿舍单间使用人数不应超过12人，人均使用面积不应小于4m^2，宿舍内的床铺不应超过两层。中小学宿舍居室不应设置在半地下室，其他宿舍居室不宜设置在半地下室。

三、用火、用电、用气、用油

（一）用火安全管理应符合下列要求

单位对动用明火实行严格的消防安全管理。不应在生产、经营、储存易燃易爆危险品的场所和存放可燃、易燃物资的仓库、露天堆场等具有火灾、爆炸危险的场所吸烟、使用明火。

商场市场、医院、客运车站候车室、客运码头候船厅、民用机场航站楼等公共场所，应设置吸烟室或者划定吸烟区，不在吸烟室或者吸烟区以外的其他室内区域吸烟人员密集场所、施工现场不采用明火取暖，如特殊情况需要时，有专人看护。

演出、放映场所不使用明火进行表演或燃放焰火，不在人员密集场所、高层民用建筑内及周边禁放区域燃放烟花爆竹。

大型商业综合体不在餐饮场所的用餐区域使用明火加工食品，开放式食品加工区采用电加热设施。商场营业厅内食品加工区的明火部位靠外墙布置并进行防火分隔。

燃煤、燃柴炉灶周围1.0m范围内不堆放柴草等可燃物。炉火等取暖设施、供暖管道与可燃物之间采取防火隔热措施。

使用蜡烛、油灯、蚊香等物品时，放置在不燃材料的基座上，距周围可燃物的距离不小于0.5m。托育机构、集体宿舍不使用蜡烛、酒精炉、煤油炉等明火器具，托育机构不使用固态蚊香。

厨房配备灭火器、灭火毯等器材，烹饪部位、排油烟罩及油烟管道内设置自动灭火装置，燃气管道设置与自动灭火装置联动的自动切断装置，排油烟灶及油烟管道（井）至少每季度清洗一次。

博物馆、文物建筑的保护范围内不使用明火，文物保护单位燃灯、点烛、焚香等用火活动，设在室外空旷、独立的固定位置，并有专人看护，配备消防器材，活动结束后及时熄灭余火，无人看护或大风天气不用火。日常生活确须用火的，在文物建筑保护范围外独立建造厨房、锅炉房等生活用火建筑，不具备独立建造条件的，在厢房、走廊、庭院等附属建筑内集中使用，并确定专人负责管理，与文物建筑的其他部位采取防火分隔措施。在文物建筑的建设控制地带内、易燃易爆危险品场所及周边区域不燃放孔明灯。

场所生产、经营期间和结束后，指定专人进行巡查、检查，清除烟蒂等遗留火种。

（二）因维修、施工等特殊情况需要使用电焊、气焊、气割、热熔等动火作业的，应符合下列要求

实施动火的部门和人员按照规定事先办理动火审批手续，动火审批人前往查验并确认动火作业的防火措施落实后，再予以审批。

大型商业综合体、高层建筑、火灾高危单位等在建筑主要出入口和作业现场醒目位置张贴动火公示。

涉及外来施工单位动火作业的，由单位相关部门和人员申请，消防安全归口管理部门对动火作业人员资格、人数及防火措施等情况进行检查确认，并明确作业现场负责人和动火作业监督人。

单位对参加动火的作业人员进行消防安全培训和消防安全措施交底，组织作业单位和人员对作业现场和作业过程中可能存在的火灾风险进行辨识，制订相应的管控措施和应急

预案；动火点周围或其下方如有可燃、易燃物品，以及电缆桥架、孔洞、窨井、地沟、水封设施、污水井等，提前采取清除、封盖措施。

动火作业前，配置灭火器材，落实现场监护人和安全措施，在确认无火灾、爆炸危险后开展动火作业，动火作业人员遵守消防安全规定并落实相应的措施。

公众聚集场所或者两个以上单位共同使用的建筑物局部施工需要使用明火时，作业单位和使用单位、统一管理单位共同采取措施，将施工区域和使用、营业区域进行防火分隔。

人员密集场所不在营业时间动火作业，不在裸露的可燃材料上直接动火作业；不对盛有或盛装过可燃液体、易燃易爆危险品且未采取有效安全措施的存储容器进行电焊等明火作业；五级以上风力时，停止室外动火作业。

在动火作业现场设置明显的消防安全标志，动火作业不影响其他区域的人员安全疏散和消防设施的正常使用。

使用气焊、气割动火作业时，乙炔瓶直立放置，不卧放使用。氧气瓶与乙炔瓶的间距不小于5m，二者与动火点间距不小于10m，并采取防晒和防倾倒措施。乙炔瓶安装防回火装置。

动火作业期间，作业现场监护人应随时关注检查作业人员和作业环境情况，劝阻、隔离无关人员进入作业区域。

动火区域及附近发生火灾等情况时，立即停止作业并启动应急预案。动火作业完毕后清理现场，并进行全面检查，确保无遗留火种。

（三）用电安全管理应符合下列要求

采购的电气设备和线路符合国家有关产品标准和安全标准的要求。在可燃、助燃、易燃（爆）物体的储存、生产、使用等场所或区域内使用的用电产品，其阻燃或防爆等级要求符合特殊场所的标准规定。爆炸危险区域内的电气设备选型、安装、电力线路敷设符合相关规定。

电气线路敷设、电气设备安装和维修由具备从业资格的人员按国家现行标准要求和操作规程进行，并留存施工图纸或线路改造记录。不使用铜丝、铁丝等代替保险丝，且不随意增加装置额定动作限值。

空调等大功率用电设备不采用移动式插座取电。电热汀、暖风机、对流式电暖气、电热膜等电气取暖、电加热、电动设备的配电回路应设置与设备匹配的短路、过载保护装置。

不私拉乱接电气线路、擅自增加用电设备，不长时间超负荷运行电器设备。更换或新增电气设备时，根据实际负荷重新校核、布置电气线路并设置保护措施。

配电线路敷设在闷顶、吊顶内时，须采取穿金属导管或采取封闭式金属槽盒保护，金属导管或封闭式金属槽盒采取包覆防火材料或涂刷防火涂料的保护措施。

电源插座、照明开关不直接安装在可燃材料上。卤钨灯和额定功率不小于100W的白炽灯泡的吸顶灯、槽灯、嵌入式灯，其引入线采用瓷管、矿棉等不燃材料做隔热保护。额定功率不小于60W的白炽灯、卤钨灯、高压钠灯、金属卤化物灯、荧光高压汞灯（包括电感镇流器）等，不直接安装在可燃物体上；确须直接安装在可燃物体上的，采取必要的防火措施。

照明灯具及电气设备、线路的高温部位，当靠近可燃性、易燃性装修材料或构件时，采取隔热、散热等防火保护措施，与窗帘、帷幕、幕布、布景、软包等装修材料的距离不小于0.5m，灯饰采用难燃性或不燃性材料。

电气线路接头采用接线端子连接，不采用铰接等方式连接。不采用延长线插座串接方式取电。

可燃材料仓库内不使用卤钨灯等高温照明灯具，配电箱及开关设置在仓库外。

用电产品因停电或故障等情况而停止运行时，及时切断电源，排除故障后方可继续使用；单位生产、经营结束时，切断场所内的非必要电源。

消防用电设备采用专用的供电回路，在建筑内的生产、生活用电被切断时保证消防用电，不擅自关闭消防电源；电工熟练掌握确保消防电源正常工作的操作和切断非消防电源的技能。

单位举办大型活动须临时增加用电负荷时，委托专业机构进行用电安全检测，检测报告存档备查。

（四）用气安全管理应符合下列要求

委托具有资质的单位进行燃气管路的设计、施工及燃气用具的安装，不违反燃气安全使用规定擅自安装、改装、拆除燃气设备和用具。

高层民用建筑、大型商业综合体内的单位使用燃气，采用管道供气方式。不在文物古建筑内使用燃气，不在高层建筑、地下室、半地下室和大型商业综合体使用瓶装液化气，大型商业综合体设置在地下且建筑面积大于150m^{2}或者座位数大于75座的餐饮场所不使用燃气。

餐饮用户、在公共场所室内使用燃气，以及在符合用气条件的地下或者半地下建筑物内使用管道燃气的单位，安装使用燃气泄漏安全保护装置，其他单位根据实际安装。

管道或液化石油气钢瓶调压器与燃具采用软管连接时，采用专用燃具连接软管。软管的使用年限不低于燃具的判废年限。燃具连接软管不穿越墙体、门窗、顶棚和地面，软管与移动式的工业燃具连接时，其长度不应超过30m，接口不应超过两个。

采用瓶装液化石油气瓶组供气时，瓶组间独立设置在高度不低于2.2m的专用房间内；当气瓶的总容积不大于1m^{3}且采用自然气化方式供气时，瓶组间与所服务的除住宅、重要公共建筑、高层公共建筑及其裙房以外建筑可毗连设置，瓶组间耐火等级不低于二级，通风良好设置直通室外的门，与其建筑毗连的墙应用无门窗洞口的防火墙，配置可燃气体泄漏报警装置，与其他建（构）筑物的防火间距符合国家现行相关标准的规定。

公共用餐区域、大中型商店建筑内的厨房不设置液化天然气气瓶、压缩天然气气瓶及液化石油气气瓶。

燃气锅炉房设置可燃气体探测报警装置，并联动控制锅炉房燃烧器上的燃气速断阀、供气管道的紧急切断阀和通风换气装置。

定期检查、检测和保养厨房、锅炉房等部位内的燃气管道及其法兰接头、阀门。加强对瓶装燃气减压阀、连接管、燃烧器具的检查、维护、更新。

四、消防安全重点部位

第一，单位应将容易发生火灾、一旦发生火灾可能严重危及人身和财产安全及对消防安全有重大影响的部位确定为消防安全重点部位。

第二，消防安全重点部位实行岗位消防安全责任制，应明确消防安全管理的责任部门和责任人。

第三，消防安全重点部位应设置明显的标志，落实特殊防范和重点管控措施，不应占用消防安全重点部位或在内部堆放杂物。

第四，单位应根据实际需要在消防安全重点部位配备相应的灭火器材、装备和个人防护器材，制定和完善事故应急处置操作程序，作为防火巡查、检查的重点。容易发生火灾或发生火灾时危害较大的部位宜设置视频监控设施。

第五，儿童活动场所，包括托育机构、儿童培训机构和设有儿童活动功能的餐饮场所，不应设置在下列地点：

①地下、半地下建筑内。

②一、二级耐火等级的建筑的四层以上。

③三级耐火等级的建筑三层以上。

④四级耐火等级的建筑两层以上。

第六，厨房区域应靠外墙布置，并应采用耐火极限不低于两小时的隔墙与其他部位分隔，隔墙上的门窗应采用乙级防火门、窗。

第七，仓库内部不应设置员工宿舍。物品入库前应有专人负责检查，核对物品种类和性质，物品应分类分垛储存。

第八，变配电站（室）内消防设施设备的配电柜、配电箱应有区别于其他配电装置的明显标志，配电室工作人员应能正确区分消防配电和其他民用配电线路，确保火灾情况下消防配电线路正常供电。

五、消防设施、器材

单位应选用合格的消防设施、器材，建立消防设施、器材的档案资料，载明配置类型、数量、设置部位、检查及维修单位（人员）、药剂更换时间等有关信息。

消防设施投入使用后，消防设施的电源开关、控制阀门，均应处于正常运行位置，并正确标示开、关的状态；对需要保持常开或者常闭状态的阀门，应采取铅封、锁具固定等限位措施。

消防设施的维护、管理应符合下列要求：

第一，消火栓箱门开启方便、灵活，箱内配件齐全、完好、无杂物，旋转型消火栓转动无卡阻，水带接口连接牢固，卷盘展开方便，胶管连接牢固。

第二，展品、商品、货柜、广告箱牌、生产设备等物品的设置或摆放不影响防火门、防火卷帘、室内消火栓、灭火剂喷头、机械排烟口和送风口、自然排烟窗、火灾探测器、手动火灾报警按钮、火灾声光警报器、应急照明灯等消防设施的正常使用。

第三，确保消防水池、消防水箱等储水设施水量符合设计要求，补水、防冻措施完好，天然水源水量充足、水质达标、取水方便。

第四，确保消防供水设施、灭火系统的供水、测试、泄压管道上的阀门处于正常启闭位置。

第五，正常工作状态下，消火栓系统、自动喷水灭火系统、防烟排烟系统和联动控制的防火卷帘等消防用电设备的配电柜处于接通、控制柜开关处于自动状态。其他消防设施及其相关设备如设置在手动状态时，应有在火灾情况下迅速转换为自动控制的可靠措施。

人员密集场所和堆场、罐区、石油化工装置区、加油站、锅炉房、地下室等场所应每半月检查一次灭火器，其他单位应每月检查一次。重点检查灭火器型号、外观、压力值和维修期限。对存在机械损伤、明显锈蚀、被开启使用过的灭火器应及时维修、报废。

设置自动消防设施的单位，每月应至少进行一次单项功能检查，每年应至少进行一次联动检查。其中，火灾高危单位应每半年至少进行一次联动检查。消防设施单项功能检查、系统功能检查及联动功能测试方法、内容应满足相关消防技术标准要求。

消防设施发生故障后，应及时组织修复。因故障、维修等需要暂时停用消防设施的，应严格履行内部审批程序，采取确保安全的有效措施。系统停用时间超过24小时的，还应报知当地消防救援机构。维修完成后，应立即恢复到正常运行状态。

对按照国家建设工程消防技术标准不需要设置自动系统的单位，宜安装自动喷水灭火局部应用系统、简易自动喷水灭火系统、独立式感烟火灾探测报警器等设施，定期开展检查测试、维护保养，确保完好有效。

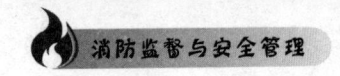

六、消防控制室

消防控制室应实行每日 24 小时专人值班制度，每班不应少于两人，且消防控制室值班人员应熟练掌握以下知识和技能：

第一，建筑基本情况（包括建筑类别、建筑层数、建筑面积、建筑平面布局和功能分布、建筑内单位数量）。

第二，消防设施设置情况（包括设施种类、分布位置、消防水泵房和柴油发电机房等重要功能用房设置位置、室外消火栓和水泵接合器安装位置等）。

第三，消防控制室设施设备操作规程（包括火灾报警控制器、消防联动控制器、消防应急广播、可燃气体报警控制器、消防电话等设施设备的操作规程）。

第四，火警、故障应急处置程序和要求。

消防控制室值班人员应确保火灾自动报警系统、自动灭火系统和其他联动控制设备处于正常工作状态，不应将应当处于自动状态的设施设置在手动状态。消防控制室值班人员值班期间，应随时检查消防控制室设施设备运行情况，做好消防控制室火警、故障和值班记录，对不能及时排除的故障应及时向消防安全工作归口管理部门报告。消防控制室内不应存放与消防控制室值班无关的物品，应保证其环境满足设备正常运行的要求。消防控制室图形显示装置中专用于报警显示的计算机，不应安装其他无关软件。

不应对消防控制室报警控制设备的喇叭、蜂鸣器等声光报警器件进行遮蔽、堵塞、断线、旁路等操作。不应将消防控制室的消防电话、消防应急广播、消防记录打印机等设备挪作他用。消防控制室应存放建（构）筑物竣工后的总平面布局图、建筑消防设施平面布置图、建筑消防设施系统图及安全出口布置图、重点部位位置图等图纸，以及各分系统控制逻辑关系说明、设备使用说明书、系统操作规程等文件资料。消防控制室内应设置固定直拨外线电话，并保持畅通；配备消防设备用房、通往屋顶和地下室等通道门锁钥匙，防火卷帘按钮盒钥匙，消防电源、控制箱（柜）、开关专用钥匙，并分类标志悬挂；置备手提插孔消防电话、安全工作帽、手持扩音器、手电筒、对讲机等消防专用工具、器材。

对于有两个以上产权单位和使用单位的建筑物共用消防控制室的，消防控制室应与各产权单位、使用单位建立双向的信息联络沟通机制，确保紧急情况下信息畅通、及时响应。设有两个以上消防控制室时，应确定主消防控制室和分消防控制室，各消防控制室之间应建立可靠、便捷的信息传达联络机制。

消防控制室值班人员对接收到的火灾报警信号应立即确认。确认发生火灾的，应立即检查消防联动控制设备是否处于自动控制状态，同时拨打"119"火警电话报警，启动灭火和应急疏散预案，并报告单位消防安全责任人。

七、防火分隔设施

第一，防火墙、防火隔墙、防火窗、楼板、防火门、防火卷帘、防火阀、防火分隔水幕等防火分隔措施应符合相关要求且完整有效。

第二，常闭式防火门应保持常闭，门上应有正确启闭状态的标志，闭门器、顺序器应完好有效；常开式防火门应设置自动和手动关闭装置，并保证发生火灾时自动关闭。

第三，防火卷帘下方及两侧各0.5m范围内不应放置影响卷帘降落的障碍物。

第四，防火卷帘控制器和控制箱（按钮盒）应处于正常运行状态，紧急开启装置应保持完好有效。

第五，电缆井、管道井等竖向管井和电缆桥架每层楼板处的防火封堵应完好有效，电缆井、管道井内不应堆放杂物、改变用途，管井检查用防火门应完好有效。对电缆井、管道井及管井内设施、线路改造应经原设计单位同意后方可施工。

第六，甲、乙类厂房、仓库内不应设置办公室、休息室，设置在丙类厂房和丙、丁类仓库内时，应采用耐火极限不低于2.50小时的防火隔墙和1.00小时的楼板与其他部位分隔，隔墙上的门应采用乙级防火门。

八、灭火救援设施

第一，消防车通道应保持畅通，消防车登高操作场地应完好，不应在消防车通道、消防车登高操作场地设置停车泊位、构筑物、固定隔离桩等障碍物，不应在消防车通道上方、登高操作面设置妨碍消防车作业的架空管线、广告牌、装饰物、树木等障碍物。

第二，户外广告牌、外装饰不应采用易燃、可燃材料，不应妨碍人员逃生、排烟和灭火救援，不应改变或者破坏建筑立面防火构造。

第三，不应遮挡消防水泵接合器、建筑外墙上的灭火救援窗及通风、排烟、散热等外窗或开口部位。

第四，不应埋压、圈占室外消火栓、消防水泵接合器，室外消火栓、消防水泵接合器两侧沿道路方向各3m范围内不应有影响其正常使用的障碍物或停放机动车辆。

第五，消防电梯轿厢的内部应使用不燃材料装修装饰，不占用电梯间前室的有效面积，挡水、排水设施应完好。

九、施工现场

第一，新建、改建、扩建（含室内外装修、建筑保温、用途变更）工程施工现场的消

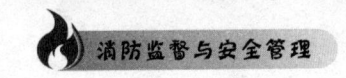

防安全管理应由施工单位负责,建设单位应履行监督责任。

第二,施工单位应落实下列消防安全措施:

首先,明确施工现场消防安全责任人,落实相关人员的消防安全责任。

其次,进场时,组织施工人员进行消防安全培训,制订灭火和应急疏散预案并组织演练;在施工现场的重点防火部位或区域,设置消防安全标志,配备消防设施、器材。

再次,施工部位与其他部位之间采取有效的防火分隔措施,保证施工部位消防设施完好有效;施工过程中及时清理易燃、可燃施工垃圾。

最后,开展防火检查,保证施工部位消防设施完好有效;局部施工部位确须暂停或者屏蔽使用局部消防设施的,不影响整体消防设施的使用,同时采取人员现场监护或视频监控等防护措施加强防范。

第三,施工现场宿舍、办公用房等临时建筑构件的燃烧性能等级应为A级;当采用金属夹芯板材时,其芯材的燃烧性能等级应为A级。

第四,临时建筑层数不应超过3层,每层建筑面积不应大于300m;层数为3层或每层建筑面积大于200m^{2}时,应设置至少两部疏散楼梯,房间疏散门至疏散楼梯的最大距离不应大于25m。

第五,施工现场出入口的设置应满足消防车通行的要求,并宜布置在不同方向,其数量不宜少于两个。当确有困难只能设置1个出入口时,应在施工现场内设置满足消防车通行的环形道路。

第六,施工现场应设置灭火器、临时消防给水系统和应急照明等临时消防设施。临时消防设施的设置与在建工程主体结构施工进度的差距不应超过3层。

十、电动自行车

第一,电动自行车及其蓄电池不应进入电梯轿厢,不应在公共门厅、疏散通道、楼梯间、安全出口、消防车通道停放、充电,不应违反用电安全要求私拉电线或插座进行充电。单位对违规停放或者充电的行为应予以劝阻,不听劝阻的应向负有消防监督管理职责的部门报告。

第二,单位应按照相关规定合理设置电动自行车集中存放和充电场所,配备必要的消防设施、器材和视频监控并保持完好有效,引导电动自行车有序停放,加强停放管理。

第三,电动自行车集中存放和充电场所应独立设置在室外,并与建筑保持安全距离。确须设置在建筑内的,应与其他部分进行防火分隔。充电设施应具备充满自动断电、定时断电、充电故障自动断电、过载保护、短路保护、漏电保护功能,并宜具备充电故障报警、功率监测、高温报警、实时记录充电数据等功能。

十一、消防安全管理标志

1. 单位应实行消防安全标志化管理，运用标志、标牌等可视载体对消防安全布局、消防设施器材、消防安全重点部位及危险场所、安全疏散等管理对象进行标注、提示和警示。

2. 消防安全标志传达的信息应清晰、简洁，可采用文字或图例表述，标志颜色应醒目并与周围环境形成清晰对比。

3. 消防安全提示性标志的设置应满足下列要求：

①安全出口、消防车登高操作场地、消防车回车场地、消防水泵接合器及消火栓、消防控制室、消防水泵房、变配电房、消防电梯、避难层（间）、消防安全重点部位，企业专职或志愿消防队、微型消防站，以及供消防车取水的消防水池、消防车取水口等附近设置显示设施、部位名称的标志。

②室内消火栓、灭火器、自备发电设备等消防设施器材处设置简易操作说明的标志。

③消防泵及其管道阀门、报警阀等消防设施器材处设置管道流向、供水范围、阀门启闭状态等内容的标志。

④水泵接合器处设置供水系统名称和范围的标志。

⑤易燃易爆危险品的生产、充装、储存、供应、销售、运输单位，化学实验室、药剂室、可燃物资仓库、堆场及存放其他危险化学品的场所，在显著位置设置储存物品火灾危险性和基本扑救方法的标志。

⑥建筑入口醒目位置设置总平面布局图标志，标明建筑总平面布局和室外消防设施位置等内容。

⑦人员密集场所的楼层及宾馆、饭店的客房、商场、医院病房和公共娱乐场所的包房等公共场所、集体宿舍的房间内设置安全疏散路线图，标明疏散路线、安全出口、人员所在的当前位置等内容。

4. 消防安全禁止性标志的设置应满足下列要求：

①安全出口、疏散通道、消防车通道、消防车登高操作场地、防火卷帘、消火栓等设置禁止锁闭、堵塞、占用、圈占等内容的标志。

②在客梯、货运电梯外部设置"如遇火警严禁乘坐电梯"的标志。

③在宾馆、饭店、商场、公共娱乐场所、医院、图书馆、档案馆（室）、候车（船、机）室大厅和其他公共场所有明确禁止吸烟规定的，设置"禁止吸烟"标志。

④具有甲、乙、丙类火灾危险的生产厂区、厂房、储罐、堆场等部位及入口处设置禁止烟火、禁止燃放鞭炮、禁止使用手机等标志。

⑤存放遇水燃烧、爆炸的物质或用水灭火会对周围环境产生危险的地方设置"禁止用

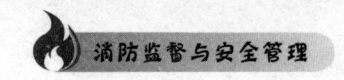

水灭火"标志。

5. 单位应加强对消防安全标志的维护管理，并每月检查一次。发现变形、破损、变色、模糊、缺失的，应立即更换或修理。

第四节　火灾报警与初期火灾扑救

一、火灾报警与出警

（一）火灾报警

1. 报火警的对象

①向周围的人员发出火灾警报，召集他们前来参加扑救或疏散物资。

②向周边最近的专职或义务消防队报警。他们一般离火场较近，能较快到达火场。

③向消防救援队报警。有时尽管失火单位有专职消防队，也应向消防救援队报警，消防救援队是灭火的主要力量，不能等单位扑救不了时再向消防救援队报警，缺乏专业的消防措施往往会延误最佳的灭火时机。

④向受火灾威胁的人员发出警报，要他们迅速做好疏散准备。发出警报时要根据火灾处置预案，做出局部或全部疏散的决定，并告诉群众要从容、镇静，避免引起慌乱、拥挤。

2. 报火警的方法

发现火灾后积极报警是非常重要的，在具体实施报警时，除装有自动报警系统的单位可以自动报警外，消防管理人员可根据条件分别采取以下方法报警：

（1）向单位和周围的人群报警

①使用手动报警设施报警。如：使用电话、警铃、对讲机或其他平时约定的报警手段报警。

②使用单位或企业的广播设备报警。

③向四周大声呼喊报警。

④派人到单位的领导或专职消防部门报警。

（2）向消防救援队报警

①拨打"119"火警电话，向消防救援队报警。

②没有电话等报警设施，且离消防队较远时，派专人采取其他手段报警。

总之，消防管理人员要以最快的速度将火警报出去，报警的方法要灵活，利用一切可能的手段及时报警。

3. 报火警的内容

（1）发生火灾单位或个人的详细地址

城市发生火灾，要讲明街道名称、门牌号码、附近标志性建筑等；农村发生火灾要讲明县、乡（镇）、村庄名称；大型企业要讲明分厂、车间或部门；高层建筑要讲明第几层楼等。总之，地址要讲得具体、明确。

（2）起火物

如：房屋、商店、油库、露天堆场等，房屋着火最好讲明是何种建筑，如：棚屋、砖木结构、新式厂房、高层建筑等。尤其要注意讲明起火物为何物，如：液化石油气、汽油、化学试剂、棉花、麦秸等都应讲明白，以便消防部门根据情况携带有针对性的特殊消防器材，派出相应的专业灭火人员和车辆。

（3）火势情况

如：只见冒烟、有火光、火势猛烈，有多少间房屋着火、有无人员被围困等情况。

（4）报警人姓名及所用电话的号码

以上情况报完时，报警人应当将自己的姓名及所用电话的号码告知接警台，以便消防部门联系和了解火场情况。报火警之后，还应派人到路口接应消防车。

4. 报火警的要求

（1）发生火灾时，应视火场情况，在积极扑救的同时不失时机地报警

一旦发生火灾，应当根据火场情况选择先报警还是先扑救。若在自己身边发现火灾初起，靠自己的力量能够有效扑救，就应当先行扑救，但在积极扑救的同时应不失时机地报警；若火已着大，凭自己的力量难以扑灭，就应当先报警，同时呼唤其他人前来扑救。

（2）要学会正确的报警方法

在平时的消防安全宣传教育中，要让每位公民，甚至是小学生和幼儿园的小朋友都能够学会正确的报警方法，不但要熟记火警电话，还要掌握报警方法和报警内容。不掌握正确的报警方法往往会延误灭火时机，造成更大的人员伤亡和财产损失。

（3）不要怕追究责任或受经济处罚而不报警

有的操作人员由于自己的操作失误导致了火灾，不及时报警，怕追究责任或受经济处罚等，凭侥幸心理，以为自己有足够的力量扑灭就不向消防队报警，结果小火酿成大灾。

（4）不要怕影响评先进、评奖金，怕影响声誉而不报警

有的单位发生火灾，不是要求职工积极报警，而是怕影响评先进、发奖金，怕影响声誉而不报警；有的甚至做出专门规定，报警必须经过领导批准。这样做的结果，往往使小火酿成大灾。

5. 谎报火警的处罚

发生火灾时，及时报火警是每个公民的责任和义务，但谎报火警是要受到处罚的。这

些谎报火警的人,有的是抱着试探心理,看报警后消防车是否会来;有的是为报复对自己有意见的人,用报警方法搞恶作剧故意捉弄对方;有的是无聊、空虚,寻求新鲜、刺激等。不管出于什么目的,都是违反消防法规,妨害公共安全的行为。这是因为,每个地区所拥有的消防力量是有限的,因谎报火警而出动车辆,必然会削弱正常的值勤力量。如果在这时某单位真的发生了火灾,就会影响消防机构正常出动车辆和扑救火灾,以致造成不应有的损失和人员伤亡,所以谎报火警或阻拦报火警的行为是扰乱公共消防秩序、妨害公共安全的行为。任何单位、个人都应当无偿为报警提供便利,不得阻拦报警,严禁谎报火警。谎报火警或阻拦报火警的,应按有关规定予以处罚。

(二)火警处置程序

1. 员工发现火情时的处置程序

第一,单位员工发现火情时,应立即通过报警按钮、内部电话或无线对讲系统等有效方式向消防控制室报警并组织相关人员灭火,同时拨打"119"电话报警。

第二,消防控制室值班人员接到火情报告后,要立即启动消防广播,同时向单位领导汇报,启动应急预案,并告之顾客不要惊慌,在单位员工的引导下迅速安全疏散、撤离;设有正压送风、排烟系统和消防水泵等设施的,要立即启动,确保人员安全疏散和有效扑救初起火灾;并拨打"119"电话向消防队报警。

第三,相关人员接到消防控制室值班人员发出的火警指令后,要迅速按照预案中的职责分工,投入战斗,同时做到:灭火行动组的人员立即跑向火灾现场实施增援灭火,疏散引导组引导各楼层人员紧急疏散,通信联络组继续拨打"119"电话报警。

2. 消防控制室值班人员火警处置程序

当消防控制室值班人员接到火灾自动报警系统发出的火灾报警信号时,要通过单位内部电话或无线对讲系统立即通知巡查人员或报警区域的楼层值班、工作人员立即迅速赶往现场实地查看。查看人员确认火情后,要立即通过报警按钮、楼层电话或无线对讲系统向消防控制室反馈信息,并同时组织相关人员进行灭火和引导疏散。

消防控制室接到确认的火情报告后要同时做到:立即启动消防广播,并告之顾客不要惊慌,在单位员工的引导下迅速安全疏散、撤离;设有正压送风、排烟系统和消防水泵等设施的,要立即启动,确保人员安全疏散和有效扑救初起火灾,同时拨打单位灭火总指挥电话和"119"火警电话。

单位灭火总指挥迅速赶赴消防控制室指挥灭火,启动应急预案,迅速按照预案中的职责分工,投入战斗,同时做到:灭火行动组的人员立即跑向火灾现场实施增援灭火;疏散引导组引导各楼层人员紧急疏散;通信联络组继续拨打"119"电话报警;安全防护救护组携带药品到达现场,准备救护受伤人员。

二、初期火灾的扑救

（一）初期火灾扑救的战术原则

1. 救人第一的原则

救人第一是指火场上如果有人受到火势威胁，消防队员的首要任务就是把被火围困的人员抢救出来。运用这一原则，要根据火势情况和人员受火势威胁的程度而定。在火势较小、灭火力量较弱、救人和灭火不能兼顾时，首要任务就是想方设法把被火围困的人员解救出来。在灭火力量较强时，灭火和救人可以同时进行，但绝不能因灭火而贻误救人时机。人未救出之前，灭火是为了打开救人通道或减弱火势对人员的威胁程度，从而更好地为救人脱险创造条件。在具体实施救人时应遵循"就近优先、危险优先、弱者优先"的基本原则。

2. 先控制、后消灭的原则

（1）建筑物失火

当建筑物一端起火向另一端蔓延时，可从中间适当部位进行控制；建筑物的中间着火时，应在着火部位的两侧进行控制，防止火势向两侧更远处蔓延，并以下风方向为主，发生楼层火灾时，应在上下临近楼层进行控制，以控制火势向上蔓延为主。

（2）油罐失火

油罐起火后，要冷却燃烧的油罐，以降低其燃烧强度，保护罐壁；同时，要注意冷却邻近油罐，防止其因温度升高而发生爆炸。

（3）管道失火

当管道起火时，要迅速关闭管道阀门，以断绝可燃物；堵塞漏洞，防止气体或液体扩散；同时要保护受火势威胁的生产装置、设备等。不能及时关闭阀门或阀门损坏无法断料时，应在严密保护下暂时维持稳定燃烧，并立即设法导流、转移。

（4）易燃易爆单位（或部位）失火

易燃易爆单位（或部位）发生火灾时，应以防止火势扩大和排除爆炸危险为首要任务；同时，要迅速疏散和保护有爆炸危险的物品，对不能迅速灭火和不易疏散的物品要采取冷却措施，防止受热膨胀爆裂或起火爆炸而扩大火灾范围。

（5）货场堆垛失火

若一垛起火，应控制火势向邻垛蔓延。若货区边缘的堆垛起火，应控制火势向货区内部蔓延；若中间垛起火，应保护周围堆垛，以下风方向为主。

3. 先重点、后一般的原则

先重点、后一般是就整个火场情况而言的。运用这一原则，要全面了解并认真分析火

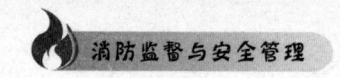

场的情况，分清什么是重点、什么是一般。主要如下：

①人和物相比，救人是重点。

②贵重物资和一般物资相比，保护和抢救贵重物资是重点。

③火势蔓延猛烈的方面和其他方面相比，控制火势蔓延猛烈的方面是重点。

④有爆炸、毒害、倒塌危险的方面和没有这些危险的方面相比，处置这些危险的方面是重点。

⑤火场上的下风方向与上风、侧风方向相比，下风方向是重点。

⑥可燃物资集中区域和这类物品较少的区域相比，可燃物资集中区域是保护重点。

⑦要害部位和其他部位相比，要害部位是火场上保护的重点。

（二）初期火灾扑救的基本方法

1. 冷却灭火法

单位如有自动喷水灭火系统、消火栓系统或配有相应的灭火器，应使用这些灭火设施灭火。如缺乏消防器材设施，可使用简易工具，如：用水桶、面盆等盛水灭火。但必须注意，对于忌水物品切不可用水进行扑救。

2. 隔离灭火法

隔离灭火法是将燃烧物与附近可燃物隔离或者疏散开，从而使燃烧停止。这种方法适用于扑救各种固体、液体、气体火灾。火场上采取隔离灭火时可采用以下具体措施：

①将火源附近的易燃易爆物质转移到安全地点；

②关闭设备或管道上的阀门，阻止可燃气体、液体流入燃烧区；

③排除生产装置、容器内的可燃气体、液体，阻拦、疏散可燃液体或扩散的可燃气体；

④拆除与火源相毗连的易燃建筑结构，造成阻止火势蔓延的空间地带；

⑤采用泥土、黄沙筑堤等方法，阻止流淌的可燃液体流向燃烧点。

3. 窒息灭火法

（1）窒息灭火的具体措施

运用窒息法扑救火灾时，可采用以下具体措施：

①用石棉被、湿麻袋、湿棉被、泡沫等不燃或难燃材料覆盖燃烧物或封闭孔洞。

②使用泡沫灭火器喷射泡沫覆盖燃烧表面。将水蒸气、惰性气体（如：二氧化碳、氮气等）充入燃烧区域。

③利用容器、设备的顶盖盖住燃烧区。如：油锅起火时，可立即盖上锅盖，或将青菜倒入锅内。

④用沙、土覆盖燃烧物。对忌水物质则必须采用干燥沙、土扑救。

⑤利用建筑物上原有的门窗及生产储运设备上的部件来封闭燃烧区，阻止空气进入。此外，在无法采取其他扑救方法而条件又允许的情况下，可采用水淹没（灌注）的方法进行扑救。

（2）窒息灭火的注意事项

在采取窒息法灭火时，必须注意以下几点：

①燃烧部位较小，容易堵塞封闭，在燃烧区域内没有氧化剂时，适于采取这种方法。

②在采取用水淹没或灌注方法灭火时，必须考虑到火场物质被水浸没后是否会产生不良后果。

③采取窒息方法灭火以后，必须在确认火已熄灭后，才可打开孔洞进行检查。严防过早地打开封闭的空间或生产装置，而使空气进入，造成复燃或爆炸。

4. 抑制灭火法

抑制灭火法是将化学灭火剂喷入燃烧区参与燃烧反应，中止链反应而使燃烧反应停止。采用这种方法可使用的灭火剂有干粉和卤代烷灭火剂。灭火时，将足够数量的灭火剂准确地喷射到燃烧区内，使灭火剂阻断燃烧反应，同时，还要采取必要的冷却降温措施，以防复燃。

在火场上采取哪种灭火方法，应根据燃烧物质的性质、燃烧特点和火场的具体情况，以及灭火器材装备的性能进行选择。

（三）初期火灾扑救的指挥要点

1. 及时报警，组织扑救

无论在任何时间和场所，一旦发现起火，都要立即报警，指挥人员在派专人向消防救援部门报警的同时，组织群众利用现场灭火器材灭火。

2. 积极抢救被困人

当火场上有人被围困时，要组织身强力壮人员，在确保安全的前提下，积极抢救被困人员，并组织人员进行安全疏散。

3. 疏散物资，建立空间地带

在消防队到来之前，单位应组织人员在火场周边清理空间地带，疏通消防通道，消除障碍物，以便消防车到达火场后能立即进入最佳位置灭火救援；同时，组织一定的人力和机械设备，将受到火势威胁的物资疏散到安全地带，减少火灾损失。疏散出来的物资要由专人看管，一旦发现夹带了火星，应立即处置。

4. 防止扩大环境污染

火灾的发生，往往会造成环境污染。泄漏的有毒气体、液体和灭火用的泡沫等还会对大气或水体造成污染。有时，燃烧的物料，不扑灭只会对大气造成污染，如果扑灭早了反而还会对水体造成更严重的污染。所以，当遇到类似火灾时，如果燃烧的火焰不会对人员或其他建筑物、设备构成威胁时，在泄漏的物料无法收集的情况下，灭火指挥员应当果断地决定，宁肯让其烧完也不宜将火扑灭，以避免有毒物质流入江河，对环境造成更大的污染。

第五节　火灾应急预案的制订与演练

一、制订火灾应急预案的目的

制订灭火和应急疏散预案，是为了在单位面临突发火灾事故时，能够统一指挥，及时有效地整合人力、物力、信息等资源，迅速针对火势实施有组织的扑救和疏散逃生，避免火灾现场的慌乱无序，防止贻误战机和漏管失控，最大限度地减少人员伤亡和财产损失。同时，通过预案的制订和演练，还能发现和整改一般消防安全检查不易发现的安全隐患，进一步提高单位消防安全系数。

二、制订火灾应急预案的前提和依据

（一）制订火灾应急预案的前提

1. 应熟悉单位基本情况

单位基本情况应当包括单位基本概况和消防安全重点部位情况，消防设施、灭火器材情况，义务消防队人员及装备配备情况。

2. 应熟悉单位重点部位

单位应当将容易发生火灾的部位，一旦发生火灾会影响全局的部位，物资集中的部位及人员密集的部位确定为消防安全重点部位。通过明确重点部位并分析其火灾危险，指导灭火和应急疏散预案的制订和演练。

（二）制订火灾应急预案的依据

1. 客观依据

单位的基本情况，单位消防设施、器材情况，消防安全重点部位情况。

2. 主观依据

单位职工的文化程度、消防安全素质和防火灭火技能。

三、单位火灾应急预案的内容

（一）火灾应急组织机构及职责

1. 应急指挥部

确定总指挥、副总指挥及成员。

应急指挥部的职责：指挥协调各职能小组和义务消防队开展工作，迅速引导人员疏散，及时控制和扑救初起火灾，协调配合消防救援队开展灭火救援行动。有消防控制中心的单位，应急指挥部位置应设置在消防控制中心。

2. 灭火行动组

确定组长、副组长及队员。

灭火行动组的职责：现场灭火、抢救被困人员。灭火行动组可进一步细分为灭火器灭火小组、消火栓灭火小组、防火卷帘控制小组、物资疏散小组、抢险堵漏小组等。

3. 疏散引导组

确定组长、副组长及成员。

疏散引导组的职责：引导人员安全疏散，确保人员安全快速疏散到安全地带。在安全出口及容易走错的地点安排专人值守，其余人员分片搜索未及时疏散的人员，并将其疏散至安全区域。公众聚集场所应把引导疏散作为应急预案制订和演练的重点，加强疏散引导组的力量配备。

4. 安全防护救护组

确定组长、副组长及成员。

安全防护救护组的职责：对受伤人员进行紧急救护，并视受伤情况转送医疗机构治疗。

5. 火灾现场警戒组

确定组长、副组长及成员。

火灾现场警戒组的职责：设置警戒线，控制各出口，无关人员只许出不许进，火灾扑灭后，保护现场。

6. 后勤保障组

确定组长、副组长及成员。

后勤保障组的职责：负责通信联络、车辆调配、道路畅通、供电控制、水源保障等。

7. 机动组

确定组长、副组长及成员。

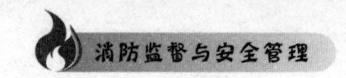

机动组的职责：受指挥部的指挥，负责增援行动。

总之，单位应当根据单位的组织形式、管理模式及行业特点、规模大小、人员素质等实际情况设置应急组织机构，明确人员和职责，并配备相应的设施、器材和装备。

（二）火灾应急处置程序

包括火警、火灾确认处置程序，消防控制中心操作程序，火灾扑救操作程序，应急疏散组织程序，通信联络及安全防护救护程序等。

（三）预案计划图

预案计划图有助于指挥部在火灾救援过程中对各小组的指挥和对事故的控制，应当力求详细准确、直观明了。主要包括以下三个方面：

第一，总平面图：标明建筑总平面布局、防火间距、消防车道、消防水源及与邻近单位的关系等。

第二，各层平面图：标明消防安全重点部位、疏散通道、安全出口及灭火器材配置。

第三，疏散路线图：以防火分区为基本单位，标明疏散引导组人员（现场工作人员）部署情况、搜索区域分片情况和各部位人员疏散路线。

四、火灾应急预案的实施程序

第一，向消防救援机构报火警。

第二，当班人员执行预案中的相应职责。

第三，组织和引导人员疏散，营救被困人员。

第四，使用消火栓等消防器材、设施扑救初期火灾。

第五，派专人接应消防车辆到达火灾现场。

第六，保护火灾现场，维护现场秩序。

五、火灾应急预案的宣传和完善

火灾应急预案制订完毕后，应定期组织员工进行学习，熟悉火灾应急疏散预案的具体内容，并通过预案演练，逐步修改完善。对于地铁、高度超过100m的多功能建筑等，应根据需要邀请有关专家对火灾应急疏散预案的科学性、实用性和可操作性等方面进行评估、论证，使其进一步完善和提高。

六、火灾应急预案的演练

（一）演练的目的

火灾应急预案演练的目的是检验各级消防安全责任人、各职能组和有关人员对灭火和应急疏散预案内容、职责的熟悉程度，检验人员安全疏散、初期火灾扑救、消防设施使用等情况，检验单位在紧急情况下的组织、指挥、通信、救护等方面的能力，检验灭火应急疏散预案的实用性和可操作性。

（二）演练的组织要求

1. 火灾应急预案演练应定期组织

旅馆、商店、公共娱乐等人员密集场所应至少每半年组织一次消防演练，其他场所应至少每年组织一次。宜选择人员集中、火灾危险性较大的重点部位作为消防演练的目标，根据实际情况，确定火灾模拟形式。消防演练方案可以报告当地消防救援机构，争取其业务指导。

2. 告知场所内相关人员

火灾应急预案演练应让场所内的从业人员都知道，火灾应急预案演练前，应通知场所内的从业人员和顾客积极参与；消防演练时，应在建筑入口等显著位置设置"正在消防演练"的标志牌，进行公告。

3. 做好必要的安全防范措施

应按照应急疏散预案实施模拟火灾演练，落实火源及烟气的控制措施，防止造成人员伤害。地铁、高度超过100m的多功能建筑等，应适时与消防救援队组织联合消防演练。演练结束后，应将消防设施恢复到正常运行状态，做好记录，并及时进行总结。

七、高层建筑工程火灾应急预案的制订

（一）在建高层建筑的火灾危险性

1. 可燃物多

在建高层建筑工地周边搭建的临时建筑，如：仓库、工棚等大部分采用竹子、木材、油毡等可燃易燃材料搭建；在建高层建筑周围的防护网、施工的脚手架等大多用可燃材料做成；因施工需要，施工楼层存放大量油毡、木料、模板、油漆、装修材料，多为可燃易

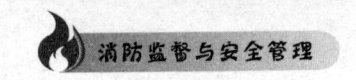

燃物品，一旦接触明火等火源，极易发生火灾事故。

2. 建筑施工用电、用气、用火量大

在建高层建筑的各类施工机械、电焊、氧切割等作业都需要大量的电、气，而施工现场的设施往往不按照规范设计、安装，不采取有效的保护措施，临时电气线路布线过多、过乱，很容易引起用电过载或者电线短路，从而引起火灾事故。

3. 消防设施不完善

火灾自动报警系统、自动喷水灭火系统等自动消防设施不完善、消防供水不到位，发生火灾后不能及时发现并在火灾初期予以处置，从而延误火灾扑救的有利时机。同时，由于正在施工建筑内部未进行防火分隔，楼梯间、门窗洞口、电梯井、各类管道井等未封堵，容易造成火势蔓延扩大。

4. 在建高层建筑工地环境复杂

由于在建高层建筑作业施工面大，建筑材料堆垛多，内部情况复杂，消防通道不畅通，一旦发生火灾，消防车无法在第一时间靠近火场，影响灭火战斗展开，不利于扑救初起火灾。

（二）火灾事故应急预案的主要内容

1. 指导方针和目的

指导方针是施工单位、施工现场项目部对火灾事故应急预案基本思想的阐述，既要简洁明了，也要将应急预案的基本功能和执行过程表述清楚。一般而言，火灾事故应急预案的主要目的就是尽可能地减少人员伤亡、减少财产损失和防止事故蔓延扩大。

2. 基本情况

应急预案应明确施工现场周边的地形、水源、道路交通状况、企事业单位及居民住宅分布等情况；同时，应列出施工现场已有消防器材、设施的性能、适用范围、分布位置、数量、状态等数据，以便于在应急处置中有关各方面能够迅速、合理地利用，也利于日常的维护保养。

3. 施工现场平面布置图

平面布置图中应将施工现场划分在不同的区域，如：事故区域、安全区域、重点保护区域等，注明各区域应采取的不同处置措施，同时，应标明救援行进路线、逃生路线、救助设备分布情况等内容。火灾发生后，人员的紧急疏散是减少伤亡的主要手段之一。因此，在应急预案中设计合理的疏散或营救路线，并设置相应的标志，将会极大提高疏散效果，避免或减少不必要的损失。

4. 危险区的隔离

火灾事故发生后，应组织撤出人员，对尚未发生危险的邻近仓库、器材、设备或重要危险源进行抢救和保护。派出警戒人员，对通往火灾事故现场的通道或其他施工人员进行隔离，防止误入。对火灾事故现场的电源或电器采用适当的方法进行保护和隔离。

5. 现场保护

现场火势被控制后，起火单位负责人应立即组织人员保护火灾现场，同时，积极与消防部门联系，等现场勘验人员到场后，再重新决定保护现场的有关事宜。调查结束后应组织人员清理现场，了解损失情况。

6. 现场恢复

现场恢复是指将火灾事故现场恢复至相对稳定、安全的基本状态。应避免现场恢复过程中可能存在的危险，并为长期恢复提供指导和建议。

（三）火灾事故应急预案的管理

1. 应急预案的评审和批准

为保证应急预案的科学性、合理性及与实际情况相符合，施工现场应急预案必须经过评审，一般情况下可以由项目部及施工企业组织进行内部评审。评审通过后，要履行批准手续，并按有关程序进行正式发布和备案。

2. 人员培训

应急预案发布后，必须组织相关人员进行培训，明确自身职责，掌握逃生、救护路线、方法及正确使用相关器材设施等，以确保应急预案在关键时刻发挥作用。

3. 应急预案的演习

进行应急预案的演习是验证预案是否合理的重要手段之一，也可以通过演习提高相关人员的应急技能。应急预案发布后，应及时组织开展演习。

4. 应急预案的修改

一方面，通过应急预案的演习发现与实际情况不相符合的地方，及时对预案进行调整和修改；另一方面，施工现场随着时间的推移不断发生变化，人员也经常调整，因此也需要及时对应急预案进行修改。预案修改以后，应及时将变化告知有关部门和人员，以免在实际运行中出现失误而造成更重大的损失。

第六章　建筑总平面布局与平面布置

建筑的总平面布局应满足城市规划和消防安全的要求。一般要根据建筑物的使用性质、生产经营规模、建筑高度、体量及火灾危险性等，合理确定其建筑位置、防火间距、消防车道和消防水源等。

第一节　消防车道

消防车道是供消防车灭火时通行的道路。设置消防车道的目的在于：一旦发生火灾时确保消防车畅通无阻，迅速到达火场，为及时扑灭火灾创造条件。消防车道可以利用交通道路，但在通行的净高、净宽度、地面承载力、转弯半径等方面应满足通行与停靠的要求，并保证畅通。街区内的道路应考虑消防车的通行，消防车道的设置应根据当地消防部队使用的消防车辆的外形尺寸、载重、转弯半径等消防技术参数，以及建筑物的体量大小、周围通行条件等因素确定。

一、设置范围

（一）街区内的道路

应考虑消防车的通行，其道路中心线间的距离不宜大于160m。当建筑物沿街道部分的长度大于150m或总长度大于220m时，应设置穿过建筑物的消防车道。确有困难时，应设置环形消防车道。

（二）高层民用建筑

如：超过3000个座位的体育馆，超过2000个座位的会堂，占地面积大于3000m²的商店建筑、展览建筑等单、多层公共建筑应设置环形消防车道，确有困难时，可沿建筑的两个长边设置消防车道；对于高层住宅建筑和山坡地或河道边临空建造的高层民用建筑，可沿建筑的一个长边设置消防车道，但该长边所在建筑立面应为消防车登高操作面。

（三）工厂、仓库区内应设置消防车道

高层厂房，占地面积大于3000m² 的甲、乙、丙类厂房和占地面积大于1500m² 的乙、丙类仓库，应设置环形消防车道。确有困难时，应沿建筑物的两个长边设置消防车道。

（四）有封闭内院或天井的建筑物

当内院或天井的短边长度大于24m 时，宜设置进入内院或天井的消防车道；当该建筑物沿街时，应设置连通街道和内院的人行通道（可利用楼梯间），其间距不宜大于80m。

（五）穿过建筑物或进入建筑物内院

在穿过建筑物或进入建筑物内院的消防车道两侧，不应设置影响消防车通行或人员安全疏散的设施。

（六）可燃材料露天堆场区

如：液化石油气储罐区，甲、乙、丙类液体储罐区和可燃气体储罐区，应设置消防车道。消防车道的设置应符合下列规定：

第一，储量大于规定的堆场、储罐区，如：棉、麻、毛、化纤露天堆场区储量大于1000t，秸秆、芦苇露天堆场区储量大于5000t，甲、乙、丙类液体储罐区储量大于1500m³，液化石油气储罐区储量大于500m³ 等，宜设置环形消防车道。

第二，占地面积大于30 000m² 的可燃材料堆场，应设置与环形消防车道相通的中间消防车道，消防车道的间距不宜大于150m。消防车道的边缘距离可燃材料堆垛不应小于5m。液化石油气储罐区，甲、乙、丙类液体储罐区和可燃气体储罐区内的环形消防车道之间宜设置连通的消防车道。

二、设置要求

1. 车道的净宽度和净空高度均不应小于4m。
2. 消防车道转弯半径及荷载应满足要求，如：轻型消防车转弯半径大于等于7m 的，荷载为11t；中型消防车转弯半径大于等于9m 的，荷载为11~15t；重型消防车转弯半径大于等于12m 的，荷载为15~50t；
3. 消防车道与建筑之间不应设置妨碍消防车操作的树木、架空管线等障碍物。
4. 消防车道靠建筑外墙一侧的边缘距离建筑外墙不宜小于5m。
5. 消防车道的边缘距离可燃材料堆垛不应小于5m。
6. 消防车道的坡度不宜大于8%。

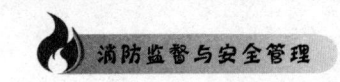

7. 环形消防车道至少应有两处与其他车道连通。尽头式消防车道应设置回车道或回车场，回车场的面积不应小于12m×12m；对于高层建筑，不宜小于15m×15m；供重型消防车使用时，不宜小于18m×18m。

消防车道的路面、救援操作场地、消防车道和救援操作场地下面的管道和暗沟等，应能承受重型消防车的压力。

消防车道可利用城乡、厂区道路等，但该道路应满足消防车通行、转弯和停靠的要求。

8. 在穿过建筑物或进入建筑物内院的消防车道两侧，不应设置影响消防车通行或人员安全疏散的设施。

9. 消防车道不宜与铁路正线平交，确实需要平交时，应设置备用车道，且两车道的距离不应小于一列火车的长度。

三、检查方法

1. 通过查阅消防设计文件、总平面图等资料，根据建筑高度、沿街长度、规模、使用性质等，确定是否需要设置消防车道；

2. 沿消防车道全程检查消防车道的路面情况，与建筑之间不得设置妨碍消防车作业的树木、架空线等障碍物；

3. 对消防车道进行测量，净宽、净高、转弯半径、荷载和回车场面积等应符合要求，不应占用、堵塞消防车道；

4. 消防车道应设置醒目的提示和警示性标志。

四、消防车通道建设与管理对策

（一）高位规划，全面建设

1. 道路建设

严格按照城市内的道路布局要满足道路中心线间距不宜小于160m的要求；建筑物沿街道路部分的长度大于150m或总长度大于220m时，应设置穿过建筑物的消防车道（确有困难时，应设置环形消防车道）等。农村道路建设要考虑车辆双向通行的需要，满足双车交会通行的宽度。消防车道的净宽度和净空高度均不应小于4m，转弯半径应满足消防车转弯的要求，消防车道与建筑物之间不应设置妨碍消防车操作的树木、架空管线等障碍物，消防车道靠建筑外墙一侧的边缘距离建筑外墙不宜小于5m，消防车道的坡度不宜大于8%。

2. 停车位建设

要向下、向上争取空间，提高停车率，如：加大地下停车场和机械立体停车库建设，小区设计人车分流，从源头防止私家车等占用消防车道。

3. 消防站建设

加大消防站建设密度，特别是加强微型消防站建设力度，每个小区甚至每幢高层建筑建设微型消防站，配置必要的灭火救援装备，加强固定消防设施的维护，就近开展灭火救援处置，做到灭早、灭小、灭初期，减少消防车通行的空间距离。

（二）加强管理，强化立法

1. 宣传教育

火灾具有突发性和破坏性特点，如果火灾不能得到及时控制，将会出现迅速蔓延的现象，严重威胁人们的生命财产安全。因此，在消防车道管理中还应该做好全面的宣传教育工作，使人们能够意识到消防车道对消防救援的重要性，认识到消防车道与自身利益和生命安全的关系，从而构建良好的内部环境，解决消防车道中的问题。还要明确物业服务企业在消防车道管理中的职责和义务，在消防安全管理规定和制度体系的构建中，应该对小区的布局结构、道路分布和汽车数量等进行综合考量，增强各项制度的约束力与控制力。在重点位置设置消防车道标志，引导人们能够按照规定停车。加快消防安全责任机制的构建，避免不同部门间出现互相推诿的现象。针对乱停乱放行为进行严厉制止，针对部分不按规定停车的人员进行批评教育。增进物业服务单位和消防部门、公安机关的沟通交流，针对违法违规人员实施教育。此外，应该督促物业管理企业提高自身的管理水平，加强对从业人员的专业培训，使其掌握丰富的消防安全知识和技能，并对消防车道中的隐患问题进行全面识别和处理。增进和业主的沟通交流，定期开展宣传教育讲座，帮助业主了解相关消防安全知识，并配合各部门做好消防车道的管理。

2. 构建联动机制

为了加强对物业服务企业的有效管理，还要构建联动机制，能够增进各方主体的合作，从而在责任体系下明确分工，提高消防车道管理工作的实效性，真正保障消防救援的良好环境。应该明确消防车道管理工作的重要性，有助于使物业服务企业提高对消防车道管理的重视，通过等级和信用评定的方式做出有效约束。在跨部门消防执法办案的过程中，也应该对工作制度和工作流程予以全面优化和调整，实现部门之间的密切联动，提高资源整合效率，使消防部门和公安机关能够在消防车道管理中实现高度协同。制定切实可行的消防行政处罚措施，针对业主或者物业服务企业存在的消防问题进行有针对性的处理。停车泊位道路情况也是关系消防车道状况的关键因素，因此，在工作中应该做好与公安交警部门的合作，严格查处擅自设置障碍物或者在准停时段外停车的行为。增进街道

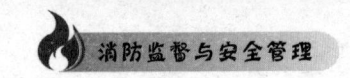

办、居民委员会、辖区派出所和消防部门的沟通交流，同时了解规划和建设部门在停车场扩建中的意见，督促居民能够按照规定停放车辆。

3. 明确管理标准

物业服务企业应该在消防车道管理中主动承担起自身的责任，明确消防车道管理的相关标准及要求，做好各个流程的有效控制和约束。应该在消防车道附近设置醒目的警示牌，避免人们出现随意停车的现象。为了对该类现象进行有效预防，还要加快摄像设备的安装与监督，确保能够按照规定在停车场和车库等区域进行停车。道路停车泊位的规划，除了要考虑到周围环境的影响，还应该对消防车宽度进行合理预留，根据消防车的特点设置相应的转弯半径，避免各种形式的障碍物出现在消防车道中，比如，建筑物、车库和隔离桩等。对于消防车道中的广告牌、树木、装饰物和管道等进行及时处理，防止对消防车辆的行驶造成影响。封闭式管理的措施可以有效提高消防车道出入口管理的实效性，通过应急疏散保障体系的构建，确保在紧急情况下消防车辆的通畅进出。通过行政处罚和强制措施的应用，可以大大减少消防车道中的随意停车和任意占用的问题。

4. 构建监督体系

加强对消防车道情况的严格监督，从源头上对随意停放或占用的问题进行治理，因此，应该构建完善的监督体系，了解消防车道的当前状况，以便采取有针对性的管理与控制措施。消防车道管理不仅是消防部门和物业服务企业的责任，也要使居民都参与到管理工作中，营造良好的工作氛围，提高全面监督意识。加快消防车道管理和监督的信息化建设步伐，通过网络监督与举报渠道的开通，为居民行使监督权提供可靠的途径，在全民参与下解决消防车道的问题，以维护居民的个人权益。引进先进的大数据技术和物联网技术等，在消防车道管理和监督中真正实现智能化操作，不仅要提高资源利用率，还要确保消防车道管理的动态化与实时性，及时发现并消除其中的安全隐患，降低对人民群众生命财产安全的威胁。

第二节　防火间距

防火间距为建筑间防止火灾蔓延的最小间距。建筑物起火后，其内部的火势在热对流和热辐射作用下迅速扩大，在建筑物外部则会因强烈的热辐射作用对周围建筑物构成威胁。火场辐射热的强度取决于火灾规模的大小、持续时间的长短，以及与邻近建筑物的距离及风速、风向等因素。通过对建筑物进行合理布局和设置防火间距，可防止火灾在相邻的建筑物之间相互蔓延，合理利用和节约土地，并为人员疏散、消防人员的救援和灭火提供条件，减少失火建筑对相邻建筑及其使用者强烈的辐射和烟气的影响。

有条件时，设计师要根据建筑的体量、火灾危险性和实际条件等因素，尽可能加大建筑间的防火间距。实际生活中如果防火间距较小，将极大地增加火灾风险。

一、影响防火间距大小的因素

影响防火间距的因素较多、条件各异,对于火灾蔓延,主要有飞火、热对流和热辐射等。在确定建筑间的防火间距时,综合考虑了灭火救援需要、防止火势向邻近建筑蔓延扩大、节约用地等因素,以及火灾实例和灭火救援的经验教训。

其中,火灾的热辐射作用是主要因素。热辐射强度与灭火救援力量、火灾延续时间、可燃物的性质和数量、相对外墙开口面积的大小、建筑物的长度和高度、气象条件等有关。对于周围存在露天可燃物堆放场所时,还应考虑飞火的影响。飞火与风力、火焰高度有关,在大风情况下,从火场飞出的火团可达数十米至数百米。

二、防火间距的确定原则

火灾时建筑物可能产生的热辐射强度是确定防火间距应考虑的主要因素。热辐射强度与消防扑救力量、火灾延续时间、可燃物的性质和数量,相对外墙开口面积的大小,建筑物的长度和高度及气象条件等有关,但实际工程也不可能都考虑。防火间距主要是根据当前消防扑救力量,并结合火灾实例和消防灭火的实际经验确定的。

(一)防止火灾蔓延

民用建筑防火间距的大小要综合考虑建筑的层数、高度及耐火性能(耐火性能越好,建筑越抗烧)。工业建筑除了考虑层数、高度和耐火性能,还要考虑建筑的危险性大小。层数越多、高度越高、危险性越大的建筑,所要求的建筑结构的耐火性能越好,防火间距越大。

(二)保障灭火救援场地需要

对于低层建筑,使用普通消防车即可满足灭火要求;而对于高层建筑,则还要使用曲臂、云梯等登高消防车。考虑到扑救高层建筑需要使用曲臂登高消防车、云梯登高消防车等特种车辆,为满足消防车辆通行、停靠、操作的需要,结合实践经验,高层建筑的防火间距比单、多层建筑的防火间距要大。

(三)节约土地资源

确定建筑之间的防火间距,既要综合考虑防止火灾向邻近建筑蔓延扩大和灭火救援的需要,同时也要考虑节约用地的因素。如果设定的防火间距过大,就会造成土地资源的浪费。

三、防火间距的计算方法

1. 建筑物之间的防火间距应按相邻建筑外墙的最近水平距离计算，当外墙有凸出的可燃或难燃构件时，应从其凸出部分外缘算起。建筑物与储罐、堆场的防火间距，应为建筑外墙至储罐外壁或堆场中相邻堆垛外缘的最近水平距离。

2. 储罐之间的防火间距应为相邻两储罐外壁的最近水平距离。储罐与堆场的防火间距应为储罐外壁至堆场中相邻堆垛外缘的最近水平距离。

3. 堆场之间的防火间距应为两堆场中相邻堆垛外缘的最近水平距离。

4. 变压器之间的防火间距应为相邻变压器外壁的最近水平距离。变压器与建筑物、储罐或堆场的防火间距，应为变压器外壁至建筑外墙、储罐外壁或相邻堆垛外缘的最近水平距离。

5. 建筑物、储罐或堆场与道路、铁路的防火间距，应为建筑外墙、储罐外壁或相邻堆垛外缘距道路最近一侧路边或铁路中心线的最小水平距离。

四、防火间距设置范围

厂房、仓库、储罐（区）、可燃材料堆场、民用建筑之间应保持一定的防火间距。

五、设置要求

（一）民用建筑之间的防火间距

1. 相邻两座单、多层建筑，当相邻外墙为不燃烧体且无外露的燃烧体屋檐，每面外墙上无防火保护的门窗洞口不正对开设且面积之和不大于该外墙面积的5%时，其防火间距可按规定减少25%。

2. 两座建筑相邻较高一面外墙为防火墙，或高出相邻较低一座一、二级耐火等级建筑的屋面15m及以下范围内的外墙为防火墙时，其防火间距不限。

3. 相邻两座高度相同的一、二级耐火等级建筑中相邻任一侧外墙为防火墙，屋顶的耐火极限不低于1.00小时时，其防火间距不限。

4. 相邻两座建筑中较低一座建筑的耐火等级不低于二级，相邻较低一面外墙为防火墙且屋顶无天窗，屋顶的耐火极限不低于1.00小时时，其防火间距不应小于3.5m；对于高层建筑，不应小于4m。

5. 相邻两座建筑中较低一座建筑的耐火等级不低于二级，且屋顶无天窗；相邻较高一面外墙高出较低一座建筑的屋面15m及以下范围内的开口部位设置甲级防火门、窗，或设置符合国家标准规定的防火分隔水幕或符合规定的防火卷帘时，其防火间距不应小于3.5m；对于高层建筑，不应小于4m。

6. 耐火等级低于四级的既有建筑，其耐火等级可按四级确定。

（二）厂房、仓库之间的防火间距

厂房之间及其与乙、丙、丁、戊类仓库，民用建筑之间的防火间距应符合下列规定：

（1）乙类厂房与重要公共建筑的防火间距不宜小于50m；与明火或散发火花地点，不宜小于30m。单、多层戊类厂房之间及与戊类仓库的防火间距可按规定减少2m。为丙、丁、戊类厂房服务而单独设置的生活用房应按民用建筑确定，与所属厂房的防火间距不应小于6m。

（2）两座厂房相邻较高一面外墙为防火墙，或相邻两座高度相同的一、二级耐火等级建筑中相邻任一侧外墙为防火墙且屋顶的耐火极限不低于1.00小时时，其防火间距不限，但甲类厂房之间不应小于4m。两座丙、丁、戊类厂房相邻两面外墙均为不燃性墙体，当无外露的可燃性屋檐，每面外墙上的门、窗、洞口面积之和各不大于外墙面积的5%，且门、窗、洞口不正对开设时，其防火间距可按规定减少25%。甲、乙类厂房（仓库）不应与规定外的其他建筑毗邻。

（3）两座一、二级耐火等级的厂房，当相邻较低一面外墙为防火墙且较低一座厂房的屋顶无天窗，屋顶的耐火极限不低于1.00小时，或相邻较高一面外墙的门、窗等开口部位设置甲级防火门、窗或防火分隔水幕设置防火卷帘时，甲、乙类厂房之间的防火间距不应小于6m，丙、丁、戊类厂房之间的防火间距不应小于4m。

（4）发电厂内的主变压器，其油量可按单台确定。

（5）耐火等级低于四级的既有厂房，其耐火等级可按四级确定。

（6）甲类厂房与重要公共建筑之间的防火间距不应小于50m，与明火或散发火花地点之间的防火间距不应小于30m。

六、检查方法

1. 对于厂房和仓库，将其火灾危险性进行分类，确定其使用性质和耐火等级；

2. 对于民用建筑，按照单多层、二类高层、一类高层，住宅建筑、公共建筑等进行分类，确定其耐火等级；

3. 对于可燃液体储罐，对其危险性进行分类，确定储存形式、单罐储量和总储量；

4. 对于液化石油气，确定其储存形式、单罐储量和总储量；

5. 按照各类建筑物的性质、耐火等级、储罐的储存形式、储量等，对照有关规范要求确定最小的防火间距要求；

6. 使用测距仪等对防火间距实地进行测量，对于测量结果判断是否符合要求。

七、防火间距不足时的消防技术措施

防火间距由于场地等，难以满足国家有关消防技术规范的要求时，可根据建筑物的实际情况，采取以下补救措施：

1. 改变建筑物的生产和使用性质，尽量降低建筑物的火灾危险性，改变房屋部分结构的耐火性能，提高建筑物的耐火等级。

2. 调整生产厂房的部分工艺流程，限制库房内储存物品的数量，提高部分构件的耐火极限和燃烧性能。

3. 将建筑物的普通外墙改造为防火墙或减少相邻建筑的开口面积，如开设门窗，应采用防火门窗或加防火水幕保护。

4. 拆除部分耐火等级低、占地面积小、使用价值低且与新建筑物相邻的原有陈旧建筑物。

5. 设置独立的室外防火墙。在设置防火墙时，应兼顾通风排烟和破拆扑救，切忌盲目设置、顾此失彼。

第三节 防火分区

一、防火分区

防火分区是在建筑内部采用防火墙、楼板及其他防火分隔设施分隔而成，能在一定时间内防止火灾向同一建筑的其余部分蔓延的局部空间。作为建筑中的一项十分重要的被动防火措施，建筑内的人员安全疏散和消防给排水、通风、电气等的防火设计，均与防火分区的划分和分隔方式紧密相关。在建筑内划分防火分区，可以在建筑一旦发生火灾时，有效地把火势控制在一定的范围内，减少火灾损失，同时为人员安全疏散、消防扑救提供有利条件。

（一）防火分区的划分原则

防火分区分为两类：一类是水平防火分区，用以防止火灾在水平方向扩大蔓延；另一类是竖向防火分区，用以防止火灾在多层或高层建筑的层与层之间竖向蔓延。

水平防火分区是指采用防火墙、防火卷帘、防火门及防火分隔水幕等分隔设施在各楼层的水平方向分隔出的防火区域，它可以阻止火灾在楼层的水平方向蔓延。竖向防火分区在多、高层建筑防火中极为重要，火灾常常沿着建筑物的各种竖向井道和开口向上部楼层蔓延。烟气和高温在建筑内的竖向发展速度是水平方向的数倍，而人员竖向的疏散速度却远远小于烟气竖向的蔓延速度，且为逆向运动。因此，烟气和高温对上部楼层人员的疏散威胁更大。竖向防火分区除采用耐火楼板进行竖向分隔外，建筑外部的竖向防火通常采用防火挑檐、窗槛墙等技术手段；建筑内部设置的敞开楼梯、自动扶梯、中庭、工艺开口等，以及电线电缆井、各类管道竖井、电梯井等，也需要分别分隔，以保证竖向防火分区的完整性。

防火分区的划分应根据建筑物的使用性质、高度、长度、火灾危险性，以及建筑物的耐火等级、使用人员特征和人数、可燃物的数量、建筑的消防设施配置、附近的消防救援力量及建设投资等情况进行综合考虑。划分防火分区的一般原则和措施主要有以下八个方面：

一是优先考虑安全疏散的合理性，尽量与使用功能区划协调统一。同一建筑物内，在水平方向，不同的火灾危险性区域或不同使用功能、不同用户之间，要尽量采用防火墙将其划分为不同的防火分区；在竖直方向，要尽可能利用楼板将上、下楼层划分为不同的防火分区。

二是区域的使用性质越重要，或火灾危险性越高，或扑救难度越大，防火分区的建筑面积要越小。

三是建筑高度越高或建筑的耐火等级越低，防火分区的建筑面积要越小。高层建筑的防火分区大小要比单、多层建筑严格，地下建筑的防火分区大小要比地上建筑严格。

四是防火分区之间的防火分隔措施，要具备在火灾情况下不会导致火灾蔓延出火源所在防火分区的性能。分隔物要首先考虑采用防火墙等可靠、固定的物理分隔方式。

五是用作人员疏散、避难、通行使用的疏散楼梯和避难走道、避难层，要设置耐火墙体与其他部位分隔；采取防烟、排烟措施，保证其在火灾时不会受到烟与火的侵袭；避免设置影响人员快速、安全通行的物体或设施；不应敷设或穿过影响该空间安全使用的可燃液体、可燃气体管道等。当住宅建筑的疏散楼梯间确须设置可燃气体管道时，只能设置在敞开楼梯间内，并需要采用金属管，同时要穿金属管予以保护。

六是在同一座建筑内，不同火灾危险的场所、不同使用功能的场所之间要尽量采用防火墙进行分隔；建筑在垂直方向最好以每个楼层为基础划分不同的防火分区。

七是有特殊防火要求的建筑或场所，如：体育馆等建筑的观众厅及生产车间、仓库等，可以通过设置自动灭火系统等方式或按国家规定经专项论证来扩大防火分区的建筑面积。

八是防火分区的防火分隔物体要尽量采用防火墙和甲级防火门，减少使用防火卷帘、防火水幕等可靠性相对较低的设施。

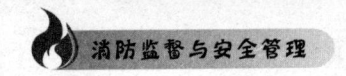

（二）防火分区划分的理论依据

控制防火分区的最大允许建筑面积，其实质是控制防火分区内的火灾荷载，即控制可能的火灾规模，确保外部救援力量能在当前救援条件下和允许的灭火时间内控制和有效灭火，在合理的投入下减小不必要的损失和其他危害。根据灭火实战统计，允许的灭火时间取决于建筑中影响结构安全且耐火性能低的最不利受力构件的耐火极限，用不等式表示如下：

$$t_{mh} = R / K_0 \qquad (式6-1)$$

式中：

t_{mh}——自救援力量开始出水灭火起，至火被扑灭时止的持续时间，分钟；

R——结构中最不利受力构件的耐火极限；

K_0——安全系数，取1.1。

（三）厂房的防火分区

1. 基本要求

厂房的建筑高度、层数和面积主要根据生产工艺需要确定。从防火减灾的角度，则要根据生产的火灾危险性类别和建筑的耐火等级等来控制火灾可能造成的危害。厂房的生产工艺，火灾危险性类别，建筑物的耐火等级、层数和面积构成了一个互相联系、互相制约的统一体。层数多，不利于疏散和扑救；面积大，火灾容易在大范围内蔓延，同样不利于疏散和扑救。

根据不同厂房生产的特点和火灾危险性类别，在不同的耐火等级条件下，甲类生产防火分区最大允许建筑面积要求最严格，乙类生产次之，以此类推。

运行、维护良好的自动灭火系统，能及时控制和扑灭建筑内的初起火灾，有效控制火势蔓延，能较大地提高建筑的消防安全性。因此，厂房内设置自动灭火系统时，每个防火分区的最大允许建筑面积可按相关规定的数值增加1倍；对于丁、戊类的地上厂房，每个防火分区的最大允许建筑面积可以不限。厂房内局部设置自动灭火系统时，其防火分区的增加面积可按该局部面积的1倍计算。但应注意，设置自动灭火系统的该局部空间应与该防火分区内的其他空间进行有效的防火分隔。

厂房内的操作平台、检修平台，当使用人数少于10人时，平台的面积可以不计入所在防火分区的建筑面积内。

厂房内的防火分区之间应采用防火墙分隔。除甲类厂房外的一、二级耐火等级厂房，当防火分区的建筑面积大于规范规定且设置防火墙确有困难时，可以采用防火卷帘或防火分隔水幕分隔。采用防火分隔水幕时，应符合设计规定。

2. 纺织、造纸和卷烟厂房

第一，除麻纺厂房和高层厂房外，一级耐火等级的纺织厂房和二级耐火等级的单层纺织厂房，每个防火分区的最大允许建筑面积可以按照规定的数值增加 0.5 倍。但对于厂房内的原棉开包、清花车间，均应采用耐火极限不低于 2.50 小时的防火隔墙与厂房内的其他部位分隔，在防火隔墙上需要开设的门、窗、洞口，应采用甲级防火门、窗。

第二，一、二级耐火等级的单、多层造纸生产联合厂房，每个防火分区的最大允许建筑面积可按规定数值增加 1.5 倍；一、二级耐火等级的湿式造纸联合厂房，当纸机烘缸罩内设置自动灭火系统、完成工段设置有效灭火设施保护时，每个防火分区的最大允许建筑面积可按工艺要求确定。

第三，一、二级耐火等级卷烟生产联合厂房内的原料、备料及成组配方、制丝、储丝和卷接包、辅料周转、成品暂存、二氧化碳膨胀烟丝等生产用房，应划分独立的防火分隔单元，当工艺条件许可时，应采用防火墙进行分隔。其中，制丝、储丝和卷接包车间可划分为一个防火分区，且每个防火分区的最大允许建筑面积可按工艺要求确定；但制丝、储丝及卷接包车间之间应采用耐火极限不低于 2.00 小时的防火隔墙和 1.00 小时的楼板进行分隔；厂房内各水平和竖向防火分隔之间的开口应采取防止火灾蔓延的措施。

对于上述纺织、造纸和卷烟厂房，当设置自动灭火系统时，每个防火分区的最大允许建筑面积同样可在上述面积增加的基础上再增加 1.0 倍；厂房内局部设置自动灭火系统时，其防火分区的增加面积可按该局部面积的 1.0 倍计算。

（四）仓库的防火分区

1. 基本要求

仓库的特点是集中存放大量物品、价值较高，特别是高架仓库和高层仓库。高架仓库是指层高在 7m 以上的机械操作和自动控制的货架仓库。高架仓库和高层仓库的共同特点是储存物品比单层、多层仓库多数倍，甚至数十倍，发生火灾后的损失巨大，且难以施救。因此，仓库的耐火等级、层数和面积要严于厂房和民用建筑。

甲类物品库房失火后，燃烧速度快，火势猛烈，并且还可能发生爆炸，因此，其防火分区面积不宜过大。

仓库内设置自动灭火系统时，每座仓库的最大允许占地面积和每个防火分区的最大允许建筑面积可按规定的数值增加 1 倍。

仓库内的防火分区之间必须采用防火墙分隔。甲、乙类仓库内防火分区之间的防火墙不应开设门窗洞口。

2. 特殊仓库

① 一、二级耐火等级的煤均化库，每个防火分区的最大允许建筑面积不应大于

12 000m^2。

②耐火等级不低于二级且独立建造的硝酸铵仓库、电石仓库、聚乙烯等高分子制品仓库、尿素仓库、配煤仓库、造纸厂的独立成品仓库，每座仓库的最大允许占地面积和每个防火分区的最大允许建筑面积可以按规定数值增加1倍。

③一、二级耐火等级粮食平房仓的最大允许占地面积不应大于12 000m^2，每个防火分区的最大允许建筑面积不应大于3000m^2；三级耐火等级粮食平房仓的最大允许占地面积不应大于3000m^2，每个防火分区的最大允许建筑面积不应大于1000m^2。

④对于冷库，不同耐火等级和层数库房中冷藏间的最大允许占地面积和防火分区最大允许建筑面积不同。冷藏间内设置的防火墙应将外墙、屋面、楼面和地面的可燃保温材料完全截断。

当需要设置地下室时，只允许设置一层地下室，且地下冷藏间占地面积不应大于地上冷藏间的最大允许占地面积，防火分区不应大于1500m^2。

3. 物流建筑的防火设计

物流建筑覆盖面广，涉及行业众多，业态类型各异，服务功能也各不相同。物流建筑也不是单纯的仓库库房概念，既有仓储，又有加工，还有物流服务，如：现代航空、陆路运输服务的货运站房，商贸流通行业的仓库等。因此，仅按以往单一的仓库建筑进行物流建筑设计，已经不完全适合不同功能建筑的设计需求。物流建筑的基本使用功能按物流活动要素归类为作业、存储两大类。作业包括运输、装卸、搬运、包装、物流加工、配送等动态物流活动；存储包括货物的存放与保管等静态物流活动。物流建筑设计须根据建筑内所处理物品的火灾危险性类别等确定其设防标准，其基本设计原则包括以下内容：

第一，当建筑功能以分拣、加工等作业为主时，仓储部分应按中间仓库确定。

第二，当建筑功能以仓储为主或建筑难以区分主要功能时，分拣等作业区采用防火墙与储存区完全分隔时，作业区和储存区的防火要求可分别按该规范有关厂房和仓库的规定确定。其中，当分拣等作业区采用防火墙与储存区完全分隔且符合下列条件时，除自动化控制的丙类高架仓库外，储存区的防火分区最大允许建筑面积和储存区部分建筑的最大允许占地面积，可按规定数值增加3倍：

①储存除可燃液体、棉、麻、丝、毛及其他纺织品、泡沫塑料等物品外的丙类物品，建筑的耐火等级不低于一级；

②储存丁、戊类物品且建筑的耐火等级不低于二级；

③建筑内全部设置自动喷水灭火系统和火灾自动报警系统。

（五）民用建筑的防火分区

1. 基本要求

民用建筑的类别较多，使用功能复杂，即使同一使用功能的建筑，其内部的用途也有较大区别。因此，不同功能建筑的火灾危险性存在一定差异，其防火分区要尽量按照建筑内的不同功能或使用用途进行划分。民用建筑内防火分区的建筑面积大小与其建筑高度、建筑的耐火等级、火灾扑救难度和使用性质密切相关。一般来说，建筑高度低、耐火等级高、使用人员少的建筑，其防火分区面积可大些。当然，防火分区划分得越小，越有利于保证建筑物的消防安全与方便灭火、控火。但建筑的建造毕竟是为满足其功能要求，如果防火分区划分得过小，则势必会影响建筑物的使用功能。因此，有些建筑或其中某些场所也不能完全按照这样的原则去划分防火分区，如：商店建筑中的营业厅、展览建筑中的展览厅、体育馆中的观众厅等。

当民用建筑中防火分区的面积增大时，室内可能容纳的人员和可燃物的数量就会相应增加，根据确定防火分区大小的基本理论，对民用建筑中防火分区的面积应按照建筑物的不同耐火等级和建筑高度进行相应的限制。

一、二级耐火等级的单、多层民用建筑，建筑高度低、耐火性能好，有利于安全疏散和扑救火灾，因此，其防火分区面积可大些。三、四级建筑物的屋顶是可燃的，能够导致火灾蔓延扩大，所以其防火分区面积应比一、二级要小些。

高层民用建筑内部装修、陈设等可燃物多，并设有贵重设备、空调系统等，一旦失火，蔓延快，火灾扑救难度大，人员疏散也较困难，容易造成伤亡事故和重大损失。地下建筑或建筑的地下部分开设直接对外的开口十分困难，其出入口（楼梯）既是人流疏散口，又是热流、烟气的排出口，同时又是消防队救火的进入口。一旦形成火灾时，人员交叉混乱，不仅造成疏散扑救困难，而且威胁上部建筑的安全。因此，对这些建筑的防火分区应较单、多层建筑控制得更严一些。

当建筑内设置自动灭火系统时，防火分区的最大允许建筑面积可按规定的数值增加1倍；局部设置时，防火分区的增加面积可按该局部面积的1倍计算。裙房与高层建筑主体之间设置防火墙时，裙房的防火分区可按单、多层建筑的要求确定。

需要指出，建筑内设置自动扶梯、中庭、敞开楼梯等上下层相连通的开口时，其防火分区的建筑面积应按上下层相连通的建筑面积叠加计算，且不应大于相关规定。

民用建筑内的防火分区之间应采用防火墙分隔，确有困难时，可采用防火卷帘等防火分隔设施分隔。

2. 营业厅、展览厅

为保证建筑的使用功能得以较好地实现，设置在一、二级耐火等级建筑内的营业厅、展览厅，当设置自动灭火系统和火灾自动报警系统并采用不燃或难燃装修材料时，每个防火分区的最大允许建筑面积可以按照下列要求适当增加：

①设置在高层建筑内时，不应大于 $4000m^2$；

②设置在单层建筑内或仅在多层建筑的首层设置营业厅或展览厅时，不应大于 $10\,000m^2$；

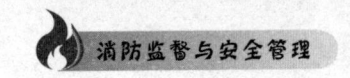

③设置在地下或半地下时,不应大于2000m²。

(六) 木结构建筑的防火分区

木结构体系主要分为轻型木结构体系和重型木结构体系。轻型木结构和重型木结构的构件大小不同、组装方法不同,其达到规定消防安全水平所采取的手段也不同。我国对用作民用建筑、丁类或戊类厂房、丁类或戊类库房的不同类型和层数木结构建筑防火墙间的允许建筑长度和每层最大允许建筑面积进行了一定限制。如1层木结构建筑防火墙间的允许建筑长度是100m,防火墙间的每层最大允许建筑面积是1800m²;2层木结构建筑防火墙间的允许建筑长度是80m,防火墙间的每层最大允许建筑面积是900m²;3层木结构建筑防火墙间的允许建筑长度是60m,防火墙间的每层最大允许建筑面积是600m²;

当设置自动喷水灭火系统时,防火墙间的允许建筑长度和每层最大允许建筑面积可按规定增加1倍;当为丁、戊类地上厂房时,防火墙间的每层最大允许建筑面积不限。体育场馆等高大空间建筑,其建筑高度和建筑面积可适当增加。

(七) 城市交通隧道的防火分区

隧道是一种与外界直接连通口有限的相对封闭的空间。隧道内有限的逃生条件和热烟排除出口使得隧道火灾具有燃烧后周围温度升高快、持续时间长、着火范围大、消防扑救与进入困难等特点,增加了疏散和救援人员的生命危险,隧道衬砌和结构也易受到破坏,其直接损失和间接损失巨大。隧道火灾不仅严重威胁人的生命和财产安全,也可能对交通设施、人类的生产活动造成巨大破坏。

城市交通隧道工程是指在城市建成区内建设的机动车和非机动车交通隧道及其辅助建筑。城市建成区,简称"建成区",是指城市行政区内实际已成片开发建设、市政公用设施和公共设施基本具备的地区。但不同类型隧道在火灾防护上没有本质区别,原则上均应根据隧道允许通行的车辆和货物来考虑其实际的火灾场景,以确定更合理、更有效的消防安全措施。

城市交通隧道的防火,主要还是通过主动和被动防火手段加强隧道结构的防护,改善人员逃生和灭火救援条件,而要实现车辆通行的要求,在车行隧道部分难以进行防火分区划分。因此,隧道内的防火分区,严格地讲,是针对设置在隧道内的变电站、管廊、专用疏散通道、通风机房及其他辅助用房等场所与相邻空间及车行隧道之间的防火分隔。

上述房间要采用耐火极限不低于2.00小时的不燃性墙体和甲级防火门等与车行隧道分隔。隧道内附设的地下设备用房,占地面积大,人员较少,每个防火分区的最大允许建筑面积不应大于1500m²。

二、防火分隔

防火分隔是在一个防火分区内采用具有一定耐火性能的建筑构（配）件，将其中较高火灾危险性场所或部位与其他部位分隔开来，是在建筑中建立基本防火单元的一种手段。不同类别建筑中的防火分隔要求不同。一般来说，建筑内的高火灾危险部位，要比照二级耐火等级建筑对相应构件的耐火性能及相关防火要求，来确定其防火分隔墙体、楼板等的防火要求。

（一）不同功能区域之间的防火分隔

对于建筑内一些火灾危险性高或性质重要的功能区域，应采取有效的防火分隔措施，避免火灾时这些区域与其他区域之间相互发生影响。

1. 工业建筑

一是办公室等生产性管理用房、辅助用房等尽量不要设置在厂房内，更不应设置在甲、乙类生产厂房内。必须与甲、乙类厂房毗邻建造的办公室、休息室等，其耐火等级不应低于二级，并应采用耐火极限不低于3.00小时的防爆墙与厂房分隔，办公室、休息室等应设置独立的安全出口。设置在丙类厂房内的办公室、休息室，应采用耐火极限不低于2.50小时的防火隔墙和不低于1.00小时的楼板与其他部位分隔，并应至少设置1个独立的安全出口。隔墙上须开设相互连通的门时，则应采用乙级防火门。

二是为保证连续生产需要而设置在厂房内的中间仓库，也要采取严格的防火分隔措施，并且严格控制其建筑面积。

①设置在厂房内的甲、乙类中间仓库，应靠外墙布置，并应采用防火墙和耐火极限不低于1.50小时的不燃性楼板与其他部位分隔；设置在厂房内的丙类仓库，必须采用防火墙和耐火极限不低于1.50小时的楼板与其他部位分隔；设置在厂房内的丁、戊类仓库，应采用耐火极限不低于2.00小时的防火隔墙和不低于1.00小时的楼板与其他部位分隔。

②设置在厂房内的丙类液体中间储罐，要设置在单独的房间内，且其容量不应大于$5m^3$。设置中间储罐的房间，应采用耐火极限不低于3.00小时的防火隔墙和不低于1.50小时的楼板与其他部位分隔，房间门应采用甲级防火门。

三是变、配电站不应设置在甲、乙类厂房内，也不应与甲、乙类厂房毗邻建造，更不应设置在具有爆炸危险性的气体、粉尘环境的危险区域内。供甲、乙类厂房专用的10kV及以下的变、配电站，当采用无门窗洞口的防火墙分隔时，可以一面贴邻建造。为乙类厂房服务的配电站，必须在与乙类生产区相连部位的防火墙上开设观察窗等时，应设置不可开启窗扇的甲级防火窗。

四是在甲、乙类仓库内严禁设置供人员休息、办公等须长时间停留的其他房间。必须设置在丙、丁类仓库内的办公室、休息室，应采用耐火极限不低于2.50小时的防火隔墙和不低于1.00小时的楼板与其他部位分隔，并应设置独立的安全出口。在与仓储区相连的隔墙上须开设的连通门，应采用乙级防火门。

2. 民用建筑

有特殊防火要求的建筑或场所，如：医疗建筑、幼儿园、托儿所、老年人建筑及歌舞娱乐放映游艺场所等，在防火分区之内还要根据不同部位的使用要求与火灾危险性划分更小的防火区域。

（1）歌舞娱乐放映游艺场所

歌舞娱乐放映游艺场所是指卡拉OK厅（含具有卡拉OK功能的餐厅）、游艺厅（含电子游艺厅）、网吧等公共场所。这些场所的设置除要能便于人员尽快疏散外，还需要与其他部位做好以下防火分隔：

①每个厅、室均应采用耐火极限不低于2.00小时的防火隔墙和不低于1.00小时的不燃性楼板相互分隔成独立的房间及与建筑的其他部位进行分隔，每个厅、室之间的分隔构件上不应开设任何其他门窗洞口。

②当布置在地下一层或四层及以上楼层时，还应采用上述分隔措施将每个厅、室的建筑面积控制在200m^2以内，即使房间内设置了自动喷水灭火系统，该厅、室的建筑面积也不能增加。

③每个厅、室的门及歌舞娱乐放映游艺场所与建筑内其他部位相通的门，均应采用乙级防火门。

（2）人员密集场所

人员密集场所是指观众厅、会议厅（包括宴会厅）、多功能厅等人员密集的厅、室。当其设置在民用建筑的上部时，会给消防救援和安全疏散带来很大困难。国家相关标准对这些场所的设置位置均有严格要求，如果必须布置在首层、二层或三层等，这些场所与周围场所之间的防火分隔应满足以下要求：

①观众厅、会议厅（包括宴会厅）等人员密集的厅、室设置在四层及以上楼层时，要采用耐火极限不低于2.00小时的防火隔墙和不低于1.00小时的不燃性楼板将其分隔成建筑面积不大于4000m^2的房间。

②剧场的舞台与观众厅之间应设置耐火极限不低于3.00小时的防火隔墙，隔墙上的门应采用甲级防火门。

③剧场的舞台上部与观众厅闷顶之间应设置耐火极限不低于1.50小时的防火隔墙，隔墙上的门应采用乙级防火门；舞台下部的灯光操作室和可燃物储藏室应采用耐火极限不低于2.00小时的防火隔墙与其他部位分隔。

④电影放映室、卷片室应采用耐火极限不低于1.50小时的防火隔墙与其他部位分隔，观察孔和放映孔应设阻火闸门。

（3）医疗建筑

医疗建筑是指医院或疗养院内的病房楼、门诊楼、手术部或疗养楼、医技楼等直接为病人诊查、治疗和休养服务的建筑。在病房楼内划分防火分区后，每个防火分区还须根据面积大小和疏散路线进一步分隔。

①医疗建筑内的产房、手术室或手术部、重症监护室、精密贵重医疗装备用房、储藏间、实验室、胶片室等，应采用耐火极限不低于2.00小时的防火隔墙和不低于1.00小时的楼板与其他场所或部位分隔。

②医院和疗养院的病房楼内相邻护理单元之间应采用耐火极限不低于2.00小时的防火隔墙分隔，设置在走道上的防火门应采用常开防火门。

③上述隔墙上必须设置的门、窗均应采用乙级防火门、窗。

（4）儿童活动场所

儿童活动场所主要指年龄在3~12周岁的少儿活动的场所，包括设置在建筑内的儿童游艺场所、亲子儿童乐园、儿童特长培训班、早教中心等。这些场所内的人员具有自主疏散能力较差、对火警认知度较低的特点。附设在建筑内的托儿所、幼儿园的儿童用房和儿童游乐厅等儿童活动场所、老年人活动场所，应采用耐火极限不低于2.00小时的防火隔墙和不低于1.00小时的楼板与其他场所或部位分隔，墙上必须设置的门、窗应采用乙级防火门、窗。

（5）住宅建筑

住宅建筑的火灾危险性与其他功能的建筑有较大差别，须独立建造。当住宅与其他功能场所组合建造在同一座建筑内时，须在水平方向和竖直方向采取以下防火分隔措施与其他部分分隔，并使各自的疏散设施相互独立、互不连通：

①住宅部分与非住宅部分之间，应采用耐火极限不低于1.50小时的不燃性楼板和耐火极限不低于2.00小时且无门窗洞口的防火隔墙完全分隔；当该建筑的总建筑高度大于27m时，应采用耐火极限不低于2.50小时的不燃性楼板和无门窗洞口的防火墙完全分隔，住宅部分与非住宅部分相接处应设置高度不小于1.2m的防火挑檐，或相接处上、下开口之间的墙体高度不应小于4m。

②住宅部分与商业服务网点部分之间，应采用耐火极限不低于1.50小时的不燃性楼板和耐火极限不低于2.00小时且无门窗洞口的防火隔墙完全分隔，住宅部分和商业服务网点部分的安全出口和疏散楼梯应分别独立设置。商业服务网点中每个独立的商铺之间应采用耐火极限不低于2.00小时且无门窗洞口的防火隔墙与相邻商铺分隔。

（6）地下或半地下商店

地下建筑的火灾控制十分困难，有必要将一些建筑面积巨大的地下空间硬性分隔开来。应采用无门窗洞口的防火墙和耐火极限不低于2.00小时的楼板将总建筑面积大于20 000m^{2}的地下或半地下商店分隔为多个建筑面积不大于20 000m^{2}的区域。相邻区域确须局部水平或竖向连通时，应采用下列方式进行连通：

①采用能防止相邻区域的火灾蔓延和便于安全疏散的下沉式广场等室外开敞空间；

②墙体应为实体防火墙，在隔间的相邻区域分别设置火灾时能自行关闭的常开式甲级防火门的防火隔间；

③两侧的墙采用实体防火墙，且在局部连通处的墙上设置防烟前室的避难走道；

④采用防烟楼梯间。

（7）室内步行街

室内步行街是一种有顶棚的室内宽大空间。各地建设的大量集餐饮、商铺、游乐、电影院等于一体的大型商业综合体建筑，大多通过有顶棚的步行街连接。在实际工程中，步行街两侧建筑内的人员在火灾时往往还需要利用步行街进行疏散。对于此类有顶棚的商业步行街，要注意与中庭区别。有顶商业步行街实际就是通过顶棚将几座独立的建筑连接起来之后形成的室内或半室内街道，在其上部各层设置了一些便于使用的连接天桥和环形走道。因此，对于这类建筑的防火分隔实际上要根据各建筑的高度和耐火等级分别进行确定。为提高建筑的消防安全性能，这类步行街两侧建筑的耐火等级不应低于二级。因此，相应的防火分隔要求也是按照二级耐火等级建筑的相关防火要求确定的。

①步行街两侧建筑相对面的最近距离均不应小于对相应高度建筑的防火间距要求且不应小于9m。

②步行街两侧的商铺应采用耐火极限不低于2.00小时的防火隔墙将商铺进行分隔，其建筑面积不大于300m²。

③步行街两侧的商铺，其面向步行街一侧的围护构件宜采用耐火极限不低于1.00小时的实体墙，门、窗应采用乙级防火门、窗或耐火完整性不低于1.00小时的C类防火玻璃门、窗；相邻商铺之间面向步行街一侧应设置宽度不小于1m、耐火极限不低于1.00小时的实体墙。

此外，当步行街两侧的建筑为多层时，每层面向步行街一侧的商铺均应设置防止火灾竖向蔓延的措施；回廊或挑檐的出挑宽度不应小于1.2m。

（二）设备用房的防火分隔

附设在建筑物内的消防控制室、固定灭火系统的设备室等设备用房，应使其能在火灾时确保消防设施正常工作。而通风、空调机房则是通风管道汇集的地方，是火势蔓延的主要部位之一。因此，这些房间应与其他部位进行防火分隔，其防火分隔应满足以下要求：

一是消防控制室、灭火设备室、消防水泵房、通风空气调节机房、变（配）电室、锅炉房、变压器室、发电机房等，应采用耐火极限不低于2.00小时的防火隔墙和不低于1.50小时的楼板与其他部位分隔。通风、空调机房设置在丁、戊类厂房内时，防火隔墙和楼板的耐火极限应分别不低于1.00小时和0.50小时。

二是通风、空调机房和变（配）电室开向建筑内的门应采用甲级防火门，消防控制室和其他设备房开向建筑内的门应采用乙级防火门。

三是受条件限制必须贴邻民用建筑布置的燃油或燃气锅炉、油浸变压器、充有可燃油的高压电容器和多油开关等用房，应采用防火墙与所贴邻的建筑分隔。

四是柴油发电机房和锅炉房内设置的储油间应采用防火墙与发电机间或锅炉间分隔；柴油发电机房、锅炉房、变压器室、充有可燃油的高压电容器和多油开关等房间的隔墙和楼板及储油间的防火墙上不应开设洞口，必须开设的门、窗，应采用甲级防火门、窗。

此外，变压器室之间、变压器室与配电室之间，应设置耐火极限不低于2.00小时的防火隔墙。柴油发电机房内的储油间的总储油量不应大于$1m^3$。

（三）中庭的防火分隔

中庭通常有封闭式、半封闭式和敞开式三种类型。封闭式中庭与周围空间互不相通，完全被分隔成不同空间；半封闭式中庭与周围空间有局部相通，形式多样，如：酒店或办公等建筑中带有回廊的中庭；敞开式中庭与周围空间完全相通，如：大型商业建筑内的中庭。中庭具有在建筑内部上下贯通多层空间、屋顶或外墙的一部分多采用钢结构和玻璃、中庭空间的用途不确定、会使火灾和烟气在建筑内多个楼层间蔓延等特点。因此，中庭的防火设计应重点考虑如何有效控制烟气和火灾通过中庭蔓延。通常，可通过自然排烟或机械排烟方式将烟气排出中庭；采取防火隔墙、防火卷帘等防火分隔措施将中庭与相邻空间分隔。当通过中庭相连通的建筑面积之和大于一个防火分区的最大允许建筑面积时，须将中庭与周围相连通空间进行防火分隔，其防火分隔应满足以下要求：

一是采用防火隔墙时，其耐火极限不应低于1.00小时；

二是采用防火玻璃时，防火玻璃与其固定部件整体的耐火极限不应低于1.00小时，或通过设置闭式自动喷水灭火系统保护达到耐火极限的要求；

三是采用防火卷帘时，其耐火极限不应低于3.00小时；

四是与中庭相连通的门、窗，应采用火灾时能自行关闭的甲级防火门、窗。

（四）建筑幕墙的防火分隔

建筑幕墙是由支承结构体系与面板组成的、可相对主体结构有一定位移能力并部分承担主体结构所受作用的建筑外围护结构或装饰性结构。另外，建筑物外墙外侧安装被覆层，以整体多层复合系统的形式提供保温功能及耐候、装饰性能的外墙系统，也可看作是建筑幕墙的一种特殊应用形式，如：带保温系统的铝塑板、钛锌板幕墙等。

建筑幕墙的种类很多，按结构体系可划分为铝合金型材框架体系、型钢骨架体系及无骨架幕墙体系等；按幕墙面板材料可分为玻璃幕墙、金属板幕墙、石材幕墙及组合幕墙等。

建筑物一旦发生火灾，室内温度急剧上升，用作幕墙的材料在火灾初期由于温度作用即会破碎或脱落，导致火灾由建筑物外部向上蔓延。垂直的幕墙与水平楼板之间的缝隙，也是火灾发生时烟火蔓延的途径。因此，建筑幕墙须采取以下防火分隔措施：

一是建筑幕墙应在每层楼板外沿设置耐火极限不低于1.00小时、高度不低于1.2m的不燃性实体墙或防火玻璃墙；当室内设置自动喷水灭火系统时，该部分墙体的高度不应小于0.8m。

二是幕墙与每层楼板、隔墙处的缝隙应采用防火封堵材料封堵。

（五）管道井、变形缝、管道空隙的防火分隔

建筑中的电梯井、采光天井、电缆井、管道井、垃圾井等竖向井道串通各层的楼板，形成竖向连通孔洞，其本身就应是独立的防火空间，要采取可靠的防火分隔措施保证井道外部火灾产生的烟火不侵入井道内部，井道内部火灾也不传到井道外部。

1. 电梯井

电梯井应独立设置。其井壁的耐火极限为：一、二级耐火等级的建筑不应低于2.00小时，三级耐火等级的建筑不应低于1.50小时。井内严禁敷设可燃气体和甲、乙、丙类液体管道，不应敷设与电梯无关的电缆、电线等。电梯井的井壁除设置电梯门、安全逃生门和通气孔洞外，不应设置其他开口。

电梯层门的耐火极限不应低于1.00小时，并应同时符合现行国家标准规定的完整性和隔热性要求。

2. 其他竖向井道

电缆井、管道井、排烟道、排气道等其他竖向井道，应分别独立设置，井壁的耐火极限不应低于1.00小时，井壁上的检查门应采用丙级防火门。电缆井、管道井应在每层楼板处采用不低于楼板耐火极限的不燃材料或防火封堵材料封堵，电缆井、管道井与房间、走道等相连通的孔隙应采用防火封堵材料封堵。

（六）建筑缝隙的防火分隔

为防止因建筑变形破坏管线而引发火灾并使烟气通过变形缝扩散，电线、电缆、可燃气体和甲、乙、丙类液体的管道穿过建筑内的变形缝时，应在穿过处加设不燃材料制作的套管或采取其他防变形措施，并应采用防火封堵材料封堵。

防烟、排烟、供暖、通风和空气调节系统中的管道及建筑内的其他管道，在穿越防火隔墙、楼板和防火分区处的孔隙应采用防火封堵材料封堵。

（七）其他部位的防火分隔

1. 建筑内的防火分隔

建筑内的下列部位应采用耐火极限不低于 2.00 小时的防火隔墙与其他部位分隔，墙体上的门、窗应采用乙级防火门、窗或防火卷帘：

①甲、乙类生产部位和建筑内使用丙类液体的部位；
②厂房内有明火和高温的部位；
③甲、乙、丙类厂房（仓库）内布置有不同火灾危险性类别的房间；
④民用建筑内的附属库房，剧场后台的辅助用房；
⑤除居住建筑中套内的厨房外，宿舍、公寓建筑中的公共厨房和其他建筑内的厨房；
⑥附设在住宅建筑内的机动车库。

2. 建筑外墙的防火分隔

建筑外墙上、下层开口之间应设置高度不小于 1.2m 的实体墙或挑出宽度不小于 1m、长度不小于开口宽度的防火挑檐；当室内设置自动喷水灭火系统时，上、下层开口之间的实体墙高度不应小于 0.8m。当上、下层开口之间设置实体墙确有困难时，高层建筑的外窗应采用乙级防火窗或耐火极限不低于 1.00 小时的 C 类防火窗，单、多层建筑的外窗应采用丙级防火窗或耐火极限不低于 0.50 小时的 C 类防火窗。

住宅建筑外墙上户与户水平开口之间的墙体宽度不应小于 1m；小于 1m 时，应在开口之间设置突出外墙不小于 0.6m 的隔板。

防火挑檐和隔板的耐火极限及燃烧性能均不应低于相应耐火等级建筑外墙的要求。

3. 木结构住宅建筑内的防火分隔

设置在木结构住宅建筑内的机动车库、发电机间、配电间、锅炉间，应采用耐火极限不低于 2.00 小时的防火隔墙和 1.00 小时的不燃性楼板与其他部位分隔，不宜开设与室内相通的门窗洞口，确须开设时，可开设一扇不直通卧室的单扇乙级防火门。机动车库的建筑面积不宜大于 60m^2。

三、防火分隔设施

防火分隔设施是用于阻止火势蔓延，并将建筑空间划分成若干较小防火空间的建筑构（配）件、防火卷帘、防火阀、防火分隔水幕等设施，可分为固定式和活动式分隔设施两种。

（一）防火墙

防火墙是用于防止火灾蔓延至相邻建筑或相邻水平防火分区且具有 3.00 小时以上耐

火性能的不燃性实体墙。防火墙根据其走向可分为纵向防火墙与横向防火墙，根据其设置位置可分为内墙防火墙、外墙防火墙和室外独立防火墙，根据其构造可分为独立式防火隔墙、悬臂防火隔墙、承重墙、双防火隔墙、束缚式防火隔墙、单防火隔墙、翼墙等。

防火墙应具备在防火墙任意一侧的屋架、梁、楼板等建筑结构受到火灾的作用而破坏时，不会导致防火墙倒塌而致火灾蔓延出防火分区的性能。在构造上，防火墙要符合下列基本要求：

一是防火墙应直接设置在建筑的基础或框架、梁等承重结构上。当设置在建筑的框架、梁等承重结构上时，要确保防火墙下部的支承结构具有不低于上部防火墙的耐火性能。

二是防火墙应从楼地面基层隔断至梁、楼板底面基层。对于屋顶承重结构和屋面板的耐火极限低于1.00小时的高层厂房或高层仓库与屋顶承重结构和屋面板的耐火极限低于0.50小时的其他建筑，防火墙应高出这些建筑的屋面不小于0~5m；其他情况下，防火墙可以不高出建筑的屋面，但应隔断至屋面结构层的底面。

三是防火墙的横截面中心线与屋顶天窗端面的水平距离不应小于4m；当天窗端面为可燃性墙体时，还应采取防止火势蔓延的其他措施。

四是对于采用难燃性外墙的建筑，防火墙应凸出该外墙的外表面不小于0.4m，且防火墙两侧各2m范围内的外墙要采用不燃性墙体，其耐火极限不应低于该耐火等级建筑对外墙的耐火极限要求。对于采用不燃性外墙的建筑，防火墙可不凸出该外墙的外表面。在防火墙两侧设置的门窗洞口应保持不小于2m的水平距离；采取设置乙级防火窗等防止火灾水平蔓延的措施时，该距离可不限。

五是建筑内的防火墙不宜设置在转角处。如须设置在转角附近，内转角两侧墙上的门窗洞口之间最近边缘的水平距离不应小于4m；采取设置乙级防火窗等防止火灾水平蔓延的措施时，距离可不限。

六是可燃气体和甲、乙、丙类液体的管道严禁穿过防火墙。防火墙内不应设置排气道。除可燃气体和甲、乙、丙类液体的管道外的其他管道不宜穿过防火墙。必须穿过时，应采用防火封堵材料将墙与管道之间的空隙紧密填实，穿过防火墙处的管道保温材料，应采用不燃材料；当管道为难燃及可燃材料时，应在防火墙两侧的管道上采取防火措施。

七是防火墙上不应开设门窗洞口。必须开设时，应设置常闭火灾时能自动关闭的甲级防火门、窗。

（二）防火卷帘

防火卷帘是在一定时间内，连同框架能满足耐火稳定性和完整性要求的卷帘，由帘板、卷轴、电机、导轨、支架、防护罩和控制机构等组成。防火卷帘是一种活动的防火分隔物，一般是用钢板等金属板材，以扣环或铰接的方法组成可以卷绕的链状平面，平时卷起放在门窗上口的转轴箱中，发生火灾时将其放下展开，用以阻止火势从门窗洞口蔓延。

1. 分类

防火卷帘分为钢质防火卷帘、无机纤维复合防火卷帘和特级防火卷帘三种。

（1）钢质防火卷帘

钢质防火卷帘是用钢质材料做帘板、导轨、座板、门楣、箱体等，并配以卷门机和控制箱所组成的能符合耐火完整性要求的卷帘。

（2）无机纤维复合防火卷帘

无机纤维复合防火卷帘是用无机纤维材料做帘面（内配不锈钢丝或不锈钢丝绳），用钢质材料做夹板、导轨、座板、门楣、箱体等，并配以卷门机和控制箱所组成的能符合耐火完整性要求的卷帘。

（3）特级防火卷帘

特级防火卷帘是用钢质材料或无机纤维材料做帘面，用钢质材料做导轨、座板、夹板、门楣、箱体等，并配以卷门机和控制箱所组成，能符合耐火完整性、隔热性和防烟性能要求的卷帘。

2. 设置要求

当采用防火卷帘进行防火分隔时，应符合下列要求：

①除中庭外，当防火分隔部位的宽度不大于30m时，防火卷帘的宽度不应大于10m；当防火分隔部位的宽度大于30m时，防火卷帘的宽度不应大于该部位宽度的1/3，且不应大于20m。

②不宜采用侧式防火卷帘。

③防火卷帘的耐火极限不应低于规范对所设置部位墙体的耐火极限要求。

当防火卷帘的耐火极限符合有关耐火完整性和耐火隔热性的判定条件时，可不设置自动喷水灭火系统进行保护。

当防火卷帘的耐火极限仅符合有关耐火完整性的判定条件时，应设置自动喷水灭火系统进行保护。自动喷水灭火系统设计的火灾延续时间不应小于该防火卷帘的耐火极限要求。

④防火卷帘应具有防烟性能，与楼板、梁和墙、柱之间的空隙应采用防火封堵材料封堵；须在火灾时自动降落的防火卷帘，应具有信号反馈的功能。

（三）防火门和防火窗

1. 防火门

防火门是在一定时间内能满足耐火完整性和隔热性要求的门。防火门的分类形式有多种，按材质可分为木质防火门、钢质防火门、钢木质防火门和其他材质防火门；按门扇数量可分为单扇防火门、双扇防火门和多扇防火门（含有两个以上门扇的防火门）；按结构形式可分为门扇上带防火玻璃的防火门、防火门门框（门框分为双槽口和单槽口）、带亮窗防火门、带玻璃带亮窗防火门和无玻璃防火门；按耐火性能可分为隔热防火门（A类）、部分隔热防火门（B类）和非隔热防火门（C类），其中，A类防火门又分为甲、乙、丙三级，其耐火隔热性和耐火完整性均分别为1.50小时、1.00小时和0.50小时。

①设置在疏散通道上的防火门应向疏散方向开启，并在关闭后应能从任一侧手动开启。设置在建筑内经常有人通行处的防火门宜采用常开防火门。常开防火门应能在火灾时自行关闭，并应具有信号反馈的功能。

②除允许设置常开防火门的位置外，其他位置的防火门均应采用常闭防火门。常闭防火门应在门扇的明显位置设置"保持防火门关闭"等提示标志。

③除管井检修门和住宅的户门外，防火门应具有自动关闭功能。双扇防火门应具有按顺序自动关闭的功能。

④人员密集场所内平时需要控制人员随意出入的疏散门和设置门禁系统的住宅、宿舍、公寓建筑的外门，应保证火灾时无须使用钥匙等任何工具即能从内部易于打开，并应在显著位置设置标志和使用提示。除此之外，防火门应能在门的内外两侧手动开启。

⑤防火门设置在建筑变形缝附近时，应设置在楼层较多的一侧，并应保证防火门开启时门扇不跨越变形缝。

⑥防火门在平时关闭后，应具有防烟性能。

2. 防火窗

防火窗是能够隔离和阻止火势蔓延的窗。防火窗按其窗框和窗扇框架采用的主要材料可分为：钢质防火窗，即窗框和窗扇框架采用钢材制造的防火窗；木质防火窗，即窗框和窗扇框架采用木材制造的防火窗；钢木复合防火窗，即窗框采用钢材、窗扇框架采用木材制造或窗框采用木材、窗扇框架采用钢材制造的防火窗。防火窗按其使用功能可分为：固定式防火窗，即无可开启窗扇的防火窗；活动式防火窗，即有可开启窗扇，且装配有窗扇启闭控制装置的防火窗。防火窗按其耐火性能可分为隔热防火窗（A类）和非隔热防火窗（C类），其中，A类防火窗又分为甲、乙、丙三级，其耐火隔热性和耐火完整性分别为1.50小时、1.00小时和0.50小时。

设置在防火墙、防火隔墙上的防火窗，其窗扇应固定、不可开启，或在火灾时能自行关闭。

（四）防火分隔水幕

水幕系统是由开式洒水喷头或水幕喷头、雨淋报警阀组或感温雨淋阀及水流报警装置（水流指示器或压力开关）等组成，用于挡烟阻火和冷却分隔物的喷水系统；防火分隔水幕是指密集喷洒形成水墙或水帘的水幕。在建筑中因生产工艺或空间使用需要而难以设置防火墙、防火门或防火卷帘的部位，均可考虑采用防火分隔水幕进行分隔。防火分隔水幕不宜用于开口尺寸大于15m（宽）×8m（高）的开口。防火分隔水幕的喷水点高度不应大于12m，喷水强度为2L/s·m，喷头工作压力为0.1MPa。防火分隔水幕采用水幕喷头时，喷头不应少于3排；采用开式洒水喷头时，喷头不应少于2排；喷头布置应保证洒水喷头形成的水幕宽度不小于6m。

（五）防火阀

防火阀是安装在通风、空调系统的送、回风管上，平时处于开启状态，火灾情况下当管道内气体温度达到70℃时关闭，并在一定时间内能满足耐火稳定性和完整性要求，起隔烟阻火作用的阀门，其性能应符合国家标准规定。

1. 防火阀的设置要求

①通风、空气调节系统的风管穿过下列部位时，应在管道上设置公称动作温度为70℃的防火阀：

a. 穿越防火分区处；

b. 穿越通风、空气调节机房的房间隔墙和楼板处；

c. 穿越重要或火灾危险性大的房间隔墙和楼板处；

d. 穿越防火分隔处的变形缝两侧；

e. 竖向风管与每层水平风管交接处的水平管段上，但当建筑内每个防火分区的通风、空气调节系统均独立设置时，水平风管与竖向总管的交接处可不设置防火阀。

②公共建筑的浴室、卫生间和厨房的竖向排风管，应采取防止回流措施或在支管上设置公称动作温度为70℃的防火阀。公共建筑内厨房的排油烟管道宜按防火分区设置，且在与竖向排风管连接的支管处应设置公称动作温度为150℃的防火阀。

③通常，防火阀宜靠近防火分隔处设置；当防火阀为暗装时，应在安装部位设置方便维护的检修口。防火阀两侧各2m范围内的风管及其绝热材料应采用不燃材料。

2. 排烟防火阀

排烟防火阀是安装在排烟系统管道上，在一定时间内能满足耐火稳定性和完整性要求，起隔烟阻火作用的阀门。排烟防火阀一般平时关闭，具有手动、自动开启功能。发生火灾时，火灾探测器发出火警信号，通过控制器给阀上的电磁铁通电，使阀门迅速打开，或人工手动开启进行排烟；当管道内排出的烟气温度达到280℃时，阀门自动关闭。

排烟防火阀通常设置在排烟管道穿越防火分区处、机械排烟系统的排烟支管上和排烟风机入口处的总管上。当设置在总管上时，排烟防火阀应能与排烟风机连锁，并在关闭该阀门时，能连锁停止排烟风机的运行。

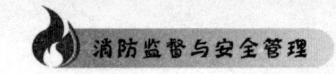

第四节　防烟分区

一、防烟分区的划分

防烟分区是在建筑内部由挡烟设施分隔而成，配合机械排烟设施设置能在一定时间内防止火灾烟气向同一建筑的其余部分蔓延的局部空间。划分防烟分区是为了在火灾初起阶段将烟气控制在一定范围内，以便有组织地将烟气排出室外。划分防烟分区的一般原则有以下六点：

一是不设置机械排烟设施的房间和走道，不划分防烟分区；室内顶棚高度大于6m的场所，可以不划分防烟分区。

二是走道和房间按规定需要设置机械排烟设施时，可根据具体情况将走道与房间的机械排烟设施分开或合并设置，并划分防烟分区。对于大面积的场所，一般需要分开设置；对于办公室、酒店等多个小房间的场所，往往合并设置。

三是防火分区之间不允许烟气和火势相互蔓延。因此，防烟分区不应跨越防火分区。但一个防烟分区可以包括一个或多个楼层，一个楼层也可以包括一个或多个防烟分区。

四是一座建筑的某几层须设置机械排烟设施，且采用竖井进行排烟时，按规定不需要设置机械排烟设施的其他各层，如增加投资不多，可考虑扩大设置范围，各层也宜划分防烟分区，并设置排烟设施。

五是当建筑内不同空间之间采用分区防烟方法进行防烟时，应在这些空间之间划分防烟分区。

六是防烟分区的长度或宽度不应超过其顶棚高度的8倍。

二、防烟分区的划分方法

（一）按用途划分

对于建筑物的各个部分，按其不同的用途，如：厨房、卫生间、起居室、客房及办公室等，来划分防烟分区比较合适，也较方便。国外常把高层建筑的各部分划分为居住或办公用房、疏散通道、楼梯、电梯及其前室、停车库等防烟分区。但按此种方法划分防烟分区时，应注意在通风空调管道、电气配管、给排水管道等穿墙和楼板处，应用不燃烧材料填塞密实。

（二）按面积划分

在建筑物内按面积将其划分为若干个基准防烟分区，这些防烟分区在各个楼层，一般形状相同、尺寸相同、用途相同。不同形状和用途的防烟分区，其面积也宜一致。每个楼层的防烟分区可采用同一套防排烟设施。如所有防烟分区共用一套排烟设备时，排烟风机的容量应按最大防烟分区的面积计算。

（三）按楼层划分

从防排烟的观点看，在进行建筑设计时应特别注意的是垂直防烟分区，尤其是对于建筑高度超过100m的超高层建筑，可以把一座高层建筑按15~20层分段，一般是利用不连续的电梯井在分段处错开，楼梯间也做成不连续的，这样处理能有效地防止烟气无限制地向上蔓延，对超高层建筑的安全是十分有益的。

在高层建筑中，底层部分和上层部分的用途往往不太相同，如：高层旅馆建筑，底层布置餐厅、接待室、商店、会计室、多功能厅等，上层部分多为客房。因此，应尽可能根据房间的不同用途沿垂直方向按楼层划分防烟分区。

三、防烟分区的分隔设施

在空间内设置挡烟垂壁，把烟气蓄积在防烟分区内并增加烟气层厚度，有利于迅速启动排烟口，并提高排烟效果。划分防烟分区的设施主要有挡烟垂壁、隔墙、防火卷帘、楼板下的梁等。

挡烟垂壁是用不燃材料制成，垂直安装在建筑顶棚或吊顶下，能在火灾时阻止烟气横向流动并形成一定蓄烟空间的挡烟设施。用于防烟分区划分的挡烟垂壁有固定式和活动式两种，工程中要优先使用固定式挡烟垂壁。顶棚下凸出不小于500mm的结构梁及顶棚或吊顶下凸出不小于500mm的不燃性的连续物体等均可作为固定式挡烟垂壁。

活动式挡烟垂壁主要有卷帘式挡烟垂壁和翻板式挡烟垂壁两种。其平时处于卷起状态，在火灾时下降至设计的挡烟高度，且有效下降高度均不应小于500mm。卷帘式挡烟垂壁的单节宽度应不大于6000mm，翻板式挡烟垂壁的单节宽度应不大于2400mm。

挡烟垂壁的基本设置要求包括两点：第一，应垂直向下凸出一定深度。除上述要求的500mm下垂高度外，还不应小于室内地面至顶棚的高度的20%。室内地面至顶棚的高度的计算方法为：对于平屋顶和具有水平顶棚区域的锯齿状屋顶，该高度为从顶棚至地板的距离；对于斜屋顶，该高度为从排烟口中心至地板的距离。第二，当挡烟垂壁的下垂高度小于顶棚高度的30%时，挡烟垂壁的设置间距不应小于顶棚的高度。

四、烟气的控制技术

为达到在火灾初期阶段最大限度地降低人员伤亡和财产损失的目的，对火灾烟气的产生和运动进行控制是关键。一个设计良好、工作正常的防排烟体系，能将火场热量的70%~80%排走，避免和减少火势的蔓延，同时将烟气控制在一定区域，保证疏散路线的畅通。控制烟雾有防烟和排烟两种方式，防烟是防止烟的进入，是被动的措施；排烟是积极改变烟气的流向，使之排出户外，是主动的措施，两者互为补充。

（一）防排烟系统的设置原则

1. 建筑排烟系统的设计应根据建筑的使用性质、平面布局等因素，优先采用自然排烟系统。

2. 同一个防烟分区应采用同一种排烟方式。

3. 建筑的中庭应设置排烟设施。

4. 与中庭相连通的周围场所各房间均设置排烟设施时，回廊可不设，但商店建筑的回廊应设置排烟设施；当周围场所任一房间未设置排烟设施时，回廊应设置排烟设施。

5. 当中庭与周围场所未采用防火隔墙、防火玻璃隔墙、防火卷帘时，中庭与周围场所之间应设置挡烟垂壁。

（二）自然排烟

自然排烟方式是利用火灾时产生的热烟气流的浮力和建筑物外部空气流动产生的风压，通过建筑物的自然排烟竖井（排烟塔）或开口部分（包括阳台、门窗）向上或向室外排烟。

自然排烟的优点是构造简单、经济，不需要专门的排烟设备及动力设施，运行维修费用低，排烟口可兼作平时通风换气使用。对于顶棚高大的房间，若在顶棚上开设排烟口，自然排烟效果好。缺点是自然排烟效果受室外气温、风向、风速的影响，特别是排烟口设置在上风向时，不仅排烟效果大大降低，还可能出现烟气倒灌现象，并使烟气扩散蔓延到未着火的区域。

自然排烟的设置应注意以下七个要点：

第一，在进行自然排烟设计时，应将排烟口布置在有利于排烟的位置，并对有效可开启的外窗面积进行校核计算。

第二，对于高层住宅及二类高层建筑，应尽可能利用不同朝向开启外窗来排除前室的烟气。

第三，排烟口位置越高，排烟效果越好。所以，排烟口通常设置在墙壁的上部靠近顶棚处或顶棚上。当房间高度小于3m时，排烟口的下缘应在离顶棚面80cm以内；当房间高度在3~4m时，排烟口下缘应在离地板面2.1m以上部位；当房间高度大于4m时，排烟口下缘占房间总高度一半以上即可。

第四，对于中庭及建筑面积大于500m²且两层以上的商场、公共娱乐场所，宜设置与火灾报警系统联动的自动排烟窗；当设置手动排烟窗时，应设有可方便开启的装置。

第五，防烟分区内任一点与最近的自然排烟窗（口）之间的水平距离不应大于30m。当工业建筑采用自然排烟方式时，其水平距离尚不应大于建筑内空间净高的2.8倍；当公共建筑空间净高不小于6m，且具有自然对流条件时，其水平距离不应大于37.5m。

第六，自然排烟窗、排烟口、送风口应由非燃材料制成，宜设置手动或自动开启装置，手动开关应设在距地坪0.8~1.5m处。

第七，为了减小风向对自然排烟的影响，当采用阳台、凹廊为防烟楼梯间前室时，应尽量设置与建筑物色彩、体型相适应的挡风措施。

自然排烟窗（口）应设置在排烟区域的顶部或外墙，并应符合下列规定：

第一，当设置在外墙上时，自然排烟窗（口）应在储烟仓以内，但走道、室内空间净高不大于3m的区域的自然排烟窗（口）可设置在室内净高度的1/2以上。

第二，自然排烟窗（口）的开启形式应有利于火灾烟气的排出。

第三，当房间面积不大于200m²时，自然排烟窗（口）的开启方向可不限。

第四，自然排烟窗（口）宜分散均匀布置，且每组的长度不宜大于3.0m。

第五，设置在防火墙两侧的自然排烟窗（口）之间最近边缘的水平距离不应小于2.0m。

第六，厂房、仓库的自然排烟窗（口）设置在外墙时，自然排烟窗（口）应沿建筑物的两条对边均匀设置；当设置在屋顶时，自然排烟窗（口）应在屋面均匀设置且宜采用自动控制方式开启；当屋面斜度不大于12°时，每200m²的建筑面积应设置相应的自然排烟窗（口）；当屋面斜度大于12°时，每400m²的建筑面积应设置相应的自然排烟窗（口）。

自然排烟窗（口）开启的有效面积应符合下列规定：

第一，当采用开窗角大于70°的悬窗时，其面积应按窗的面积计算；当开窗角小于或等于70°时，其面积应按窗最大开启时的水平投影面积计算。

第二，当采用开窗角大于70°的平开窗时，其面积应按窗的面积计算；当开窗角小于或等于70°时，其面积应按窗最大开启时的竖向投影面积计算。

第三，当采用推拉窗时，其面积应按开启的最大窗口面积计算。

第四，当采用百叶窗时，其面积应按窗的有效开口面积计算。

第五，当平推窗设置在顶部时，其面积可按窗的1/2周长与平推距离乘积计算，且不应大于窗面积。

第六，当平推窗设置在外墙时，其面积可按窗的 1/4 周长与平推距离乘积计算，且不应大于窗面积。

第七，自然排烟窗（口）应设置手动开启装置，设置在高位不便于直接开启的自然排烟窗（口），应设置距地面高度 1.3~1.5m 的手动开启装置。净空高度大于 9m 的中庭、建筑面积大于 2000m² 的营业厅、展览厅、多功能厅等场所，尚应设置集中手动开启装置和自动开启设施。

第八，除洁净厂房外，设置自然排烟系统的任一层建筑面积大于 2500m² 的制鞋、制衣、玩具、塑料、木器加工储存等丙类工业建筑，除自然排烟所需排烟窗（口）外，尚宜在屋面上增设可熔性采光带（窗）。未设置自动喷水灭火系统的，或采用钢结构屋顶，或采用预应力钢筋混凝土屋面板的建筑，可熔性采光带（窗）的面积不应小于楼地面面积的 10%；对于其他建筑，其面积不应小于楼地面面积的 5%。

（三）机械排烟

火区压力高于其他区域 10~15Pa，最高可达 35~40Pa，必须有比烟气生成量大的排烟量，才有可能使着火区产生一定的负压，以实现对烟气蔓延的有效控制。机械排烟方式是烟气控制的一项有效措施。

机械排烟系统由挡烟垂壁、排烟口、防火排烟阀门、排烟风机和排烟口组成。

1. 机械排烟的设置场所要求

①无直接自然通风，且长度超过 20m 的内走道，或虽有直接自然通风，但长度超过 60m 的内走道。

②面积超过 100m²，且经常有人停留或可燃物较多的地上无窗房间或设固定窗的房间。

③不具备自然排烟条件或净空高度超过 12m 的中庭。

④除利用窗井等开窗进行自然排烟的房间外，各房间总面积超过 2000m² 或一个房间面积超过 50m²，且经常有人停留或可燃物较多的地下室。

2. 机械排烟系统设计的一般要求

建筑物烟气控制区域机械排烟量的设计和计算应遵循以下基本原则：

①排烟系统与通风、空气调节系统宜分开设置。当合用时，应符合下列条件：系统的风口、风道、风机等应满足排烟系统的要求；当火灾被确认后，应能开启排烟区域的排烟口和排烟风机，并在 15 秒内自动关闭与排烟无关的通风、空调系统。

②房间的机械排烟系统宜按防烟分区设置。

③排烟风机的全压应按排烟系统最不利管道进行计算，其排烟量应在计算的系统排烟量的基础上考虑一定的排烟风道漏风系数。金属风道漏风系数取 1.1~1.2，混凝土风道漏风系数取 1.2~1.3。

④人防工程机械排烟系统宜单独设置或与工程排风系统合并设置。当合并设置时，必须采取在火灾发生时能将排风系统自动转换为排烟系统的措施。

⑤车库机械排烟系统可与人防、卫生等排气、通风系统合用。

3. 机械排烟区域的补风要求

除地上建筑的走道或建筑面积小于 500m² 的房间外，设置排烟系统的场所应设置补风系统。补风系统的设置应满足以下要求：

①补风系统应直接从室外引入空气，且补风量不应小于排烟量的 50%。

②补风系统可采用疏散外门、手动或自动可开启外窗等自然进风方式及机械送风方式。防火门、窗不得用作补风设施。风机应设置在专用机房内。

③补风口与排烟口设置在同一空间内相邻的防烟分区时，补风口位置不限；当补风口与排烟口设置在同一防烟分区时，补风口应设在储烟仓下沿以下；补风口与排烟口水平距离不应少于 5m。

④补风系统应与排烟系统联动开启或关闭。

⑤机械补风口的风速不宜大于 10m/s，人员密集场所补风口的风速不宜大于 5m/s；自然补风口的风速不宜大于 3m/s。

⑥补风管道耐火极限不应低于 0.50 小时，当补风管道跨越防火分区时，管道的耐火极限不应小于 1.50 小时。

4. 排烟管道系统

排烟管道必须采用不燃材料制作。管道内风速，当采用金属管道时，不宜大于 20m/s；当采用内表面光滑的混凝土等非金属材料管道时，不宜大于 15m/s。

当吊顶内有可燃物时，吊顶内的排烟管道应采用不燃烧材料进行隔热，并应与可燃物保持不小于 150mm 的距离。

在排烟支管上应设有当烟气温度超过 280℃ 时能自行关闭的排烟防火阀。

排烟井道应采用耐火极限不小于 1.00 小时的隔墙与相邻区域分隔；当墙上必须设置检修门时，应采用丙级防火门；水平排烟管道穿越防火墙时，应设排烟防火阀；当穿越两个以上防火分区或排烟管道在走道的吊顶内时，其管道的耐火极限不应小于 1.00 小时；排烟管道不应穿越前室或楼梯间，如确有困难必须穿越时，其耐火极限不应小于 2.00 小时。每层的水平风管不得跨越防火分区。排烟风机可采用离心风机或采用排烟轴流风机，并应在其机房入口处设有当烟气温度超过 280℃ 时能自动关闭的排烟防火阀。排烟风机应保证在 280℃ 时连续工作 30 分钟。

排烟风机宜设在建筑物的顶部，烟气出口宜朝上，并应高于加压送风机的进风口，两者垂直距离不应小于 3m，水平距离不应小于 10m。当系统中任一排烟口或排烟阀开启时，排烟风机应能自行启动。

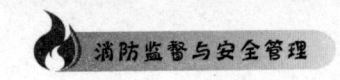

5. 排烟口的设置

排烟口应设在顶棚上或靠近顶棚的墙面上，且与附近安全出口沿走道方向相邻边缘之间的最小水平距离不应小于1.5m。设在顶棚上的排烟口，距可燃构件或可燃物的距离不应小于1m。

用隔墙或挡烟垂壁划分防烟分区时，每个防烟分区应分别设置排烟口，排烟口应尽量设置在防烟分区的中心部位，排烟口至该防烟分区最远点的水平距离不应超过30m。

单独设置的排烟口，平时应处于关闭状态，其控制方式可采用自动或手动开启方式；手动开启装置的位置应便于操作；排风口和排烟口合并设置时，应在排风口或排风口所在支管设置自动阀门，该阀门必须具有防火功能，并应与火灾自动报警系统联动；火灾时，着火防烟分区内的阀门仍应处于开启状态，其他防烟分区内的阀门应全部关闭。排烟口的设置应使烟流方向与人员疏散方向相反，排烟口与安全出口的距离不应小于1.5m（应尽量远离安全出口）。

排烟口的风速不宜大于10m/s，排烟口的尺寸可根据烟气通过排烟口有效截面时的速度不大于10m/s进行计算。排烟速度越高，排出气体中空气所占的比率越大，因此排烟口的最小截面积一般不应小于$0.04m^2$。

同一分区内设置数个排烟口时，要求做到所有排烟口能同时开启，排烟量应等于数个排烟口排烟量的总和。

第五节　安全疏散和避难

一、安全疏散设计的基本要求和程序

建筑防火设计的主要目标之一是确保人身安全，安全疏散设计的基本原则是设计的疏散设施能够满足建筑中全部人员安全疏散的需要。当建筑发生火灾时，建筑中的人员能够通过疏散设施安全、快速地疏散到室外安全区域。

安全疏散设计是建筑防火设计的一项重要内容，应根据建筑物的使用性质、人们在火灾事故时的心理状态与行为特点、火灾危险性大小、容纳人数、建筑规模，合理布置疏散设施，如：疏散通道、疏散楼梯、疏散门、疏散指示标志等，为人员的安全疏散同时也为消防救援提供良好的条件。

在建筑火灾中，人员的疏散主要涉及人员、建筑和火灾特征三个基本因素。人员是疏散的行为主体，不同的人在火灾环境下具有不同的心理、行为特点和行动能力；建筑的几何条件与内部空间组合与分隔限定了火灾发展和人员行动的空间；火灾的发展过程因可燃物的种类、数量、存在状态的不同而呈现复杂的特性。

（一）安全疏散设计的基本要求

1. 合理划分安全区域

当建筑物内某一房间发生火灾并蔓延扩大，疏散通道的门窗被破坏时，将导致浓烟、火焰涌向走道。若走道内未设有效的阻烟、排烟设施，则烟气就会继续向疏散楼梯蔓延。此外，发生火灾时，人员的疏散路线，也基本上和烟气的流动路线相同，即房间→走道→前室→楼梯间→室外安全区域。火灾中产生的高温、有毒烟气是导致人员伤亡的主要原因，而由于烟气的蔓延扩散与人员的疏散路线一致，因此对人员的安全疏散会形成很大的威胁。

按照火灾时疏散过程中人员所处位置的不同，安全疏散可分为三个阶段：第一个阶段，人员位于房间内，须通过房门疏散到走道；第二个阶段，人员位于疏散通道内，通过走道疏散到疏散楼梯；第三个阶段，人员位于楼梯间内，通过疏散楼梯到达首层，然后经直通室外的安全出口疏散到室外安全区域。

为了保障人员疏散安全，最好能够使疏散路线上各个空间的防烟、防火性能逐步提高，而楼梯间的安全性应达到最高。离开火灾房间后先要进入走道，走道的安全性高于起火房间，故称走道为第一安全区，依此类推，前室为第二安全区，楼梯间为第三安全区。

有关安全疏散设计则针对人员所处疏散阶段的不同，分别设计房间内的疏散距离、疏散门、疏散通道及疏散楼梯、直通室外的安全出口等疏散设施。其设计基础是建筑中的人数，同时考虑人员的分布情况。

2. 保证人员双向疏散

建筑内发生火灾时，即使其中有一个或多个安全出口被烟火阻挡，也要保证有其他出口可供安全疏散和消防救援使用。因此，在进行安全疏散设计时应做到以下两点：一是保证房间疏散门、安全出口等分散布置，同时尽量减少袋形走道的使用，满足房间内最远点到疏散门、疏散门到安全出口的距离要求；二是结合建筑的使用功能选用合适的疏散楼梯形式，且其疏散宽度要能保证不出现拥堵现象，并设置相应的疏散指示和应急照明设施，为人员疏散提供有利的条件。

3. 设置应急照明和疏散指示标志

考虑到火灾时间紧迫，为便于人员快速找到疏散设施，并提高疏散效率，疏散路线要简捷，易于辨认，并须设置简明易懂、醒目的疏散指示标志。同时，在进行安全疏散设计时，要分析不同建筑物中人在火灾条件下的心理状态及行动特点，疏散路线设计要符合人的习惯要求。例如，人在紧急情况下，习惯走平常熟悉的路线。因此，布置疏散楼梯时，要将其靠近经常使用的电梯、扶梯等位置，使经常使用的路线与火灾时疏散的路线有机地结合起来，从而有利于人员迅速地疏散。

(二)安全疏散设计程序

在进行建筑的安全疏散设计时，首先应根据建筑的使用功能，结合各场所的人员密度，确定疏散人数；然后按照双向疏散的要求，根据建筑使用功能，分散布置建筑内各房间的疏散门及各楼层和防火分区的安全出口，同时确定连接疏散门与安全出口的疏散通道。设计时，要分别确定安全出口、疏散门及疏散通道的数量、宽度、位置和疏散距离等。安全疏散设计程序大体如下：

第一，确定疏散人数。

第二，根据实际情况确定"假定起火点"。

第三，对每个"假定起火点"分别提出起火后人员的疏散路线。

第四，分析人员在每条疏散路线上的流动状况。计算最后一名人员沿疏散路线穿越各主要部位的时间；计算沿途是否会发生滞留现象；当有滞留现象发生时，则要计算滞留地点的滞留人数、滞留时间及人流变化情况等。

第五，分析高温烟气在每条疏散路线上的流动情况，如：明确高温烟气的前端沿疏散路线流动的时间、发生滞留地点的烟气浓度随时间变化的规律等。

第六，对"第四"和"第五"分析的情况进行比较、核对，研究人员疏散的可靠程度。即确定最后一名人员被高温烟气前端追上以后，是否处于超过允许极限浓度的烟气之中，发生滞留地点的人流混乱程度是否超过容许的程度。在分析问题的同时，还要考虑建筑物的用途、人员的素质及身体状况等诸多因素，并适当乘以安全系数。

第七，依据"第六"的结果，如果断定属于危险的范围，则要对安全疏散设施进行技术调整，如：增加安全出口的数量和宽度、设置防排烟设施等，然后重新按照上述程序反复研究设计方案，直至断定达到安全要求为止。

二、安全疏散设计理论及计算

(一)影响安全疏散的因素

建筑中的人员能否安全疏散除受人员自身的生理、心理特性影响外，主要受建筑的火灾危险性及消防设施等因素的影响。

1. 人员特性

火灾中的疏散过程，是在人的主观意识下，感知、认知火灾和环境信息与行为决策及执行决策的过程。人的行为在火灾时除受到年龄、身高、体重、敏捷度、习惯、行动能力等心理与生理状态和文化背景与受教育程度的影响外，同时人的行为还会受到人在建筑内的实际状况及建筑空间特性的影响，如：人员的分布情形、熟悉环境程度、人数及其组成，楼梯或出口的宽度、数量，以及走道宽度、照明、建筑高度等都对人员疏散有着直接的影响。

（1）行动能力方面

人员的行走速度受较多因素的影响，如：性别、年龄及身体健康状况等。研究表明，人的年龄超过 65 岁时，行走速度有一定的减缓，少儿的行走速度也比成年人的速度要慢。此外，人员的行走速度还在较大程度上受疏散路线内人员密度的影响。

（2）熟悉环境程度方面

对于那些熟悉建筑的人员，在发生火灾时能够较为容易地找到疏散设施；而那些不熟悉建筑的人员，在紧急情况下往往倾向于追随他人或依赖其习惯寻找并沿其自己进入建筑的路线逃生。例如，在商店购物时，人员往往习惯于乘坐自动扶梯或者电梯直达各层，要转到其他楼层时，也是找到就近的自动扶梯或者电梯上、下楼，对建筑内疏散楼梯的具体位置并不是很熟悉。着火时，人员首选也是试图通过这些设施疏散，而电梯、自动扶梯不能作为火灾时人员安全疏散使用，这就需要设置明显的疏散指示标志引导人员通向疏散门、安全出口。

（3）社会关系方面

研究表明，在疏散过程中，人总是习惯于和自己有联系的人结伴构成一个群体，如：家庭成员、同事等。这有时会有助于快速发现火灾，但并不一定会加快人员的疏散。群体的疏散速度往往受其中行动最慢的人的影响。

（4）人员密度方面

建筑中的人员密度越大，疏散速度就越慢，相应的疏散时间就会延长。

2. 火灾危险性

建筑的火灾危险性类别不同，发生火灾的可能性及火灾后的蔓延和危害也不同，对人员安全疏散有直接的影响。甲、乙类场所火灾危险性大，火灾蔓延速度快，对人员的影响大，相应的疏散时间就要求短；而一些丁、戊类的场所，特别是面积大、空间高的车间、库房，即使发生火灾，对人员的影响也相对较小，疏散时间可相应延长。

3. 消防设施

例如，消防应急照明可以舒缓人员在火灾情况下特别是失去正常照明后的紧张情绪，同时疏散路线上足够的照度可以提高疏散人流的行走速度；建筑内设置的报警设施可以及早地发现火灾，并通知建筑内的人员，从而为安全疏散提供更多的时间。

（二）安全疏散设计参数

1. 疏散人数

设计安全疏散设施首先要确定建筑内的人数。有固定座位的场所，如：剧场、体育场馆、电影院等，可按标定的使用人数计算；对于无固定座位的场所，如：商店、展览馆等，则需要根据建筑面积和人员密度计算人数；对人员密度没有相关规定的场所，可经过调查分析等手段，参照同类的使用功能场所，确定计算人数。但因建筑所处城市、地段及建筑规模等的不同，实际使用人数有很大的差异。

2. 允许疏散时间

允许疏散时间是指建筑物发生火灾后，能够保证处在火灾危险区域的人全部迅速安全撤离并抵达安全区域所需要的时间。影响允许疏散时间的因素很多，主要可从两个方面来分析：一方面是火灾产生的烟气对人的威胁；另一方面是建筑物的耐火性能、疏散设计情况及疏散设施可否正常运行。根据火灾统计，火灾时人员的伤亡，大多数是因烟气中毒、高温和缺氧所致。而建筑物中烟气大量扩散与流动及出现高温和缺氧，是在轰燃之后才加剧的。火灾试验表明，建筑物从起火到出现轰燃的时间大多在5~8分钟。

一般来说，一、二级耐火等级的建筑物，建筑结构耐火性能较好，但其内部若大量使用可燃装修材料，如：房间、走道、门厅的吊顶、墙面等采用可燃材料，并铺设可燃地毯等，火灾时不仅燃烧速度快，还会产生大量有毒气体，影响人员的安全疏散。例如，某建筑的走道和门厅采用了可燃材料吊顶，火灾时很快烧毁并掉落在走道地面上。未疏散出的人员由于不敢通过走道进行疏散，因而耽误了疏散时间，以致造成伤亡事故。我国建筑物吊顶的耐火极限一般为15分钟，它限定了允许疏散时间不能超过这一极限。

由于建筑构件，特别是吊顶的燃烧破坏，一般都比出现一氧化碳等有毒烟气、高温或严重缺氧的时间晚，所以，在确定允许疏散时间时，首先要考虑火场上烟气中毒问题。产生大量有毒气体和出现高温、缺氧等情况，一般是在轰燃之后，故允许疏散时间应控制在轰燃之前，并适当考虑安全系数。一、二级耐火等级的建筑，其允许疏散时间为5~7分钟，三、四级耐火等级建筑的允许疏散时间为2~4分钟。

考虑影剧院、礼堂的观众厅，容纳人员密度大，安全疏散比较困难，所以允许疏散时间要从严控制。一、二级耐火等级的影剧院允许疏散时间为2分钟，三级耐火等级的允许疏散时间为1.5分钟。体育馆的规模一般比较大，观众厅容纳人数往往是影剧院的几倍到几十倍，火灾时的烟层下降速度、温度上升速度、可燃装修材料、疏散条件等，也不同于影剧院，疏散时间一般比较长，所以对一、二级耐火等级的体育馆，其允许疏散时间为3~4分钟。

工业厂房的疏散时间是根据生产的火灾危险性不同而异。考虑到甲类生产的火灾危险性大，燃烧速度快，允许疏散时间控制在30秒；而乙类生产的火灾危险性较甲类生产要小，燃烧速度要慢，故允许疏散时间控制在1分钟左右。

3. 百人宽度指标

百人宽度指标是每百人在允许疏散时间内，以单股人流形式疏散所需的疏散宽度。

为了便于设计，一般通过百人宽度指标计算疏散门、疏散通道及疏散楼梯、安全出口等的宽度，计算时，只要按使用人数乘以百人宽度指标即可。百人宽度指标计算公式可写为：

$$百人宽度指标 = n/AT \times B \qquad (式6-2)$$

式中：

n——疏散人数，100人；

T——允许疏散时间，分钟；

A——单股人流通行能力，人/分钟；

B——单股人流宽度，m。

影响安全出口宽度的因素很多，如：建筑物的耐火等级与层数、使用人数、允许疏散时间、疏散路线是平地还是阶梯等。防火规范中规定的百人宽度指标，是根据公式并考虑其影响因素后，通过计算、调整得出的。

（1）人员疏散出剧场、电影院及礼堂等疏散时间一般按一、二级耐火等级建筑控制为2分钟，三级耐火等级建筑控制为1.5分钟这一原则确定。根据百人宽度指标公式可计算出观众厅中每100人所需的疏散宽度。

①一、二级耐火等级建筑内的每100人疏散宽度的计算方法如下：

门和平坡地面：$B = 100 \times 0.55/(2 \times 43) = 0.64$（m），取0.65m；

阶梯地面和楼梯：$B = 100 \times 0.55/(2 \times 37) = 0.74$（m），取0.75m。

②三级耐火等级建筑内的每100人疏散宽度的计算方法如下：

门和平坡地面：$B = 100 \times 0.55/(1.5 \times 43) = 0.85$（m），取0.85m；

阶梯地面和楼梯：$B = 100 \times 0.55/(1.5 \times 37) = 0.99$（m），取1.00m。

（2）体育馆，按照观众厅容量的大小分为三档：3000~5000人、5001~10 000人、10 001~20 000人。每个档次中所规定的百人宽度指标，按照人员出观众厅的疏散时间分别控制在3分钟、3.5分钟、4分钟，根据百人宽度指标公式可计算出观众厅中每100人所需的疏散宽度。

平坡地面：

$B_1 = 0.55 \times 100/(3 \times 43) = 0.426$（m），取0.43m；

$B_2 = 0.55 \times 100/(3.5 \times 43) = 0.365$（m），取0.37m；

$B_3 = 0.55 \times 100/(4 \times 43) = 0.320$（m），取0.32m。

阶梯地面：

$B_1 = 0.55 \times 100/(3 \times 37) = 0.495$（m），取0.50m；

$B_2 = 0.55 \times 100/(3.5 \times 37) = 0.425$（m），取0.43m；

$B_3 = 0.55 \times 100/(4 \times 37) = 0.372$（m），取0.37m。

4. 疏散速度

疏散速度直接影响到疏散时间，而疏散速度主要取决于建筑物的使用功能及人员特征等因素。

人流从某一出口疏散，由于受到出口宽度的限制，单位时间从出口疏散出去的人数大致是一样的，人流通过此出口的速度与该出口的宽度及流动系数有关。流动系数是指单位时间内，人流通过某一单位横截面宽度的人数，一般取 1.5 人/m·s。

（三）安全疏散计算

安全疏散计算主要是对安全疏散时间的计算。所谓疏散时间计算，表示的是由火灾发生到疏散开始的疏散开始时间、由疏散开始到疏散结束的疏散行动时间的计算。

1. 假定起火点

疏散设计是针对建筑物发生火灾时的紧急疏散状态进行的，设计方案是否合理，在一定程度上取决于假定起火点的选择是否合适。在进行疏散设计时应把起火点选择在使疏散行动最为不利或发生火灾概率最大的地方。

（1）确定最危险的楼层，通常是指下列人员所在的楼层：

①生活不能自理，疏散时需要他人协助的人员，如：病人、残疾人、老人、幼儿等所在的楼层；

②有疏散能力，但对室内疏散设施不熟悉的人所在的楼层；

③有人员使用的建筑物的地下室最底层。

此外，还包括从火灾统计资料中找出的发生火灾概率最大的楼层。

（2）假定起火点的位置，其方法包括三种：

①先找出最不利疏散的房间。通常每个房间都有两个方向可供疏散，用起火点把两条路线中有利的一条堵住，使这个房间成为最不利疏散的房间，那么这个房间就成为这个危险楼层的最危险房间。

②在发生火灾概率最大的房间内选择假定起火点，发生火灾概率最大的房间，通常为用火较多或使用和储存化学危险品的房间。

③如果在同一危险楼层中有许多房间时，这就要通过筛选，最后找出最危险的疏散状态。

2. 疏散开始时间

从发生火灾到开始疏散所需要的时间，也就是疏散开始时间。这里所说的"疏散开始"，是指现场的所有人员开始疏散。

（1）着火房间的疏散开始时间

无论任何区域发生火灾，火灾发生区域的现场人员应该是最先感觉到危险并开始疏散行动的。

（2）着火楼层的疏散开始时间

着火楼层的疏散开始时间是指发生火灾的房间以外的，本楼层的全体人员开始疏散之前的那段时间。按照与房间疏散同样的观念，不只是由火源产生的烟气，同时也考虑到已经察觉火灾人员将火灾信息传达给现场其他人员的因素。

3. 疏散行动时间

所谓的疏散行动时间，是指从疏散开始到所有人员完成疏散所需要的时间。疏散行动时间一般分为由火灾发生区域（房间疏散）和由火灾发生楼层开始的疏散（楼层疏散）。其基本的计算方法如下（分别由步行时间和滞留时间算出）：

疏散人员利用步行距离最大 L（m）的疏散路线进行疏散，步速为 v（m/s），所需的步行时间 t_L（s）为：

$$t_L = L/v \qquad (式 6-3)$$

另外，疏散人员 P 聚集在宽度为 B 的出口前，由滞留状态到全体人员通过出口所需要的时间，也就是出口滞留时间 t_B（s），如下式所示：

$$t_B = P/NB \qquad (式 6-4)$$

式中：

P——疏散人数，人；

N——流动系数，人/m·s；

B——出口宽度，m。

（1）起火房间的疏散行动时间

假设，发生火灾房间的人员察觉火灾后一起向室外开始疏散行动。首先，在疏散行动路线设计方面，以均匀分布于房间内的现场人员，按照制定的活动路线行动为条件，计算出由房间到达出口所需的步行时间；其次，出口疏散是从所有的现场人员到达出口时开始，到通过出口所需要的滞留时间。则房间的疏散行动时间为二者之和。

（2）起火楼层的疏散行动时间

所谓起火楼层的疏散行动时间，是指从疏散开始到楼层所有人员疏散到疏散楼梯的时间。可按照预先设定的由各个房间开始的疏散路线进行的疏散流动计算出时间。但是，由于火灾楼层的各个房间到达楼梯间所产生的时间差，会使为计算疏散行动时间而进行的疏散流动比较繁杂，所以建议使用时将每个时刻简化，用到达楼梯间的最大步行时间和疏散路径上的最大滞留时间之和来进行计算。将房间出口处的疏散人数、前往疏散楼梯的入口处的疏散人数、用于疏散的楼梯间内所有的疏散人数等各项之和作为最大滞留人数来计算滞留时间。

总之，在进行建筑物安全疏散设计时，其疏散总时间必须小于或等于允许疏散时间；否则，需要对疏散设置进行重新调整，直到能够确保人员安全疏散为止。

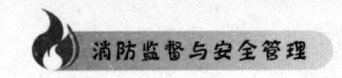

三、安全出口和房间疏散门设计

（一）安全出口及疏散门的设置原则

安全出口为供人员安全疏散用的楼梯间和室外楼梯的出入口或直通室内外安全区域的出口。疏散门为设置在建筑内各房间直接通向疏散通道的门或安全出口上的门。

建筑内的安全出口和疏散门要分散布置，以便在火灾情况下当其中一个疏散门不能使用时，可以通过其他的疏散门疏散。这就要求疏散门之间有一定的距离，一般相邻两个疏散门最近边缘之间的水平距离不小于5m。

为避免在着火时由于人员惊慌、拥挤而压紧内开门扇，使门无法开启，因此要求疏散门为平开门并向疏散方向开启。平开门有利于保证人员进行安全疏散时的畅通，不出现阻滞。而推拉门、卷帘门、旋转门或电动门，包括帘中门，在人员紧急疏散情况下无法保证安全、快速疏散，不允许作为疏散门。

对于使用人员较少且人员对环境及门的开启形式熟悉的场所，疏散门的开启方向可不限。例如，住宅建筑的户门及人数不超过60人且每樘门的平均疏散人数不超过30人的房间的疏散门，开启方向均可不限。但甲、乙类场所的房间疏散门均要向疏散方向开启。此外，公共建筑中一些平时很少使用的疏散门，因安防及管理的需要，可能需要处于锁闭状态，如：超市的疏散门，设计要考虑采取措施使疏散门能在火灾时从内部方便打开。例如，设置的门禁系统能在火灾时自动释放或采用推闩式外开门等。

（二）安全出口的数量

为了在发生火灾时能够迅速安全地疏散人员，在建筑防火设计时必须设置足够数量的安全出口。建筑内每个防火分区或每个楼层安全出口的数量须经计算确定，且不少于两个。

1. 公共建筑

符合下列条件之一的公共建筑，可设置1个安全出口或1部疏散楼梯：

①除托儿所、幼儿园外，建筑面积不大于200m^{2}且人数不超过50人的单层公共建筑或多层公共建筑的首层；

②除医疗建筑，老年人建筑，托儿所、幼儿园的儿童用房，儿童游乐厅等儿童活动场所和歌舞娱乐放映游艺场所等外。

2. 地下或半地下建筑

除歌舞娱乐放映游艺场所外，防火分区建筑面积不大于200m^{2}的地下或半地下设备间、防火分区建筑面积不大于50m^{2}且经常停留人数不超过15人的其他地下或半地下建筑

（室），可设置 1 个安全出口或 1 部疏散楼梯。

3. 厂房

厂房内每个防火分区或一个防火分区内的每个楼层，其安全出口的数量应经计算确定，且不应少于两个。符合下列条件的厂房，也可设置 1 个安全出口：

（1）甲类厂房

每层建筑面积不大于 100m^2，且同一时间的作业人数不超过 5 人。

（2）乙类厂房

每层建筑面积不大于 150m^2，且同一时间的作业人数不超过 10 人。

（3）丙类厂房

每层建筑面积不大于 250m^2，且同一时间的作业人数不超过 20 人。

（4）丁、戊类厂房

每层建筑面积不大于 400m^2，且同一时间的作业人数不超过 30 人。

（5）地下或半地下厂房

包括地下或半地下室，每层建筑面积不大于 50m^2，且同一时间的作业人数不超过 15 人。

4. 仓库

每座仓库的安全出口不应少于两个，当一座仓库的占地面积不大于 300m^2 时，可设置 1 个安全出口。

（三）房间疏散门的数量

房间疏散门的设计与安全出口基本一致，也是经计算确定且不少于两个。但由于房间大小与防火分区的大小差别较大，因而设置 1 个疏散门的条件要求有所区别。

当房间位于两个安全出口之间或袋形走道两侧时，根据托儿所、幼儿园的活动室和中小学校的教室等的面积要求进行设置。如果托儿所、幼儿园、老年人建筑，其建筑面积不大于 50m^2，可设 1 个疏散门；医疗建筑、教学建筑，其建筑面积不大于 75m^2，可设 1 个疏散门；对于其他建筑或场所，建筑面积不大于 120m^2 时可设 1 个疏散门。而位于走道尽端的房间，建筑面积小于 50m^2 且疏散门的净宽度不小于 0.9m，或由房间内任一点至疏散门的直线距离不大于 15m、建筑面积不大于 200m^2 且疏散门的净宽度不小于 1.4m，可设 1 个疏散门；托儿所、幼儿园、老年人建筑、医疗建筑、教学建筑的房间，位于走道尽端时，仍要至少设置两个疏散门，否则不能将此类用途的房间布置在走道的尽端。

对于歌舞娱乐放映游艺场所，无论其位于袋形走道或两个安全出口之间，还是位于走道尽端，当厅、室建筑面积不大于 50m^2 且经常停留人数不超过 15 人时，可设 1 个疏散门。

建筑面积不大于 200m^2 的地下或半地下设备间、建筑面积不大于 50m^2 且经常停留人数不超过15人的其他地下或半地下房间，可设置1个疏散门。

（四）安全出口、房间疏散门

安全出口、房间疏散门与疏散通道和疏散楼梯的宽度均按照疏散人数和百人宽度指标经计算确定，同时要满足最小净宽度的要求。其中，安全出口、房间疏散门的净宽度不小于0.9m，疏散通道和疏散楼梯的净宽度不小于1.1m。这是保证安全疏散的最低要求，也是满足使用功能要求的一个最小尺度。有关疏散通道的最小净宽度是按能通过两股人流的宽度确定的。

当计算出1个防火分区或1个楼层的总疏散宽度后，在确定不同位置的疏散门宽度或疏散楼梯宽度时，需要仔细分配其宽度并根据通过的人流股数进行校核和调整，同时满足最小净宽度的要求。

此外，设计时要注意门宽与走道、楼梯宽度的匹配，避免疏散路径上因门的宽度变小而出现瓶颈，确保人员能够顺畅疏散。一般情况下，走道的宽度均较大。因此，主要核对门与楼梯的宽度，当以门宽来计算宽度时，楼梯的宽度不能小于门的宽度；当以楼梯的宽度来计算宽度时，门的宽度不能小于楼梯的宽度。此外，下层的楼梯或门的宽度不能小于上层的宽度；对于地下或半地下建筑，则上层的楼梯或门的宽度不能小于下层的宽度。

若建筑中有多种使用功能，各种场所有可能同时开放并使用同一出口时，在水平方向要按各部分使用人数叠加计算安全出口的宽度，在垂直方向则按楼层使用人数最多一层计算安全出口的宽度。

四、安全出口、房间疏散门宽度

（一）民用建筑的安全疏散距离

从人员安全疏散的阶段划分可以看出，在人员到达安全出口之前主要有两个疏散阶段，分别是房间内的疏散（从室内任一点到房间疏散门）和疏散通道内的疏散（从房间疏散门到安全出口）。相应的疏散距离要求也针对人员在不同位置受保护的情况做了区别对待。

1. 房间

人员在着火房间内将直接受到火灾产生的火焰及烟气的影响，要求该部分的疏散距离相对较短，以便于人员及时逃离着火房间。

2. 疏散通道

疏散通道是指发生火灾时，建筑内人员从着火房间的疏散门通向安全出口的路径。疏散通道的设置需要保证逃离火场的人员进入走道后，能顺利地继续疏散至安全出口，最终到达室外安全地带。

3. 大空间场所

建筑内采用开敞式布局的观众厅、营业厅、展览厅、多功能厅、餐厅等大空间场所，发生火灾时，场所内的人员由于处于同一空间，较容易发现火灾，因此，有关安全疏散距离的要求区别于房间、走道的并联式布局。这些场所的疏散门或安全出口应不少于两个，室内任一点至最近疏散门或安全出口的直线距离不大于30m。

如果疏散门不能直通疏散楼梯间或室外地面，可通过长度不大于10m的疏散通道通至最近的安全出口。当该场所设置自动喷水灭火系统时，其安全疏散距离可增加25%。

（二）工业建筑的安全疏散距离

工业建筑普遍采用开敞式的布置形式，同时因生产的工艺设备可能对疏散路线产生阻挡，因此设计时须充分考虑这些因素。疏散距离均为直线距离，即室内最远点至最近安全出口的直线距离。实际火灾环境往往比较复杂，厂房内的物品和设备布置及人在火灾条件下的心理和生理因素都对疏散有直接影响，设计时要根据不同的生产工艺和环境，充分考虑人员的疏散需要来确定疏散距离及厂房的布置与选型，尽量均匀布置安全出口，缩短实际疏散步行距离。

考虑到仓库本身人员数量较少，对库房内人员的疏散距离不做专门要求，一般不超过相同火灾危险性类别和耐火等级的厂房疏散距离要求。

五、疏散楼梯和疏散通道

（一）疏散楼梯间的一般要求

1. 疏散楼梯的分类

当建筑物发生火灾时，普通电梯没有采取有效的防火、防烟措施，且供电中断，一般会停止运行，上部楼层的人员只有通过楼梯才能疏散到室外的安全区域。因此，楼梯是最主要的垂直疏散设施。可作为人员疏散使用的楼梯包括敞开楼梯间、封闭楼梯间、防烟楼梯间及室外疏散楼梯等。

2. 疏散楼梯的要求

（1）防火分隔要求

人员进入疏散楼梯内即到达相对安全的区域。疏散楼梯是围护结构，如：前室的墙及楼梯间的墙，均要具有一定耐火性能，一般为耐火极限不低于2.00小时的防火隔墙，以确保楼梯间内人员的安全。虽然防火卷帘在耐火极限上可达到该防火要求，但由于卷帘密闭性不好，防烟效果不理想，加之联动设施、固定槽或卷轴电机等部件如果不好使用，防烟楼梯间或封闭楼梯间的防烟措施将形同虚设。因此，封闭楼梯间、防烟楼梯间不用防火卷帘进行防火分隔。

建筑发生火灾后，楼梯间任一侧的火灾及其烟气可能会通过楼梯间外墙上的开口蔓延至楼梯间内。因此，楼梯间窗口，包括楼梯间的前室或合用前室外墙上的开口与两侧的门窗洞口之间要保持必要的距离，一般不小于1m，以确保疏散楼梯间内不被烟火侵袭。无论楼梯间与门窗洞口是处于同一立面位置还是处于转角处等不同立面位置，该距离都是外墙上的开口与楼梯间开口之间的最近距离。

对于楼梯间在地下层与地上层连接处时，若不进行有效分隔，容易造成地下楼层的烟气和火焰蔓延到建筑的上部楼层，同时为避免建筑上部的疏散人员误入地下楼层，要求在首层楼梯间通向地下室、半地下室的入口处采用耐火极限为2.00小时的防火隔墙和乙级防火门，将地上部分的疏散楼梯与地下、半地下部分的疏散楼梯分隔开，并设置明显的疏散指示标志。此外，为保证人员疏散畅通、快捷、安全，除通向避难层且须错位的疏散楼梯和建筑的地下室与地上楼层的疏散楼梯外，其他疏散楼梯在各层不能改变平面位置或断开。疏散楼梯在首层要求直通室外，或在首层采用扩大的封闭楼梯间或防烟楼梯间前室。建筑层数不超过4层时，可将直通室外的门设置在离楼梯间不大于15m处。

为避免楼梯间内发生火灾或防止火灾通过楼梯间蔓延，楼梯间内不应有可燃物，同时楼梯间内不应附设烧水间、可燃材料储藏室、非封闭的电梯井、可燃气体管道，甲、乙、丙类液体管道等。尤其是天然气、液化石油气等燃气管道，因楼梯间相对封闭容易因管道维护管理不到位或碰撞等其他原因发生泄漏而导致严重后果。

（2）通风照明要求

疏散楼梯间是人员竖向疏散的安全通道，也是消防员进入建筑进行灭火救援的主要路径。因此，疏散楼梯间要能保证人员在楼梯间内疏散时有较好的光线，有天然采光条件的要首先采用天然采光，以尽量提高楼梯间内照明的可靠性。一般要求疏散楼梯靠外墙设置，以便于自然采光、通风和进行火灾的扑救。

当然，即使采用天然采光的楼梯间，仍需要设置疏散照明。疏散楼梯间要尽量采用自然通风以提高排除可能进入楼梯间内的烟气的可靠性，确保楼梯间内的安全。楼梯间靠外墙设置，有利于楼梯间直接天然采光和自然通风。不能利用天然采光和自然通风的疏散楼梯间，须设置机械防烟措施。

（3）构造要求

主要有以下三个方面：

①梯段宽度。人员在紧急疏散时容易在楼梯出入口及楼梯间内发生拥挤现象，因此，楼梯间的设计要尽量减少布置凸出墙体的构件，以保证不会减少楼梯间的有效疏散宽度，并避免凸出物碰伤疏散人员。

楼梯梯段宽度为楼梯间墙面至扶手中心线或扶手中心线之间的水平距离，按每股人流为 0.55m 确定，且不少于两股人流。对于商店、剧场、体育馆等人员密集的公共建筑的主要楼梯要考虑多股人流通行，以避免垂直交通拥挤和阻塞。同时，考虑人流在行进中人体的摆幅，一般考虑 0.15m 的余量。因此，楼梯梯段宽度还需要适当加大。

楼梯间的设计还须考虑采取措施，以保证人行宽度不宜过宽，防止人员疏散时跌倒而导致踩踏等意外。楼梯至少于一侧设扶手，梯段净宽达 3 股人流时两侧设扶手，达 4 股人流时须加设中间扶手。

②踏步。考虑到人员的体能情况及行走习惯，每个梯段的踏步不超过 18 级，亦不少于 3 级。楼梯坡度一般控制在 30°左右，对仅供少数人使用的服务楼梯可放宽要求，但一般不超过 45°。步距一般控制在 560~630mm 范围内，为 2 倍的踏步高度加上踏步宽度，成人和儿童、男性和女性、青壮年和老年人均有所不同，其中，儿童在 560mm 左右、成人在 600mm 左右。

③净高。楼梯平台上部及下部过道处的净高不应小于 2m，以确保人在行进时不碰头。梯段净高不小于 2.2m，满足人在楼梯上伸直手臂向上旋升时手指刚触及上方突出物下缘一点为限，以保证人在行进时不碰头和产生压抑感。梯段净高为自踏步前缘，包括最低和最高一级踏步前缘线以外 0.3m 范围内，量至上方突出物下缘间的垂直高度。

（二）敞开楼梯间

敞开楼梯间是指楼梯间入口处未设置分隔设施，其一面敞开，另外三面为实体围护结构的楼梯间。

敞开楼梯间由于面向走道的一侧敞开，不具有防烟功能，但仍允许某些火灾危险性小或建筑层数低的建筑设置敞开楼梯间作疏散楼梯使用，可以设置敞开楼梯间的建筑包括：一是多层仓库，丁、戊类的多层厂房；二是 5 层以下的教学楼、办公建筑等；三是建筑高度不大于 21m 的住宅。而建筑高度大于 21m、不大于 33m 的住宅建筑应采用封闭楼梯间，当户门采用乙级防火门时，也可采用敞开楼梯间。

对于设置敞开楼梯间的建筑，考虑到敞开楼梯间的安全性相对较差，房间疏散门至最近敞开楼梯间的疏散距离要严于到封闭楼梯间的疏散距离。当房间位于两个敞开楼梯间之间时，疏散距离要减少 5m；当房间位于袋形走道两侧或尽端时，疏散距离要减少 2m。

（三）封闭楼梯间

封闭楼梯间是指在楼梯间入口处设置门，以防止火灾的烟和热气进入的楼梯间。垃圾道、管道井等的检查门等，不能直接开向楼梯间内。通向封闭楼梯间的门，正常情况下须采用乙级防火门。在实际使用过程中，楼梯间出入口的门常因采用常闭防火门而致闭门器经常损坏，使门无法在火灾时自动关闭。因此，对于人员经常出入的楼梯间门，可采用常

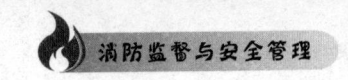

开式防火门。

要求设置封闭楼梯间的建筑包括：甲、乙、丙类多层厂房、高层厂房、高层仓库，多层医疗建筑、旅馆、公寓、老年人建筑及类似使用功能的建筑，设置歌舞娱乐放映游艺场所的多层建筑；多层商店、图书馆、展览建筑、会议中心及类似使用功能的建筑，6层以上的其他多层建筑，裙房和建筑高度不大于32m的二类高层公共建筑，建筑高度大于21m、不大于33m的住宅建筑，室内地面与室外出入口地坪高差小于10m且为1层或2层的地下、半地下建筑（室）。

有些建筑，在首层设置有大堂，楼梯间在首层的出口难以直接对外，往往需要将大堂或首层的一部分包括楼梯间在内形成扩大的封闭楼梯间。在采用扩大封闭楼梯间时，要注意扩大区域与周围空间采取防火措施分隔。

（四）防烟楼梯间

防烟楼梯间是指在楼梯间入口处设置防烟的前室、开敞式阳台或凹廊（统称前室）等设施，且通向前室和楼梯间的门均为防火门，以防止火灾的烟和热气进入的楼梯间。

要求设置防烟楼梯间的建筑包括：建筑高度大于32m且任一层人数超过10人的厂房，一类高层公共建筑和建筑高度大于32m的二类高层公共建筑，建筑高度大于33m的住宅建筑，室内地面与室外出入口地坪高差大于10m或3层以上的地下、半地下建筑（室）。

防烟楼梯间比封闭楼梯间有更好的防烟、防火能力，防火可靠性更高。前室不仅起防烟作用，而且可作为疏散人员进入楼梯间的缓冲空间和供灭火救援人员进行进攻前的整装和灭火准备工作。设计时，要注意使前室的大小与楼层中疏散进入楼梯间的人数相适应。

前室的使用面积，公共建筑、高层厂房（仓库），不小于$6m^2$；住宅建筑不小于$4.5m^2$。当防烟楼梯间前室与消防电梯间前室合用时，合用前室的使用面积，公共建筑、高层厂房（仓库），不小于$10m^2$；住宅建筑不小于$6m^2$。

当采用开敞式阳台或凹廊等防烟空间作为防烟楼梯间的前室时，阳台或凹廊等的使用面积也要满足前室的有关要求。防烟楼梯间在首层直通室外时，首层可不设置前室。

防烟楼梯间的前室或合用前室内，不允许开设除疏散门以外的其他开口和管道井的检查门。对于住宅建筑，由于平面布置难以将电缆井和管道井的检查门开设在其他位置时，可以设置在前室或合用前室内，但检查门应采用丙级防火门。

（五）室外疏散楼梯

室外疏散楼梯可作为防烟楼梯间或封闭楼梯间使用，但主要还是辅助用于人员的应急逃生和消防员直接从室外进入建筑物，到达着火层进行灭火救援。对于某些建筑，由于楼层使用面积紧张，也可采用室外疏散楼梯间进行疏散。

在布置室外楼梯平台时，要避免疏散门开启后，因门扇占用楼梯平台而减少其有效疏散宽度，疏散门不正对梯段。为避免在建筑外墙上开设的外窗直接朝向疏散楼梯的平台、梯段或在其附近，发生火灾时影响人员通过室外楼梯疏散，要求楼梯周围2m内的墙面上不设置门窗洞口。此外，火焰如果从疏散门内蹿出也将影响人员疏散，因此通向室外楼梯的门要采用乙级防火门，并向外开启。

此外，室外疏散楼梯倾斜角度应不大于45°，栏杆扶手的高度不小于1.1m，楼梯的净宽度不小于0.9m，以防止因楼梯倾斜度过大、楼梯过窄或栏杆扶手过低导致意外事故。

（六）剪刀楼梯间

剪刀楼梯间是在建筑的同一位置设置了两部入口方向不同的楼梯，这两部楼梯可以不采用隔墙分隔而处于同一楼梯间内，也可以采用防火隔墙分隔成两个楼梯间，起到两部疏散楼梯的作用。

对于楼层面积比较小的高层公共建筑及住宅，如房间疏散门到安全出口的距离小于10m，在难以按5m的间隔要求设置两个安全出口时，可采用剪刀楼梯。对于其他建筑采用剪刀楼梯时，两个安全出口可以分别服务于两个不同的防火分区。

由于剪刀楼梯是垂直方向的两个疏散通道，两梯段之间如没有隔墙，则两条通道处在同一空间内，从而出现其中一个楼梯间进烟，则会影响到整个楼梯间的安全。因此，剪刀楼梯的楼梯间应分别设置前室，不同楼梯之间应设置分隔墙，使之成为各自独立的空间。

（七）疏散通道

疏散通道是人员在建筑内进行安全疏散的第二个阶段。此时，人员已逃离着火房间，但尚未到达安全出口。疏散通道的设计需要为人员的安全疏散提供相对安全的条件，确保人员能顺利通行至安全出口。

疏散通道的布置应满足以下要求：疏散通道两侧的隔墙为耐火极限1.00小时的防火隔墙，除疏散门外要尽量减少开设其他洞口；走道应简捷，并设置疏散指示标志；在1.8m高度内不宜设置管道、门垛等突出物，走道中的门应向疏散方向开启；尽量避免设置袋形走道；疏散通道在防火分区处应设置常开甲级防火门；疏散通道的净宽度不应小于1.1m；高层公共建筑疏散通道的最小净宽度应符合规定。

六、避难层与避难走道

（一）避难层

避难层（间）是建筑内用于人员暂时躲避火灾及其烟气危害的楼层（房间），同时避难层也可以作为行动有障碍的人员暂时避难等待救援的场所。要求设置避难层、避难间的建筑包括建筑高度大于 100m 的住宅、建筑高度大于 100m 的公共建筑、高层病房楼二层以上的病房楼层和洁净手术部。

该类建筑由于使用人员多、竖向疏散距离长或因人员自身不具备疏散的条件等因素，易导致人员的疏散时间长。一座建筑是设置避难层还是避难间，主要根据该建筑的不同高度段内需要避难的人数及其所需避难面积确定。当需要设置避难层时，除火灾危险性小的设备用房外，该避难层不能用于其他使用功能。

1. 避难层的高度设置要求

从首层到第一个避难层之间的高度不大于 50m，以便对火灾时不能经楼梯疏散而要停留在避难层的人员可采用消防云梯车进行救援。此外，根据普通人爬楼梯的体力消耗情况，结合各种机电设备及管道等的布置和使用管理要求，两个避难层之间的高度以不大于 50m 较为适宜。50m 的救援高度主要是考虑了目前国内主战举高消防车，如：50m 高云梯车的操作要求。

2. 避难层的功能设置要求

火灾时需要集聚在避难层的人员密度较大，为不至于过分拥挤，结合我国的人体特征，避难层的使用面积按每平方米平均容纳 5 人确定。为使需要避难的人员不错过避难层，要求防烟楼梯间在避难层错动位置或上下层断开，使人员均可经避难层方能上下。当建筑内的避难人数较少而无须将整个楼层用作避难层时，可以采用防火墙将该楼层分隔成不同的区域。此时，从非避难区进入避难区的部位，要采取措施防止非避难区的火灾和烟气进入避难区，如：设置防烟前室等。为了保障人员安全，减轻人员的恐惧，应在避难层设置应急照明，并设置消防专线电话和应急广播，以便和消防控制室及地面消防部门互通信息。

3. 病房楼避难间的设置要求

考虑到病房楼及手术部内的使用人员的自我疏散能力较差，高层病房楼在二层以上的病房楼层和洁净手术部要设置避难间，以满足难以在火灾时不能疏散人员的避难需要和保证其避难安全。

病房楼每个护理单元的床位数一般是 40~60 床，建筑面积为 1200~1500m^2，按 3 人间病房计算，疏散着火房间和相邻房间的患者共 9 人；每个床位按 2m^2 计算，共需要 18m^2，加上消防员和医护人员、家属所占用面积，避难间面积不小于 25m^2，且避难间服务的护理单元不超过两个。在洁净手术部这种特定场所，可以将其与平时使用的火灾危险性小的房间结合使用，从而便于不能马上直接疏散的医患人员能及时就近避难，以躲避火灾的高温和烟气危害。

避难间可以利用平时使用的房间，无须另外增加面积。例如，避难间可以利用每层的监护室，监护室一般放 6 张床，面积 25m^2 左右；也可利用电梯前室进行疏散；病房楼按最少 3 部病床梯对面布置，电梯前室面积一般为 24~30m²。需要注意的是，合用前室不适合用作避难间，以防止病床影响人员通过楼梯疏散。避难间的防火分隔和设施配备要足以保证避难人员的安全，同时靠外墙和疏散楼梯设置，以便消防救援。

（二）避难走道

避难走道是采取防烟措施且两侧设置耐火极限不低于 3.00 小时的防火隔墙，用于人员安全通行至室外的走道。

避难走道主要用于解决平面巨大的大型建筑中疏散距离过长或难以设置直通室外的安全出口等问题。避难走道和防烟楼梯间的原理类似，疏散人员只要进入避难走道，就可视为进入相对安全的区域。

为确保人员疏散的安全，当避难走道服务于多个防火分区时，避难走道直通地面的出口应不少于两个，并设置在不同的方向。当避难走道只与一个防火分区相连时，直通地面的出口数量可减少到 1 个，但有条件时要尽量在不同的方向设置出口。

有关避难走道的设置要求如下：避难走道楼板的耐火极限不应低于 1.50 小时。避难走道直通地面的出口不应少于两个，并应设置在不同方向；当避难走道仅与一个防火分区相通且该防火分区至少有 1 个直通室外的安全出口时，可设置 1 个直通地面的出口。任一防火分区通向避难走道的门至该避难走道最近直通地面的出口的距离不应大于 60m。避难走道的净宽度不应小于任一防火分区通向该避难走道的设计疏散总净宽度。避难走道内部装修材料的燃烧性能应为 A 级。防火分区至避难走道入口处应设置防烟前室，前室的使用面积不应小于 6m²，开向前室的门应采用甲级防火门，前室开向避难走道的门应采用乙级防火门。避难走道内应设置消火栓、消防应急照明、应急广播和消防专线电话。

第七章 建筑消防设施

建筑消防设施是指建筑物、构筑物中设置的用于火灾报警、灭火、人员疏散、防火分隔、灭火救援行动等设施的总称。建筑消防设施的主要作用是及时发现和扑救火灾、限制火灾蔓延的范围，为有效地扑救火灾和人员疏散创造有利条件，从而减少由火灾造成的财产损失和人员伤亡。

第一节 火灾自动报警系统

火灾自动报警系统是用于尽早探测初期火灾并发出警报，以便采取相应措施（例如，疏散人员，呼叫消防队员，启动灭火系统，操作消防门、防火卷帘、防烟、排烟风机等）的系统。火灾自动报警系统的优势在于能够在火灾早期探测到火灾，并发出火灾报警信号，有助于尽早扑灭火灾，最大限度地减少火灾带来的损失。

一、火灾自动报警系统简介

（一）基本设计形式

火灾自动报警系统主要由触发装置、火灾报警装置、火灾警报装置及电源四部分组成，具有火灾报警，故障报警，主、备电源自动切换，报警部位显示，系统自检等功能。

根据保护对象的特点和系统的大小，火灾自动报警系统可分为区域报警系统、集中报警系统和控制中心报警系统。

1. 区域报警系统

区域报警系统由火灾探测器、手动火灾报警按钮、火灾声光警报器及火灾报警控制器等组成，系统可包括消防控制室图形显示装置和指示楼层的区域显示器。这类报警系统适用于只需要局部设置火灾探测器的场所，对各个火灾报警区域进行火灾探测。一般应用于二类建筑、工业厂房、大型库房、商场及多层图书馆等需要设置报警装置的建筑内。

2. 集中报警系统

集中报警系统由火灾探测器、手动火灾报警按钮、火灾声光警报器、消防应急广播、消防专用电话、消防控制室图形显示装置、火灾报警控制器、消防联动控制器等组成。这类报警系统适用于多层民用建筑和大面积工业厂房等需要装设各种火灾探测器和火灾自动报警装置控制器的地方。

3. 控制中心报警系统

控制中心报警系统由火灾探测器、手动火灾报警器、区域火灾报警控制器或用作区域火灾报警控制器的通用火灾报警控制器、集中火灾报警控制器、消防控制室的消防控制设备和其他辅助功能设备构成。这类系统一般应用于高层民用建筑的旅游饭店、宾馆和大中型工业企业厂房库房等。

（二）基本要求

为了有效防止、及时控制和扑灭火灾，最大限度地减少火灾造成的损失，保证人们的人身和财产安全，我国对火灾自动报警系统及其系列产品提出了以下基本要求：

1. 确保建筑物火灾探测和报警功能有效，保证不漏报；
2. 减小环境因素对系统的影响，降低系统的误报率；
3. 确保系统工作稳定，信号传输及时、准确、可靠；
4. 要求系统设计灵活，产品成系列兼容性强，能适应不同工程需求；
5. 要求系统的工程适用性强，布线简单、灵活、方便；
6. 要求系统应变能力强，工程调试、系统管理和维护方便；
7. 要求系统的性价比高；
8. 要求系统联动功能丰富、逻辑多样、控制方式有效。

总之，火灾自动报警系统是确保建筑减轻甚至防止火灾危害的极其重要的安全设施，上述对系统的要求能确保系统正常、高效地运行，确保被保护对象的消防安全。因此，对从事消防系统工程的技术人员而言，掌握消防技术规范相关的要求和火灾自动报警系统工程设计、安装调试等规则是必不可少的。

二、火灾探测器及报警控制器

（一）火灾探测器

火灾探测器是火灾自动报警系统和灭火系统最基本和最关键的部分之一，是整个报警系统的检测元件，它的工作稳定性、可靠性和灵敏度等技术指标直接影响着整个消防系统的运行。

1. 火灾探测器的分类

火灾探测器是指用来响应其附近区域由火灾产生的物理和化学现象的探测器件，通常由敏感元件、电路、固定部件和外壳四部分组成。常按探测器的结构、探测的火灾参数、输出信号的形式和使用环境等分类。

（1）按火灾探测器的结构造型可以分为点型和线型两大类。

线型火灾探测器是一种响应某一连续线路周围的火灾参数的火灾探测器，其连续线路既可以是"硬"的（可见的），也可以是"软"的（不可见的）。

点型火灾探测器是一种响应空间某一点周围的火灾参数的火灾探测器。

（2）按火灾探测器探测的火灾参数可以分为感温、感烟、感光、气体和复合式几大类。

感温火灾探测器是对警戒范围内某一点或某一线段周围的温度参数（异常高温、异常温差和异常温升速率）敏感响应的火灾探测器。根据其作用原理，可分为定温式火灾探测器、差温式火灾探测器和差定温式火灾探测器。与感烟探测器和感光探测器比较，它的可靠性较高、对环境条件的要求更低，但对初期火灾的响应要迟钝些。报警后的火灾损失要大些。

感烟火灾探测器是一种响应燃烧或热介产生的固体或液体微粒的火灾探测器。由于它能探测物质燃烧初期在周围空间所形成的烟雾浓度，因此它具有非常良好的早期火灾探测报警功能。根据烟雾粒子可以直接或间接改变某些物理量的性质或强弱，感烟探测器可分为离子型、光电型、激光型、电容型和半导体型几种。

感光火灾探测器（火焰探测器或光辐射探测器）是一种能对物质燃烧火焰的光谱特性、光照强度和火焰的闪烁频率敏感响应的火灾探测器。它能响应火焰辐射出的红外、紫外和可见光。和感温、感烟、气体等火灾探测器比较，感光探测器具有以下三个方面的优势：响应速度快；不受环境气流的影响，是唯一能在户外使用的火灾探测器；性能稳定、可靠，探测方位准确。

可燃性气体探测器是一种能对空气中可燃性气体含量进行检测并发出报警信号的火灾探测器。它由气敏元件、电路和报警器三部分组成，除具有预报火灾、防火防爆的功能外，还可以起到监测环境污染的作用。气体探测器的核心部件是传感器，传感器分为催化燃烧式传感器、电化学传感器、半导体传感器、红外传感器和光离子传感器。

复合式火灾探测器是一种能响应两种以上火灾参数的火灾探测器，主要有感烟感温、感光感温、感光感烟火灾探测器。

（3）按火灾探测器所安装场所的环境条件可以分为陆用型、船用型、耐酸型、耐碱型和防爆型。

陆用型火灾探测器，主要用于陆地，无腐蚀性气体，温度范围为 $-10 \sim +50℃$，相对湿度在85%以下的场合中。

船用型火灾探测器，主要用于舰船上，也可用于其他高温、高湿的场所。其特点是耐温和耐湿。

耐酸型火灾探测器，适用于空间经常积聚有较多的含酸气体的场所。其特点是不受酸性气体的腐蚀。

耐碱型火灾探测器，适用于空间经常积聚有较多含碱性气体的场所。其特点是不受碱性气体的腐蚀。

防爆型火灾探测器，适用于易燃易爆的危险场合。因此，它要求较严格，在结构上必须符合国家防爆的有关规定。

2. 火灾探测器的使用与选择

火灾探测器是火灾自动报警系统中的主要部件之一，合理地选择和使用火灾探测器，对整个自动报警系统的有效保护和减少误报等都具有极其重要的作用。

（1）火灾探测器数量设置

在探测区域内的每个房间应至少设置一台火灾探测器，在不同的探测区域，不宜将探测器并联使用。当某探测区域较大时，探测器的设置数量应根据探测器不同种类、房间高度及被保护面积的大小而定。还要注意，若房间顶棚有0.6m以上梁隔开时，每个隔开部分应划分一个探测区域，然后再确定探测器数量。

（2）火灾探测器的灵敏度

火灾探测器的灵敏度是指其响应火灾参数的灵敏程度。它是在选择探测器时的一个重要参数，并直接关系到整个系统的运行。

①感烟探测器的灵敏度即探测器响应烟雾浓度参数的敏感程度。根据国家消防规定，感烟探测器的灵敏度应根据烟雾减光率来标定等级。每米烟雾减光率，是指用标准光束稳定照射时，在通过单位厚度（1m）的烟雾后，照度减少的百分数，可以用下式来确定：

$$\delta\% = 100\%(I_0-I)/I_0 \quad (式7-1)$$

式中：

$\delta\%$——每米烟雾减光率；

I_0——标准光束无烟时在1m处的光强度；

I——标准光束有烟时在1m处的光强度。

当感烟探测器的灵敏度用减光率来标定时，通常是标定为三级：

Ⅰ级：$\delta\% = 5\% \sim 10\%$。

Ⅱ级：$\delta\% = 10\% \sim 20\%$。

Ⅲ级：$\delta\% = 20\% \sim 30\%$。

灵敏度的高低表示对烟雾浓度大小的敏感程度，不代表探测器质量的好坏，应用时须根据环境条件、建筑物功能等选择不同的灵敏度。通常Ⅰ级用于无（禁）烟及重要场所，Ⅱ级用于少烟场所，除此外可选用Ⅲ级。

②感温探测器的灵敏度是指火灾发生时，探测器达到动作温度（或温升速率）时发出报警信号所需要的时间，用它来作为标定探测器灵敏度的依据。动作温度又称额定（标定）动作温度，是指定温探测器或差定温探测器中的定温部分发出报警信号的温度值。温升速率是指差温探测器或差定温探测器的差温部分发出报警信号的温度上升的速度值。我国将定温、差定温的灵敏度分为三级——Ⅰ级、Ⅱ级、Ⅲ级，并分别在探测器上用绿色、黄色和红色三种色标表示。

定温部分在温升速率小于1℃/min时，各级灵敏度的动作温度均不得小于54℃，也不得大于各自的上限值，即：

Ⅰ级：54℃<动作温度<62℃标志绿色。

Ⅱ级：54℃<动作温度<70℃标志黄色。

Ⅲ级：54℃<动作温度<78℃标志红色。

差温探测器的灵敏度没有分级，它的动作时间比差定温探测器的差温部分来得快。

灵敏度为Ⅰ级的，动作时间最快，当环境温度变化达到动作温度后，报警所需要的时间最短，常用在需要对温度上升做出快速反应的场所。

（3）火灾探测器类型的选择

火灾探测器的一般选用原则是充分考虑火灾形成规律与火灾探测器选用的关系，根据火灾探测区域内可能发生的初期火灾的形成和发展特点、房间高度、环境条件和可能引起误报的因素等综合确定。

火灾探测器的选择应符合下列要求：

①对火灾初期有阴燃阶段，产生大量的烟和少量的热，很少或没有火焰辐射的场所，应选择感烟探测器。

下列场所宜选择点型感烟探测器：

a. 饭店、旅馆、教学楼、办公楼的厅堂、卧室、办公室、商场、列车载客厢等；

b. 电子计算机房、通信机房、电影或电视放映室等；

c. 楼梯、走道、电梯机房、车库等；

d. 书库、档案库等；

e. 有电气火灾危险的场所。

对无遮挡大空间或有特殊要求的场所，宜选择红外光束感烟探测器。

符合下列条件之一的场所，不宜选择离子感烟探测器：

a. 相对湿度经常大于95%；

b. 气流速度大于5m/s；

c. 有大量粉尘、水雾滞留；

d. 可能产生腐蚀性气体；

e. 在正常情况下有烟滞留；

f. 产生醇类、醚类、酮类等有机物质。

符合下列条件之一的场所，不宜选择点型光电感烟探测器：

a. 高海拔地区；

b. 有大量粉尘、水雾滞留；

c. 可能产生蒸汽和油雾；

d. 在正常情况下有烟滞留。

②对火灾发展迅速，可产生大量热、烟和火焰辐射的场所，可选择感温探测器、感烟探测器、火焰探测器或其组合。

符合下列条件之一的场所，宜选择点型感温探测器，且应根据使用场所的典型应用温度和最高应用温度选择适当类别的感温火灾探测器：

a. 相对湿度经常大于95%；

b. 可能发生无烟火灾；

c. 有大量粉尘；

d. 吸烟室等在正常情况下有烟和蒸汽滞留的场所；

e. 厨房、锅炉房、发电机房、烘干车间等不宜安装感烟火灾探测器的场所；

f. 需要联动熄灭"安全出口"标志灯的安全出口内侧；

g. 其他无人滞留且不适合安装感烟火灾探测器，但发生火灾时需要及时报警的场所。

符合下列条件之一的场所，不宜选择点型感温探测器：

a. 可能产生阴燃火或发生火灾不及时报警将造成重大损失的场所，不宜选择点型感温探测器；

b. 温度在0℃以下的场所，不宜选择定温探测器；

c. 温度变化较大的场所，不宜选择差温探测器。

下列场所或部位，宜选择缆式线型感温探测器：

a. 电缆隧道、电缆竖井、电缆夹层、电缆桥架等；

b. 配电装置、开关设备、变压器等；

c. 各种皮带输送装置；

d. 不宜安装点型探测器的夹层、闷顶；

e. 其他环境恶劣不适合点型探测器安装的危险场所。

③对火灾发展迅速，有强烈的火焰辐射和少量的烟、热的场所，应选择火焰探测器。

符合下列条件之一的场所，宜选择点型或图像型火焰探测器：

a. 火灾时有强烈的火焰辐射；

b. 可能发生液体燃烧火灾等无阴燃阶段的火灾；

c. 需要对火焰做出快速反应。

符合下列条件之一的场所，不宜选择火焰探测器：

a. 探测区域内的可燃物是金属和无机物；

b. 在火焰出现前有浓烟扩散；

c. 探测器的镜头易被污染；

d. 探测器的"视线"易被油雾、烟雾、水雾和冰雪遮挡；

e. 探测器易受阳光、白炽灯等光源直接或间接照射；

f. 在正常情况下有明火作业及 X 射线、弧光等影响。

④对使用、生产或聚集可燃气体或可燃液体蒸汽的场所，应选择可燃气体探测器。下列场所宜选择可燃气体探测器：

a. 使用可燃气体的场所；

b. 煤气站和煤气表房及存储液化石油气罐的场所；

c. 其他散发可燃气体和可燃蒸气的场所；

d. 在火灾初期有可能产生一氧化碳气体的场所，宜选择一氧化碳气体探测器。

⑤装有联动装置、自动灭火系统及用单一探测器不能有效确认火灾的场合，宜采用感烟探测器、感温探测器、火焰探测器（同类型或不同类型）的组合。

⑥对火灾形成特征不可预料的场所，可根据模拟试验的结果选择探测器。

⑦对不同高度的房间，可按高度选择火灾探测器。随着房间高度的增加，感温探测器能响应的火灾规模越大，因此，感温探测器要按不同的房间高度划分三个灵敏度等级。较灵敏的探测器宜用于较大高度的房间。

感烟探测器对各种不同类型火灾的灵敏度有所不同，但难以找出灵敏度与房间高度的对应关系，考虑到房间越高，烟越稀薄，在房间高度增加时，可将探测器灵敏度等级相应提高。

3. 探测器与系统的连接

火灾探测器是通过底座与系统连接的，火灾探测器与系统的连接是指探测器与报警控制器间的连接及探测器与辅助功能部分的连接。随着现在火灾报警探测技术的发展，早期产品中所采用的多线制连接方式已经被淘汰。所谓多线制，即每个部位的探测器出线，除共享线外，至少要有一根信号线，因此探测器的连接为 N+共享线。现在的产品中多采用总线制的连接形式，即多个火灾探测器 2~4 根线共同连接到报警控制器上，每个探测器所占部位号由地址编码后确定。总线制系统中，探测器的连接形式主要有以下两种：

（1）树枝状布线

由报警控制器发出一条或多条干线，干线分支，分支再分支。这种布线可自由排列，故能做到管路最短。

（2）环状布线

由报警控制器发出一条干线，它将所有监控部位顺序贯通后，再回到报警控制器。这种布线可靠性较高，单一断线都不影响整个系统的正常运行，当同一环上有两处断线时才须检修。

实际布线方式很多，但一般都以节约、可靠、方便为原则。实际布线中，要求用端子箱把探测器与报警控制器、报警控制器与报警控制器连接起来，以便于安装和维修。在总线制布线时，每一个报警区域或楼层还要加装短路隔离器。探测器的联机要区分单独连接和并联连接。对于总线制系统而言，探测器单独连接是指一个探测器拥有一个独立的编码地址，即在报警控制器上占有一个部位号，而探测器并联连接则为几个探测器共享一个编码地址。

（二）火灾报警控制器

火灾报警控制器也称为火灾自动报警控制器，用来接收火灾探测器发出的火警电信号，将此火警电信号转化为声、光报警信号，并指示报警的具体部位及时间，同时还执行相应辅助控制等任务，是建筑消防系统的核心部分。

1. 火灾报警控制器的构成

火灾报警控制器主要由两大部分构成，即电源部分和主机部分。

（1）电源部分

控制器的电源部分在系统中占重要地位。鉴于系统本身的重要性，控制器有主电源和备用电源。主电源为220V交流电，备用电源一般选用可充、放电反复使用的各种蓄电池。电源部分的主要功能有供电功能，主电源、备用电源自动转换功能，备用电源充电功能，电源故障监视功能，电源工作状态指示功能。

（2）主机部分

在正常情况下，监视探测器回路变化情况及监视系统正常运行，遇有报警信号时，执行相应动作，其基本功能有火灾声、光警报，火灾报警计时，火灾报警优先，故障声、光报警，自检功能，操作功能，隔离功能，输出控制功能等。

2. 火灾报警控制器的分类

火灾报警控制器分类的方法很多，按其容量，可分为单路和多路报警控制器；按其用途，可分为区域型、集中型和通用型报警控制器；按其使用环境，可分为陆用型和船用型报警控制器；按其结构，可分为台式、柜式和壁挂式报警控制器；按其防爆性能，可分为防爆型和非防爆型报警控制器；按其内部电路设计，可分为传统型和微机型报警控制器；按其信号处理方式，可分为有阈值和无阈值报警控制器；按其系统连线形式，可分为多线制和总线制报警控制器。

其中，比较常用的分类方式是按其用途来分类，区域报警控制器和集中报警控制器在结构上没有本质的区别，只是在功能上分别适应区域报警工作状态与集中报警工作状态。现在分别概述如下：

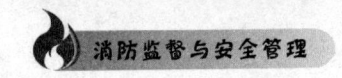

（1）区域报警控制器

区域报警控制器往往是第一级的监控报警装置，装设于建筑物中防火分区内的火灾报警区域，接收该区域的火灾探测器发出的火警信号。所谓"基本单元"，是指在自动消防系统中，由电子线路组成的能实现报警控制器基本功能的单元。区域报警控制器的构成有以下几种基本单元：

声光报警单元：它将本区域各个火灾探测器送来的火灾信号转换为报警信号，即发出声响报警，并在显示器上显示着火部位。

记忆单元：其作用是记下第一次报警时间。一般最简单的记忆单元是电子钟，当火灾信号由探测器输入报警控制器时，电子钟停止，记下报警时间，火警消除后电子钟恢复正常。

输出单元：它一方面将本区域内火灾信号送到集中报警控制器显示火灾报警；另一方面向有关联动灭火子系统和联锁减灾子系统输出操作指令信号。

检查单元：其作用是检查区域报警控制器与探测器之间的连线出现断路、探测器接触不良或探测器被取走等故障。

电源单元：将220V的交流电通过该单元转换为本装置所需要的高稳定度的直流电，其工作电压为24V、18V、10V等，以满足区域报警控制器正常工作需要，同时向本区域各探测器供电。

区域报警控制器的主要功能是，对探测器和线路的故障报警。在接到火警信号后，可自动多次单点巡检，确认后，声、光报警，并由数码显示地址，且火警优先；有自检、外控、巡检等功能。

区域报警控制器的主要技术指标如下：

电源：

主电源：AC220V（±15%~20%），频率50Hz。备电源：DC24V，3~20Ah，全封闭蓄电池。

使用环境要求：温度为-10℃~40℃，相对湿度为90%±3%（30±2）℃，火灾报警控制器监控功率≤20W，报警功率≤60W。

（2）集中报警控制器

集中报警控制器接收各区域报警控制器发送来的火灾报警信号，还可以巡回检测与集中报警控制器相连的各区域报警控制器有无火警信号、故障信号，并能显示出火灾区域部位及故障区域，同时发出声、光警报信号。集中报警控制器一般是区域报警控制器的上位控制器，它是建筑消防系统的总监控设备。从使用的角度来讲，集中报警控制器的功能要比区域报警控制器更多。在单元结构上，除了区域报警控制器所具有的基本单元外，它还具有其他的一些单元，具体有以下几种单元：

声光报警单元：与区域报警控制器类似。不同的是火灾信号主要来自各个监控区域的区域报警控制器，发出的声光报警显示的火灾地址是区域。集中报警控制器也可以直接接收火灾探测器的火灾信号而给出火灾报警显示。

记忆单元：与区域报警控制器的相同。

输出单元：当火灾确认后，输出启动联动灭火装置及联锁减灾装置的主令控制信号。

总检查单元：检查集中报警控制器与区域报警控制器之间的连接线是否完好，有无短路、断路现象，以确保系统工作安全可靠。

巡检单元：为有效利用集中报警控制器，使其依次周而复始地逐个接收由各区域报警控制器发来的信号，即进行巡回检测，实现集中报警控制器的实时控制。

消防专用电话单元：通常在集中报警控制器内设置一部直接与119通话的电话。无火灾时，此电话不能接通，只有当发生火灾时，才能与当地消防部门（119）接通。

电源单元：与区域报警控制器的基本相同，但是在功率上要比区域报警控制器的大。

集中报警控制器在功能方面与区域报警控制器的基本相同，具有报警、外控、故障自动监测、自检、火灾优先报警、电源及监控等功能。

3. 火灾报警控制器的功能及工作原理

（1）火灾报警控制器的功能

由微机技术实现的火灾报警控制器已将报警与控制融为一体，即一方面可起到控制作用，来产生驱动报警装置及联动灭火、联锁减灾装置的主信号；另一方面，又能自动发出声、光报警信号。随着现在火灾报警技术越来越成熟，火灾报警控制器的功能越来越齐全，性能也越来越优越。火灾报警控制器的功能可归纳如下：

①迅速准确地发送火警信号。火灾报警控制器发送火灾信号，一方面由报警控制器本身的报警装置发出报警，另一方面也控制现场的声、光报警装置发出的报警信号。

②火灾报警控制器在发出火警信号的同时，经适当延时，还能启动灭火设备。

③火灾报警控制器除能启动灭火设备外，还能启动联锁减灾设备。

④火灾报警控制器具有火灾报警优先于故障报警功能。

⑤火灾报警控制器具有记忆功能。当出现火灾报警或故障报警时，能立即记忆火灾或故障发生的地址和时间，尽管火灾或故障信号已消失，但记忆并不消失。

⑥由于火灾报警控制器工作的重要性、特殊性，为确保其安全可靠长期不间断运行，就必须设置本机故障监测，即对某些重要线路和元部件，要能进行自动监测。

⑦当火灾报警控制器出现火灾报警或故障报警后，可首先手动消除报警，但光信号继续保留。消声后，如再次出现其他区域火灾或其他设备故障时，音响设备能自动恢复再响。

⑧可为火灾探测器提供工作电源。

以上所归纳的功能应看作是基本功能，除此之外，根据不同的消防系统的不同要求，对报警控制器的功能要求也不同。

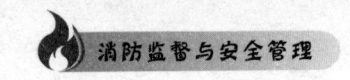

（2）火灾报警控制器的工作原理

电源部分是整个控制器的供电保证环节，承受主机部分和探测器的供电，输出功率要求较大，大多采用线性调节稳压电路，在输出部分增加相应的过压、过流保护。通常，火灾报警控制器电源的首选形式是开关型稳压电路。

主机部分承担着将火灾探测源传来的信号进行处理、报警并中继的作用。通常采用总线传输方式的接口线路工作原理是通过监控单元将待检测的地址信号发送到总线上，经过一定时序，监控单元从总线上读回信息，执行相应报警处理功能。一般地，时序要求严格，每个时序都有其固定的含义。火灾报警控制器工作时的基本顺序要求为：发地址→等待→读信息→等待。控制器周而复始地执行上述时序，完成对整个信号源的检测。

从原理上来讲，区域报警控制器和集中报警控制器都遵循同一工作模式，即收集探测源信号→输入单元→自动监控单元→输出单元。同时，为了使用方便，增加了辅助人机接口——键盘、显示部分、输出联动控制部分、计算机通信部分、打印机部分等。

4. 火灾报警控制器的选择和使用

火灾报警控制器的选择和使用，应严格遵守国家有关消防法规的规定。我国颁布并实施了各种建筑物的防火设计规范，对火灾报警控制器的选择及使用做出了明确的规定。在实际工程中，应从以下五个方面来考虑火灾报警控制器的选择与使用：

①根据所设计的自动监控消防系统的形式确定报警控制器的基本规格（功能）。

②在选择与使用火灾报警控制器时，应使被选用的报警控制器与火灾探测器相配套，即火灾探测器输出信号与报警控制器要求的输入信号应属于同一种类型。

③被选用的火灾报警控制器，其容量不得小于现场使用容量。例如，区域报警控制器的容量不得小于该区域内探测器部位总数，集中报警控制器的容量不得小于它所监控的探测器部位总数及监控区域总数。

④报警控制器的输出信号回路数应尽量等于相关联动、联锁的装置数量，以使其控制可靠。

⑤须根据现场实际，确定报警控制器的安装方式，从而确定选择壁挂式、台式或是柜式报警控制器。

以上原则性地叙述了火灾报警控制器的选择方法。在实际工程中，会遇到许多意想不到的情况，因此，报警控制器的选择与使用还应根据工程实际情况进行折中处理。

三、火灾应急照明及应急广播系统

火灾自动报警及消防联动控制是一种能在火灾早期发现火灾、控制并扑灭火灾，保障人们安全的行之有效的方法。而在整个系统运行过程中，火灾应急照明系统和应急广播系统虽然不是核心部分，但也是非常重要的，同时还是容易被忽视的部分，需要在设计中严格遵循设计规范。

（一）火灾应急照明系统

火灾应急照明系统是建筑物安全保障体系的一个重要组成部分。完善的火灾应急照明设计，应在电源设置、导线选型与铺设、灯具选择及布置、灯具控制方式、疏散指示等各个环节严格执行相关规范，以保证在火灾紧急状态下应急照明系统能发挥应有的作用。

1. 火灾应急照明的分类

火灾应急照明根据其功能，可分为备用照明、疏散照明和安全照明三类。

（1）备用照明

备用照明是在正常照明失效时为继续工作（或暂时继续工作）而设置的。在因工作中断或误操作时可能引起爆炸、火灾等造成严重后果和经济损失的场所，应考虑设置备用照明。备用照明应结合正常照明统一布置，通常可以利用正常照明灯的部分或全部作为备用照明，发生故障时进行电源切换。

（2）疏散照明

疏散照明是为了使工作人员在发生火灾的情况下，能从室内安全撤离至室外（或某一安全地区）而设置的。疏散照明按照其内容性质可分为三类：

设施标志：标志营业性、服务性和公共设施所在地的标志，比如，商场、餐厅、公用电话、卫生间等的标志。

提示标志：为了安全、卫生或维护良好公共秩序而设置的标志，比如，"禁止逆行""请勿吸烟""请保持安静"等。

疏散标志：在非正常情况下，如：发生火灾、事故停电等，设置的安全通向室外或临时避难层的线路标志，比如，"安全出口"等。

疏散照明还可以按照其使用时间，分为常用标志照明和事故标志照明。一般场所和公共设施的位置照明和引向标志照明，属于常用标志照明；在火灾或意外事故时才开启的位置照明和引向标志照明，则属于事故标志照明。二者间没有严格的分界，对一些照明灯具而言，它既是常用标志照明，又是事故标志照明，即在平时也需要点亮，使人们在平时就建立起深刻的印象，熟悉一旦发生火灾或意外事故时的疏散路线和应急措施。

（3）安全照明

安全照明是在正常照明突然中断时，为确保处于潜在危险中的人员安全而设置的，比如，手术室、化学实验室和生产车间等的照明。

2. 火灾应急照明的设置

（1）下列部位应设置备用照明：

①疏散楼梯（包括防烟楼梯间前室）、消防电梯及其前室、合用前室、高层建筑避难层（间）等；

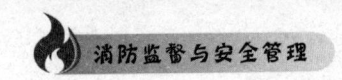

②消防控制室、自备电源室、消防水泵房、配电室、防烟与排烟机房，以及发生火灾时仍须正常工作的其他房间；

③观众厅、宴会厅、重要的多功能厅及每层建筑面积超过 1500m² 的展览厅、营业厅等；

④通信机房、大中型电子计算机房、BAS 中央控制室等重要技术用房；

⑤建筑面积超过 200m² 的演播室、人员密集的地下室、每层人员密集的公共活动场所等；

⑥公共建筑内的疏散通道和居住建筑内长度超过 20m 的内走道。

（2）下列部位应设置疏散照明：

①除上面备用照明设置的第②、④条规定的部位外，均应设置安全出口标志照明；

②在上面备用照明设置的第③、⑤和⑥条规定的部位中，当疏散通道距离最近安全出口大于 20m 或不在人员视线范围内时，应设置疏散指示标志照明。

③一类高层居住建筑的疏散通道和安全出口应设置疏散指示标志照明，二类高层居住建筑可不设置。

（3）应急照明的设置，除满足以上各条的要求外，还应符合以下要求：

①应急照明在正常供电常用电源终止供电后，其应急电源供电转换时间应满足：

备用照明≤5 秒（金融商业交易场所≤1.5 秒）；疏散照明≤5 秒。

②疏散照明平时应处于点亮状态，但在假日、夜间定期无人工作而仅由值班或警卫人员负责管理时可例外。当采用蓄电池作为照明灯具的备用电源时，在上述例外非点亮状态下，应保证不能中断蓄电池充电的电源，以使蓄电池处于经常充电状态。

③可调光型安全出口标志灯，宜用于影剧院、歌舞娱乐游艺场所的观众厅，在正常情况下减光使用，应急使用时，应自动接通至全亮状态。

④备用照明灯具位置的确定，还应满足容易寻找在疏散路线上的所有手动报警器、呼叫通信装置和灭火设备等设施。

⑤走道上的疏散指示标志灯，在其正下方的半径为 0.5m 范围内的水平照度不应低于 0.5lx（人防工程为 1lx），楼梯间可按踏步和缓步台中心线计算。观众席通道地面上的水平照度为 0.2lx。

⑥装设在地面上的疏散标志灯应防止被重物或受外力所损伤。

⑦疏散标志等设置应不影响正常通行，并且不应在其周围存放有容易混同及遮挡疏散标志灯的其他标志等。

3. 火灾应急照明的安装

火灾应急照明的安装要求如下：

①应急照明中的备用照明灯宜设在墙面或顶棚上。

②疏散照明灯具安装有以下要求：

a. 安全出口标志灯具宜设置在安全出口的上部，距地不宜超过2.2m，在首层的疏散楼梯应安装于楼梯口的里侧上方。

b. 疏散通道上的安全出口标志灯可明装，而厅室内宜采用暗装。安全出口标志灯应有图形和文字符号，在有无障碍设计要求时，宜同时设有音响指示信号。

c. 疏散通道（或疏散通道）的疏散指示标志灯具，宜设置在走道及转角处离地面1m以下墙面上、柱上或地面上，且间距不应大于20m；当厅室面积太大，必须装设在天棚上时，则应明装，且距地不应大于2.2m。

d. 应急照明灯应设玻璃或其他非燃材料制作的保护罩，必须采用能瞬时点亮的照明光源，如：白炽灯、小功率卤钨灯、高频荧光灯等，当应急照明作为正常照明的一部分而经常点燃时，在发生故障无须拆换电源的情况下，可采用其他照明光源。

（二）火灾应急广播系统

现在高层民用建筑或大型民用建筑，一般具有建筑面积大、楼层多、结构复杂、人员密集等特点，一旦发生火灾，建筑内的人员疏散就十分困难。利用火灾应急广播系统，可以作为疏散的统一指挥，指导人员有序疏散，防止因火灾带来的惊慌和混乱，从而让室内人员得以迅速地撤离危险场所到达安全区域；还可以作为扑灭火灾的统一指挥，迅速组织有效的灭火救援工作。

1. 火灾应急广播概述

公共建筑应设有线广播系统。系统的类别应根据建筑规模、使用性质和功能要求确定。有线广播一般可分为业务性广播系统、服务性广播系统和火灾应急广播系统。现在大多数情况下，火灾应急广播系统与业务性广播系统、服务性广播系统合为一个系统，当火灾发生时转入火灾应急广播。合用系统的形式又可以分为以下两种：

一是火灾应急广播系统仅利用业务性广播系统、服务性广播系统的馈送线路和扬声器，而火灾应急广播系统的扩音设备等装置是专用的。当火灾发生时，由消防控制室切换馈送线路，使业务性广播系统、服务性广播系统按照设定的疏散广播顺序，对相应层或区域进行火灾应急广播。

二是火灾应急广播系统全部利用业务性广播系统、服务性广播系统的扩音设备、馈送线路和扬声器等装置，在消防控制室只设紧急播送装置。当火灾发生时，可遥控业务性广播系统、服务性广播系统，强制投入火灾应急广播。当广播扩音设备未安装在消防控制室内时，应采用遥控播音方式，在消防控制室能用话筒播音和遥控扩音设备的开、关，自动或手动控制相应的广播分路，播送火灾应急广播，并能监视扩音设备的工作状态。

当火灾应急广播与音响系统合用时，应符合以下条件：

①发生火灾时，应能在消防控制室将火灾疏散层的扬声器和广播音响扩音机，强制转入火灾应急广播状态。

②床头控制柜内设置的扬声器,应有火灾广播功能。

③采用射频传输集中式音响播放系统时,床头控制柜内扬声器具有紧急播放火警信号功能;如果床头控制柜无紧急播放火警信号功能时,设在客房外走道的每个扬声器的实配输入功率不应小于3W,且扬声器在走道内的设置间距不宜大于10m;

④消防控制室应能监控用于火灾应急广播时的扩音机的工作状态,并应具有遥控开启扩音机和采用传声器播音的功能;

⑤应设置火灾应急广播备用扩音机,其容量不应小于发生火灾时须同时广播的范围内火灾应急广播扬声器最大容量总和的1.5倍。

2. 火灾应急广播设置

控制中心报警系统应设置火灾应急广播,集中报警系统宜设置火灾应急广播。

(1) 对火灾应急广播的扬声器的设置,应符合下列要求:

①民用建筑内扬声器应设置在走道和大厅等公共场所,每个扬声器的额定功率不应小于3W,其数量应能保证从一个防火分区的任何部位到最近一个扬声器的距离不大于25m,走道内最后一个扬声器至走道末端的距离不应大于12.5m;

②在环境噪声大于60dB的场所设置的扬声器,在其播放范围内最远点的播放声压级应高于背景噪声15dB;

③客房设置专用扬声器时,其功率不宜小于1W。

(2) 火灾应急广播分路配线应符合下列规定:

①应按疏散楼层或报警区域划分分路配线。各输出分路,应设有输出显示信号和保护控制装置等。

②当任一分路有故障时,不应影响其他分路的正常广播。

③火灾应急广播线路,不应和其他线路(包括火警信号、联动控制等线路)同管或同线槽敷设。

④火灾应急广播用扬声器不得加开关,如果加开关或设有音量调节器,则应采用三线式配线强制火灾应急广播开放。

(3) 火灾应急广播输出分路,应按疏散顺序控制,播放疏散指令的楼层控制程序如下:

①2层以上楼层发生火灾,宜先接通火灾层及其相邻的上、下层。

②首层发生火灾,宜先接通本层、2层及地下各层。

③地下层发生火灾,宜先接通地下各层及首层。当首层与2层有大共享空间时,应包括2层。

四、火灾自动报警系统设计

在工程设计中,火灾自动报警系统在设计选型时需要考虑多种因素,为了规范火灾自动报警系统设计，又不限制其技术发展，国家标准对系统的基本设计形式仅给出了原则性规定，设计人员可在符合这些基本原则的条件下，根据消防工程的规模、对消防设备联动控制的复杂程度、产品的技术条件，组成可靠的火灾自动报警系统。

（一）设计原则与要求

1. 设计原则

必须遵循国家现行的有关方针、政策，针对被保护对象的特点，做到安全可靠、技术先进、经济合理、使用方便。

2. 要求

①消防设计必须尽可能采用机械化、自动化，采用迅速可靠的控制方式，使火灾损失降到最低；

②系统的设计，必须由国家有关部门承认并批准的设计单位承担。

3. 设计的前期工作

系统设计的前期工作主要包含以下三个方面：

（1）摸清建筑物的基本情况

主要包括建筑物的性质、规模、功能及平、剖面情况；建筑内防火区的划分，建筑、结构方面的防火措施、结构形式和装饰材料；建筑内电梯的配置与管理方式，竖井的布置、各类机房、库房的位置及用途等。

（2）摸清有关专业的消防设施及要求

主要包括消防泵的设置及其电气控制室与联锁要求，送、排风机及空调系统的设置；防排烟系统的设置，对电气控制与联锁的要求；供、配电系统，照明与电力电源的控制及其防火分区的配合；应急电源的设计要求等。

（3）明确设计原则

主要包括按规范要求确定建筑物防火分类等级及保护方式，制订自动消防系统的总体方案，充分掌握各种消防设备及报警器材的技术性能指标等。

（二）系统设计的主要内容

1. 探测区域和报警区域的划分

火灾探测区域是以一个或多个火灾探测器并联组成的一个有效的探测报警单元，可以占有区域火灾报警控制器的一个部位号。火灾探测区域是火灾自动报警系统的最小单位，它代表了火灾报警的具体部位，这样才能迅速而准确地探测出火灾报警发出的具体位置，所以在被保护的报警区域内应按顺序划分探测区域。探测区域可以是一只探测器所保护的区域，也可以是几只探测器共同保护的区域，但一个探测区域对应在报警控制器（或楼层

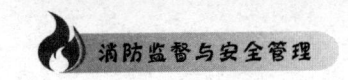

显示器）上只能显示一个报警部位号。

火灾探测区域的划分一般按照独立房（套）间划分，同一房（套）间内可以划分为一个探测区域，其面积不宜超过 500m²，若从主要出口能看清其内部，且面积不超过 1000m² 的房间，也可以划分为一个探测区域；特殊地方应单独划分探测区域，如：楼梯间、防烟楼梯前室、消防电梯前室、坡道、管道井、走道、电缆隧道，建筑物闷顶、夹层等。对于非重点保护建筑，可将数个房间划分为一个探测区域，应满足下列某一条件：

①相邻房间不超过 5 个，总面积不超过 400m²，并在每个门口设有灯光显示装置；

②相邻房间不超过 10 个，总面积不超过 1000m²，在每个房间门口均能看清其内部，并在门口设有灯光显示装置。

报警区域是指将火灾自动报警系统所警戒的范围按照防火分区或楼层划分的报警单元。它是由多个火灾探测器组成的火灾警戒区域范围，通过报警区域，可以把建筑的防火分区同火灾报警系统有机地联系起来。报警区域应按防火分区或楼层划分；一个火灾报警区域宜由一个防火分区或同一楼层的几个防火分区组成；同一火灾报警区域的同一警戒分路不应跨越防火分区。

2. 系统形式及设备的布置

（1）形式

报警控制器主要有三种基本形式：区域报警系统、集中报警系统、控制中心报警系统。具体工程中采用何种报警系统，还应根据工程的建设规模、被保护对象的性质、火灾报警区域的划分和消防管理机构的组织形式等因素确定。

（2）设备布置

①区域报警系统的设计应符合以下要求：

a. 一个报警区域宜设置一台区域火灾报警控制器或一台火灾报警控制器，系统中，区域火灾报警控制器或火灾报警控制器不应超过两台；

b. 系统中可设置消防联动控制设备；

c. 当用一台区域火灾报警控制器或一台火灾报警控制器警戒多个楼层时，应在每个楼层的楼梯口或消防电梯前室等明显部位，设置识别着火楼层的灯光显示装置；

d. 区域火灾报警控制器或火灾报警控制器应设置在有人值班的房间或场所；

e. 当区域火灾报警控制器或火灾报警控制器安装在墙上时，其底边距地面高度宜为 1.3~1.5m，其靠近门轴的侧面距墙不应小于 0.5m，正面操作距离不应小于 1.2m。

②集中报警系统的设计应符合以下要求：

a. 系统中应设置一台集中火灾报警控制器和两台以上区域火灾报警控制器，或设置一台火灾报警控制器和两台以上区域显示器；

b. 系统中应设置消防联动控制设备；

c. 集中火灾报警控制器或火灾报警控制器，应能显示火灾报警部位信号和控制信号，亦可进行联动控制；

d. 集中火灾报警控制器或火灾报警控制器，应设置在有专人值班的消防控制室或值班室内；

e. 集中火灾报警控制器或火灾报警控制器、消防联动控制设备等在消防控制室或值班室内的布置，应符合消防控制室内设备的布置要求。

③控制中心报警系统的设计，应符合以下要求：

a. 系统中应设置一台集中火灾报警控制器、一台专用消防联动控制设备和两台以上区域火灾报警控制器；或者设置一台火灾报警控制器、一台消防联动控制设备和两台以上区域显示器。

b. 系统应能集中显示火灾报警部位信号和联动控制状态信号。

c. 系统中设置的集中火灾报警控制器或火灾报警控制器和消防联动控制设备在消防控制室内的布置，应符合消防控制室内设备的布置要求。

④消防控制室内设备的布置应符合下列要求：

a. 设备面盘前的操作距离：单列布置时不应小于1.5m，双列布置时不应小于2m。

b. 在值班人员经常工作的一面，设备面盘至墙的距离不应小于3m。

c. 设备面盘后的维修距离不宜小于1m。

d. 当设备面盘的排列长度大于4m时，其两端应设置宽度不小于1m的通道。

e. 当集中火灾报警控制器或火灾报警控制器安装在墙上时，其底边距地面高度宜为1.3~1.5m，其靠近门轴的侧面距墙不应小于0.5m，正面操作距离不应小于1.2m。

⑤探测器的设置要求：

火灾探测器的设置位置可以按照下列基本原则布置：

a. 设置位置应该是火灾发生时烟、热量易到达之处，并且能够在短时间内聚积的地方；

b. 消防管理人员易于检查、维修，而一般人员不易触及火灾探测器；

c. 火灾探测器不易受环境干扰，布线方便，安装美观。

对于常用的感烟和感温探测器来讲，其安装时还应符合以下要求：

a. 探测器距离通风口边缘不小于0.5m，如果顶棚上设有回风口时，可以靠近回风口安装；

b. 顶棚距离地面高度不小于2.2m的房间、狭小的房间（面积不大于10m²），火灾探测器宜安装在入口附近；

c. 在顶棚和房间坡度大于45°斜面上安装火灾探测器时，应该采取措施使安装面成水平；

d. 在楼梯间、走廊等处安装火灾探测器时，应该安装在不直接受外部风吹的位置；

e. 在建筑物无防排烟要求的楼梯间，可以每隔三层装设一个火灾探测器，在倾斜通道

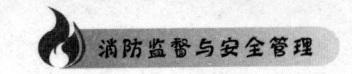

安装火灾探测器的垂直距离不应大于15m；

　　f. 在与厨房、开水间、浴室等房间相连的走廊安装火灾探测器时，应该避开入口边缘1.5m；

　　g. 安装在顶棚上的火灾探测器边缘与照明灯具的水平间距不小于0.2m，与电风扇间距不小于1.5m，距嵌入式扬声器罩间距不小于0.1m，与各种水灭火喷头间距不小于0.3m，与防火门、防火卷帘门的距离一般为1~2m，感温火灾探测器距离高温光源不小于0.5m。

3. 火灾事故广播

控制中心报警系统应设置火灾应急广播，集中报警系统宜设置火灾应急广播。火灾应急广播扬声器的设置应符合下列要求：

①民用建筑内扬声器应设置在走道和大厅等公共场所，每个扬声器的额定功率不应小于3W，其数量应能保证从一个防火分区的任何部位到最近一个扬声器的距离不大于25m，走道内最后一个扬声器至走道末端的距离不应大于12.5m；

②在环境噪声大于60dB的场所设置的扬声器，在其播放范围内最远点的播放声压级应高于背景噪声15dB；

③客房设置专用扬声器时，其功率不宜小于1W；

④涉外单位应用两种以上语言广播；

⑤对于火灾应急广播和公共广播系统合用同一个系统时，火灾时要能够强行转入火灾应急广播状态。

4. 火灾警报装置

火灾警报装置是火灾报警系统中用以发出与环境声、光相区别的火灾警报信号的装置。未设置火灾应急广播的火灾自动报警系统，应设置火灾警报装置。每个防火分区至少应设1个火灾警报装置，其位置宜设在各楼层走道靠近楼梯出口处。警报装置宜采用手动或自动控制方式。在环境噪声大于60dB的场所设置火灾警报装置时，其声警报器的声压级应高于背景噪声15dB。

5. 手动报警按钮

每个防火分区应至少设置一只手动火灾报警按钮。从一个防火分区内的任何位置到最邻近的一个手动火灾报警按钮的距离不应大于30m。手动火灾报警按钮宜设置在公共活动场所的出入口处。

手动火灾报警按钮应设置在明显的和便于操作的部位。当安装在墙上时，其底边距地高度宜为1.3~1.5m，且应有明显的标志。

6. 系统接地

火灾自动报警装置是一种电子设备，为保证系统运行安全可靠，火灾自动报警系统应设专用接地干线，并应在消防控制室设置专用接地板。专用接地干线应从消防控制室专用接地板引至接地体。专用接地干线应采用铜芯绝缘导线，其线芯截面面积不应小于 25mm²。专用接地干线宜穿硬质塑料管埋设至接地体。由消防控制室接地板引至各消防电子设备的专用接地线应选用铜芯绝缘导线，其芯线截面面积不应小于 4mm²。

火灾自动报警系统接地装置的接地电阻值应符合下列要求：

（1）采用专用接地装置时，接地电阻值不应大于 4Ω；

（2）采用共用接地装置时，接地电阻值不应大于 1Ω。

（三）系统布线

火灾自动报警系统要求在火灾发生的第一时间发出警报，创造及时扑救的条件，这就要求消防系统在布线上有其自身的特点。为了确保整个系统在火灾情况下有一定的抵御能力，在设计时必须按照有关建筑消防规范来执行。

1. 一般规定

①火灾自动报警系统的传输线路和 50V 以下供电控制线路，应采用电压等级不低于交流 300/500V 的铜芯绝缘导线或铜芯电缆。采用交流 220/380V 的供电或控制线路应采用电压等级不低于交流 450/750V 的铜芯绝缘导线或铜芯电缆。

②火灾自动报警系统的传输线路的线芯截面选择，除应满足自动报警装置技术条件的要求外，还应满足机械强度的要求。铜芯绝缘导线、铜芯电缆线芯的最小截面面积应符合下列规定：

a. 穿管敷设的绝缘导线，线芯的最小截面面积为 1mm²；

b. 线槽内敷设的绝缘导线，线芯的最小截面面积为 0.75mm²；

c. 芯电缆，线芯的最小截面面积为 0.50mm²。

2. 屋内布线

当火灾自动报警系统传输线路采用绝缘导线时，应采取穿金属管（高层建筑宜用）、硬质塑料管、半硬质塑料管或封闭式线槽保护方式布线，且应有明显的标志。消防控制、通信和警报线路采用暗敷设时，宜采用金属管或经阻燃处理的硬质塑料管保护，并应敷设在不燃烧体的结构层内，且保护层厚度不宜小于 30mm。当采用明敷设时，应采用金属管或金属线槽保护，并应在金属管或金属线槽上采取防火保护措施。采用经阻燃处理的电缆时，可不穿金属管保护，但应敷设在电缆竖井或吊顶内有防火保护措施的封闭式线槽内。

屋内消防系统布线应符合以下基本要求：

①布线正确，满足设计，保证建筑消防系统在正常监控状态及火灾状态能正常工作；

②系统布线采用必要的防火耐热措施，有较强的抵御火灾能力，即使在火灾十分严重的情况下，仍能保证消防系统安全可靠。

除上述基本要求之外，消防系统室内布线还应遵照有关消防法规规定，符合下列具体要求：

①线路短捷，安全可靠，尽量减少与其他管线交叉跨越，避开环境条件恶劣的场所，且便于施工维护。

②建筑物内不同防火分区的横向敷设消防系统的传输路线，若采用穿管敷设，则不应穿于同一根管内。

③不同系统、不同电压、不同电流类别的线路不应穿于同一根管内或线槽内的同一槽孔内。

④火灾探测器的传输线路，宜选择不同颜色的绝缘导线或电缆。正极"+"线应为红色，负极"－"线应为蓝色或黑色。同一工程中相同用途导线的颜色应一致，接线端子应有标号。

⑤火灾自动报警系统用的电缆竖井，宜与电力、照明用的低压配电线路电缆竖井分别设置。如果受条件限制必须合用，则两种电缆应分别布置在竖井的两侧。

⑥穿管绝缘导线或电缆的总截面积，不应超过管内截面积的40%，敷设于封闭式线槽内的绝缘导线或电缆的总截面积，不应大于线槽的净截面积的50%。

⑦建筑物内消防系统的线路宜按楼层防火分区分别设置配线箱。当同一系统不同电流类别或不同电压的线路在同一配线箱时，应将不同电流类别和不同电压等级的导线，分别接于不同的端子上，且各种端子板应做明确的标志和隔离。

⑧从接线盒、线槽等处引到探测器底座盒、控制设备盒、扬声器箱的线路，均应加金属软管保护。

⑨火灾自动报警系统的传输网络不应与其他系统的传输网络合用。

3. 报警系统布线

由于在火灾发生时，温度会急剧上升，消防设备布线将会受到损伤，为了保证消防系统正常可靠地运行，这部分线路就必须具有耐火、耐高温的性能，还必须采取延燃措施。建筑消防系统安全可靠的工作不仅取决于组成消防系统设备的本身，还取决于设备与设备之间的导线连接。

现行火灾自动报警系统基本上均采用总线制。除原来已安装使用的产品外，多线制产品由于布线复杂而呈淘汰趋势。总线制根据编码信息技术的不同，连接火灾报警控制器与火灾探测器的传输总线有二总线制、三总线制和四总线制，就目前而言，大多是二总线制的。总线制系统布线按接线方式可分为单支布线与多支布线两类。

（1）单支布线又分为串形和环形两种，根据不同的产品和工程的不同特点，优先采用其中之一布线方式。大多数产品是采用串形接法，这种方式总线的传输质量最佳，传输距离最长。而环形接法的优点在于系统线路中任一处断路时不会影响系统的正常运行，但是系统的线路较长。

（2）多支布线亦称树状系统接法，可分为鱼骨形和小星形接法。采用鱼骨形接法时，总线的传输质量较好，但必须注意二总线主干线两边的分支距离应小于 10m，在这种布线方式下，传输距离较远。当使用小星形接法时，虽然传输效果不如串形或鱼骨形，但是传输距离也较远。一般小星形接线线路较短，但须注意分支不宜过多，同一点分支线一般不宜超过 3 根，且分支点应在容易检查的位置。

第二节　自动喷水灭火系统

自动喷水灭火系统是由洒水喷头、报警阀组、水流报警装置（水流指示器或压力开关）等组件，以及管道、供水设施组成，并能在火灾时喷水的自动灭火系统。它利用火灾时产生的光、热、烟及压力等信号传感而自动启动（在某些类型中当火灾被扑灭后，能自动停止喷水），将水和以水为主的灭火剂洒向着火区域，用来扑灭火灾或控制火灾蔓延。它既有探测火灾并报警的功能，又有喷水灭火、控制火灾发展的功能，起着随时监测火情、自动启动灭火装置的作用。

一、自动喷水灭火系统的设置场所

从灭火的效果来看，凡发生火灾时可以用水灭火的场所，均可以采用自动喷水灭火系统，但鉴于我国的经济发展状况，仅要求对发生火灾频率高、火灾等级高的建筑中某些部位设置自动喷水灭火系统。我国规定，自动喷水灭火系统应在人员密集、不易疏散、外部增援灭火与救生困难或火灾危险性较大的场所中设置。

第一，容易着火的部位。如：舞台、厨房、旅馆、客房等。

第二，疏散通道。如：门厅、电梯厅、走道、自动扶梯底部等。

第三，人员密集的场所。如：观众厅、会议室、展览厅、多功能厅、舞厅、餐厅等公共活动用房。

第四，火灾蔓延通道。如：玻璃幕墙、共享空间的中庭、自动扶梯开口部位等。

第五，疏散和扑救难度大的场所。如：地下室等。

该规范同时又规定自动喷水灭火系统不适用于存在较多下列物品的场所：

第一，遇水发生爆炸或加速燃烧的物品。

第二，遇水发生剧烈化学反应或产生有毒有害物质的物品。

第三，洒水将导致喷溅或沸溢的液体。

二、自动喷水灭火系统组成与分类

自动喷水灭火系统，根据被保护建筑物的性质和火灾发生、发展特性的不同，可以有

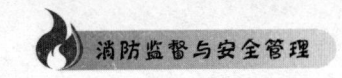

许多不同的系统形式。通常根据系统中所使用的喷头形式的不同，分为闭式自动喷水灭火系统和开式自动喷水灭火系统两大类。闭式喷水灭火系统有湿式、干式、干湿交替式和预作用式。开式有雨淋式、水喷雾式和水幕式。

三、闭式自动喷水灭火系统

闭式自动喷水灭火系统采用闭式喷头，它是一种常闭喷头，喷头的感温、闭锁装置只有在预定的温度环境下才会脱落，开启喷头。因此，在发生火灾时，这种喷水灭火系统只有处于火焰之中或临近火源的喷头才会开启灭火。

闭式自动喷水灭火系统为采用闭式洒水喷头的自动喷水灭火系统。国内外经验证明，闭式自动喷水灭火设备具有良好的灭火效果，而且造价相对低廉，因此得到广泛使用。

我国规定下列建筑应设置自动喷水灭火系统：

第一，不小于5000纱锭的棉纺厂的开包、清花车间，不小于5000锭的麻纺厂的分级、梳麻车间，火柴厂的烤梗、筛选部位；占地面积大于1500m^2或总建筑面积大于3000m^2的单、多层制鞋、制衣、玩具及电子等类似生产的厂房；占地面积大于1500m^2的木器厂房；泡沫塑料厂的预发、成型、切片、压花部位；高层乙、丙、丁类厂房；建筑面积大于500m^2的地下或半地下丙类厂房。

第二，每座占地面积大于1000m^2的棉、毛、丝、麻、化纤、毛皮及其制品的仓库；每座占地面积超过600m^2的火柴仓库；邮政建筑内建筑面积大于500m^2的空邮袋库；可燃、难燃物品的高架仓库和高层仓库；设计温度高于0℃的高架冷库，设计温度高于0℃且每个防火分区建筑面积大于1500m^2的非高架冷库；总建筑面积大于5000m^2的可燃物品地下仓库；每座占地面积大于1500m^2或总建筑面积大于3000m^2的其他单层或多层丙类物品仓库。

第三，一类高层公共建筑（除游泳池、溜冰场外）及其地下、半地下室，二类高层公共建筑及其地下、半地下室的公共活动用房、走道、办公室和旅馆的客房、可燃物品库房、自动扶梯底部，高层民用建筑内的歌舞娱乐放映游艺场所，建筑高度大于100m的住宅建筑。

第四，特等、甲等剧场，超过1500个座位的其他等级的剧场，超过2000个座位的会堂或礼堂，超过3000个座位的体育馆，超过5000人的体育场的室内人员休息室与器材间等；任一建筑面积大于1500m^2或总建筑面积大于3000m^2的展览、商店、餐饮和旅馆建筑，以及医院中同样建筑规模的病房楼、门诊楼和手术部；设置送回风道（管）的集中空气调节系统且总建筑面积大于3000m^2的办公建筑等；藏书量超过50万册的图书馆；大、中型幼儿园，总建筑面积大于500m^2的老年人建筑；总建筑面积大于500m^2的地下或半地下商店；设置在地下或半地下或地上四层以上楼层的歌舞娱乐放映游艺场所（除游泳场所外），设置在首层、二层和三层且任一层建筑面积大于300m²的地上歌舞娱乐放映游艺场所（除游泳场所外）。

闭式自动喷水灭火系统的分类有以下几种：

（一）湿式自动喷水灭火系统

湿式自动喷水灭火系统简称湿式系统，是准工作状态时管道内充满用于启动系统的有压水的闭式系统。湿式系统是世界上使用时间最长，应用最广泛，控火、灭火率最高的一种闭式自动喷水灭火系统，目前世界上已安装的自动喷水灭火系统中，有70%以上采用了湿式自动喷水灭火系统。

1. 湿式系统的组成与工作原理

湿式系统主要由闭式洒水喷头、水流指示器、管网、湿式报警阀组及管道和供水设施等组成。

平时管道内始终充满压力水，系统压力由高位消防水箱或稳压装置维持。发生火灾时，火源周围环境温度上升，火源上方的喷头开启喷水，报警阀后压力下降，阀板开启，向洒水管网及洒水喷头供水，同时水沿着报警阀的环形槽进入延迟器、压力继电器及水力警钟等设施，发出火警信号，并启动消防水泵等设施，消防控制室同时接到信号。

2. 湿式系统的特点及适用条件

该系统仅有湿式报警阀和必要的报警装置，因此系统简单，施工、管理方便；建设投资低，管理费用少，节约能源。另外，湿式喷水灭火系统管道内充满压力水，火灾时，气温升高，感温元件受热动作，能立即喷水灭火，具有灭火速度快，及时扑救效率高的优点，是目前世界上应用范围最广的自动喷水灭火系统。湿式系统管网中充有压水，当环境温度低于4℃时，管网内的水有冰冻的危险；当环境温度高于70℃时，管网内水汽化的加剧有破坏管道的危险，且喷头误喷的风险较大，因此，湿式系统适用于环境温度不低于4℃、不高于70℃的建筑物。湿式报警装置最大工作压力为1.2MPa。

（二）干式自动喷水灭火系统

干式自动喷水灭火系统简称干式系统，是准工作状态时配水管网内充满用于启动系统的有压气体的闭式系统。

1. 干式系统的组成与工作原理

干式系统的组成与湿式系统的组成基本相同，但报警阀组采用是干式的。干式系统管网内平时不充水，充有有压气体（或氮气），与报警阀前的供水压力保持平衡，报警阀处于紧闭状态。

平时报警阀后的管网充有有压气体，阀后充有有压水。火灾时，喷头周围温度上升到

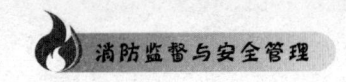

喷头动作温度时，喷头开启，迅速排气，系统压力下降，水冲开阀门流入配水管网以喷水灭火。

2. 干式系统的特点及适用条件

干式系统灭火时由于在报警阀后的管网无水，不受环境温度的制约，对建筑装饰无影响，但为保持气压，需要配套设置补气设施，因而提高了系统造价，比湿式系统投资高。又由于喷头受热开启后，首先要排除管道中的气体，然后才能喷水灭火，因此，干式系统的喷水灭火速度不如湿式系统快。

干式系统可用于一些无法使用湿式系统的场所，或采暖期长而建筑内无采暖的场所。干式喷头应向上安装（干式悬吊型喷头除外）。干式报警装置最大工作压力不超过1.2MPa。干式喷水管网的容积不宜超过1500L，当有排气装置时，不宜超过3000L。

（三）干湿式自动喷水灭火系统

干湿式系统是在干式系统的基础上，为克服干式系统不足而产生的一种交替式自动喷水灭火系统。其组成与干式系统大致相同，只是该系统报警阀是采用干式报警阀和湿式报警阀串联而成，或采用干湿两用报警阀。喷水管网在冬季充满有压气体，系统为干式系统。而在温暖季，管网系统充以有压水，系统为湿式系统，其喷头应向上安装。

干湿式系统用于年采暖期少于240天的采暖房间。干湿两用报警装置最大工作压力不超过1.6MPa，喷水管网的容积不宜超过3000L。由于交替充水充气使管道腐蚀严重，管理麻烦，因此实际工程中使用较少。

（四）预作用自动喷水灭火系统

1. 预作用系统的组成与工作原理

预作用系统由装有闭式喷头的干式系统和一套火灾自动报警系统组成。

在平时，预作用阀后的管网不充水，而充以有压或低压的气体。火灾时，由感烟（或感温、感光）火灾探测器报警，同时发出信息开启报警信号，报警信号延迟30秒并证实无误后，自动控制系统自动打开控制闸门排气，并启动预作用阀门向喷水管网自动充水。当火灾温度继续升高，闭式喷头的闭锁装置脱落，喷头即自动喷水灭火。

2. 预作用系统的特点及适用条件

预作用系统是湿式喷水灭火系统与自动探测报警技术和自动控制技术相结合的产物，它克服了湿式系统和干式系统的缺点，使得系统更先进、更可靠，可以用于湿式系统和干式系统所能使用的任何场所。在一些场所还可以替代气体灭火系统，但由于比一般湿式系统和干式系统多了一套自动探测报警和自动控制系统，系统比较复杂、投资较大。一般用于建筑装饰要求较高，不允许有水渍损失，灭火要求及时的建筑。

预作用喷水灭火系统的配水管道充水时间不宜大于 2 分钟。在预作用阀门之后的管道内充有压气体时，压力水不宜超过 0.03MPa。

（五）重复启闭预作用自动灭火系统

重复启闭预作用系统是在预作用系统的基础上发展起来的一种自动喷水灭火系统新技术。该系统不但能自动喷水灭火，而且当火被扑灭后又能自动关闭系统，适用于灭火后必须及时停止喷水的场所。这种系统可将灭火造成的水渍损失减到最轻，也可节省消防用水，而又不失去灭火的功能。

重复启闭预作用系统的组成和工作原理与预作用系统相似，不同之处是，重复启闭预作用系统采用了一种既可输出火警信号，又可在环境恢复常温时输出灭火信号的感温探测器。当感温探测器感应到环境的温度超出预定值时，报警并开启供水泵和打开具有复位功能的雨淋阀，为配水管道充水，并在喷头动作后喷水灭火。喷水过程中，当火场温度恢复至常温时，探测器发出关停系统的信号，在按设定条件延迟喷水一段时间后关闭雨淋阀，并停止喷水。若火灾复燃、温度再次升高，系统则再次启动，直至彻底灭火。该系统功能优于其他喷水灭火系统，但造价高，一般用于电缆间、集控室、计算机房、配电间、电缆隧道等。

四、开式自动喷水灭火系统

开式自动喷水灭火系统采用的是开式喷头，开式喷头不带感温、闭锁装置，通过阀门控制系统的开启，喷头处于常开状态。火灾时，火灾所处的系统保护区域内的所有开式喷头一起出水灭火。开式自动喷水灭火系统可分为雨淋系统、水幕系统、水喷雾系统三种。

（一）雨淋灭火系统

1. 雨淋灭火系统组成及工作原理

雨淋灭火系统又称为开式自动喷水灭火系统，与闭式自动喷水灭火系统的最大区别在于洒水喷水头是开式洒水喷头。雨淋系统包括火灾自动报警系统和喷水灭火系统两部分，由火灾探测器、雨淋阀、管道和开式洒水喷头组成。雨淋系统的启动控制方式有火灾探测器电动控制开启、带闭式喷头的传动管控制开启和易熔锁封的钢丝绳控制开启三种，视保护区域的具体情况而定。

在平时，雨淋阀后的管道为空管。火灾时，火灾探测系统探测到火灾信号后，自动开启雨淋阀，也可人工开启雨淋阀，由雨淋阀控制其配水管道上所有的开式喷头同时喷水，可以在瞬间喷出大量的水覆盖火区，达到灭火目的。

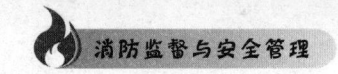

2. 雨淋灭火系统的设置

雨淋灭火系统具有出水量大、火灾控制面积大、灭火及时等优点，但水渍损失大于闭式系统。通常用于燃烧猛烈、蔓延迅速的某些严重危险级场所。规范规定具有下列条件之一的场所应采用雨淋灭火系统：

①火灾的水平蔓延速度快、闭式喷头的开放不能及时使喷水有效覆盖着火区域；

②严重危险级Ⅱ级建筑。

应设置雨淋灭火系统的具体场所有如下几种：

①火柴厂的氯酸钾压碾厂房；建筑面积大于 $100m^2$ 且生产和使用喷漆棉、火胶棉、硝化纤维的厂房。

②乒乓球厂的轧坯、切片、磨球、分球检验部位。

③建筑面积大于 $60m^2$ 或储存量大于 2t 的喷漆棉、火胶棉、硝化纤维仓库。

④日装瓶数量大于 3000 瓶的液化石油储配站的罐瓶间、实瓶库。

⑤特等、甲等剧院，超过 1500 个座位的其他剧院和超过 2000 个座位的会堂。

⑥建筑面积不小于 $400m^2$ 的演播室，建筑面积不小于 $500m^2$ 的电影摄影棚。

（二）水幕灭火系统

水幕系统不具备直接灭火的能力，而是利用密集喷洒所形成的水墙或水帘，或配合防火卷帘等分隔物，阻断烟气和火势的蔓延，保护火灾邻近的建筑。密集喷洒的水墙或水帘，自身即具有防火分隔作用；而配合防火卷帘等分隔物的水幕，则利用直接喷向分隔物的水的冷却作用，保持分隔物在火灾中的完整性和隔热性。

1. 水幕系统的类型与组成

（1）水幕系统的类型与作用

水幕系统可分为三种类型：第一种是采用开式喷头的水幕系统，其作用是用水墙或水帘作为防火分隔物，这种系统与雨淋系统相似，一旦有火，系统整体动作喷水；第二种是采用水幕喷头的水幕系统，其作用是既可作为水墙或水帘作用的防火分隔物，又可作为冷却防火分隔物，发生火灾时也是系统整体动作喷水；第三种是采用加密喷头湿式系统，这种系统仅用于冷却防火分隔物，使其达到设计规定的耐火极限。这种系统的喷头在发生火灾时不是整体动作喷水，而是随着烟气温度的升高逐步依次开放。目前，这三种形式在工程中都采用，设计人员可根据工程具体情况和当地消防局的意见进行设计。

（2）水幕系统的组成

水幕系统由开式洒水喷头或水幕喷头、管道、雨淋报警阀组或感温雨淋阀，以及水流报警装置（水流指示器或压力开关）等组成。水幕系统中的报警阀，可以采用雨淋报警阀组，也可以采用常规的手动操作启闭的阀门。采用雨淋报警阀组的水幕系统，须设配套的火灾自动报警系统或传动管系统联动，由报警系统或传动管系统监测火灾和启动雨淋阀的启动。

2. 水幕系统的特点及设置范围

（1）水幕系统的特点

防止火灾蔓延到另外一个防火分区，防止火灾蔓延的作用。

水幕系统的动作与防火分区有关，当作为防火分隔水幕时，一旦该防火分区内发生火灾，该防火分区周围的防火分隔水幕都应动作。冷却防火水幕的设置同防火分隔水幕设置。

（2）设置范围

水幕消防可设于大剧院舞台正面的台门，防止舞台上发生的火灾迅速蔓延到观众厅，可用于高层建筑、生产车间、仓库、汽车库防火区的分隔，用水幕来冷却防火卷帘、墙面、门、窗，以增强其耐火性能，阻止火势扩大蔓延。建筑物之间的防火间距不能满足要求，为防止相邻建筑之间的火灾威胁，也可用水幕对耐火性能较差的门、窗、可燃屋檐等进行保护，增强其耐火性能。

下列部位应设置水幕系统：

①特等、甲等剧场，超过1500个座位的其他等级的剧场，超过2000个座位的会堂或礼堂和高层民用建筑内超过800个座位的剧场或礼堂的舞台口，以及上述场所内与舞台相连的侧台、后台的洞口；

②应设置防火墙等防火分隔物而无法设置的局部开口部位；

③需要防护冷却的防火卷帘或防火幕的上部。

防护冷却水幕应直接将水喷向被保护对象；防火分隔水幕不宜用于尺寸超过15m（宽）×8m（高）的开口（舞台口除外）。

（三）水喷雾灭火系统

水喷雾灭火系统的组成与雨淋系统相似，因此，在有些书中将其放在自动喷水灭火系统中介绍。但按灭火原理和保护对象分类，水喷雾灭火系统是不同于自动喷水灭火系统的另一类固定式水自动灭火系统。自动喷水灭火系统的灭火原理则是冷却降温，而水喷雾灭火系统的工作原理是冷却、产生水蒸气窒息、乳化某些液体或起稀释作用。

水喷雾灭火系统利用水雾喷头在较高水压力作用下，将水分离成100~700μm的水雾滴，并喷向保护对象，达到灭火或防护冷却的目的。

与雨淋系统相比，水喷雾灭火系统具有灭火效率高、不会造成液体飞溅、电气绝缘性好等优点，在扑灭可燃液体火灾、电气火灾中得到了广泛应用。值得注意的是，高温密闭的容器或空间内火灾，以及表面温度经常处于高温状态的可燃液体火灾不宜采用水喷雾灭火系统，以免发生火灾飞溅。

下列场所宜采用水喷雾灭火系统：

第一，单台容量在40MV·A及以上的厂矿企业油浸变压器，单台容量在90MV·A及

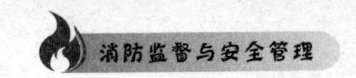

以上的电厂油浸变压器，单台容量在 125MV·A 及以上的独立变电站油浸变压器；

第二，飞机发动机试验台的试车部位；

第三，充可燃油并设置在高层民用建筑内的高压电容器和多油开关室。

五、自动喷水灭火系统的水力计算

管网水力计算的任务是确保系统在火灾时有足够的水量和工作压力供火场灭火。水力计算可以合理地确定系统的管径和设计秒流量，以便合理地选用消防泵，确保系统的可靠性。

1. 系统水力计算应具备的条件

①根据自动喷水灭火系统设置场所的环境条件、火灾特点、保护对象的需要，选定系统类型。

②保护对象的性质及设置场所的火灾危险等级已明确。

③系统的设计基本参数已确定

④系统管网布置已完成，初选管径及安装尺寸已确定。

⑤系统选定的喷头 K 值，最低工作压力已知。

⑥系统最不利点及最不利作用面积的部位已确定。

2. 现行的自动喷水灭火系统管道水力计算方法

（1）作用面积法

作用面积法，首先选定最不利作用面积在管网中的位置，此作用面积的形状宜采用正方形或长方形，当采用长方形布置时，其长边应平行于配水支管，边长宜为作用面积平方根的 1.2 倍，仅在作用面积内的喷头才计算其喷水量，且每个喷头的喷水量至少等于规定的喷水强度，作用面积后的管段流量不再增加，仅计算管道的水头损失。对轻、中危险级，计算时可假定作用面积内每只喷头的喷水量相等；对严重危险级，按喷头处的实际水压计算喷水量。

利用作用面积法所得的计算流量不是作用面积内各喷头在实际工作压力下的实际流量之和，而是假定作用面积内所有喷头的工作压力和流量都等于最不利喷头的工作压力和流量，因此，作用面积内喷头全部开放时，其总流量是最不利点喷头流量与作用面积内喷头数量的乘积。而作用面积内的喷头数量是按满足喷水强度和保护面积确定的，因此，作用面积内的喷头总流量等于喷水强度与作用面积的乘积。

（2）特性系数法

特性系数法，是从系统最不利点喷头开始，沿程计算各喷头的水压力、流量和管段的累计流量、水头损失，直到管段累计流量达到设计流量为止；在此后的管段中流量不再增加，仅计算沿程和局部水头损失。

特性系数计算法必须选定系统的最不利作用面积，即该作用面积必须包含系统的最不利点喷头在内。计算所得到的计算流量，是作用面积内喷头的实际流量之和。所得到的流量精确，一般比作用面积法大。

确定作用面积内的喷水强度，应按保护场所的火灾危险等级、环境条件来确定。但对于在敞开式格栅吊顶内设置喷头，保护吊顶下部空间的场所，应考虑格栅对喷头布水的影响，在确定喷水强度时，应在规定值的基础上增大1.3倍。

喷头的工作压力也是决定喷头喷水量和保护面积的重要参数。喷头的工作压力应为0.1MPa，当有困难时也可以采用0.05MPa。这些规定仅针对标准喷头而言，当采用其他喷头时，应按产品要求及规范的规定确定。

3. 水力计算方法分析

在特性系数法计算中，每个喷头流量按特性系数法计算，其流量随喷头处压力变化而变化。此计算特点是在系统中除最不利点喷头以外的任一喷头的喷水量或任意4个相邻喷头的平均喷水量均超过设计要求，系统计算偏于安全。这种计算法严密细致、工作量大，但计算时按最不利点处喷头起逐个计算，不符合火灾发展的一般规律。实际火灾发生时，一般都是火源点呈辐射状向四周扩大蔓延，而只有失火区上方的喷头才会开启喷水。此外，采用作用面积保护方法及仅在作用面积内的喷头计算喷水量是合理的。同时，由于火灾时对流及风的影响，作用面积的形状以呈矩形更为合理，且矩形面积在管道水力计算时也是最不利的。

基于前文及以上分析，不难看出，水力计算时，通过特性系数法计算矩形作用面积内所有喷头和管道的流量和压力，而作用面积后的管段中流量不再增加，仅计算沿程和局部水头损失。这种采用"矩形面积"保护方法，以及仅在"矩形面积"内的喷头才计算喷水量来确定系统设计流量的"矩形面积-特性系数法"计算方法，符合火场实际，科学严谨，是合理的、安全的。

4. 矩形面积-特性系数法

（1）矩形面积的确定

确定最不利作用面积在管网中位置（必要时可由水力计算确定），作用面积的形状为矩形，其长边平行于配水支管，其长度不小于作用面积平方根的1.2倍，喷头数若有小数，就进位成整数。当配水支管的实际长度小于边长的计算值时，作用面积要扩展到该配水管邻近支管上的喷头。

仅在走道内设置单排喷头的闭式系统，其作用面积应按最大疏散距离所对应的作用面积确定。

（2）特性系数法水力计算

轻、中、严重及仓库级危险级均按逐点法进行水力计算，即矩形面积内每个喷头喷水量按该喷头处的水压计算确定，具体方法如下：

①首先假定最不利点处水压，求该喷头的出水量，以此流量求喷头 1~2 之间管段的水头损失；最不利点水压一般为 0.1MPa，最小不应小于 0.05MPa（最低工作压力是针对屋顶水箱高度，往往难以满足最不利喷头压力值而提出的，在消防泵、增压设施扬程计算时，不存在这个问题。在工程设计中，最不利喷头工作压力值以 0.05MPa 计算，使喷头出水量减小，为保证一定的喷水强度，须缩小喷头间距，增加了作用面积内动作喷头数量，增加了工程投资，而优点仅仅是选水泵时，可以减小约 0.05MPa 扬程）。

②以第一喷头处所假定的水压加喷头 1~2 之间管段的水头损失，作为第二喷头处的压力，以求第二个喷头的流量。此两个喷头流量之和作为 2~3 喷头之间管段的流量，以求该管段中的水头损失。依此类推，计算至作用面积内的所有喷头和管道的流量和压力。

（3）经济流速

自动喷水灭火系统管网内的水流速度宜采用经济流速。而对某些配水支管须用缩小管径增大沿程水头损失达到减压目的时，水流速度可以超过 5m/s，但也不应大于 10m/s。

经济流速是经济性、合理性、可靠性与安全性的统一，并非通常意义上的经济流速的含义。结合工程算例分析和有关手册与文献介绍，配水干管和配水支管设计流速采用一般不宜超过 3m/s，常用 1.3~2.5m/s。

（4）减压

自动喷水灭火系统中，不但存在着低层管道系统中水压不平衡，而且即使在同层中，当保护面积较大时，由于设计是按最不利工作面积计算，同层中有利工作面积内喷头的水压也有剩余，所以习惯是对连接有利工作面积的配水管或配水干管予以减压，减压的方法可以采用设置减压阀、减压孔板、节流管及缩小有利工作面配水支管的管径等，增加沿途水头损失，以达到减压目的。

①减压孔板应符合下列规定：

a. 应设在直径不小于 50mm 的水平直管段上，前后管段的长度均不宜小于该管段直径的 5 倍。

b. 孔口直径不应小于设置管段直径的 30%，且不应小于 20mm；应采用不锈钢板材制作。

②节流管应符合下列规定：

a. 直径宜按上游管段直径的 1/2 确定；

b. 长度不宜小于 1m；

c. 节流管内水的平均流速不应大于 20m/s。

第三节　消火栓系统

建筑消防系统是建筑消防工程的重要组成部分，是建筑火灾的主要灭火工具。所谓建筑消防系统，就是在建筑物内或高层建筑物内建立的自动监控自动灭火的自动化消防系统。它利用各种消防系统及时扑灭火灾，将火灾损失降到最低，是防火工作的重要内容。

建筑消防系统根据使用灭火剂的种类和灭火方式，可分为下列三种灭火系统：

①消火栓系统；

②自动喷水灭火系统；

③气体消防灭火系统。

一、消火栓系统

消火栓系统是建筑物的主要灭火设备。在发生火灾时，消火栓系统供消防队员或其他现场人员，利用消火栓箱内的水带、水枪进行灭火。

消火栓系统以建筑外墙为界，可分为室外消火栓系统和室内消火栓系统，又称为室外消火栓给水系统和室内消火栓给水系统。

（一）室外消火栓系统

在建筑物外墙中心线以外的消火栓给水系统，称为室外消火栓给水系统。它由消防水源、供水设施、室外消防给水管道和室外消火栓等组成。灭火时，消防车从室外管网或消防水池吸水加压，从室外进行灭火或向室内消火栓给水系统加压供水。

1. 室外消火栓的设置场所

在下列场所应设置室外消火栓：

①城镇、居住区及企事业单位；

②厂房、库房及民用建筑；

③汽车库、修车库和停车场；

④易燃、可燃材料露天、半露天堆场，可燃气体储罐或储罐区等室外场所；

⑤耐火等级不低于二级且体积不超过 3000m³ 的戊类厂房，或居住区人数不超过 500 人且建筑物不超过二层的居住小区，可不设消防给水；

⑥人防工程、地下工程等建筑的出入口附近以及隧道洞口。

2. 水源、用水量、水压

用于建筑灭火的消防水源有给水管网和天然水源，消防用水可由给水管网、天然水源或消防水池供给，也可临时由雨水清水池、中水清水池、游泳池、水景池等其他水源供给。

（二）室外消防用水量

1. 城镇室外消防用水量。

2. 工业园区、商务区、居住区等市政消防给水设计流量。工业园区、商务区、居住区等市政消防给水设计流量,宜根据其规划区域的规模和同一时间的火灾起数,以及规划中的各类建筑室内外同时作用的水灭火系统设计流量之和经计算分析确定。建筑物室外消火栓设计流量应根据建筑物的用途、功能、体积、耐火等级、火灾危险性等因素综合分析确定。

3. 室外消防给水系统所需水压。室外低压消防给水系统的供水压力应保证当生活、生产和消防用水量达到最大时,不小于 0.10MPa(从室外地面算起)。

室外高压或临时高压消防给水系统,当生活、生产和消防用水量达到最大时,供水压力应满足最不利点灭火设备的要求。

(三) 室外消防给水管道

1. 进水管

为确保消防供水安全,低层建筑和多层建筑室外消防管网的进水管不应少于两条,高层建筑室外消防管网的进水管不宜少于两条,并宜从两条市政给水管道引入,当其中一条进水管发生故障时,其余进水管应仍能保证全部用水量。

2. 管网布置

室外消防给水管道布置应符合下列要求:

①室外消防给水采用两路消防供水时,应采用环状管网;但当采用一路消防供水时,可采用枝状管网。
②管道的直径应根据流量、流速和压力要求,经计算确定,但不应小于 DN100。
③消防给水管道应采用阀门分成若干独立段,每段内室外消火栓数量不宜超过 5 个。
④管道设计的其他要求应符合国家规定。

(四) 室外消火栓

室外消火栓分为地上式与地下式两种。地上式消火栓应有一个直径为 150mm 或 100mm 和两个直径为 65mm 的栓口,地下式消火栓应有直径为 100mm 和 65mm 的栓口各一个。

室外消火栓宜采用地上式,当采用地下式消火栓时,应有明显标志。室外消火栓布置应符合下列要求:

1. 室外消火栓的数量应根据室外消火栓设计流量和保护半径经计算确定,保护半径不应超过 150m,每个消火栓的出流量宜按 10~15L/s 计算;

2. 室外消火栓宜沿建筑周围均匀布置,且不宜集中布置在建筑一侧;

3. 建筑消防扑救面一侧的室外消火栓数量不宜少于两个;

4. 人防工程、地下工程等建筑应在出入口附近设置室外消火栓,且距出入口距离不宜小于 5m,并不宜大于 40m;

5. 停车场的室外消火栓宜沿停车场周边设置，且与最近一排汽车的距离不宜小于 7m，距加油站或油库不宜小于 15m；

6. 甲、乙、丙类液体储罐区和液化烃储罐区等构筑物的室外消火栓，应设在防火堤或防护墙外，数量应根据每个罐的设计流量经计算确定，但距罐壁 15m 范围内的消火栓，不应计算在该罐可使用的数量内；

7. 工艺装置区等采用高压或临时高压消防给水系统地场所，消火栓应设置在工艺装置的周围，数量应根据设计流量经计算确定，且间距不宜大于 60m。当工艺装置区宽度大于 120m 时，宜在该装置区内的路边设置室外消火栓。

（五）消防水池

当市政给水管道和进水管或天然水源不能满足消防用水量，市政给水管道为枝状或只有一条进水管（二类居住建筑除外），且室外消火栓设计流量大于 20L/s 或建筑高度大于 50m 时，应设消防水池。供消防车取水的消防水池，保护半径不应大于 150m。为了保证消防车能够吸上水，供消防车取水的消防水池的吸水高度不应超过 6m。根据各供水水质的要求，消防水池与生活或生产储水池可合用，也可单独设计。当消防水池的总容量超过 1000m³ 时，应分成两个能独立使用的消防水池，水池间设满足最低有效水位的连通管，且设控制阀门，消防泵分别在两池内设吸水管或设公用吸水井，以保证正常供水。消防水池应设有水位控制阀的进水管和溢水管、通气管、泄水管、出水管及水位指示器等附属装置。寒冷地区的消防水池应采取防冻措施。一般情况下，将室内消防水池与室外消防水池合并考虑。

二、室内消火栓系统

消防上划分高、低层建筑消火栓给水系统，按我国规定，建筑高度大于 27m 的住宅建筑和建筑高度大于 24m 的非单层厂房、仓库和其他民用建筑为高层建筑。

（一）应用范围及设置场所

1. 高层公共建筑和建筑高度不超过 21m 的住宅建筑；

2. 特等、甲等剧场，超过 800 座位的其他等级的剧场、电影院，以及超过 1200 座位的礼堂、体育馆等单、多层建筑；

3. 体积超过 5000m³ 的火车站、码头、机场、商场、教学楼、医院和图书馆等单、多层建筑；

4. 面积超过 300m² 的厂房和仓库；

5. 建筑高度大于 15m 或体积大于 10 000m³ 的办公建筑、教学建筑和其他单、多层

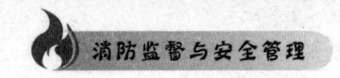

建筑。

（二）室内消火栓系统的组成及系统的主要设施

1. 组成

室内消火栓给水系统由水枪、水带、消火栓、消防水喉、消防管道、消防水池、水箱、增压设备和水源等组成。

2. 主要设施

室内消火栓给水系统的主要设施如下：

（1）消火栓箱

它由箱体及装在箱内的消火栓、水带、水枪、消防水喉组成。设置消防水泵的系统，消火栓箱应设启动水泵的消防按钮。

水枪一般采用直流式，喷嘴口径有13mm、16mm、19mm三种。一般低层建筑室内消火栓给水系统可选用13mm或16mm喷嘴口径水枪，但必须根据消防流量和充实水柱长度经计算后确定。高层建筑室内消火栓给水系统，水枪喷嘴口径不应小于19mm。

水带口径一般为直径50mm和65mm。水带长度有15m、20m、25m或30m四种。长度确定根据水力计算后选定。高层建筑水带长度不应大于25m。水带材质有麻织和胶里两种，有衬胶与不衬胶之分，衬胶水带的阻力较小，目前胶里水带使用居多。

水带直径应与消火栓出口直径一致。喷嘴口径13mm水枪配50mm水带，16mm水枪配50mm或65mm水带，19mm水枪配65mm水带。

消火栓均为内扣式接口的球形阀式龙头，有单出口和双出口之分。单出口消火栓直径有50mm和65mm两种，双出口消火栓直径为65mm，常用的为65mm。当每支水枪最小流量不小于3L/s时，可选直径50mm的消火栓。一般不推荐使用双出口消火栓，若使用，则要求每个出口都有控制阀门。

消防水喉为装在消防竖管上带小水枪及消防胶管卷盘的辅助灭火设备，一般与消火栓合并设置在消火栓箱内。旅馆服务人员、旅客和工作人员可使用消防水喉设备扑灭初期火灾，与消火栓相比，其操作简便、机动灵活。按设置条件，消防水喉有自救式小口径消火栓和消防软管卷盘两类，前者适用于有空调系统的旅馆和办公楼，后者适用于大型剧院（超过1500座位）、会堂闷顶内装设。

（2）水泵接合器

它是供消防车往建筑物内消防给水管网输送水的预留接口。一端由室内消火栓给水管网底层引至室外，另一端进口可供消防车或移动水泵加压向室内管网供水。当室内消防水泵发生故障或室内消防用水量不足（如：火场用水量超过固定消防泵的流量）时，消防车从室外消火栓、消防水池或天然水源取水，通过水泵接合器将水送至室内管网，供室内火场灭火。这种设备适用于消火栓给水系统和自动喷水灭火系统。

火灾报警按钮一般设在消火栓箱内或附近墙壁的小壁龛内，其作用是在现场手动报警的同时，远距离直接启动消防水泵。

水泵接合器有地上、地下和墙壁式三种。

地上式水泵接合器形似室外地上消火栓，接口位于建筑物周围附近地面上，要将其与室外消火栓区别标示。

地下式水泵接合器形似室外地下消火栓，设在建筑物周围附近的专用井内，不占地方，适用于北方寒冷地区。

墙壁式水泵接合器形似室内消火栓，设在建筑物的外墙上。

水泵接合器的接口为双接口，每个接口直径为65mm及80mm两种，它与室内管网的连接管直径不应小于100mm，并应设有阀门、止回阀和安全阀。每个水泵接合器的流量按10~15L/s计，水泵接合器的数量应根据系统设计流量，经计算确定，但当计算数量超过3个时，可根据供水可靠性适当地减少。消防水泵接合器的供水范围应根据当地消防车的供水流量和压力确定。

（3）消防管道

建筑物内消防管道是与其他给水系统合并还是单独设置，应根据建筑物的性质和使用要求经技术经济比较后确定。

（4）消防水池

消防水池用于无室外消防水源情况下，储存火灾持续时间内的室内消防用水量。消防水池可设于室外地下或地面上，也可设于室内地下室，或与室内游泳池、水景水池兼用。消防水池设有进水管、溢水管、通气管、泄水管、出水管及水位指示器等附属装置。根据各种用水系统的供水水质要求是否一致，可将消防水池与生活或生产储水池合用，也可单独设置。

（5）消防水箱

消防水箱对扑救初期火灾起着重要作用，为确保其自动供水的可靠性，应采用重力流供水方式。消防水箱宜与生活（生产）高位水箱合用，以保持箱内储水经常流动，防止水质变坏。

消防水箱应储存有10分钟的消防用水量。对于一般建筑，当室内消防用水量不超过25L/s时，消防水箱容积不大于12m^3；当室内消防用水量超过25L/s时，消防水箱容积不大于18m^3；对于高层建筑，一类公共建筑不应小于18m^3，二类公共建筑和一类居住建筑不应小于12m^3，二类居住建筑不应小于6m^3。

高位消防水箱的设置高度应保证最不利点消火栓静水压力：

①一类高层公共建筑，不应小于0.10MPa，但当建筑高度超过100m时，不应小于0.15MPa；

②高层住宅、二类高层公共建筑、多层公共建筑，不应低于0.07MPa，多层住宅不宜

低于 0.07MPa；

③工业建筑不应低于 0.10MPa，当建筑体积小于 20 000m³ 时，不宜低于 0.07MPa。

（三）室内消火栓系统水量、水压

1. 室内消火栓设计流量

室内消火栓灭火系统所需水量与建筑物的用途、功能、高度、体积、耐水等级、火灾危险性等因素有关，其中高层民用建筑消防用水量还包括室外消防水量。

2. 室内消火栓口所需水压

消火栓口所需水压，是指同时保证水枪最小流量和最小充实水柱时的压力。充实水柱是"具有充实核心段的水射流"，是由水枪喷嘴起，到射流的 90%水柱水量穿过直径 38mm 圆圈处的一段射流长度。

室内消火栓栓口压力和消防水枪充实水柱应符合下列规定：

①消火栓栓口动压力不应大于 0.50MPa，当大于 0.70MPa 时，必须设置减压装置。

②高层建筑、厂房、库房和室内净空高度超过 8m 的民用建筑等场所，消火栓栓口动压不应小于 0.35MPa，且消防水枪充实水柱应按 13m 计算；其他场所，消火栓栓口动压不应小于 0.25MPa，且消防水枪充实水柱应该按 10m 计算。

消火栓栓口处的出水压力超过 0.5MPa 时，可在消火栓扣处加设不锈钢减压孔板，消除消火栓栓口处的剩余水头。

消火栓栓口所需的最低压力与消火栓的直径、水枪口径、水带材质和长度有关。

（四）室内消火栓的布置

（1）室内消火栓的布置应符合下列规定：

①除无可燃物的设备层外，设置室内消火栓的建筑物，其各层均应设置消火栓。

单元式、塔式住宅的消火栓宜设置在楼梯间的首层和各层楼层休息平台上，当设两根消防竖管确有困难时，可设 1 根消防竖管，但必须采用双口双阀型消火栓。干式消火栓竖管应在首层靠出口部位设置便于消防车供水的快速接口和止回阀。

②消防电梯间前室内应设置消火栓。

③室内消火栓应设置在位置明显且易于操作的部位。栓口离地面或操作基面高度宜为 1.1m，其出水方向宜向下或与设置消火栓的墙面成 90°角；栓口与消火栓箱内边缘的距离不应影响消防水带的连接。

④冷库内的消火栓应设置在常温穿堂或楼梯间内。

⑤室内消火栓的间距应由计算确定。高层厂房（仓库）、高架仓库和甲、乙类厂房中室内消火栓的间距不应大于 30m；其他单层和多层建筑中室内消火栓的间距不应大于 50m。

⑥同一建筑物内应采用统一规格的消火栓、水枪和水带。每条水带的长度不应大于25m。

⑦室内消火栓的布置应保证每一个防火分区同有两支水枪的充实水柱同时到达任何部位。建筑高度小于等于24m且体积小于等于5000m³的多层仓库，可采用1支水枪充实水柱到达室内任何部位。

水枪的充实水柱应经计算确定，甲、乙类厂房、层数超过6层的公共建筑和层数超过4层的厂房（仓库），不应小于10m；高层厂房（仓库）、高架仓库和体积大于25000m³的商店、体育馆、影剧院、会堂、展览建筑、车站、码头、机场建筑等，不应小于13m；其他建筑，不宜小于7m。

⑧高层厂房（仓库）和高位消防水箱静压不能满足最不利点消火栓水压要求的其他建筑，应在每个室内消防栓处设置直接启动消防水泵的按钮，并应有保护措施。

⑨室内消火栓栓口处的出水压力大于0.5MPa时，应设置减压设施；静水压力大于1.0MPa时，应采用分区给水系统。

⑩设有室内消火栓的建筑，如为平屋时，宜在平屋顶上设置试验和检查用的消火栓。

（2）布置间距。

室内消火栓的布置间距应由计算确定。但为了防止布置上的不合理，保证灭火使用的可靠性，规定消火栓的最大布置间距为：高层工业与民用建筑，高架库房，甲、乙类厂房，高度超过24m的多层停车库，不应超过30m；其他单层和多层建筑等，不应超过50m。

（3）布置要求。

①凡设有室内消火栓的建筑物，其各层（无可燃物的设备层除外）均应设置消火栓，并应布置在明显的、经常有人出入、使用方便的地方。为了使在场人员能及时发现和使用消火栓，室内消火栓应有明显的标志。消火栓应涂红色，且不应伪装成其他东西。

②冷库内的室内消火栓为防止冻结损坏，一般应设在常温的穿堂或楼梯间内。冷库进入闷顶的入口处，应设有消火栓，便于扑救顶部保温层的火灾。

③消防电梯前室是消防人员进入室内扑救火灾的进攻桥头堡。为便于消防人员向火场发起进攻或开辟道路，在消防电梯前室应设室内消火栓。

④同一建筑物内应采用统一规格的消火栓、水带和水枪，以利于管理和使用。每根水带的长度不应超过25m。每个消火栓处应设消防水带箱。消防水带箱宜采用玻璃门，不应采用封闭的铁皮门，以便在火场上敲碎玻璃使用消火栓。

⑤消火栓栓口处的出水压力超过0.5MPa时，应设减压设施。减压设施一般为减压阀或减压孔板。

⑥高层工业与民用建筑及水箱不能满足最不利点消火栓水压要求的其他低层建筑，每个消火栓处应设置直接启动消防水泵的按钮，以便及时启动消防水泵，供应火场用水。按

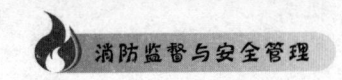

钮应设有保护设施，如：放在消防水带箱内，或放在有玻璃保护的小壁龛内，防止误操作。

第四节　气体灭火系统

在建筑物中，有些场所的火灾是不能使用水扑救的。因为有的物质（如：电石、碱金属等）与水接触会引起燃烧爆炸或助长火势蔓延；有些场所有易燃、可燃液体，很难用水扑灭火灾；而有些场所（如：电子计算机房、通信机房、文物资料室、图书馆、档案馆等）用水扑救，则会造成严重的水渍损失。所以，在建筑物内除设置消防给水系统外，还应根据其内部不同房间或部位的性质和要求采用气体灭火装置，用以控制或扑灭初期火灾，减少火灾损失。

气体灭火系统以某些气体作为灭火剂，通过这些气体在整个防护区或保护对象的局部区域建立灭火浓度实现灭火。

一、气体灭火系统的分类

根据灭火系统的结构特点，气体灭火系统可分为管网灭火系统和无管网灭火装置。管网灭火系统由灭火剂储存装置、管道和喷嘴组成。无管网灭火装置是将灭火剂储存容器、控制阀门和喷嘴等组合在一起的一种灭火装置。对于较小的、无特殊要求的防护区，可以直接从工厂生产的系列产品中选择。

按照一套灭火剂储存装置保护的防护区多少，可分为单元独立系统和组合分配系统。单元独立系统是每个防护区各自设置灭火系统保护，组合分配系统是一个工程中的几个防护区共用一套系统保护。显然，单元独立系统投资较大。

按管网的布置形式，可分为均衡系统和非均衡系统。

（一）根据所使用的灭火剂分类

1. 卤代烷 1301 灭火系统

以卤代烷 1301 灭火剂（三氟-溴甲烷）作为灭火介质，其毒性小、使用期长、喷射性能好、灭火性能好，曾是应用最广泛的一种气体灭火系统。但由于其对臭氧层的破坏，目前已经淘汰。

2. 卤代烷 1211 灭火系统

以卤代烷 1211 灭火剂（二氟-氯-溴甲烷）作为灭火介质，它比卤代烷 1301 灭火剂便宜，所以应用也较广泛。但由于对大气臭氧层有较大的破坏作用，目前已停止生产使用。

3. 二氧化碳灭火系统

二氧化碳灭火主要靠窒息，其次是冷却。在常温常压条件下，二氧化碳的物态为气相，当储存于密封高压气瓶中，低于临界温度31.4℃时是以气、液两相共存的。在灭火过程中，二氧化碳从储存气瓶中释放出来，压力骤然下降，使二氧化碳由液态转变成气态，分布于燃烧物的周围，稀释空气中的氧含量。氧含量降低会使燃烧时的热产生率减小，而当热产生率减小到低于热散失率时燃烧就会停止。这是二氧化碳所产生的窒息作用。二氧化碳释放时又因焓降的关系温度急剧下降，形成细微的固体干冰粒子，干冰吸取周围的热量而升华，即能产生冷却燃烧物的作用。

以二氧化碳灭火剂作为灭火介质，相对于卤代烷系统，它投资较大，灭火时的毒性危害较大，且会产生温室效应，不宜广泛使用。

4. 卤代烷替代系统

卤代烷替代系统有七氟丙烷和"烟烙烬"，灭火系统较为理想，国内已经得到大量应用。"烟烙烬"灭火系统以氮气、氩气、二氧化碳三种气体按照一定比例混合后的混合气体作为灭火介质，其中，氮气含量52%、氩气含量40%、二氧化碳含量为8%。该类系统主要通过降低空气中的氧气含量达到灭火效果，同时人又可以自由呼吸。

（二）按使用的灭火剂分类

1. 二氧化碳灭火系统

二氧化碳灭火系统是以二氧化碳作为灭火介质的气体灭火系统。二氧化碳是一种惰性气体，对燃烧具有良好的窒息和冷却作用。

二氧化碳灭火系统按灭火剂储存压力不同可分为高压系统（指灭火剂在常温下储存的系统）和低压系统（指将灭火剂在-20℃~-18℃低温下储存的系统）两种应用形式。管网起点计算压力（绝对压力）：高压系统应取5.17MPa，低压系统应取2.07MPa。

高压储存容器中二氧化碳的温度与储存地点的环境温度有关，因此容器必须能承受最高预期温度所产生的压力。储存容器中的压力还受二氧化碳灭火剂充装密度的影响，因此在最高储存温度下的充装密度要注意控制。充装密度过大，会在环境温度升高时因液体膨胀造成保护膜片破裂而自动释放灭火剂。

低压系统储存容器内二氧化碳灭火剂的温度利用保温和制冷手段被控制在-18℃~-20℃。典型的低压储存装置是压力容器外包一个密封的金属壳，壳内有隔热材料。在储存容器一端安装一个标准的制冷装置，它的冷却蛇管装于储存容器内。

2. 七氟丙烷灭火系统

七氟丙烷灭火系统是以七氟丙烷作为灭火介质的气体灭火系统。七氟丙烷灭火剂属于卤代烷灭火剂系列，具有灭火能力强、灭火剂性能稳定的特点，但与卤代烷1301和卤代烷1211灭火剂相比，臭氧层损耗能力（ODP）为0，全球温室效应潜能值（GWP）很小，不会破坏大气环境。但七氟丙烷灭火剂及其分解产物对人有毒性危害，使用时应引起重视。

3. 惰性气体灭火系统

惰性气体灭火系统包括IG01（氧气）灭火系统、IG100（氮气）灭火系统、IG55（氩气、氮气）灭火系统、IG541（氩气、氮气、二氧化碳）灭火系统。由于惰性气体纯粹来自自然，是一种无毒、无色、无味、惰性及不导电的纯"绿色"压缩气体，故又称为洁净气体灭火系统。

（三）按应用方式分类

1. 全淹没灭火系统

全淹没灭火系统是指在规定的时间内，向防护区喷射一定浓度的气体灭火剂，并使其均匀地充满整个防护区的灭火系统。全淹没灭火系统的喷头均匀布置在防护区的顶部，火灾发生时喷射的灭火剂与空气的混合气体迅速在此空间内建立有效扑灭火灾的灭火浓度，并将灭火剂浓度保持一段所需要的时间，即通过灭火剂气体将封闭空间淹没实施灭火。

2. 局部应用灭火系统

局部应用灭火系统是指在规定的时间内向保护对象以设计喷射率直接喷射气体，在保护对象周围形成局部高浓度并持续一定时间的灭火系统。局部应用灭火系统的喷头均匀布置在保护对象的四周，火灾发生时将灭火剂直接而集中地喷射到保护对象上，使其笼罩整个保护对象的外表面，即在保护对象周围局部范围内达到较高的灭火剂气体浓度实施灭火。

二、气体灭火系统的组成

气体灭火系统主要由储存装置、启动分配装置、输送释放装置和监控装置等设施组成。

三、气体灭火系统的工作原理

当某防护区发生火灾时，火灾探测器报警，消防控制中心接到火灾信号后，启动联动装置（关闭开口、停止空调等），考虑到防护区内人员的疏散，延时约30秒后，打开启动气瓶的瓶头阀，利用气瓶中的高压氮气将灭火剂储存容器上的容器阀打开，灭火剂经管道输送到喷头喷出实施灭火。另外，通过压力开关监测系统是否正常工作，若启动指令发出，而压力开关的信号迟迟不返回，则说明系统故障，值班人员听到事故报警后，应尽快实施人工启动。

四、气体灭火系统的设置场所

以下部位须设置气体灭火系统：

第一，国家、省级或超过100万人口城市广播电视发射塔楼内的微波机房，分米波机房，米波机房，变、配电室和不间断电源（UPS）室；

第二，国际电信局、大区中心、省中心和一万路以上的地区中心的长途程控交换机房、控制室和信令转接点室；

第三，两万线以上的市话汇接局内的和六万门以上的市话端局内的程控交换机房、控制室和信令转接点室；

第四，中央及省级治安、防灾、网局级及以上的电力等调度指挥中心的通信机房和控制室；

第五，主机房的建筑面积不小于140m^2的电子信息系统机房内的主机房和基本工作间的已记录磁（纸）介质库；

第六，中央和省级广播中心内建筑面积不小于120m^2的音像制品库房；

第七，国家、省级或藏书量超过100万册的图书馆内的特藏库，中央和省级档案馆内的珍藏库和非纸质档案库，大、中型博物馆内的珍品库房，一级纸绢质文物的陈列室；

第八，其他特殊的重要设备室。

第五节 建筑防排烟系统

火灾发生时，会产生含有大量有毒气体的烟气，如果不对烟气进行有效的控制，任其肆意产生和四处传播，必将给建筑物内人员的生命带来巨大的威胁。实际上，在火灾的死亡者中，大多数都是被烟气所害。

建筑中设置防排烟系统的作用是将火灾产生的烟气及时排出，防止和延缓烟气扩散，保证疏散通道不受烟气侵害，确保建筑物内人员顺利疏散、安全避难。同时，将火灾现场的烟和热量及时排出，减弱火势的蔓延，为火灾扑救创造有利条件。建筑火灾烟气控制分防烟和排烟两个方面。防烟采取自然通风和机械加压送风的形式，排烟则包括自然排烟和机械排烟的形式。设置防烟或排烟设施的具体方式多种多样，应结合建筑所处环境条件和建筑自身特点，按照有关规范规定要求，进行合理的选择和组合。

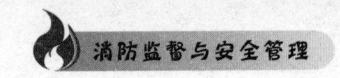

一、火灾烟气的危害及控制方法

（一）火灾烟气的危害

火灾是指在时间和空间上失控地燃烧所造成的灾害。可燃物与氧化剂作用产生的放热反应称为燃烧，燃烧通常伴随有火焰、发光和发烟现象。实际上，在燃烧的同时，还伴随着热分解反应（简称热解）。热解是物质由于温度升高而发生无氧化作用的不可逆化学分解。在一定的温度下，燃烧反应的速度并不快，但热分解的速度却快得多。热分解没有火焰和发光现象，却存在发烟现象。火灾发生时，热分解的产物和燃烧产物与空气掺混在一起，形成了火灾烟气。

建筑物发生火灾的过程正是建筑构件、室内家具、物品、装饰材料等热解和燃烧的过程；由于火灾时参与燃烧的物质种类繁多，发生火灾时的环境条件各不相同，因此，火灾烟气中各种物质的组成也相当复杂，其中包括可燃物热解、燃烧产生的气相产物（如：未燃可燃气、水蒸气、二氧化碳，以及一氧化碳、氯化氢、氰化氢、二氧化硫等窒息、有毒或腐蚀性的气体）、多种微小的固体颗粒（如炭烟）和液滴及由于卷吸而进入的空气。烟气对人的危害性主要体现在高温、毒性、窒息、遮光、心理恐慌作用等方面。

高温：烟气是燃烧产物与周围空气的混合物，一般具有一定的温度，其温度与离火源距离及火源大小、燃料种类有关。烟气主要通过辐射、对流等传热方式对暴露于其中的人员造成伤害。研究表明，人体受到辐射强度超过 $2.5kW/m^2$ 的热辐射时便可发生危险。要达到这种状态，人员上方的烟气层温度一般高于180℃；当人员暴露于烟气中时，烟气温度对人的危害体现在对表皮及呼吸道的直接烧伤，这种危险状态可用人员周围烟气的温度是否达到120℃来判断。

毒性：火灾烟气中往往含有 CO、SO_2、HCN、NO 等有毒成分，当人员暴露于烟气中时，这些有毒成分能使人呼吸系统、循环系统等身体机能受损，并导致人员昏迷、部分或全部丧失行动能力甚至死亡。

窒息：烟气中的含氧量一般低于正常空气中的含氧量，而且其中的二氧化碳和烟尘对人的呼吸系统也具有窒息作用，若仅仅考虑缺氧而不考虑其他气体影响，当含氧量降至10%时就可对人构成危险。

遮光：火灾一般都是不完全的燃烧，烟气中往往含有大量的烟尘，由于烟气的减光作用，人们在有烟场合下的能见度必然有所下降，而这会对火灾中人员的安全疏散造成严重影响。

心理恐慌：由于以上火灾烟气的特性，特别是它的遮光性及窒息和刺激作用，很容易对暴露于其中的人群造成心理恐慌，增加疏散的困难。

同时，由于烟气的高温，建筑结构的受力性能也可能会因与烟气接触而受到影响；烟气的易流动性还可能会引发燃烧的蔓延。因此一旦发生火灾，如何减少烟气对人员的伤害和建筑的损伤，是降低火灾损失所需要考虑的重要问题，特别是在人员聚集的公用建筑中，防排烟系统更是其主动消防对策中必不可少的组成部分。

（二）火灾烟气的控制方法

烟气控制是指所有可以单独或组合起来使用，以减轻或消除火灾烟气危害的方法。建筑物发生火灾后，有效的烟气控制是保护人们生命财产安全的重要手段。烟气控制的首要目标是减少它对人员造成的伤害。对于大部分的公众聚集型建筑，如：大型商场、剧院、展览馆、车站候车厅、机场候机厅等，由于在其中往往有大量的人员聚集，因此这些建筑的首要消防安全设计策略应当是在烟气下降到对人构成危险的高度之前，让处于其中的人员安全疏散出去，或者采取排烟措施将烟气控制在某一高度以上；另外，还要减少由烟气造成的火灾蔓延、结构损伤和由此带来的经济损失。建筑火灾烟气控制方法主要分为防烟和排烟两个方面。

防烟是指用建筑构件或气流把烟气阻挡在某些限定区域，不让它蔓延到可对人员和建筑设备等产生危害的地方。通常实现防烟的手段有防烟分隔、加压送风、设置垂直挡烟板、反方向空气流等。对于大型剧院、展览馆、候车厅、候机厅等具有较大体积的建筑，一旦在其中发生火灾，烟气将在建筑上部聚集，并开始沉降。由于巨大空间的容纳作用，这些建筑中烟气的沉降速度往往比普通尺寸的室内火灾情形慢得多，此时也可以采用蓄烟的办法来延迟烟气的沉降。蓄烟便是借助于建筑（特别是大空间建筑）上部巨大的体积空间，同时配合适当的挡烟措施，让烟气在建筑中蓄积，在烟气下降至危险高度之前，采取各种消防措施（疏散、灭火等）以保证建筑和人员的安全。

排烟是使烟气沿着对人和物没有危害的渠道排到建筑外，从而消除烟气有害影响的烟气控制方式。现代化建筑中广泛采用的排烟方法有自然排烟和机械排烟两种形式。机械排烟利用专用的风机及管道系统将室内烟气排至室外，具有性能稳定、效率高的特点；自然排烟则依靠烟气自身的浮力或烟囱效应自行通过排烟口流至室外。相对于机械排烟而言，自然排烟具有安装简便，成本节约，不需专门的动力设备的特点，同时，自然排烟具有自动补偿能力，其排烟量可随着火灾发展规模的增大而自动增加，具有良好的失效保护能力。但由于自然排烟的驱动力来自烟气本身，因此其效率容易受到烟气自身性质及环境因素的影响，烟气的温度越高，与环境气体之间的密度差越大，受到的浮力越大，则排烟驱动力越大，排烟速率越高；若烟气温度较低，流动的驱动力较小，排烟速率则越低，排烟口处的环境风也会对自然排烟流动产生影响。

防烟分区是在建筑内部采用挡烟设施分隔而成，能在一定时间内防止火灾烟气向同一防火分区的其余部分蔓延的局部空间。划分防烟分区的目的：一是为了在火灾时，将烟气

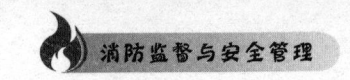

控制在一定范围内；二是为了提高排烟口的排烟效果。防烟分区一般应结合建筑内部的功能分区和排烟系统的设计要求进行划分，不设排烟设施的部位（包括地下室）可不划分防烟分区。

1. 防烟分区面积划分

设置排烟系统的场所或部位应划分防烟分区。防烟分区不宜大于 2000m²，长边不应大于 60m。当室内高度超过 6m，且具有对流条件时，长边不应大于 75m。设置防烟分区应满足以下六个要求：

①防烟分区应采用挡烟垂壁、隔墙、结构梁等划分；

②防烟分区不应跨越防火分区；

③每个防烟分区的建筑面积不宜超过规范要求；

④采用隔墙等形成封闭的分隔空间时，该空间宜作为一个防烟分区；

⑤储烟仓高度不应小于空间净高的 10%，且不应小于 500mm，同时应保证疏散所需的清晰高度，最小清晰高度应由计算确定；

⑥有特殊用途的场所应单独划分防烟分区。

2. 防烟分区分隔措施

划分防烟分区的构件主要有挡烟垂壁、隔墙、建筑横梁等。

（1）挡烟垂壁

挡烟垂壁是用不燃材料制作，垂直安装在建筑顶棚、横梁或吊顶下，能在火灾时形成一定的蓄烟空间的挡烟分隔设施。挡烟垂壁常设置在烟气扩散流动的路线上烟气控制区域的分界处，和排烟设备配合进行有效的排烟。其从顶棚下垂的高度一般应距顶棚面 50cm 以上，称为有效高度。当室内发生火灾时，所产生的烟气由于浮力作用而积聚在顶棚下，只要烟层的厚度小于挡烟垂壁的有效高度，烟气就不会向其他场所扩散。

挡烟垂壁分固定式和活动式两种，当建筑物净空较高时，可采用固定式的，将挡烟垂壁长期固定在顶棚上；当建筑物净空较低时，宜采用活动式的，由感烟探测器控制，或与排烟口联动，或受消防控制中心控制，同时也应能受就地手动控制。活动挡烟垂壁落下时，其下端距地面的高度应大于 1.8m。

（2）挡烟隔墙

从挡烟效果看，挡烟隔墙比挡烟垂壁的效果好。因此，在安全区域宜采用挡烟隔墙，建筑内的挡烟隔墙应砌至梁板底部，且不宜留有缝隙，以阻止烟火流窜蔓延，避免火情扩大。

（3）挡烟梁

有条件的建筑物可利用钢筋混凝土梁进行挡烟，其高度应超过挡烟垂壁的有效高度。若挡烟梁的下垂高度小于 50cm 时，可以在梁的底部增加适当高度的挡烟垂壁，以加强挡烟效果。

防烟分区的划分，还应注意以下几个方面：

①安全疏散出口、疏散楼梯间、前室类、消防电梯前室类、救援通道应划为独立的防烟分区，并设独立的防烟、排烟设施。

②一些重要的、大型综合性高层建筑，特别是超高层建筑，需要设置专门的避难层和避难间。这种避难层或避难间应划分为独立的防烟分区，并设置独立的防烟、排烟设施。

③凡须设排烟设施的走道、房间，应采用挡烟垂壁、隔墙或从顶棚下突出不小于50cm 的梁划分防烟分区。

④不设排烟设施的房间（包括地下室）不划防烟分区。

⑤排烟口应设在防烟分区顶棚上或靠近顶棚的墙面上，且距该防烟分区最远点的水平距离不应超过 30m。这主要是考虑房间着火时，可燃物在燃烧时产生的烟气受热作用而向上运动，升到吊平顶后转变方向，向水平方向扩散，如果上部设有排烟口，就能及时将烟气排除。

二、自然排烟

自然排烟是充分利用建筑物的构造，在自然力的作用下，即利用火灾产生的热烟气流的浮力和外部风力作用通过建筑物房间或走道的开口把烟气排至室外的排烟方式。这种排烟方式的实质是使室内外空气对流进行排烟，在自然排烟中，必须有冷空气的进口和热烟气的排出口。一般是采用可开启外窗及专门设置的排烟口进行自然排烟。这种排烟方式经济、简单、易操作，并具有无须使用动力及专用设备等优点。自然排烟是最简单、不消耗动力的排烟方式，系统无复杂的控制，操作简单，因此，对于满足自然排烟条件的建筑，首先应考虑采取自然排烟方式。

但是自然排烟系统也存在一些问题，主要有以下方面：

一是自然排烟效果不稳定。自然排烟的效果受到诸多因素影响：①排烟量及烟气温度会随火灾的发展而产生变化；②高层建筑的热气压作用会随季节发生变化；③室外风速、风向多变等。这些因素本身是不稳定的，从而导致了自然排烟效果的不稳定。

二是对建筑设计有一定的制约。由于自然排烟的烟气是通过外墙上可开启的外窗或专用排烟口排至室外，因此采用自然排烟时，对建筑设计就有一些要求：①房间必须至少有一面墙壁是外墙；②房间进深不宜过大，否则不利于自然排烟；③排烟口的有效面积与地面面积之比不小于 1/50。此外，采用自然排烟必须对外开口，所以对隔音、防尘、防水等方面都会带来一定的影响。

三是火灾时存在烟气通过排烟口向上层蔓延的危险性。通过外窗等向外自然排烟时，排出烟气的温度很高，且烟气中有时含有一定量的未燃尽的可燃气体，排至室外时再遇到新鲜空气后会继续燃烧，靠近外墙面的火焰内侧，由于得不到空气的补充而形成负压区，

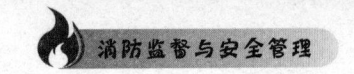

致使火焰有贴墙向上蔓延的现象，很有可能将上层窗烤坏，引燃窗帘，从而扩大火灾。

（一）自然排烟方式的选择

多层建筑优先采用自然排烟方式。高层建筑受自然条件（如：室外风速、风压、风向等）的影响会较大，一般采用机械排烟方式较多；多层建筑受外部条件影响较少，一般采用自然通风方式较多。工业建筑中，因生产工艺的需要，出现了许多无窗或设置固定窗的厂房和仓库，丙类以上的厂房和仓库内可燃物荷载大，一旦发生火灾，烟气很难排放，这从近几年发生的厂房、仓库火灾案例已反映出来。设置排烟系统既可为人员疏散提供安全环境，又可在排烟过程中导出热量，防止建筑或部分构件在高温下出现倒塌等恶劣情况，为消防队员进行灭火救援提供较好的条件。考虑到厂房、库房建筑的外观要求没有民用建筑的要求高，因此可以采用可熔材料制作的采光带、采光窗进行排烟。为保证可熔材料在平时环境中不会熔化和熔化后不会产生流淌火引燃下部可燃物，要求制作采光带、采光窗的可熔材料必须是只在高温条件下（一般大于最高环境温度50℃）自行熔化且不产生熔滴的可燃材料。四类隧道和行人或非机动车辆的三类隧道，因长度较短、发生火灾的概率较低或火灾危险性较小，可不设置排烟设施。当隧道较短或隧道沿途顶部可开设通风口时可以采用自然排烟。自然排烟口的总面积大于防烟分区面积的2%时，宜采用自然排烟方式。对危险性较大的汽车库、修车库进行了统一的排烟要求。敞开式汽车库及建筑面积小于1000m^{2}的地下一层汽车库、修车库，其汽车进出口可直接排烟，且不大于一个防烟分区，故可不设排烟系统，但汽车库、修车库内最不利点至汽车坡道口不应大于30m。

（二）自然排烟系统的设计要求

现有的自然排烟系统，由于各种设计和施工上的缺陷，导致自然排烟的效果难以达到及时有效排烟的目的，因此，有必要对自然排烟系统的设计进行整合，提出要点，保障自然排烟效果，在有效、及时地排除火灾烟气的同时，使着火区域烟层底部距着火区域地面的高度不低于清晰高度，确保室内人群安全撤离着火建筑。

（1）排烟窗应设置在排烟区域的顶部或外墙。

①当设置在外墙上时，排烟窗应在储烟仓以内或室内净高度的1/2以上，并应沿火灾烟气的气流方向开启。

根据烟气上升流动的特点，排烟口的位置越高，排烟效果就越好，因此排烟口通常设置在墙壁的上部靠近顶棚处或顶棚上。当房间高度小于3m时，排烟口的下缘应在离顶棚面80cm以内；当房间高度在3~4m时，排烟口下缘应在离地板面2.1m以上部位；而当房间高度大于4m时，排烟口下缘占房间总高度一半以上即可。

②宜分散均匀布置，每组排烟窗的长度不宜大于3m。

③设置在防火墙两侧的排烟窗之间水平距离不应小于2m。

④自动排烟窗附近应同时设置便于操作的手动开启装置，手动开启装置距地面高度宜1.3~1.5m。

⑤走道设有机械排烟系统的建筑物，当房间面积不大于300m²时，除排烟窗的设置高度及开启方向可不限外，其余仍按上述要求执行。

⑥室内或走道的任一点至防烟分区内最近的排烟窗的水平距离不应大于30m，当室内高度超过6m，且具有自然对流条件时，其水平距离可增加25%。

（2）可开启外窗的形式有侧开窗和顶开窗。

侧开窗有上悬窗、中悬窗、下悬窗、平开窗和侧拉窗等。其中，除了上悬窗外，其他窗都可以作为排烟使用。在设计时，必须将这些作为排烟使用的窗设置在储烟仓内。如果中悬窗的下开口部分不在储烟仓内，这部分的面积不能计入有效排烟面积之内。在计算有效排烟面积时，侧拉窗按实际拉开后的开启面积计算，其他型式的窗按其开启投影面积计算。

①当窗的开启角度大于70°时，可认为已经基本开直，排烟有效面积可认为与窗面积相等。对于悬窗，应按水平投影面积计算。对于侧推窗，应按垂直投影面积计算。

②当采用百叶窗时，窗的有效面积为窗的净面积乘以遮挡系数，根据工程实际经验，当采用防雨百叶时系数取0.6，当采用一般百叶时系数取0.8。

③当屋顶采用顶升窗时，其面积应按窗洞的周长一半与窗顶升净空高的乘积计算，但最大不超过窗洞面积；当外墙采用顶开窗时，其面积应按窗洞的1/4周长与窗净顶出开度的乘积计算，但最大不超过窗洞面积。

（3）室内净空高度大于6m且面积大于500m²的中庭、营业厅、展览厅、观众厅、体育馆、客运站、航站楼等公共场所采用自然排烟时，应采取下列措施之一：

①有火灾自动报警系统的应设置自动排烟窗；

②无火灾自动报警系统的应设置集中控制的手动排烟窗；

③常开排烟口。

（4）厂房、仓库的外窗设置应符合下列要求：

①侧窗应沿建筑物的两条对边均匀设置。

②顶窗应在屋面均匀设置且宜采用自动控制；屋面斜度小于等于12°，每200m²的建筑面积应设置相应的顶窗；屋面斜度大于12°，每400m²的建筑面积应设置相应的顶窗。

（5）固定采光带（窗）应在屋面均匀设置，每400m²的建筑面积应设置一组，且不应跨越防烟分区。严寒、寒冷地区采光带应有防积雪和防冻措施。

（6）采用可开启外窗进行自然排烟：厂房、仓库的可开启外窗的排烟面积应符合下列要求：

①采用自动排烟窗时，厂房的排烟面积不应小于排烟区域建筑面积的2%，仓库的排烟面积应增加1.0倍；

②用手动排烟窗时，厂房的排烟面积不应小于排烟区域建筑面积的3%，仓库的排烟面积应增加1.0倍。

注：当设有自动喷水灭火系统时，排烟面积可减半。

（7）仅采用固定采光带（窗）进行自然排烟，固定采光带（窗）的面积应达到第（6）条可开启外窗面积的2.5倍。

（8）同时设置可开启外窗和固定采光带（窗），应符合下列要求：

①当设置自动排烟窗时，自动排烟窗的面积与40%的固定采光带（窗）的面积之和应达到第（6）条规定所需的排烟面积要求；

②当设置手动排烟窗时，手动排烟窗的面积与60%的固定采光带（窗）的面积之和应按厂房的排烟面积不应小于排烟区域建筑面积的3%，仓库的排烟面积应增加1倍来要求。

三、机械排烟

机械排烟方式是利用机械设备强制排烟的手段来排除烟气的方式，在不具备自然排烟条件时，机械排烟系统能将火灾中建筑房间、走道中的烟气和热量排出建筑，为人员安全疏散和灭火救援行动创造有利条件。

当建筑物内发生火灾时，采用机械排烟系统，将房间、走道等空间的烟气排至建筑物外。通常是由火场人员手动控制或由感烟探测器将火灾信号传递给防排烟控制器，开启活动的挡烟垂壁，将烟气控制在发生火灾的防烟分区内，并打开排烟口及和排烟口联动的排烟防火阀，同时关闭空调系统和送风管道内的防火调节阀，防止烟气从空调、通风系统蔓延到其他非着火房间，最后由设置在屋顶的排烟机将烟气通过排烟管道排至室外。

目前，常见的有机械排烟与自然补风组合、机械排烟与机械补烟组合、机械排烟与排风合用、机械排烟与通风空调系统合用等形式，一般要求是：

第一，排烟系统与通风、空气调节系统宜分开设置。当合用时，应符合下列条件：系统的风口、风道、风机等应满足排烟系统的要求；当火灾被确认后，应能开启排烟区域的排烟口和排烟风机，并在15秒内自动关闭与排烟无关的通风、空调系统。

第二，走道的机械排烟系统宜竖向设置，房间的机械排烟系统宜按防烟分区设置。

第三，排烟风机的全压应按排烟系统最不利环管道进行计算，其排烟量应增加漏风系数。

第四，人防工程机械排烟系统宜单独设置或与工程排风系统合并设置。当合并设置时，必须采取在火灾发生时能将排风系统自动转换为排烟系统的措施。

第五，车库机械排烟系统可与人防、卫生等排气、通风系统合用。

（一）机械排烟系统的设置场所

建筑内应设排烟设施，但不具备自然排烟条件的房间、走道及中庭等，均应采用机械排烟方式。高层建筑主要受自然条件（如：室外风速、风压、风向等）的影响会较大，一般采用机械排烟方式较多。具体如下：

1. 厂房或仓库的下列场所或部位应设置排烟设施

①人员或可燃物较多的丙类生产场所，丙类厂房内建筑面积大于300m²且经常有人停留或可燃物较多的地上房间；

②建筑面积大于5000m²的丁类生产车间；

③占地面积大于1000m²的丙类仓库；

④高度大于32m的高层厂房（仓库）内长度大于20m的疏散通道，其他厂房（仓库）内长度大于40m的疏散通道。

2. 民用建筑的下列场所或部位应设置排烟设施

①设置在一、二、三层且房间建筑面积大于100m²和设置在四层以上楼层、地下或半地下的歌舞娱乐放映游艺场所；

②中庭；

③公共建筑内建筑面积大于100m²、经常有人停留的地上房间和建筑面积大于300m²且可燃物较多的地上房间；

④建筑内长度大于20m的疏散通道。

3. 地下或半地下建筑（室）、地上建筑内的无窗房间

当总建筑面积大于200m²或一个房间建筑面积大于50m²，且经常有人停留或可燃物较多时，应设置排烟设施。

需要注意，在同一个防烟分区内不应同时采用自然排烟方式和机械排烟方式，主要是考虑到两种方式相互之间对气流的干扰，影响排烟效果。尤其是在排烟时，自然排烟口还可能会在机械排烟系统动作后变成进风口，使其失去排烟作用。

（二）机械排烟系统的组成和设置要求

机械排烟系统由挡烟壁（活动式或固定式挡烟垂壁，或挡烟隔墙、挡烟梁）、排烟口（或带有排烟阀的排烟口）、排烟防火阀、排烟道、排烟风机和排烟出口组成。系统各部分的设置要求如下：

1. 排烟风机

①排烟风机可采用离心式或轴流排烟风机（满足280℃时连续工作30分钟的要求），排烟风机入口处应设置280℃能自动关闭的排烟防火阀，该阀应与排烟风机连锁，当该阀

关闭时，排烟风机应能停止运转。

②排烟风机宜设置在排烟系统的顶部，烟气出口宜朝上，并应高于加压送风机和补风机的进风口，两者垂直距离或水平距离应符合：竖向布置时，送风机的进风口应设置在排烟机出风口的下方，其两者边缘最小垂直距离不应小于3m；水平布置时，两者边缘最小水平距离不应小于10m。

③排烟风机应设置在专用机房内，该房间应采用耐火极限不低于2.00小时的隔墙和1.50小时的楼板及甲级防火门与其他部位隔开。风机两侧应有600mm以上的空间。当必须与其他风机合用机房时，应符合下列条件：

a. 机房内应设有自动喷水灭火系统；

b. 机房内不得设有用于机械加压送风的风机与管道。

④排烟风机与排烟管道上不宜设有软接管。当排烟风机及系统中设置有软接头时，该软接头应能在280℃的环境条件下连续工作不少于30分钟。

2. 排烟防火阀

排烟系统竖向穿越防火分区时垂直风管应设置在管井内，且与垂直风管连接的水平风管应设置280℃排烟防火阀。排烟防火阀安装在排烟系统管道上，平时呈关闭状态；火灾时，由电信号或手动开启，同时排烟风机启动开始排烟；当管内烟气温度达到280℃时自动关闭，同时排烟风机停机。

3. 排烟阀（口）

①排烟阀（口）的设置应符合下列要求：

a. 排烟口应设在防烟分区所形成的储烟仓内。用隔墙或挡烟垂壁划分防烟分区时，每个防烟分区应分别设置排烟口，排烟口应尽量设置在防烟分区的中心部位，排烟口至该防烟分区最远点的水平距离应不超过30m。

b. 走道内排烟口应设置在其净空高度的1/2以上，当设置在侧墙时，其最近的边缘与吊顶的距离应不大于0.5m。

②火灾时，由火灾自动报警系统联动开启排烟区域的排烟阀（口），应在现场设置手动开启装置。

③排烟口的设置宜使烟流方向与人员疏散方向相反，排烟口与附近安全出口相邻边缘之间的水平距离不应小于1.5m。

④每个排烟口的排烟量不应大于最大允许排烟量。

⑤当排烟阀（口）设在吊顶内，通过吊顶上部空间进行排烟时，应符合下列规定：

a. 封闭式吊顶的吊平顶上设置的烟气流入口的颈部烟气速度不宜大于1.50m/s，且吊顶应采用不燃烧材料；

b. 非封闭吊顶的吊顶开孔率不应小于吊顶净面积的25%，且应均匀布置。

⑥单独设置的排烟口，平时应处于关闭状态，其控制方式可采用自动或手动开启方

式；手动开启装置的位置应便于操作；排风口和排烟口合并设置时，应在排风口或排风口所在支管设置自动阀门，该阀门必须具有防火功能，并应与火灾自动报警系统联动；火灾时，着火防烟分区内的阀门仍应处于开启状态，其他防烟分区内的阀门应全部关闭。

⑦排烟口的尺寸可根据烟气通过排烟口有效截面时的速度不大于10m/s进行计算。排烟速度越高，排出气体中空气所占比率越大，因此排烟口的最小截面积一般应不小于$0.04m^2$。

⑧当同一分区内设置数个排烟口时，要求做到所有排烟口能同时开启，排烟量应等于各排烟口排烟量的总和。

4. 排烟管道

①排烟管道必须采用不燃材料制作。当采用金属风道时，管道风速不应大于20m/s；当采用非金属材料风道时，管道风速不应大于15m/s；当采用土建风道时，管道风速不应大于10m/s。

②当吊顶内有可燃物时，吊顶内的排烟管道应采用不燃烧材料进行隔热，并应与可燃物保持不小于150mm的距离。

③排烟管道井应采用耐火极限不小于1.00小时的隔墙与相邻区域分隔；当墙上必须设置检修门时，应采用乙级防火门；排烟管道的耐火极限不应低于0.50小时，当水平穿越两个以上防火分区或排烟管道在走道的吊顶内时，其管道的耐火极限不应小于1.50小时；排烟管道不应穿越前室或楼梯间，如果确有困难必须穿越时，其耐火极限不应小于2.00小时，且不得影响人员疏散。

④当排烟管道竖向穿越防火分区时，垂直风道应设在管井内，且排烟井道必须有1.00小时的耐火极限。当排烟管道水平穿越两个以上防火分区时，或者布置在走道的吊顶内时，为了防止火焰烧坏排烟风管而蔓延到其他防火分区，要求排烟管道应采用耐火极限1.50小时的防火风道，其主要原因是耐火极限1.50小时防火管道与280℃排烟防火阀的耐火极限相当，可以看成是防火阀的延伸。另外，还可以精简防火阀的设置，减少误动作，提高排烟的可靠性。

当确有困难需要穿越特殊场合（如：通过消防前室、楼梯间、疏散通道等处）时，排烟管道的耐火极限不应低于2.00小时，主要考虑在极其特殊的情况下穿越上述区域时，应采用2.00小时的耐火极限的加强措施，确保人员安全疏散。排烟风道的耐火极限应符合国家相应试验标准的要求。

5. 挡烟垂壁

挡烟垂壁是为了阻止烟气沿水平方向流动而垂直向下吊装在顶棚上的挡烟构件，其有效高度不小于500mm。挡烟垂壁可采用固定式或活动式，当建筑物净空较高时可采用固定式的，将挡烟垂壁长期固定在顶棚上；当建筑物净空较低时，宜采用活动式。挡烟垂壁应用不燃烧材料制作，如：钢板、防火玻璃、无机纤维织物、不燃无机复合板等。活动式的挡烟垂壁应由感烟探测器控制，或与排烟口联动，或受消防控制中心控制，但同时应能就地手动控制。当活动挡烟垂壁落下时，其下端距地面的高度应大于1.8m。

四、机械加压送风防烟系统

在不具备自然通风条件时，机械加压送风防烟系统是确保火灾中建筑疏散楼梯间及前室（合用前室）安全的主要措施。

机械加压送风方式是通过送风机所产生的气体流动和压力差来控制烟气的流动，即在建筑内发生火灾时，对着火区以外的有关区域进行送风加压，使其保持一定正压，以防止烟气侵入的防烟方式。

为保证疏散通道不受烟气侵害，使人员能安全疏散，发生火灾时，从安全性的角度出发，高层建筑内可分为四类安全区：第一类安全区为防烟楼梯间、避难层；第二类安全区为防烟楼梯间前室、消防电梯间前室或合用前室；第三类安全区为走道；第四类安全区为房间。依据上述原则，加压送风时应使防烟楼梯间压力>前室压力>走道压力>房间压力，同时还要保证各部分之间的压差不要过大，以免造成开门困难而影响疏散。当火灾发生时，机械加压送风系统应能够及时开启，防止烟气侵入作为疏散通道的走廊、楼梯间及其前室，以确保有一个安全可靠、畅通无阻的疏散通道和环境，为安全疏散提供足够的时间。

（一）机械加压送风防烟系统的设计要求

机械加压送风是一种有效的防烟措施，但是其系统造价较高，一般用在重要建筑和重要部位。下列部位应设置防烟设施：防烟楼梯间及其前室；消防电梯间前室或合用前室；避难走道的前室、避难层（间）。

机械加压送风防烟系统的设计要求如下：

1. 建筑高度小于等于50m的公共建筑、工业建筑和建筑高度小于等于100m的住宅建筑，当前室或合用前室采用机械加压送风系统，且其加压送风口设置在前室的顶部或正对前室入口的墙面上时，楼梯间可采用自然通风方式。当前室的加压送风口的设置不符合上述规定时，防烟楼梯间应采用机械加压送风系统。将前室的机械加压送风口设置在前室的顶部，目的是形成有效阻隔烟气的风幕；而将送风口设在正对前室入口的墙面上，目的是形成正面阻挡烟气侵入前室的效应。

2. 建筑高度大于50m的公共建筑、工业建筑和建筑高度大于100m的住宅建筑，其防烟楼梯间、消防电梯前室应采用机械加压送风方式的防烟系统。

3. 当防烟楼梯间采用机械加压送风方式的防烟系统时，楼梯间应设置机械加压送风设施，前室可不设机械加压送风设施，但合用前室应设机械加压送风设施。防烟楼梯间的楼梯间与合用前室的机械加压送风系统应分别独立设置。

4. 带裙房的高层建筑的防烟楼梯间及其前室、消防电梯前室或合用前室，当裙房高度以上部分利用可开启外窗进行自然通风，裙房等范围内不具备自然通风条件时，该高层建筑不具备自然通风条件的前室、消防电梯前室或合用前室应设置局部正压送风系统。其送风口设置方式也应设置在前室的顶部或将送风口设在正对前室入口的墙面上。

5. 当地下室、半地下室楼梯间与地上部分楼梯间均须设置机械加压送风系统时，宜分别独立设置。在受建筑条件限制时，可与地上部分的楼梯间共用机械加压送风系统，但应分别计算地上、地下的加压送风量，相加后作为共用加压送风系统风量，且应采取有效措施满足地上、地下的送风量的要求。这是因为，当地下、半地下与地上的楼梯间在一个位置布置时，由于首层必须采取防火分隔措施，因此实际上就是两个楼梯间。当这两个楼梯间合用加压送风系统时，应分别计算地下、地上楼梯间加压送风量，合用加压送风系统风量应为地下、地上楼梯间加压送风量之和。通常地下楼梯间层数少，因此在计算地下楼梯间加压送风量时，开启门的数量取 1。为满足地上、地下的送风量的要求且不造成超压，在设计时必须注意在送风系统中设置余压阀等相应的有效措施。

6. 地上部分楼梯间利用可开启外窗进行自然通风时，地下部分的防烟楼梯间应采用机械加压送风系统。当地下室层数为 3 层以上，或室内地面与室外出入口地坪高差大于 10m 时，按规定应设置防烟楼梯间，并设有机械加压送风，其前室为独立前室时，前室可不设置防烟系统，否则前室也应按要求采取机械加压送风方式的防烟措施。

7. 自然通风条件不能满足每 5 层内的可开启外窗或开口的有效面积不应小于 $2m^2$，且在该楼梯间的最高部位应设置有效面积不小于 $1m^2$ 的可开启外窗或开口的封闭楼梯间，应设置机械加压送风系统，当封闭楼梯间位于地下且不与地上楼梯间共用时，可不设置机械加压送风系统，但应在首层设置不小于 $1.2m^2$ 的可开启外窗或直通室外的门。

8. 避难层应设置直接对外的可开启窗口或独立的机械防烟设施，外窗应采用乙级防火窗或耐火极限不低于 1.00 小时的 C 类防火窗。

9. 建筑高度大于 100m 的高层建筑，其送风系统应竖向分段设计，且每段高度不应超过 100m。

10. 人防工程的下列部位应设置机械加压送风防烟设施：防烟楼梯间及其前室或合用前室，避难走道的前室。

（二）机械加压送风系统送风方式与设置要求

机械加压送风量应满足走廊至前室至楼梯间的压力呈递增分布，余压值应符合下列要求：

一是前室、合用前室、消防电梯前室、封闭避难层（间）与走道之间的压差应为

25~30Pa。

二是防烟楼梯间、封闭楼梯间与走道之间的压差应为40~50Pa。

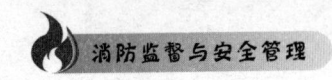

1. 机械加压送风机

机械加压送风机可采用轴流风机或中、低压离心风机，其安装位置应符合下列要求：

①送风机的进风口宜直通室外。

②送风机的进风口宜设在机械加压送风系统的下部，且应采取防止烟气侵袭的措施。

③送风机的进风口不应与排烟风机的出风口设在同一层面。当必须设在同一层面时，送风机的进风口与排烟风机的出风口应分开布置。竖向布置时，送风机的进风口应设置在排烟机出风口的下方，其两者边缘最小垂直距离不应小于3m；水平布置时，两者边缘最小水平距离不应小于10m。

④送风机应设置在专用机房内。该房间应采用耐火极限不低于2.00小时的隔墙和1.50小时的楼板及甲级防火门与其他部位隔开。

⑤当送风机出风管或进风管上安装单向风阀或电动风阀时，应采取火灾时阀门自动开启的措施。

2. 加压送风口

加压送风口用作机械加压送风系统的风口，具有赶烟、防烟的作用。加压送风口分常开和常闭两种形式。常闭型风口靠感烟（温）信号控制开启，也可手动（或远距离缆绳）开启，风口可输出动作信号，联动送风机开启。风口可设280℃重新关闭装置。

①除直灌式送风方式外，楼梯间宜每隔2~3层设一个常开式百叶送风口；合用一个井道的剪刀楼梯的两个楼梯间，应每层设一个常开式百叶送风口；分别设置井道的剪刀楼梯的两个楼梯间，应分别每隔一层设一个常开式百叶送风口。

②前室、合用前室应每层设一个常闭式加压送风口，并应设手动开启装置。

③送风口的风速不宜大于7m/s。

④送风口不宜设置在被门挡住的部位。需要注意的是，采用机械加压送风的场所不应设置百叶窗，不宜设置可开启外窗。

3. 送风管道

①送风井（管）道应采用不燃烧材料制作，且宜优先采用光滑井（管）道，不宜采用土建井道。

②送风管道应独立设置在管道井内。当必须与排烟管道布置在同一管道井内时，排烟管道的耐火极限不应小于2.00小时。

③管道井应采用耐火极限不小于1.00小时的隔墙与相邻部位分隔，当墙上必须设置检修门时，应采用乙级防火门。

④未设置在管道井内的加压送风管，其耐火极限不应小于1.50小时。

⑤当采用金属管道时，管道风速不应大于20m/s；当采用非金属材料管道时，不应大于15m/s；当采用土建井道时，不应大于10m/s。

4. 余压阀

余压阀是控制压力差的阀门。为了保证防烟楼梯间及其前室、消防电梯间前室和合用前室的正压值，防止正压值过大而导致疏散门难以推开，应在防烟楼梯间与前室，前室与走道之间设置余压阀，控制余压阀两侧正压间的压力差不超过50Pa。

第六节　应急照明和疏散指示系统

一、火灾应急照明

建筑物发生火灾，在正常电源因故中断时，如果没有火灾应急照明和疏散指示标志，受灾的人们往往因找不到安全出口而发生拥挤、碰撞、摔倒等，尤其是高层建筑，影剧院，展览馆，大、中型商店（商场），歌舞厅等人员密集场所，发生火灾后，极易造成较大的踩踏伤亡事故；同时，也不利于消防队员进行灭火和救援。因此，设置符合消防要求并且行之有效的火灾应急照明和疏散指示标志是十分重要的。

（一）火灾应急照明的分类

照明种类可分为正常照明、应急照明、值班照明、警卫照明、景观照明和障碍照明等。火灾应急照明是指发生火灾时，因正常照明的电源失效而启用的照明，也称火灾事故照明。

1. 火灾应急照明分类

（1）按用途分类

火灾应急照明包括火灾疏散照明、火灾备用照明和火灾安全照明。

火灾疏散照明作为火灾应急照明的一部分，用于安全出口、疏散出口、疏散通道、楼梯间、防烟前室等部位，是确保疏散通道被有效地辨认和使用的照明。

火灾备用照明作为火灾应急照明的一部分，用于消防控制室、消防水泵房等一些重要设备用房，是确保消防作业继续进行的照明。

火灾安全照明作为火灾应急照明的一部分，用于手术室、危险作业场所，是确保处于潜在危险之中的人员安全的照明。

（2）按系统分类

消防应急照明和疏散指示系统按系统形式可分为自带电源集中控制型（系统内可包括

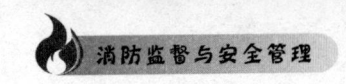

子母型消防应急灯具)、自带电源非集中控制型（系统内可包括子母型消防应急灯具)、集中电源集中控制型、集中电源非集中控制型。

集中控制型系统主要由应急照明集中控制器、双电源应急照明配电箱、消防应急灯具和配电线路等组成，消防应急照明可为持续型或非持续型。其特点是所有消防应急灯具的工作状态都受应急照明集中控制器控制。发生火灾时，火灾报警控制器或消防联动控制器向应急照明集中控制器发出相关信号，应急照明集中控制器按照预设程序控制各消防应急照明灯具的工作状态。

集中电源非集中控制型系统主要由应急照明集中电源、应急照明分配电装置、消防应急灯具和配电线路等组成，消防应急照明灯具可为持续型或非持续型。发生火灾时，消防联动控制器联动控制集中电源和（或）应急照明分配电装置的工作状态，进而控制各路消防应急灯具的工作状态。

自带电源非集中控制型系统主要由应急照明配电箱、消防应急灯具和配电线路等组成。发生火灾时，消防联动控制器联动控制应急照明配电箱的工作状态，进而控制各路消防应急灯具的工作状态。

2. 火灾应急照明灯具分类

火灾应急照明灯具可按应急供电形式、用途、工作方式、实现方式等不同要求分类。

（1）按应急供电形式分类

①双电源切换供电型

灯具内无独立的电池而由符合消防负荷等级的双电源经自动转换开关装置（ATSE）切换供电的火灾应急照明灯具。

②自带电源型

电池和检验器件装在灯具内部或其附近（1m距离以内）的火灾应急照明灯具。

③集中电源型

灯具内无独立的电池而由集中供电装置供电的火灾应急照明灯具。

④子母电源型

子火灾应急灯具内无独立的电池而由与之相关的母火灾应急灯具供电装置供电的一组火灾应急照明灯具。

（2）按用途分类

①火灾应急照明灯

火灾发生时，为人员疏散和（或）消防作业提供照明的火灾应急照明灯具。

②火灾应急标志灯

用图形和（或）文字完成下述功能的火灾应急标志灯具。

a. 指示安全出口、疏散出口及其方向。

疏散出口：用于人员离开某一区域至另一区域的出口。

安全出口：通向疏散楼梯间、避难走道和室外地平面的疏散出口。

b. 指示楼层、避难层及其他安全场所。

c. 指示灭火器具存放位置及其方向。

d. 指示禁止入内的通道、场所及危险品存放处。

③火灾应急照明标志灯

同时具备火灾应急照明灯和火灾应急标志灯功能的火灾应急照明灯具。

（3）按工作方式分类

①常亮型

无论正常照明失电与否一直点亮的火灾应急照明灯具。

②非持续型（常暗型）

只在消防联动或当正常照明失电时才点亮的火灾应急照明灯具。

③持续型（未具备消防联动强制接通功能）

可随正常照明同时开关，并当正常照明失电时仍能点亮的火灾应急照明灯具。

④可控制型（具备消防联动强制接通功能）

正常情况下可手动开、关控制和（或）由建筑设备监控系统（BA）控制，火灾情况下由消防联动或当正常照明失电时自动点亮（灯开关失控）的火灾应急照明灯具。

（4）按实现方式分类

①独立型

独立完成由主电源状态转入应急状态的火灾应急照明灯具。

②集中控制型

工作状态由控制器控制的火灾应急照明灯具。

③子母控制型

由母火灾应急灯具控制子火灾应急灯具应急状态的一组火灾应急照明灯具。

（二）设置原则

1. 火灾应急照明的设计规定

（1）火灾应急照明应包括备用照明、疏散照明。

①供消防作业及救援人员继续工作的场所，应设置备用照明；

②供人员疏散，并为消防人员撤离火灾现场的场所，应设置疏散指示标志灯和疏散通道照明。

（2）公共建筑的下列部位应设置备用照明：

①消防控制室、自备电源室、配电室、消防水泵房、防烟及排烟机房、电话总机房，以及在火灾时仍需要坚持工作的其他场所；

②通信机房、大中型电子计算机房、BAS中央控制站、安全防范控制中心等重要技术

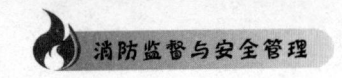

用房；

③建筑高度超过 100m 的高层民用建筑的避难层及屋顶直升机停机坪。

（3）公共建筑、居住建筑的下列部位，应设置疏散照明：

①公共建筑的疏散楼梯间、防烟楼梯间前室、疏散通道、消防电梯间及其前室、合用前室；

②高层公共建筑中的观众厅、展览厅、多功能厅、餐厅、宴会厅、会议厅、候车（机）厅、营业厅、办公大厅和避难层（间）等场所；

③建筑面积超过 1500m² 的展厅、营业厅及歌舞娱乐、放映游艺厅等场所；

④人员密集且面积超过 300m² 的地下建筑和面积超过 200m² 的演播厅等；

⑤高层居住建筑疏散楼梯间、长度超过 20m 的内走道、消防电梯间及其前室、合用前室；

⑥对于①~⑤款所述场所，除应设置疏散通道照明外，并应在各安全出口处和疏散通道，分别设置安全出口标志和疏散通道指示标志，但二类高层居住建筑的疏散楼梯间可不设疏散指示标志。

（4）备用照明灯具宜设置在墙面或顶棚上。安全出口标志灯具宜设置在安全出口的顶部，底边距地不宜低于 2.0m。疏散通道的疏散指示标志灯具，宜设置在走道及转角处离地面 1.0m 以下墙面上、柱上或地面上，且间距不应大于 20m。当厅室面积较大，必须装设在顶棚上时，灯具应明装，且距地不宜大于 2.5m。

（5）火灾应急照明的设置，还应符合下列规定：

①应急照明在正常供电电源停止供电后，其应急电源供电转换时间应满足下列要求：

a. 备用照明不应大于 5 秒，金融商业交易场所不应大于 1.5 秒；

b. 疏散照明不应大于 5 秒。

②除在假日、夜间无人工作而仅由值班或警卫人员负责管理外，疏散照明平时宜处于点亮状态。当采用蓄电池作为疏散照明的备用电源时，在非点亮状态下，不得中断蓄电池的充电电源。

③首层疏散楼梯的安全出口标志灯，应安装在楼梯口的内侧上方。

④装设在地面上的疏散标志灯，应防止被重物或外力损坏。

⑤疏散照明灯的设置，不应影响正常通行，不得在其周围存放有容易混同及遮挡疏散标志灯的其他标志牌等。

2. 针对消防应急照明和消防疏散指示标志的设置的规定

（1）除住宅外的民用建筑、厂房和丙类仓库的下列部位，应设置消防应急照明灯具：

①封闭楼梯间、防烟楼梯间及其前室、消防电梯间的前室或合用前室；

②消防控制室、消防水泵房、自备发电机房、配电室、防烟与排烟机房及发生火灾时仍须正常工作的其他房间；

③观众厅，建筑面积超过400m² 的展览厅、营业厅、多功能厅、餐厅，建筑面积超过200m² 的演播室；

④建筑面积超过300m² 的地下、半地下建筑或地下室、半地下室中的公共活动房间；

⑤公共建筑中的疏散通道。

（2）建筑内消防应急照明灯具的照度应符合下列规定：

①疏散通道的地面最低水平照度不应低于0.5lx；

②人员密集场所内的地面最低水平照度不应低于1.0lx；

③楼梯间内的地面最低水平照度不应低于5.0lx；

④消防控制室、消防水泵房、自备发电机房、配电室、防烟与排烟机房及发生火灾时仍须正常工作的其他房间的消防应急照明，仍应保证正常照明的照度。

（3）消防应急照明灯具宜设置在墙面的上部、顶棚上或出口的顶部。

（4）公共建筑、高层厂房（仓库）及甲、乙、丙类厂房应沿疏散通道和在安全出口、人员密集场所的疏散门的正上方设置灯光疏散指示标志，并应符合下列规定：

①安全出口和疏散门的正上方应采用"安全出口"作为指示标志。

②沿疏散通道设置的灯光疏散指示标志，应设置在疏散通道及其转角处距地面高度1.0m以下的墙面上，且灯光疏散指示标志间距不应大于20m；对于袋形走道，不应大于10m；在走道转角区，不应大于1.0m。

（5）下列建筑或场所应在其内疏散通道和主要疏散路线的地面上增设能保持视觉连续的灯光疏散指示标志或蓄光疏散指示标志：

①总建筑面积超过8000m² 的展览建筑；

②总建筑面积超过5000m² 的地上商店；

③总建筑面积超过500m² 的地下、半地下商店；

④歌舞娱乐放映游艺场所；

⑤座位数超过1500个的电影院、剧院，座位数超过3000个的体育馆、会堂或礼堂。

（三）联动控制要求

消防应急照明和疏散指示系统的联动控制设计规定：

第一，集中控制型消防应急照明和疏散指示系统，应由火灾报警控制器或消防联动控制器启动应急照明控制器实现。

第二，集中电源非集中控制型消防应急照明和疏散指示系统，应由消防联动控制器联动应急照明集中电源和应急照明分配电装置实现。

第三，自带电源集中控制型消防应急照明和疏散指示系统，应由消防联动控制器联动消防应急照明配电箱实现。

第四，当确认火灾后，由发生火灾的报警区域开始，顺序启动全楼疏散通道的消防应

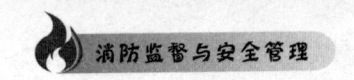

急照明和疏散指示系统，系统全部投入应急状态的启动时间不应大于5秒。

二、火灾应急照明与疏散诱导系统

建筑物设置健全的安全疏散设施也是十分必要的。建筑物的安全疏散设施有疏散楼梯和楼梯间、疏散通道、安全出口、应急照明和疏散指示标志、应急广播及辅助救生设施等。对建筑高度超过100m的高层建筑还须设置避难层和屋顶直升机停机坪等。

应急照明与疏散标志是在突然停电或发生火灾而断电时，在重要的房间或建筑的主要通道，继续维持一定程度的照明，保证人员迅速疏散，及时对事故进行处理。高层建筑、大型建筑及人员密集的场所（如：商场、体育场等），必须设置应急照明和疏散指示照明。

（一）疏散楼梯

疏散楼梯包括普通楼梯、封闭楼梯、防烟楼梯及室外疏散楼梯四种。疏散楼梯（室外疏散楼梯除外）均应做成楼梯间，围成楼梯间的墙皆应是耐火极限不低于2.50小时的非燃烧体。楼梯应耐火1.00~1.50小时。

1. 普通楼梯间（敞开楼梯间）

普通楼梯间是指建筑物内由墙体等围护构建构成的无封闭防烟功能，且与其他使用空间相通的楼梯间。

适用于11层以下的单元式住宅，建筑高度在24m以下的丁、戊类厂房，单、多层各类建筑。

2. 封闭楼梯间

封闭楼梯间是指用耐火建筑构件分隔，能防止烟和热气进入的楼梯间。

适用于12~18层的单元式住宅，10层以下通廊式住宅，医院、疗养院的病房楼，设有空调系统的多层旅馆，超过5层的公共建筑，高度不超过32m的二类高层建筑，甲、乙、丙类厂房和高度在32m以下的高层厂房。

技术要求：

①封闭楼梯间应靠外墙设置，能直接进行天然采光和自然通风，以利排除楼梯间的烟气。

②封闭楼梯间要设置耐火的墙和乙级防火门，将楼梯与走道隔开。防火门应有自动关闭措施，并应向疏散方向开启。有条件的还可以把楼梯间适当加长，设置两道防火门而形成门斗（面积可以小于楼梯前室的要求），这样能提高楼梯间防护能力，给疏散以回旋的余地。

③封闭楼梯间的底层如紧接主要出口，设计时，为了使交通路线明确及丰富门厅的处理，常将楼梯敞开于大厅之中。这时可对门厅做扩大的封闭处理，采用乙级防火门或其他

防火措施，将门厅与走道、过厅等分隔开，门厅内还应尽量做到内装修的非燃化。

3. 防烟楼梯间

防烟楼梯间是指具有防烟前室和防排烟设施并与建筑物内使用空间分隔开的楼梯间，其形式一般有带封闭前室或合用前室的防烟楼梯间，用阳台作前室的防烟楼梯间，用凹廊作前室的防烟楼梯间等。

适用于：高度超过32m，且每层人数超过10人的高层厂房；塔式住宅；一类高层建筑；高度超过32m的二类高层建筑；11层以上的通廊式住宅。

技术要求：

①防烟楼梯间的入口处要设置楼梯前室或凹廊、阳台等。楼梯前室的面积，公共建筑不小于6m^2，居住建筑不小于4.5m^2，如果是与消防电梯合用的前室，其面积、居住建筑不小于6m^2，公共建筑不小于10m^2，起缓冲疏散人流冲击的作用。

②防烟楼梯前室内要设置防排烟装置，防止火灾烟气进入楼梯前室，并将进入楼梯间的烟迅速排出去，以保证人员安全。

③设在防烟楼梯前室和楼梯间的门应该是乙级防火门，并应向人流疏散的方向开启。

4. 室外疏散楼梯

室外疏散楼梯是指用耐火结构与建筑物分隔，设在墙外的楼梯，主要用于应急疏散，当在建筑物内设置疏散楼梯不能满足要求时，可设室外疏散楼梯作为辅助楼梯。

适用于各类建筑。

技术要求：

①为了保障人员的顺利疏散，室外楼梯净宽度应不小于90cm，楼梯栏杆扶手的高度应不小于1.1m，楼梯的倾斜度不大于45度。

②为了保证楼梯的安全使用，室外疏散楼梯不得采用无防火保护的金属梯，应采用钢筋混凝土等非燃烧材料制作，耐火极限不得低于1.00~1.50小时。

③为了防止室内火灾的烟火烧烤室外疏散楼梯，在距楼梯至少2m范围的墙面上，除开设疏散用的门洞外，不能再开设其他门窗洞口。

④建筑物内通向室外疏散楼梯的门应该是乙级防火门，并向疏散方向开启。

（二）疏散通道

从建筑物着火部位到安全出口的这段路线称为疏散通道，也就是指建筑物内的走廊或过道。从防火的角度看，对疏散通道的要求如下：

第一，疏散通道的吊顶应为耐火极限不低于0.25小时的非燃装修。

第二，疏散通道不宜过长，应该能使人员在有限的时间内到达安全出口，在疏散通道内应该有防排烟措施。

第三，疏散通道应宽敞明亮，尽量减少转折。疏散通道上的门应该是防火门，在门两

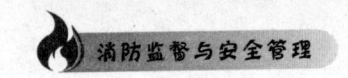

侧 1.4m 范围内不要设台阶，并不能有门槛，以防人员拥挤时跌倒。

第四，疏散通道内应有疏散指示标志和事故照明。

（三）应急照明

1. 应急照明的设置部位

为了便于在夜间或在烟气很大的情况下紧急疏散，应在建筑物内的下列部位设置火灾应急照明：

①封闭楼梯间、防烟楼梯间及其前室，消防电梯及其前室。

②配电室、消防控制室、自动发电机房、消防水泵房、防烟排烟机房、供消防用电的蓄电池室、电话总机房、监控（BMS）中央控制室，以及在发生火灾时仍须坚持工作的其他房间。

③观众厅，每层面积超过 $1500m^2$ 的展览厅、营业厅，建筑面积超过 $200m^2$ 的演播室，人员密集且建筑面积超过 $300m^2$ 的地下室及汽车库。

④公共建筑内的疏散通道和长度超过 20m 的内走道。

2. 应急照明的设置要求

应急照明设置通常有两种方式：一种是设独立照明回路作为应急照明，该回路灯具平时是处于关闭状态，只有当发生火灾时，通过末级应急照明切换控制箱使该回路通电，使应急照明灯具点燃；另一种是利用正常照明的一部分灯具作为应急照明，这部分灯具既连接在正常照明的回路中，同时也被连接在专门的应急照明回路中。正常时，该部分灯具由于接在正常照明回路中，所以被点亮。当发生火灾时，虽然正常电源被切断，但由于该部分灯具又接在专门的应急照明回路中，所以灯具依然处于点亮状态，当然要通过末级应急照明切换控制箱才能实现正常照明和应急照明的切换。

3. 供电要求

应急照明要采用双电源供电，除正常电源之外，还要设置备用电源，并能够在末级应急照明配电箱实现备电自投。

（四）疏散指示照明

1. 疏散指示照明设置部位

①消火栓处。

②防、排烟控制箱，手动报警器，手动灭火装置处。

③电梯入口处。

④疏散楼梯的休息平台处、疏散通道、居住建筑内长度超过 20m 内走道，公共出口处。

2. 疏散指示照明设置要求

疏散指示照明应设在安全出口的顶部嵌墙安装，或在安全出口门边墙上距地 2.2~2.5m 处明装；疏散通道及转角处、楼梯休息平台处在距地 1m 以下嵌墙安装；大面积的商场、展厅等安全通道上采用顶棚下吊装。疏散指示照明只须提供足够的照度，一般取 0.5lx，维持时间按楼层高度及疏散距离计算，一般为 20~60 分钟。

疏散指示照明器，按防火规范要求，采用白底绿字或绿底白字，并用箭头或图形指示疏散方向，以达到醒目效果，使光的距离传播较远。常见的疏散指示照明器包括疏散指示灯和出入口指示灯。

3. 安全出口

（1）设置数量

公共建筑的安全出口不应少于两个，这样，万一有一个出口被烟火充塞时，人员还可以从另一个出口疏散。剧院、电影院和礼堂、观众厅的安全出口数量须根据容纳的人数计算确定。如：容纳人数未超过 2000 人，每个安全出口的平均疏散人数不应超过 250 人；容纳人数超过 2000 人时，每个安全出口的平均疏散人数不应超过 400 人。体育馆观众厅每个安全出口的平均疏散人数不宜超过 400~700 人（规模较小的观众厅宜采用接近下限值，规模较大的观众厅宜采用接近上限值）。

凡符合下列情况的，可只设一个安全出口：

①一个房间的面积不超过 60m^2，且人数不超过 50 人（普通建筑）、40 人（高层建筑）时，可设一个门；位于走道尽端的房间（托儿所、幼儿园除外）内最远一点到房门口的直线距离不超过 14m，且人数不超过 80 人时，也可设一个向外开启的门，但门的净宽不应小于 1.4m；如其面积不超过 60m^2 时，门的净宽可适当减小。

②在建筑物的地下室、半地下室中，一个房间的面积不超过 50m^2，且经常停留人数不超过 15 人时，可设一个门。

③单层公共建筑（托儿所、幼儿园除外）面积超过 200m^2，且人数不超过 50 人时，可设一个直通室外的安全出口。

④两三层的建筑（医院、疗养院、托儿所、幼儿园除外），可设一个疏散楼梯。

⑤18 层以下，每层不超过 8 户，建筑面积不超过 650m^2，且设有一座防烟楼梯和消防电梯（可与客梯合用）的塔式住宅，可设一个安全出口。单元式高层住宅的每个单元，可设一座疏散楼梯，但应通至屋顶。

⑥公共建筑中相邻两个防火分区的防火墙上如有防火门连通，且两防火分区面积之和不超过规定的一个防火分区（地下室除外）面积的 1.4 倍时，该防火门可作为第二安全出口。

⑦地下室、半地下室有两个以上防火分区时，每个防火分区可利用防火墙上通向相邻分区的防火门作为第二安全出口。但每个防火分区必须有一个直通室外的安全出口，或通

过长度不超过 30m 的走道直通室外。人数不超过 30 人，且面积不超过 500m² 的地下室、半地下室，其垂直金属梯即可作为第二安全出口。

⑧设有不少于两个疏散楼梯的一、二级耐火等级的公共建筑。如：顶层局部层数不超过两层，每层面积不超过 200m²，人数之和不超过 50 人时，该高出部分可只设一个楼梯，但应另设一个直通平屋面的安全出口。

（2）安全出口的宽度

在一个建筑物内的人员是否能在允许的疏散时间内迅速安全疏散完毕，与疏散人数、疏散距离、安全出口宽度三个主要因素有关。若安全出口宽度不足，则会延长疏散时间，不利于安全疏散，还会发生挤伤事故。

为了便于在实际工作中运用，确定安全出口总宽度的简便方法是预先按各种已知因素计算出一套"百人宽度指标"。运用时只要按使用人数乘上百人宽度指标即可，即：

安全出口的总宽度（m）= 疏散总人数（百人）×百人宽度指标（m/百人）

当每层人数不等时，其总宽度可分层计算，下层楼梯的总宽度按其上层人数最多一层的人数计算。底层外门的总宽度应按该层以上人数最多的一层人数计算，不供楼上人员疏散的外门，可按本层人数计算。

4. 供电要求

疏散指示照明的供电要求同应急照明。

（五）避难层

避难层是超高层建筑发生火灾时供人员临时避难使用的楼层。如果作为避难使用的只有几个房间，则这几个房间称为避难间。

1. 避难层的类型

（1）敞开式避难层

这类避难层不设围护结构，为全敞开式，一般设在建筑物的顶层或屋顶上。敞开式避难层采用自然通风排烟方式，结构处理比较简单，但不能保证不受烟气侵害，也不能阻挡雨、雪、风、寒冷的侵袭。因此，这种避难层只适用于温暖地区。

（2）半敞开式避难层

这类避难层四周设有防护墙，高度不低于 1.8m，上部设有可开启的封闭窗，窗口多用铁百叶窗封闭。半敞开式避难层采用自然通风排烟方式，可防止烟火的侵害。

（3）封闭式避难层

封闭式避难层周围设有耐火的围护结构（楼板、外墙等），室内设有独立的防烟设施，门窗为甲级防火门窗。另外，还设有应急广播、应急照明、消防专用电话、消火栓、消防水喉等可靠的消防设施，可以有效地防止烟气和火焰的侵害。封闭式避难层可以避免外界气候条件的影响，因而在我国南方、北方都适用。

2. 避难层的设置要求

①高度超过100m的旅馆、办公楼、综合楼等公共建筑应设避难层。

②避难层应自高层建筑首层至第一个避难层或两个避难层之间设置，不宜超过15层。

③避难层的净面积应能满足设计避难人员避难的要求，并宜按5人/m² 计算。

④通向避难层的防烟楼梯应在避难层分隔、同层错位或上下层断开，但人员均必须经避难层方能上下。

⑤避难层应设消防电梯出口。其他客货电梯均不得在避难层开设出口。

⑥为保证避难层具有较长时间抵抗火烧的能力，避难层的楼板宜采用现浇钢筋混凝土楼板，其耐火极限不宜低于1.50小时。

⑦避难层可兼作设备层，但设备管道宜集中布置。

⑧避难层应设消防专线电话，并应设有消火栓和消防卷盘。

⑨为保证避难层下部楼层起火时不致使避难层地面温度过高，在楼板上宜设隔热层。

⑩避难层的门应为甲级防火门。

⑪避难层应设有应急广播和应急照明，其连续供电时间不应小于1.00小时，照度不应低于1.0lx。

⑫封闭式避难层应设独立的防烟设施。

3. 注意事项

①严禁输送甲、乙、丙类液体或可燃气体的管道穿越避难层（间）。

②避难层（间）的装修材料均应采用不燃烧材料。

③避难层（间）内外均应设有便于识别的明显标志。

（六）屋顶直升机停机坪

建筑高度超过100m，且标准层建筑面积超过1000m² 的公共建筑，宜设置屋顶直升机停机坪或直升机救助的设施，并应符合下列规定：

第一，起降区的大小，主要取决于可能接受的最大机种的全长。为了保证直升机的安全起降，起降区的长、宽应为最大机种全长的1.5~2.0倍。在此范围内，不得设有高出屋顶的塔楼、烟囱、金属天线、航标灯杆等障碍物。

第二，屋顶停机坪要有明显标志，其四周要设边界标志，还须设有灯光标志，它不但为驾驶员提供方向，同时也是提供安全降落的保证。停机坪常用符号"H"表示，符号所用色彩为白色。

第三，屋顶直升机停机坪要设置等待区，等待区要能容纳一定数量的避难人员，在其周围设安全围栏，等待区与疏散楼梯间顶层有直接联系，出入口不少于两个，以利于人员集结。

第四，直升机停机坪须配备灭火抢险的工具和固定灭火设施。

第七节　灭火器

一、灭火器材及公共消防设施

（一）简易灭火工具和器材

对付初起火灾，不可忽视一些简易器材的作用，如：扫帚、树枝、铁锹、水桶、脸盆、砂箱、水缸、石棉被、麻袋、棉被褥、海草席、干草袋等。这些器材，取之方便，用之简单，只要使用方法得当，对于扑救初起火灾也很有效。例如，扑救一般固体物质的表面火灾，可用扫帚、树枝扑打，或用铁锹挖土覆盖、掩埋，也可用水桶汲水泼洒；用砂可扑灭地面油类火灾；小罐、小桶内易燃可燃液体着火，可用棉被、麻袋等覆盖物浸湿后进行捂盖灭火；对于设备、管道阀门、法兰处泄漏物料的小火用石棉被、湿麻袋等覆盖物捂盖或撒上一些干粉也可扑灭。所以，在有火灾危险的场所和岗位各置一些简易的灭火器材，一旦发生火灾，便可取用这些器材，用恰当的方法就可将其扑灭在初期的阶段。

显然这些器材和工具摆设在公众聚集场所的明显之处不够雅观，但对于铺面较小的公众聚集场所，在相应的地方且又不妨碍观瞻之处，设置一个消防棚或消防箱，配置一些简易工具和器材，为对付初期火灾，起到不可估量的作用。

（二）灭火器

灭火器是由人工操作的，能在其自身内部压力作用下，将所充装的灭火剂喷出实施灭火的器具。灭火器具有结构简单、轻便灵活、可自由移动、稍经训练即会操作使用的特点。当建筑物发生火灾时，在消防队到达火场之前且固定灭火系统尚未启动之际，火灾现场人员可使用灭火器，及时、有效地扑灭建筑物初起火灾防止火灾蔓延形成大火，降低火灾损失，同时还可减轻消防队的负担，节省灭火系统启动的耗费。因此，在生产、使用和储存可燃物的工业与民用建筑物内，除设置固定灭火系统外，还应配置灭火器。

灭火器的分类和型号编制方法如下：

1. 按充装灭火剂的类型划分

（1）水基型灭火器

水基型灭火器中充装的灭火剂主要是纯水，或纯水里添加少量的添加剂，是用水通过冷却作用灭火。

（2）泡沫灭火器

泡沫灭火器有化学泡沫灭火器和空气泡沫灭火器，其中，化学泡沫灭火器目前已经被淘汰，空气泡沫灭火器内装水成膜泡沫灭火剂，是灭火器的主要形式。

（3）干粉灭火器

干粉灭火器内充装的灭火剂是干粉，是我国目前使用的最为广泛的灭火器。根据所充装的干粉种类的不同，干粉灭火器可分为碳酸氢钠干粉灭火器、钾盐干粉灭火器、铵基干粉灭火器和磷酸铵盐干粉灭火器等。其中，我国主要生产和发展碳酸氢钠干粉灭火器（BC类干粉灭火器）和磷酸铵盐干粉灭火器（ABC类干粉灭火器）。

（4）卤代烷灭火器

卤代烷型灭火器是一种气体灭火器，其最大的特点就是对保护对象不产生任何伤害，有卤代烷1211灭火器和卤代烷1301灭火器两种类型，出于对保护环境的考虑，目前已停止生产使用。

（5）二氧化碳灭火器

二氧化碳灭火器是一种气体灭火器。这类灭火器中充装的灭火剂是加压液化的二氧化碳，具有对保护对象无污损的特点，但灭火能力较差，使用时要注意避免对操作者的冻伤危害。

2. 按灭火器移动方式划分

手提式灭火器，总重在28公斤以下，容量在10公斤（升）左右，是能用手提着的灭火器具；推车式灭火器，总重在40公斤以上，容量在100公斤（升）以内，装有车轮等行驶机构，用人力推（拉）的灭火器具。

3. 按加压方式划分

（1）储气瓶式灭火器

储气瓶式灭火器的动力气体和灭火剂分开储存，动力气体储存在专用的小钢瓶内，有外置和内置两种形式。使用时将高压气体放出充到灭火剂储瓶内，作为驱动灭火剂的动力气体。这种灭火器的构造复杂、零部件多、维修工艺繁杂，灭火器筒体平时不受压，有问题也不易发现，而且在使用过程中，平时不受压的筒体及密封连接处瞬间受压，一旦灭火器筒体耐不住瞬时充入的高压气体，易发生爆炸事故。

（2）储压式灭火器

储压式灭火器是将动力气体和灭火剂储存在同一个容器内，依靠这些气体或蒸气的压力驱动将灭火剂喷出。这种灭火器性能安全可靠。

4. 按装设方式划分

有移动式灭火器和固定式灭火器两种。

灭火器的灭火性能是用灭火级别来表示的。灭火级别由数字和字母组成，如：3A、21A、5B等。数字表示灭火级别的大小，数字越大，灭火级别越高，灭火能力越强。字母表示灭火级别的单位和适于扑救的火灾种类。

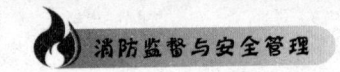

(三) 灭火器的配置

1. 灭火器的配置数量

灭火器的配置数量基准是一个灭火器配置场所计算单元内的灭火器配置数量不宜少于两具，一个灭火器设置点的灭火器数量不宜多于 5 具。

2. 灭火器的选型

按照火灾种类进行选型：

A 类火灾场所应选择水型灭火器、磷酸铵盐干粉灭火器、泡沫灭火器或卤代烷灭火器。

B 类火灾场所应选择泡沫灭火器、碳酸氢钠干粉灭火器、磷酸铵盐干粉灭火器、二氧化碳灭火器、灭 B 类火灾的水型灭火器或卤代烷灭火器。

极性溶剂的 B 类火灾场所应选择灭 B 类火灾的抗溶性灭火器。

C 类火灾场所应选择磷酸铵盐干粉灭火器、碳酸氢钠干粉灭火器、二氧化碳灭火器或卤代烷灭火器。

D 类火灾场所应选择扑灭金属火灾的专用灭火器。

E 类火灾场所应选择磷酸铵盐干粉灭火器、碳酸氢钠干粉灭火器、卤代烷灭火器或二氧化碳灭火器，但不得选用装有金属喇叭喷筒的二氧化碳灭火器。

3. 灭火器的设置

灭火器的设置是灭火器配置设计的一个重要方面，主要包括灭火器的设置要求和灭火器的保护距离。

灭火器的设置要求主要有以下几点：

①灭火器应设置在显眼的地点；

②灭火器应设置在便于人们取用的地点（包括不受阻挡和碰撞的地点）；

③灭火器的设置不得影响安全疏散；

④灭火器在某些场所设置时应有指示标志，灭火器铭牌应朝外；

⑤灭火器应设置稳固；

⑥手提式灭火器应设置在挂钩、托架上或灭火器箱内，其顶部离地面高度应小于 1.5m，底部离地面高度不宜小于 0.5m；

⑦灭火器不宜设置在潮湿或强腐蚀性的地点；

⑧设置在室外的灭火器应有保护措施；

⑨灭火器不得设置在超出其使用温度范围的地点。

4. 灭火器的灭火效能和通用性

尽管几种类型的灭火器均适应于灭同一种类的火灾，但它们在灭火程度上有明显的差异,如:一具7kg二氧化碳灭火器的灭火能力不如一具2kg干粉灭火器的灭火能力。因此,选择灭火器时应充分考虑灭火器的灭火有效程度。

5. 灭火剂对保护物品的污损程度

不同种类的灭火器在灭火时不可避免地要对被保护物品产生程度不同的污渍,泡沫、水、干粉灭火器较为严重,而气体灭火器(如二氧化碳灭火器)则非常轻微。为了保证贵重物质与设备免受不必要的污渍损失,灭火器的选择应充分考虑其对保护物品的污损程度。

6. 灭火器设置点的环境温度

灭火器设置点的环境温度对灭火器的喷射性能和安全性能均有影响:若环境温度过低,则灭火器的喷射性能显著降低;若环境温度过高,则灭火器的内压剧增,灭火器本身有爆炸伤人的危险。因此,环境温度要与灭火器的使用温度相符合。

7. 使用灭火器人员的体能

灭火器是靠人来操作的,要为某建筑场所配置适用的灭火器,也应对该场所中人员的体能(包括年龄、性别、体质和身手敏捷程度等)进行分析,然后正确地选择灭火器的类型、规格、型号。如:在办公室、会议室、客房,以及学校、幼儿园、养老院的教室、活动室等民用建筑场所内,中、小规格的手提式灭火器应用较广;在工业建筑场所的大车间和古建筑场所的大殿内,则可考虑选用大、中规格的手提式灭火器或推车式灭火器。

灭火器的保护距离,是指灭火器配置场所内任一着火点到最近灭火器设置点的行走距离。在发现火情后,及时、有效地扑灭初起火灾取决于多种因素,但灭火器最大保护距离的远近,显然是其中一个重要的因素。国家对灭火器的保护距离制定有标准规范,不同危险等级对不同灭火器有不同的要求。

(四)选择灭火器时应注意的问题

第一,在同一灭火器配置场所,宜选用相同类型和操作方法的灭火器。这样可以为培训灭火器使用人员提供方便,为灭火器使用人员熟悉操作和积累灭火经验提供方便,也便于灭火器的维护保养。

第二,根据不同种类火灾,选择相适应的灭火器;当同一灭火器配置场所存在不同火灾种类时,应选用通用型灭火器。

第三,配置灭火器时,宜在手提式或推车式灭火器中选用,因为这两类灭火器有完善的计算方法。其他类型的灭火器可作为辅助灭火器使用,如:某些类型的微型灭火器作为家庭使用效果也很好。

第四,在同一配置场所,当选用两种以上类型灭火器时,应选用灭火剂相容的灭火器,以便充分发挥各自灭火器的作用。

二、危险等级

为了使灭火器配置更趋于合理、科学，将灭火器配置场所的危险等级划分为轻危险等级、中危险等级和严重危险等级三类。

划分配置场所危险等级的主要依据有（生产、使用、储存）可燃物的火灾危险性、可燃物的数量、可燃物的火灾蔓延速度、配置场所的重要程度、扑救火灾的难易程度等。

（一）工业建筑灭火器配置场所危险等级的划分

工业建筑包括厂房及露天、半露天生产装置区和库房及露天、半露天堆场。其灭火器配置场所的危险等级，应根据其生产、使用、储存物品的火灾危险性、可燃物数量、火灾蔓延速度及扑火难易程度等因素划分。可燃物的火灾危险性是划分危险等级的主要因素。

1. 严重危险级

严重危险级指火灾危险性大、可燃物多、起火后蔓延较迅速、扑救困难及容易造成重大火灾损失的场所。

2. 中危险级

中危险级指火灾危险性较大、可燃物较多、起火后蔓延较迅速及扑救较难的场所。

3. 轻危险级

轻危险级指火灾危险性较小、可燃物较少、起火后蔓延较缓慢及扑救较易的场所。

（二）民用建筑灭火器配置场所危险等级的划分

民用建筑灭火器配置场所的危险等级，应根据其使用性质、火灾危险性、可燃物数量、火灾蔓延速度及扑救难易程度等因素划分。

1. 严重危险级

严重危险级指使用性质重要、用电用火多、火灾危险性大、可燃物多、起火后蔓延迅速、扑救困难及容易造成重大火灾损失的场所。

2. 中危险级

中危险级指使用性质较重要、用电用火较多、火灾危险性较大、可燃物较多、起火后蔓延较迅速及扑救较难的场所。

3. 轻危险级

轻危险级指使用性质一般、用电用火较少、火灾危险性较小、可燃物较少、起火后蔓延较缓慢及扑救较易的场所。

严重危险级：重要的资料室、档案室；设备贵重或可燃物多的实验室；广播电视播音室、道具间；电子计算机房及数据库；重要的电信机房；高级旅馆的公共活动用房及大厨房；电影院、会堂、礼堂的舞台及后台部位；医院的手术室、药房和病例室；博物馆、图书馆和珍藏室、复印室外；电影、电视摄影棚。

中危险级：设有空调设备、电子计算机、复印机等的办公室；学校或科研单位的理化实验室；广播、电视的录音室、播音室；高级旅馆的其他部位；电影院、剧院、会堂、礼堂、体育馆的放映室外；百货楼、营业厅、综合商场；图书馆、书库；多功能厅、餐厅及厨房；展览厅；医院的理疗室、透视室、心电图室；重点文物保护场所；邮政信函和包裹分拣房、邮袋库；高级住宅；燃油、燃气锅炉房；民用的油浸变压器和高、低压配电室。

轻危险级：电影院、医院门诊部、住院部；学校教学楼、幼儿园与托儿所的活动室；办公室；车站、码头、机场的候车、候船、候机厅；普通旅馆；商店；10层以上的普通住宅。

三、灭火器主要技术性能

（一）灭火器的技术性能

1. 灭火剂的喷射性能

灭火器的喷射性能是指对灭火器喷射灭火剂的技术要求。

（1）有效喷射时间

有效喷射时间是指将灭火器保持在最大开启状态下，自灭火剂从喷嘴喷出至灭火剂喷射结束的时间（不包括驱动气体最后的喷射时间）。不同的灭火器要求的有效喷射时间也不一样，但要求在最高使用温度时不得小于6秒。

（2）喷射滞后时间

喷射滞后时间是指自灭火器的控制阀开启或达到相应的开启状态时起至灭火剂从喷嘴开始喷出的时间。在灭火器使用温度范围内，要求不大于5秒，间歇喷射的滞后时间不大于3秒。

（3）有效喷射距离

有效喷射距离是指从灭火器喷嘴的顶端起至喷出的灭火剂最集中处中心的水平距离。不同类型的灭火器，要求的喷射距离也不相同。

（4）喷射剩余率

喷射剩余率是指额定充装的灭火器在喷射至内部压力与外界环境压力相等时，内部剩余的灭火剂量相对于喷射前灭火剂充装量的重量百分比，在（20±5）℃时，不大于10%；在灭火器使用温度范围内，不大于15%。

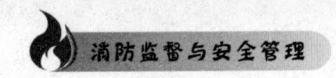

（二）灭火器的灭火性能

灭火器的灭火性能是指灭火器扑灭火灾的能力。灭火性能用灭火级别表示，灭火级别由数字和字母组成，如：3A、6A、21B、55B等。数字表示灭火级别的大小，数字越大，灭火级别越高，灭火能力越强；字母表示灭火级别的单位和适于扑救的火灾种类。灭火器的灭火能力通过实验测定。

1. 灭 A 类火的能力

用木条垛火灾实验测试，按标准的试验方法进行。通过不同的木条垛的大小测定出相应的灭火级别，分为1A、2A、3A、4A、6A等级别。

2. 灭 B 类火的能力

用灭油盘火试验测试，按标准的试验方法进行。

（三）灭火器的安全可靠性能

第一，密封性能，指灭火器在喷射过程中各连接处的密封性能和长期保存时驱动气体不泄漏的性能。

第二，抗腐蚀性能，指外部表面抗大气腐蚀、内部表面抗灭火剂腐蚀的性能。

第三，热稳定性能，指灭火器采用橡胶、塑料等高分子材料制成的零部件，在高温的影响下，不显著变形、不开裂或无裂纹等现象。

第四，安全性能，包括结构强度、抗振动、抗冲击等性能。结构强度是为确保使用时的安全，抗振动、抗冲击是要求灭火器具有抵抗使用过程中振动、冲击的能力。

第八章　特殊场所防火技术要点

特殊场所是指一些环境、条件相对特殊，容易引起火灾危险的场所。为了保护人民群众和财产安全，对特殊场所的防火工作必须非常重视。特殊场所防火的主要目的是确保建筑物在火灾发生时，能够保证人员的安全疏散和消防人员进行有效的扑救，同时保护建筑物的财产安全。

第一节　易燃、易爆场所防火要求

一、石油库防火要求

（一）石油库的等级划分

石油库属于爆炸和火灾危险性设施，是收发、储存原油、成品油及其他易燃和可燃化学品的独立设施。石油库容量越大，一旦发生火灾造成的损失和危害也越大。石油库的等级划分以油罐计算总容量为标准，划分为六个等级。

等级石油库储罐计算总容量为 Tv（m^3）。

特级：$1\,200\,000 \leqslant Tv（m^3）\leqslant 3\,600\,000$。

一级：$100\,000 \leqslant Tv（m^3）\leqslant 1\,200\,000$。

二级：$30\,000 \leqslant Tv（m^3）\leqslant 100\,000$。

三级：$10\,000 \leqslant Tv（m^3）\leqslant 30\,000$。

四级：$1000 \leqslant Tv（m^3）\leqslant 10\,000$。

五级：$Tv（m^3）\leqslant 1000$。

Tv 不包括零位罐、中继罐和放空罐的容量。

（二）石油库储存油品的火灾危险性

石油库储存油品的火灾危险性主要表现在以下方面：

1. 容易燃烧

石油产品属于有机物质，主要由碳氢化合物组成，具有容易燃烧的特点，因而也就存在很大的火灾危险性。石油产品火灾危险性的大小，主要是以其闪点、燃点、自燃点来衡量的。从消防角度来说，闪燃就是着火的前兆，闪点越低的油品，着火的危险性就越大；反之，则火灾危险性就越小。

2. 容易爆炸

石油产品的蒸汽和空气的混合比例达到一定的浓度范围时，遇火即会爆炸。爆炸上、下限范围越大，下限越低的油品，发生爆炸的危险性越大。

3. 容易蒸发

石油产品尤其是轻质油品具有容易蒸发的特性。汽油在任何气温下都能蒸发，1kg汽油大约可蒸发 $0.4m^3$ 的汽油蒸汽，煤油和柴油在常温常压下蒸发得慢一些，润滑油的蒸发量则比较小。

凡是蒸发较快的油品，其蒸发的油气在空气中的浓度容易超过爆炸下限而形成爆炸性混合物。

4. 容易产生静电

油品是静电荷的不良导体，电阻率较高，一般为 $10^{10}\Omega \cdot m$ 左右，当油品在装卸、灌装、泵送等作业过程中，会沿着管道流动与管壁摩擦和在运输过程中受到振荡与车、船罐壁冲击，都会产生静电，当静电放电时会导致石油产品燃烧爆炸。

5. 容易受热膨胀

石油产品受热后体积膨胀，蒸气压同时升高，若储存于密闭容器中，就会造成容器膨胀，甚至爆裂。有些储油的铁桶出现顶、底鼓凸现象，就是因为受热膨胀所致。当容器内灌入热油冷却时，又会造成油品体积收缩而产生桶内负压，使容器被大气压瘪，这种热胀冷缩现象往往会损坏储油容器，从而增加火灾危险因素。

6. 容易流动扩散

液体都有流动扩散的特性。油品流动扩散的快慢取决于油品本身的黏度，黏度低的油品流动扩散性强，若有渗漏会很快向四周流散。无论是漫流的油品或飘荡在空间的油气，都是属于起火的危险因素。重质油品的黏度虽然很高，但随着温度的升高，其流动扩散性会增大。

7. 容易沸溢喷溅

储存重质油品的油罐着火后，有时会引起油品的沸溢喷溅。燃烧的油品大量外溢，甚至从罐内猛烈喷出，形成巨大的火柱，可高达 70~80m，火柱顺风向喷射距离可达 120m 左右。燃烧的油罐一旦发生"突沸"，不仅会造成扑救人员的大量伤亡，而且由于火场上辐射热大量增加，容易直接延烧邻近油罐，扩大灾情。

油品火灾危险性划分的标准是油品闪点的高低，闪点越低，危险性越大。

（三）石油库的库址选择

1. 石油库的库址，应选在交通方便的地方。以铁路运输为主的石油库，应靠近有条件接轨的地方；以水运为主的石油库，应靠近有条件建设装卸油品码头的地方。

2. 储存原油、汽油、煤油、柴油等大宗油品石油库的库址选择，应考虑产、运、销的关系和国家有关部门制定的油品运输流向。

3. 为城镇服务的商业石油库的库址，在符合城镇环境保护与防火安全要求的条件下，应靠近城镇。

4. 企业附属石油库的库址选择，应结合该企业主体建（构）筑物及设备、设施统一考虑，并应符合城镇或工业区规划、环境保护与防火安全的要求。

5. 石油库的库址应具备良好的地质条件，不得选在有土崩、断层、滑坡、沼泽、流沙及泥石流的地区和地下矿藏开采后有可能塌陷的地区。

6. 一、二、三级石油库的库址，不得选在抗震设防烈度为9度以上的地区。

7. 库区场地应避免洪水、潮水及内涝威胁的地带；当不可避免时，应采取可靠的防洪、排涝措施。当库址选定在靠近江河、湖泊或水库的滨水地段时，库区场地的最低设计标高，应高于设计频率计算最高洪水位0.5m以上。

8. 石油库的库址，应具备满足生产、消防、生活所需的水源和电源的条件，还应具备污水排放的条件。

（四）石油库总平面布置的要求

1. 石油库内的建筑物及构筑物，在符合生产使用和安全防火的要求下，宜合并建造。

2. 石油库内建筑物、构筑物之间的防火距离（油罐与油罐之间的距离除外）不应小于有关规定。

3. 储罐应集中布置。当地形条件允许时，油罐宜布置在比卸油地点低、比灌油地点高的位置，但当油罐区地区标高高于邻近居民点、工业企业或铁路线时，必须采取加固防火堤等防止库内油品外流的安全防护措施。

4. 相邻储罐区储罐之间的防火距离，应符合下列规定：

（1）地上储罐区与覆土立式油罐相邻储罐之间的防火距离不应小于60m；

（2）储存Ⅰ、Ⅱ级毒性液体的储罐与其他储罐区相邻储罐之间的防火距离，不应小于相邻储罐中较大罐直径的1.5倍，且不应小于50m；

（3）其他易燃、可燃液体储罐区相邻储罐之间的防火距离，不应小于相邻储罐中较大罐直径的1.0倍，且不应小于30m。

同一个地上储罐区内,相邻罐组储罐之间的防火距离,应符合下列规定:

(1) 储存甲B、乙类液体的固定顶储罐和浮顶采用易熔材料制作的内浮顶储罐与其他罐组相邻储罐之间的防火距离,不应小于相邻储罐中较大罐直径的1.0倍;

(2) 外浮顶储罐、采用钢制浮顶的内浮顶储罐、储存丙类液体的固定顶储罐与其他罐组储罐之间的防火距离,不应小于相邻储罐中较大罐直径的0.8倍。

5. 铁路装卸区,宜布置在石油库的边缘地带,石油库的专用铁路线,不宜与石油库出入口的道路相交叉。

6. 公路装卸区,应布置在石油库面向公路的一侧,宜设围墙与其他各区隔开,并应设单独出入口,在出入口处应设业务室,出入口外应设停车场。

7. 行政管理区应设围墙(棚)与其他各区隔开,并应设单独对外的出入口。

8. 石油库内道路的设计,应符合下列要求:

(1) 油罐区的周围应设环行消防车道。覆土油罐区、单排布置且单罐容量不大于5000m³的地上储罐和四、五级石油库储罐区可设尽头式消防车道。一级石油库的储罐区和装卸区消防车道的宽度不应小于9m,其中路面宽度不应小于7m;覆土立式油罐和其他级别石油库的储罐区、装卸区消防车道的宽度不应小于6m,其中路面宽度不应小于4m。

(2) 油罐区消防车道与防火堤外堤脚线之间的距离不应小于3m。

(3) 铁路装卸区应设消防车道,并应平行于铁路装卸线,且消防车道宜与库内车道构成环行道路。消防车道与铁路罐车装卸线的距离不应大于80m。

9. 石油库通向公路的车辆出入口(行政管理区和公路装卸区的单独出入口除外),一、二、三级石油库不宜小于两处,覆土油罐区和四、五级石油库可设一处。

10. 石油库应设高度不低于2.5m的实体围墙,企业附属石油库与企业毗邻一侧的围墙高度可不低于1.8m。

11. 石油库除行政管理区外,不应栽植油性大的树种。防火堤内不应植树。在消防车道两侧植树时,株距应满足消防操作的要求。

(五) 桶装液体库房防火要求

1. 当甲B、乙类液体重桶与丙类液体重桶储存在同一栋库房内时,宜采用防火墙隔开。甲B、乙类液体的桶装液体库房,不得建地下或半地下式。

2. 桶装液体库房应对外开门;丙类液体桶装液体库房,可采用靠墙外侧推拉门。建筑面积大于等于100m²的重桶堆放间,门的数量不得少于两个,门宽不应小于2m,并应设置斜坡式门槛,门槛应选用非燃烧材料,且应高出室内地坪0.15m。

3. 桶的堆码应符合下列要求:

(1) 运输桶的主要通道宽度不应小于1.8m,桶垛之间的辅助通道宽度不应小于1.0m,桶垛与墙柱之间的距离不宜小于0.25m。

（2）重桶应立式堆码。机械堆码时，甲B类液体不得超过2层，乙类和丙A类液体不得超过3层，丙B类液体不得超过4层；人工堆桶时，均不得超过2层。

（3）空桶宜卧式堆码。堆码层数宜为3层，但不得超过6层。

（4）单层的桶装液体库房净空高度不得小于3.5m。桶多层堆码时，最上层桶与屋顶构件的净距不得小于1m。

（六）灌油间防火要求

石油库的灌油间一般都是5~6m长，3.3~3.5m高，每12m² 建筑面积安装一副灌油栓。灌装甲、乙类油品的灌油间建筑耐火等级不应低于二级，其他油品的灌油间耐火等级不应低于三级。灌油间内应采用素混凝土地坪，地面应坡向集油沟或集油井，以便收集灌装作业中溢流出来的油品，防止引起意外。

灌装轻质油品和灌装重质油品应分别设置在单独的灌油间内；如果设置在同一座建筑物内时，应用防火墙隔开。

灌油间应通风良好，室内油气浓度不应大于300mg/m³。采用机械通风设备，其每小时换气次数不少于8~12次。通风、照明等电器设备，应符合易燃易爆场所电气设备装置的规定要求，灌油栓应有导除静电的接地装置。

灌油栓口径一般不大于40mm，灌油栓的相互距离为2m以上，栓上阀门安装在1.5m高左右处，横穿灌油间中部的灌油总管应高于地面2m以上。待灌装的空桶与灌装好的重桶应分别从前后进出。

从消防角度看，汽油、煤油、轻柴油等轻质油品，在室内灌装容易积聚油气，有形成爆炸气体的危险，但露天灌装又受雨雪和日晒的影响，故采用半露天性质的灌油棚（亭）为妥。

供对外发油的灌油间，其建筑地坪应不低于1.1m，重桶出口处方向一侧，应设有同灌油间横向长度一样长的汽车停靠站台，其高度也应为1.1m。每个灌油栓之间的距离，应不小于一辆汽车的宽度。

供灌装用的高架计量油罐，应与灌油间无门窗、洞孔的外墙保持一定间距：灌装甲、乙类油品为10m以上，灌装丙类油品为8m以上。应在高架罐周围的地面上设防火堤，高架罐的罐壁与防火堤内坡脚线的水平距离不应小于2m。如润滑油灌油间与润滑油桶装仓库设在一起时，两者之间应设防火分隔墙。

（七）油泵房防火注意事项

油泵房的防火要求如下：

1. 泵房的全部建筑结构，应由耐火材料建造，地面应为混凝土抹灰地坪，门窗应开在泵房两端，门向外开（不能用侧拉门），窗户的自然采光面积不应小于泵房面积的1/6，室内通风良好，空气中油蒸气含量不应大于 300mg/m³。泵房内不得有闷顶夹层，房基不能与泵基连在一起。

2. 泵房的照明灯具，应采用防爆型装置。

3. 输送轻油的泵房如使用内燃机或普通电动机时，应与油泵以耐火极限不小于 1.50 小时的防火墙隔开。连接内燃机、电动机与油泵的传动轴在穿过隔墙时，应设置密封的填料。如果采用防爆型电动机时，可以不设分隔墙，但一切线路和开关等设施必须符合技术规定和防爆要求。

4. 使用内燃机做动力时，内燃机所用的燃油箱，应设置在泵房墙外无门窗的不燃基础上，并且引油管两端均应装设控制阀门，引油管由地面向上引向内燃机。

5. 泵房内禁止安装临时性、不符合要求的设备和敷设临时管道。不得采用皮带传动装置，以免静电引起火灾。

6. 当泵房相邻的附属建筑内布置 10kV 电压以下的变配电设备、计量仪表站、工作人员休息室时，都必须以不燃材料的实体墙同泵房隔开，隔墙只允许穿过与泵房有关的电缆（线）保护套管，穿墙套管洞孔应用不燃材料严密填塞，并没有单独出入门。泵房的门窗与变配电间的门窗之间最短距离不应小于 6m。如限于条件则应设自动关闭装置，窗为不能开启的固定窗。配电间地坪应高于泵房地坪 0.6m。

7. 设有真空系统的泵房，真空罐应设在泵房外面。

8. 泵房内机泵应排列整齐，管线排列有规律。泵与泵、泵与墙之间净距一般为 1m。油泵、阀门、管线不渗不漏，附件仪表齐全，并置备一定数量的应急灭火工具。

（八）石油库的防火管理

1. 建立健全防火安全组织

①成立由油库领导、有关职能部门和技术人员参加的防火领导小组，统一领导油库的防火安全工作，并由防火安全的职能部门具体组织实施。

②根据油库规模大小和消防设施状况，建立专职、义务消防队，同时应与毗邻单位结成联防；与公安消防队密切配合，共同制订灭火作战计划，进行消防技术训练和灭火演习。

③实行分级分区管理。油库的各级管理组织都要确定一名领导人为防火负责人；各工作场所的负责人和具体作业岗位人员，为各该场所、岗位的防火负责人。库内消防、警卫、安全员划分警戒、巡视区域，督促检查各分工场所防火措施的落实。做到油库内的防火安全工作层层、处处、时时有人负责。

2. 开展防火安全教育

①运用各种形式，对职工加强防火安全和遵纪守法、守职尽责的教育，做到开会经常讲，逢年过节重点讲，冬防夏防定期讲，发现隐患及时讲，新进职工专门讲。

②油库环境应有浓厚的防火安全气氛。如：油库大门外设置醒目的"严禁火种入库"的警示牌，库内张贴各种防火安全的警句、标语，作业场所设置的消防设备整齐醒目等。

3. 严格防火安全管理制度

建立健全防火安全规章制度并严格执行，是油库落实各项防火安全措施的重要保证。根据一些地区的经验，油库的防火安全制度主要有以下几种：

①安全责任制度。主要把每个工作人员在业务上、工作上与消防安全管理上的职责、责任明确起来。

②防火防爆制度。主要内容是对各类火种、火源和有散发火花危险的机械设备、作业活动，以及可燃、易燃物品等的控制和管理。

③用火审批制度。主要内容是在非固定点进行明火作业时，必须根据用火场所危险程度大小，以及各级防火责任人规定的批准权限，办理申请和审批。

④安全检查制度。主要内容是对各类储存容器、输油设备、机电装置、安全设施、消防器材等，进行各种日常的、定期的、专业的防火安全检查，并将发现的问题定人、限期落实整改。

⑤其他安全制度。如：外来人员的车辆入库制度，油轮、油驳泊靠制度，临时电线装接制度，夜间值班巡查制度，火险、火警报告制度，安全奖惩制度等。

二、汽车加油站防火要求

（一）汽车加油站对选址的要求

1. 汽车加油站的站址选择，应符合城乡规划、环境保护和防火安全的要求，并应选在交通便利的地方。城市建成区的汽车加油站，宜靠近城市道路，但不宜选在城市干道的交叉路口附近。

2. 加油站汽油设备与站外建（构）筑物的安全间距，不应小于相关规定。

（二）汽车加油站的布局注意事项

1. 汽车加油站的布置，应符合下列要求：

（1）加油站的车辆入口和出口应分开设置。

（2）加油站站内停车位应为平坡，道路坡度不应大于8%，且宜坡向站外。

（3）当油泵房、消防器材间与站房合建时，应单独设门，且应向外开启。

2. 加油站内的爆炸危险区域，不应超出站区围墙和可用地界线。

3. 加油站的停车场及道路设计，应符合下列要求：

（1）停车场内单车道或单车停车位宽度不应小于4m，双车道或双车停车位宽度不应

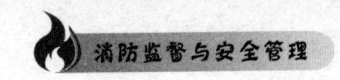

小于6m。

（2）停车场的停车位和道路路面不应采用沥青路面。

4. 加油站内不应建地下和半地下室。

（三）管理室防火要求

1. 管理室应为一、二级耐火等级的单独建筑，如与其他建筑组合建造时，应用防火墙分隔。

2. 管理室的采暖，宜利用城市、小区或邻近单位的热源，当无上述条件时，可在加油站内设置小型热水锅炉采暖。该锅炉应设在单独房间内，锅炉间的门窗不得朝向加油机、卸油口、油罐及呼吸管口，锅炉排烟口应高于屋顶2m，距加油机、卸油口、油罐及呼吸管口的距离不应小于12m，且应安装火星熄灭器，严防火星外逸。

（四）汽车加油站站房与加油岛的防火要求

1. 加油站的站房及其他附属建筑物的耐火等级不应低于二级。

2. 加油岛及汽车加油场地宜设罩棚，罩棚的有效高度不应小于4.5m。

3. 加油岛的设计应符合下列规定：

（1）加油岛应高出停车场地坪0.15~0.2m。

（2）加油岛的宽度不应小于1.2m。

（3）加油岛上的罩棚支柱距加油岛端部不应小于0.6m。

（五）汽车加油站场地防火要求

1. 加油站的四周应设不低于2.2m高的实体围墙；当与周围建筑物防火间距符合要求时，可设非实体围墙或不设围墙。

2. 为了防止油品流出站外，加油站地面应有一定坡度，并应设置隔油池。

3. 加油站房应设有防雷设施。

4. 加油站应配备大型（推车式）和小型（手提式）的泡沫、干粉灭火器，以及石棉布、砂土等灭火器材。

5. 加油站在进行绿化时，其周围宜植阔叶树。

6. 加油站的消防泵房、罩棚、营业室等处均应设事故照明。

（六）加油站的防火管理

1. 操作人员应掌握岗位的操作技术和防火安全规定，做到精心操作，防止油品渗漏、溅洒。

2. 加油站内严禁烟火，并设立醒目的宣传牌，严格用火、用电管理。严禁在加油站内从事可能产生火花的作业，诸如检修车辆、敲击铁器等。

3. 对安全阀、呼吸阀、接地线等，应经常检查、测试，保证安全好用。

4. 严禁携带一切危险物品入站；加油站内严禁闲杂人员随意出入和逗留。客车进站加油时，乘客必须先下车，待加油完毕，车辆驶出站外再上车。

5. 雷击时应停止加油、卸油作业。

三、汽车加气站防火要求

（一）汽车加气站站址选择的要求

1. 三级压缩天然气加气站可与加油站合建。

2. 在城市建成区内不宜建设一级加气站和一级加油加气合建站；在城市中心区不应建一级加气站、一级加油加气合建站、CNG加气母站。

3. 液化石油气储罐的设计压力不应小于1.78MPa。

4. 站址选择应符合下列规定：

（1）站址的选择和分布应符合城乡规划和区域道路交通规划，符合环境保护、安全防火、方便使用的要求。

（2）城市市区内所建的加气站、合建站，应靠近城市交通干道或车辆出入方便的次要干道上。郊区所建的加气站、合建站，宜靠近公路或设在靠近市区的交通出入口附近。

（3）架空电力线路不应跨越加油加气站的加油加气作业区。架空通信线路不应跨越加气站的加气作业区。

（4）天然气加气站（加气母站）和合建站，宜靠近天然气高、中压管道或储配站建设。供气参数应符合天然气压缩机性能要求。新建的加气站（加气母站）和合建站不应影响现用气户与待发展用气户的天然气使用工况。

（二）汽车用液化石油气加气站平面布置的防火要求

1. 加气站、合建站的平面宜按贮存和经营的功能分区布置。

贮存区内应设置液化石油气贮罐、汽车槽车卸车点、泵（或泵房）、压缩机（或压缩机间）和汽油、柴油等燃料贮罐；经营区应由加气区、营业室、仪表和配电间等组成。

2. 液化石油气贮罐和罐区的布置应符合下列规定：

（1）地上贮罐组外围应设置高度为1m的防护堤。贮罐之间的净距不应小于相邻较大罐的直径。

（2）地下或半地下贮罐之间应采用防渗混凝土墙隔开，贮罐之间距离不应小于1m。

3. 加气站、合建站内严禁设置地下和半地下建、构筑物（地下贮罐、操作井和必要的埋地式室外消火栓和消防水泵接合器除外)。

4. 经营区宜布置在站内前沿,且便于车辆出入的地方。

5. 加气站、合建站与站外建筑物相邻的一侧,应建造高度不小于2.2m的不燃烧体实体围墙;面向车辆进、出口道路的一侧宜开敞,也可建造非实体围墙、栅栏。

6. 加气站、合建站内液化石油气贮罐与站内设施的防火间距应符合有关规范的规定。

7. 当地上液化石油气贮罐与站内设施之间设置防火隔墙时,贮罐与设施之间的防火间距可按绕过防火隔墙两端的距离测量值计算。防火隔墙应为具有阻止液化石油气渗透作用的不燃烧实体墙,顶部不得低于贮罐上设置阀件高度。

8. 采用≤10m^{3}的地上液化石油气贮罐整体装配式的加气站,其贮罐与充装泵、卸车点和加气机的防火间距可减少至1.5m,与站房的防火间距可减少至4m。

9. 在合建站内,液化石油气贮罐与汽油、柴油贮罐之间未设置防火隔墙时,不宜将这两类贮罐分为地上、地下方式布置。经设置防火隔墙后,可按地上贮罐防火间距规定执行。

10. 在合建站内,宜将柴油贮罐布置在液化石油气贮罐与汽油贮罐之间。

11. 在合建站内,汽油、柴油贮罐的设置应符合下列规定:

(1) 汽油、柴油贮罐的通气管管口宜布置在液化石油气贮罐和卸车点的上风侧;

(2) 地下汽油、柴油贮罐的操作井口应高出周围地坪至少0.3m,顶盖口应具有一定的防渗漏功能;

(3) 应采用密封式卸油和量油位;

(4) 操作井内应设置液化石油气检漏报警探头。

12. 车辆进、出站口宜分开设置。站区内总图布置应按进站槽车正向行驶设计。

13. 加气站、合建站内的停车场和道路设计应符合下列规定:

(1) 单车道宽度不应小于4m,双车道宽度不应小于6m。

(2) 站内行驶槽车的道路转弯半径不应小于12.0m,一般道路转弯半径不宜小于9.0m。道路坡度不应大于8%,且应坡向站外。在槽车卸车停位处,宜按平坡设计。

(3) 站内场地坪和道路路面不得采用沥青路面;宜采用可行驶重载汽车的水泥路面或不产生火花的路面,其技术要求应符合现行国家有关规定。

14. 一级加气站和一级合建站宜在经营区外设置停车场,其大小视所在位置的充装汽车量和车型确定。

15. 加气站、合建站站房室内地坪标高,应高出周围地坪0.2m以上。

(三) 汽车用压缩天然气加气站平面布置的防火要求

1. 加气站内压缩天然气贮气装置与站内设施的防火间距不应小于有关规范的规定。

2. 三级加气站的站房可附设在压缩机间一侧。一、二级加气站和合建站的站房宜独立设置。

3. 在合建站内宜将柴油贮罐布置在压缩天然气贮气瓶库（或贮气井管）与汽油贮罐之间。

4. 在合建站内，汽油、柴油贮罐的设置应符合下列规定：

（1）应采用地下直埋卧式罐；

（2）汽油、柴油贮罐的通气管管口宜布置在压缩天然气贮存装置和放散管管口的上风侧，距地面不应小于4m，且应比站内天然气放散管管口低1.0m以上；

（3）地下汽油、柴油贮罐的操作井顶盖口应具有一定的防渗漏功能；

（4）应采用密封式卸油和量油位；

（5）操作井内应设置燃气泄漏报警探头。

5. 加气站、合建站内设施之间的防火间距不应小于有关规范的规定。

6. 车辆进、出站口宜分开设置。

7. 加气站、合建站与站外建筑物相邻的一侧，应建造高度不小于2.2m的不燃烧体实体围墙；面向车辆进、出口道路的一侧宜开敞，也可建造非实体围墙、栅栏。

8. 加气站、合建站的停车场和道路设计应符合下列规定：

（1）单车道宽度不应小于4.0m，双车道宽度不应小于6m。

（2）在加气母站、子站内行驶大型装载贮气瓶汽车的道路转弯半径不应小于12.0m，一般道路转弯半径不宜小于9.0m。道路坡度不应大于8%，且应坡向站外。

（3）合建站内场地坪和道路路面不得采用沥青路面。

（四）对汽车加气站灭火设施的要求

1. 加油加气站的LPG设施应设置消防给水系统。加油站、CNG加气站、三级LNG加气站和采用埋地、地下和半地下LNG储罐的各级LNG加气站及合建站，可不设消防给水系统。

2. 加气站应就近利用已建的供水设施；郊区加气站可就近使用地下水或地表水。

3. 加气站的生产、消防和生活用水宜统筹设置，并应按消防用水量确定供水管道和供水能力。

4. 液化石油气加气站消防给水装置应符合下列规定：

（1）加气站及其邻近地区应设有城市消防用水消火栓。消火栓的数量宜按两台设置，三级加气站和二级地下、半地下贮罐的加气站可减至1台。消火栓与地上贮罐的距离宜为30~50m。

（2）在城市市区内所建地上液化石油气贮罐，应单独设置固定喷淋装置，其喷淋用水量不应小于0.15L/（s·m^2）。贮罐固定喷淋装置必须保证喷淋时将贮罐全部覆盖。

5. 加气站内总容积≥50m^{3}或单罐容积>20m^{3}的地上贮罐，在无外来消防水源时，应自建消防水池和泵房。

6. 液化石油气贮罐固定喷淋装置的供水压力不应小于 0.2MPa，水枪的供水压力不小于 0.25MPa。

7. 消防水池的容量应按火灾持续时间 3 小时计算确定。寒冷地区的消防水池应有防冻设施。

8. 液化石油气加气站生产区内的排水应设置水封井，水封井水封高度不小于 0.25m，并应设高度不小于 0.25m 的沉泥段。站内地面雨水可散流排出站外。

9. 压缩天然气加气站内，设置水冷式压缩机系统的水体的压力、水温、水质等应符合有关规定。

10. 加气站的废油水应回收集中处理。

11. 压缩天然气加气站环境温度大于 40℃ 的贮气瓶库，应设固定喷淋冷却装置。喷淋装置的供水强度不应大于 $0.5L/(s·m^2)$ 瓶库支架面积。固定喷淋装置的供水压力不应小于 0.2MPa。

12. 加气站内具有火灾和爆炸危险的建、构筑物应设置灭火器和其他简易消防器材。灭火器的选择、配置数量应符合现行国家标准。

（五）对汽车加气站电气装置的防火要求

1. 加气站供电负荷等级可为三级。各类加气站的供电电源应符合下列规定：

（1）液化石油气加气站宜采用 380/220V 外接电源。

（2）压缩天然气加气站宜采用 6/10kV 外接电源；对采用天然气发动机传动的压缩机加气站，可就近采用 380/220V 外接电源。

（3）设置消防水泵房的加气站，可附设柴油机做备用动力。

2. 加气站内电力装置设计应符合现行国家有关规定。站内按爆炸和火灾危险场所第二级释放源环境设计。

3. 在液化石油气加气站内，所设置的低压配电盘和仪表控制可设在站房内，配电控制间的地面标高应高出室外地面 0.6m。配电控制间与地上贮罐、槽车卸车点和加气机的距离不得小于 6m，与地下、半地下贮罐距离不得小于 4m，与油品贮罐通气管管口、密封式卸油口和加油机的距离不得小于 4m。

4. 加气站内的用电场所爆炸危险区域划分应符合有关规范的规定。

5. 在压缩天然气加气站内所设置的变配电间可设在站房内，变配电间与贮气瓶库、调压器间、压缩机间和加气机的距离不得小于 8m，与贮气井管的距离不得小于 5m，与开敞式的距离不得小于 6m。

6. 低压配电盘、仪表和计算机控制装置可设置在同一房间内，当与压缩机间相邻时，可采用两道有门的墙隔开。当采用一道有门的墙隔开时，两者门、窗（或开敞口）的距离不得小于6m。

7. 加气站内的电力线路应采用电缆，并应直埋敷设。穿越行车道部分，电缆应穿钢管保护。

8. 加气站内具有爆炸危险建筑物、构筑物的防雷等级设计应符合现行国家标准。防雷接地装置的冲击接地电阻值不应大于10Ω。

9. 加气站内的防静电设计应符合下列规定：

（1）静电接地体的接地电阻值不应大于100Ω。

（2）当金属导体与电气设备保护接地有连接时，可不另设专门的静电接地装置。

10. 加气站的下列设备应采取防静电措施：

（1）汽车槽车卸车装卸点应设置静电接地栓。

（2）贮罐、贮气瓶组应设置静电接地卡。

（3）加气机和加气枪应设置静电接地栓。

（4）泵和压缩机的外部金属保护罩应设置接地装置。

（5）在燃气管道的始端、终端、分支处应设置接地卡。

11. 燃气管道的法兰接头、胶管两端（装卸接头与金属管道）间应采用断面不小于 $6mm^2$ 的绞铜线跨接。

12. 加气站至少应设置1台直通外线电话。

13. 加油加气合建站应设置可燃气体检测报警系统。

（六）汽车加气站采暖通风和空调系统的防火要求

1. 加气站的采暖应优先采用城市或邻近单位热源，对无外热源供应的加气站，可采用燃气热水器或电热式水采暖供热。

2. 燃气热水器可设置在站房附属的房间内，与站房其他建筑用房应采用无门窗、洞口的防火墙隔开。燃气热水器应设有可靠的排烟系统和熄火保护等安全装置。

3. 加气站内各类建筑物的采暖室内计算温度应符合下列规定：

（1）营业室和仪表控制间应为16℃~18℃；

（2）泵和压缩机房应为5℃；

（3）消防泵房应为8℃~12℃。

4. 加气站内具有爆炸危险的封闭式建筑物应采取良好的通风设施，并应符合下列规定：

（1）当采用强制通风时，其装置通风能力在工作期间应按每小时换气15次计算，并应与可燃气体浓度报警器连锁；非工作期间应按每小时换气5次计算。

（2）当采用自然通风时，通风口总面积不应小于 $300cm^2$，通风口不应少于两个，且应靠近燃气积聚的部位设置。

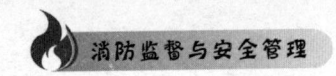

（七）汽车加气站建、构造物的防火防爆要求

1. 加气站内的建筑物应按不低于二级耐火等级设计，其防火防爆等级和采取的泄压措施，应按现行国家标准执行。建筑物的门、窗应向外开，泄压面积与建筑物体积的比值（m^2/m^3）不得低于0.2。

2. 液化石油气贮罐设置在室内时，其建筑物应采用钢筋混凝土柱或钢柱承重的框架或排架结构，钢柱应采用防火保护层，其耐火极限不应低于2.00小时。

3. 液化石油气贮罐的支座应采用钢筋混凝土支座，其耐火极限不应低于5.00小时。

4. 地下、半地下液化石油气贮罐罐池底和侧壁应采用钢筋混凝土等具有防渗漏功能的材料建造。

5. 压缩天然气贮气瓶瓶库间宜采用开敞式钢筋混凝土框架结构或钢结构。开敞面应设置防冲撞钢栏杆，顶棚应隔热、防雨，并采用不燃烧轻质材料制作。

6. 贮气瓶瓶库间与压缩机间、调压器间相邻时，应用钢筋混凝土防爆墙隔开。

7. 天然气压缩机间宜为单层框架建筑，净高不宜低于4.0m，屋面宜为不燃材料的轻型结构。

8. 在液化石油气加气站内，具有爆炸危险建筑物的室内地面应采用不会产生火花的材料。

9. 加气站内禁止种植树木和易造成燃气积存的植物。经营区前沿和侧边可植草坪、花坛。贮存区围墙10m以外，经营区围墙2m以外可种植乔木。

四、液化气供应站防火要求

（一）液化石油气的火灾危险性

1. 易燃烧

液化石油气具有较低的闪点和燃点，它的闪点在-60℃以下，也就是说，在-60℃时，它也能挥发成气体。因此在常温情况下，泄漏的液化石油气极易和空气混合而形成爆炸性混合物。

2. 易爆炸

这主要表现在液化石油气的爆炸下限较低。液化石油气泄漏以后，由液态变为气态，它的体积将扩大250~300倍，当液化石油气在空气中的比例达到爆炸下限（1.5%）时，遇火源即可爆炸。由于液化石油气的爆炸下限很低，因此，很容易和空气形成爆炸性混合物。

3. 易挥发

液化石油气很易挥发，一旦流出，在常温下很快变为气体。

4. 密度大

液化石油气的密度比空气重1.5倍，所以，它泄漏后，易向低洼处流散，停留在沟道、墙角处，很容易接触地面上的火源发生火灾。

（二）液化石油气储配站站址选择的要求

储配站属于甲类火灾危险性企业，一般选在距城市较远的郊区为宜，不得建在城市居民稠密区。为了不远离居民区、减少常年运行费用，储配站站址与供应站之间的平均运距不宜超过10km。宜选在城市全年最小频率风向的上风侧，且应是地势平坦、开阔、不易积存液化石油气的地段，应远离名胜古迹、游览地区、大型公共建筑和电台、导航站等重要设施。

站址的场地必须满足运瓶车、汽车槽车（或火车槽车）和消防车的通行和回车需要。站址内不应有人防和地下通道，不得留有能窝气形成爆炸隐患的井、坑、穴等。站址应避免选在断层、滑坡、泥石流、岩溶、泥沼等不良地质地段，应避开断裂带、古河道等易受灾害的地段，站址与居民区、城镇、重要公共建筑及站外设施的防火间距应符合有关要求。

（三）液化石油气供应站站址选择的要求

瓶装供应站的站址，宜选择在供应区域的中心，以便于居民换气，不得靠近影剧院、百货商场等人员聚集的公共场所，应远离重要物资仓库和通信、交通枢纽等重要设施。

气化站和混气站的站址，宜选择在供气对象所在地区常年主导风向的下风侧。

（四）液化石油气储配站防火要求

1. 总平面分区布置

总平面布置应分为生产区（包括储罐区和灌装区）和辅助区。整个生产区为甲类危险区，因此，生产区与辅助生产区之间应用围墙分开，并设出入口及门卫，便于安全管理。

生产区包括罐区、灌装区、槽车库等。辅助生产区包括水泵房、变配电、锅炉房、机修、角阀、钢瓶修理、空压机房及监控室、材料库等。生活区包括办公、食堂、汽车库、单身宿舍、浴室、医务院、传达室等。

2. 分区布置要求

罐区、灌装区和辅助区宜呈一字形排列，灌装区居中。这样便于工作联系，也便于操作和生产管理。

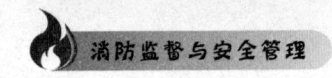

3. 其他要求

①生产区的场地应平整，严禁设置地下或半地下建筑物。

②储配厂（站）应有良好的排水设施，应考虑当地的最大降雨量、站内的消防用水等的排放，站内雨水排放宜采取自然排泄方式。

（五）液化石油气供应站防火要求

1. 供应站

①Ⅰ、Ⅱ级瓶装液化石油气供应站瓶库与站外建筑物或道路之间的防火间距，不应小于相关规定。瓶装液化石油气供应站的分级及总存瓶容积不大于$1m^3$的瓶装供应站瓶库的设置，应符合现行国家规定。

②有便于运瓶汽车出入的道路。

③站内气瓶库与其他建筑物的总平面布置，要求为瓶库与生活用房的防火间距不应小于10m，与修理间不能毗连，管理室（或营业室）可与空瓶库毗连，但应采用防火墙隔开。

④气瓶库建筑物的耐火等级，不应低于二级；门窗应向外开，且宜采用木质门窗；采用金属门窗时，应有防止产生火花的措施。地面应采用不产生火花的材料。

⑤站的四周应设不燃烧体实体围墙。

2. 气化站和混气站

①站内储罐与站内外建（构）筑物或道路的防火间距不应小于相关规定。

②有便于汽车出入的道路。距城市上、下水通道和电源较近。

③站区周围应设不燃烧体实体围墙，其高度应不小于2m。

④储罐设置在建筑物内，与气化间、混气间、调压间毗连时，应用防火墙隔开。储罐露天布置时，地上或地下储罐与气化间、混气间、调压间的距离应不小于10m。

⑤储罐设置在建筑物内时，储罐之间及储罐与墙之间的净距，均不应小于相邻较大储罐的半径。储罐应设消防喷淋设施。

⑥气化站与混气站的槽车装卸台（柱），附设在气化间、混气间的山墙一侧时，山墙必须是防火墙，其距离门窗的水平距离不小于6m。

⑦储罐间、气化间、混气间、调压间、燃气热水炉间建筑的耐火等级不应低于二级。

⑧工厂企业内气化站、混气站的储罐设在独立的建筑物内，且总容积不大于$10m^3$时，储罐室外墙与相邻厂房外墙之间的防火间距不应小于相关规定。

⑨混气站的混合气低压湿式储罐之间的防火间距，不应小于相邻较大罐的半径。湿式罐与干式压力罐之间的防火距离，亦应不小于较大罐的半径。

（六）液化石油气灌瓶间防火要求

灌瓶车间的一般防火安全要求如下：

1. 建筑物为甲类火灾危险性防爆建筑，耐火等级不应低于二级。
2. 封闭式灌瓶车间应有防爆泄压措施，在非采暖地区可建开敞或半开敞式灌瓶车间。
3. 门窗应向外开启，采用金属门窗时，应有防止产生火花的措施。
4. 非开敞式灌瓶车间，应通风良好，在工作期间，每小时换气不小于10次；非工作期间，每小时换气不小于3次。
5. 灌瓶车间内应有消防喷淋设施，并设干粉灭火器。
6. 灌瓶车间与瓶库在同一建筑内时，应用防火墙隔开，并各自有出入口。
7. 灌瓶车间建筑应采用钢筋混凝土柱、框架或排架结构。设有钢柱时，应做防火保护层。
8. 地面应采用不产生火花的材料。

（七）液化石油气储配站、供应站的防火

1. 建立健全一套完整的消防管理制度，经常检查贯彻落实情况，及时纠正违章。
2. 站区应设有醒目的"严禁烟火"等警示牌，不准带火柴、打火机和穿铁钉的鞋子进入生产区。
3. 进入生产区的汽车排气管出口必须装火星熄灭器，严禁拖拉机进入。
4. 操作和维修应采用不发火工具，严禁将钢瓶滚、撞、拖，操作人员不准穿戴化纤衣物。
5. 检修须动火作业时，应先制订方案，报主管领导批准后方可进行。
6. 不准无关外来人员进入生产区。消防通道要保持畅通。
7. 不准乱拉接电线，严禁超负荷使用电气，做好防静电、防雷设施的检查，保证有良好接地。
8. 消防器材要保持清洁好用，水源要充足，做好防漏气准备，夜间要有人值班。

第二节　民用、工业建筑防火要求

一、古建筑物防火要求

（一）古建筑的火灾危险性

1. 火灾荷载大

古建筑以木构架为主要结构形式，大量采用木材，因而具备了容易发生火灾的物质基

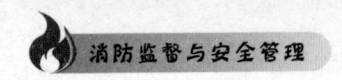

础，使古建筑具有比较大的火灾危险性。

2. 具有良好的燃烧条件

木材是传播火焰的媒介，古建筑中的各种木材构件，具有特别良好的燃烧和传播火焰的条件。古建筑起火后，犹如架满了干柴的炉膛，熊熊燃烧，难以控制，直到烧完为止。

3. 容易出现"火烧连营"

我国的古建筑都是以各式各样的单体建筑为基础，组成各种庭院，大型的建筑又以庭院为单元，组成庞大的建筑群体。从消防的观点来看，这种布局方式潜伏着极大的火灾危险。所有的古建筑，几乎都缺少防火分隔和安全空间。如果其中一处起火，一时得不到有效的扑救，毗连的木结构建筑，很快就会出现大面积的燃烧，形成"火烧连营"的局面。

4. 消防施救困难重重

由于我国的古建筑分布全国各地，且大多远离城镇，普遍缺乏自救的能力，既没有足够的训练有素的人员，也没有具有一定威力的灭火设备。加之水源缺乏、通道障碍、扑救条件差等原因，使得古建筑发生火灾时往往损失惨重。

5. 使用管理问题较多

古建筑使用、管理方面，存在不少火灾危险因素，直接或间接地威胁和影响着古建筑的安全。这些火灾危险因素主要是：古建筑用途不当，未能得到很好的保护而隐患重重；周围环境不良，受到外来火灾的威胁；火源、电源管理不善，隐患多；消防器材短缺，装备落后，加上水源缺乏，不少古建筑单位没有自救能力；在管理体制和领导思想方面也存在问题。

（二）古建筑的火灾原因

引起古建筑火灾的直接原因有以下方面：

1. 生活用火不慎引起火灾。生活用火主要指炊煮、取暖用火和照明灯火，有两种情况：一是居住在古建筑内的其他人员用火不慎所引起的；二是同古建筑毗连的居民、商店等用火不慎，殃及古建筑。

2. 电气线路和电器设备安装、使用不当引起火灾。这是古建筑面临的一个新问题，主要有三种情况：一是电线陈旧、绝缘损坏或安装不符合安全要求，引起短路起火；二是电器设备不良或使用时间过长，以致温升过高引起火灾；三是灯泡尤其是大功率灯泡紧靠可燃物，长时间烘烤而起火。

3. 烟头引起火灾。

4. 小孩玩火引起火灾。

5. 烧香焚纸、点烛燃灯引起火灾。

6. 雷击引起火灾。

7. 违反安全规定引起火灾。违反安全规定主要指利用古建筑进行生产违章作业造成火灾。

（三）古建筑单位的防火措施

1. 古建筑单位应建立消防安全领导小组或消防安全委员会，定期检查，督促所属单位的消防安全工作。

2. 单位及其所属各部门都要确定一名主要行政领导为防火负责人，负责单位和部门的消防安全工作，认真贯彻和执行有关消防法规等。

3. 确定专职、兼职防火干部，负责单位的日常消防安全管理工作。

4. 建立各项消防安全制度。如：消防安全管理制度，逐级防火责任制度，用火、用电管理制度和用火、用电审批制度，逐级防火检查制度，消防设施、器材管理和检查维修保养制度，重点部位和重点工种人员的管理和教育制度，火灾事故报告、调查、处理制度，值班巡逻检查制度等。

5. 建立防火档案。将古建筑和管理使用的基本情况，各级防火责任人名单，消防组织状况，各种消防安全制度贯彻执行情况，历次防火安全检查的情况（包括自查、上级主管部门和消防监督部门的检查），火险隐患整改的情况，火灾事故的原因、损失、处理情况等一一详细记录在案。

6. 组织职工加强学习文物古建筑消防保护的法规，学习消防安全知识，不断提高群众主动搞好古建筑消防安全的自觉性。

7. 建立义务消防组织，定期进行训练，每个义务消防队员要做到会防火安全检查、会宣传消防知识、会报火警、会扑救初起火灾、会保养维护消防器材。应建立微型消防站，及时扑灭和控制初起火灾。

8. 古建筑单位都要制订灭火应急方案，并要配合当地公安消防队共同组织演习。

（四）利用古建筑拍摄影视、组织庙会时的防火管理

利用古建筑拍摄电影、电视和组织庙会、展览时，应做好以下防火管理工作：

第一，利用古建筑拍摄电影、电视和组织庙会、展览会等活动，主办单位必须事前公布活动的时间、范围、方式、安全措施、负责人等，详细向公安消防管理部门和文化管理部门提出申请报告，经审查批准，方可进行活动。

第二，古建筑的使用和管理单位不得随意向未经公安消防部门和文物管理部门批准的单位提供拍摄电影、电视或举办展览会等活动的场地和文化资料。

第三，获准使用古建筑拍摄电影、电视或举办展览会活动的单位必须做到以下几点：

首先，必须贯彻"谁主管、谁负责"的原则，严格遵守文物建筑管理使用单位的各项消防安全制度，负责抓好现场消防安全工作，保护好文物古建筑。

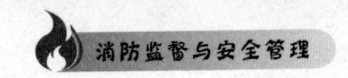

其次，严格按批准的计划进行活动，不得随意增加活动项目和扩大范围。

最后，根据活动范围，配置足够适用的消防器材。古建筑的使用和管理单位要组织专门力量在现场值班，巡逻检查。

（五）对古建筑改善防火条件、创造安全环境的要求

1. 凡是列为古建筑的，除建立博物馆、保管所，或辟为参观游览的场所外，不得用来开设饭店、餐厅、茶馆、旅馆、招待所和生产车间、物资仓库、办公机关及职工宿舍、居民住宅等，已经占用的，有关部门须按国家规定，采取果断措施，限期搬迁。

2. 在古建筑范围内，禁止堆放柴草、木料等可燃物品，严禁储存易燃易爆化学危险物品，已经堆放、储存的，须立即搬迁。

3. 在古建筑范围内，禁止搭建临时易燃建筑，包括在殿堂内利用可燃材料进行分隔等，以避免破坏原有的防火间距和分隔，已经搭建的，必须坚决拆除。

4. 在古建筑外围，凡与古建筑毗连的易燃棚屋，必须拆除；有从事危及古建筑安全的易燃易爆物品生产或储存的单位，有关部门应协助采取消除危险的措施，必要时应予以关、停、并、转。

5. 坐落在森林区域的古建筑，周围应开设宽度为30~35m的防火线，以免在森林发生火灾时危及古建筑。在郊野的古建筑，即使没有森林，在秋冬枯草季节，也应将周围30m以内的枯草清除干净，以免野火蔓延。

6. 对一些重要古建筑的木构件部分，特别是闷顶内的梁架等，应喷涂防火涂料以增加耐火性能。在修缮古建筑时，应对木构件进行防火处理。

7. 古建筑内由各种棉、麻、丝、毛纺织品制作的饰物，特别是寺院、道观内悬挂的帐幔、幡幢、伞盖等，应用阻燃剂进行防火处理。

8. 一些规模较大的古建筑群，应考虑在不破坏原有格局的情况下，适当设置防火墙、防火门进行防火分隔，使某一处失火时，不致很快蔓延到另一处。

（六）对古建筑应完善的防火设施

1. 开辟消防通道

①凡消防车无法到达的重要古建筑，除在山顶外，都应开辟消防通道，以便在发生火灾时，消防车能迅速赶赴施救。

②对古建筑群，应在不破坏原布局的情况下，开辟消防通道。消防通道最好形成环形。如果不能形成环形车道，其尽头应设回车道或面积不小于12m×12m的回车场。供大型消防车使用的回车场，其面积应不小于15m×15m。车道下面的管道和暗沟应能承受大型消防车的压力。

2. 改善消防供水

①在城市间的古建筑，应利用市政供水管网，在每座殿堂、庭院内安装室外消火栓，有的还应加设水泵接合器。每个消火栓的供水量应按 10～15L/s 计算，要求能保证供应一辆消防车上两支喷嘴为 19mm 的水枪同时出水的量，消火栓采用环形管网布置，设两个进水口。

②规模大的古建筑群，应设立消防泵站，以便补水加压；体积大于 3000m^3 的古建筑，应考虑安装室内消火栓。

③在设有消火栓的地方，必须配置消防附件器材箱，箱内备有水带、水枪等附件，以便在发生火灾时充分发挥消防管网出水快的优点。

④对郊野、山区中的古建筑，以及消防供水管网不能满足消防用水的古建筑，应修建消防水池，储水量应满足扑灭一次火灾，持续时间不少于 3 小时的用水量。在通消防车的地方，水池周围应有消防车道，并有供消防车回旋停靠的余地，停消防车的地坪与水面距离，一般不大于 4m。在寒冷地区，水池还应采取防冻措施。

⑤在有河、湖等天然水源可以利用的地方的古建筑，应修建消防码头，供消防车停靠汲水；在消防车不能到达的地方，应设固定或移动消防泵取水。

⑥在消防器材短缺的地方，为了能及时就近取水扑灭初起火灾，须备有水缸、水桶等灭火器材。

3. 采用先进的消防技术设施

凡属国家级重点文物保护单位的古建筑，须采用先进的消防技术设施。

①安装火灾自动报警系统。根据古建筑的实际情况，选择火灾探测器种类与安装方式。

②重要的砖木结构和木结构的古建筑内，应安装闭式自动喷水灭火系统。在建筑物周围容易蔓延火灾的场合，设置固定或移动式水幕。

为了不影响古建筑的结构和外观，自动喷水的水管和喷头，可安装在天花板的梁架部位和斗拱屋檐部位。

为了防止误动作或冬季冰冻，自动喷水灭火装置应采用预作用的形式。

③在重点古建筑内存放或陈列忌水文物的地方，应安装七氟丙烷或二氧化碳灭火系统。

④安装上述自动报警和自动灭火系统的古建筑，应设置消防控制中心，对整个自动报警、自动灭火系统实行集中控制与管理。

4. 配置灭火器

为确保一旦出现火情时，能及时有效地把火灾扑灭在初起阶段，可根据实际情况，参照有关标准，配置灭火器。

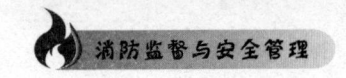

(七) 对古建筑生活和维修用火的管理

1. 在古建筑内严禁使用液化石油气和安装燃气管道。
2. 炊煮用火的炉灶烟囱，必须符合防火安全要求。
3. 冬季必须取暖的地方，取暖用火的设置应经单位有关人员检查后确定地点，指定专人负责。
4. 供游人参观和举行活动的地方，应禁止吸烟，并设有明显的标志。工作人员如吸烟，应划定指定区域，烟头、火柴梗必须熄灭后丢在烟缸里，禁止随手乱扔。
5. 如因维修需要，临时使用焊接、切割设备的，须经单位领导批准，指定专人负责，落实安全措施。

(八) 对古建筑用电的管理

1. 凡列为重点保护的古建筑，除砖、石结构外，国家有关部门明确规定，一般不准安装电灯和其他电器设备。如必须安装使用，须由正式电工负责安装维修，严格执行电气安装使用规程。
2. 古建筑内的电气线路，应一律采用铜芯绝缘导线，并用金属管或阻燃管穿管敷设。不得将电线直接敷设在梁、柱等可燃构件上，严禁乱拉乱接电线。
3. 配线方式一般应以一座殿堂为一个单独的分支回路，独立设置控制开关，以便在人员离开时切断电源；并安装熔断器，作为过载保护；控制开关、熔断器均应安装在专用的配电箱内。
4. 在重点保护的古建筑内，不宜采用大功率的照明灯泡，禁止使用表面温度很高的碘钨灯之类的电光源和电暖器等电加热器，灯具和灯泡不得靠近可燃物。

(九) 在古建筑修缮过程中应注意的防火事项

在古建筑修缮过程中防火工作应特别注意以下几点：

1. 修缮工程较大时，古建筑的使用管理单位和施工单位应遵照相关规定，落实消防安全措施、现场组织制度、防火负责人、逐级防火责任制。
2. 工地消防安全领导组织、义务消防队、值班逻辑、各项消防安全制度，以及配置足够的消防器材等消防安全措施都必须落到实处。
3. 在古建筑内和脚手架上，不准进行焊接、切割作业。如必须进行焊接、切割时，必须按规定要求执行。
4. 电刨、电锯、电砂轮不准设在古建筑内；木工加工点，熬炼桐油、沥青等明火作业，要设在远离古建筑的安全地方。
5. 修缮用的木材等可燃烧物料不得堆放在古建筑内，也不能靠近重点古建筑堆放；

油漆工的料具房，应选择在远离古建筑的地方单独设置；施工现场使用的油漆涂料，不得超过当天的使用量。

6. 贴金时要将作业点的下部封严，地面能浇湿的，要洒水浇湿，防止纸片乱飞遇到明火燃烧。

7. 支搭的脚手架要考虑防雷，在建筑的四个角和个边的脚手架上安装数根避雷针，并直接与接地装置相连，确保能保护施工场所全部面积，避雷针至少要高出脚手架顶端 30cm。

二、医院防火要求

（一）医院的火灾危险性

医院通常分为综合医院和专科医院两大类。各类医院在诊断、治疗过程中，使用多种易燃易爆化学危险物品、各种医疗和电器设备，以及其他明火；由于医院里门诊和住院的病人较多，且多行动困难，兼有大批照料和探视病人的家属、亲友，人员的流动量很大；此外，一些大中型医院的建筑又属于高层建筑，万一失火容易造成伤亡和重大的经济损失。

（二）医院的一般防火要求

1. 医院建筑

①新建的大、中型医院建筑的耐火等级不应低于一、二级；小型医院不应低于三级。

②在建筑布局上，医院的职工宿舍和食堂，应同病房分开。

③在原有砖木结构的房屋内，设置安装贵重医疗器械，必须采取防火分隔措施，同其他部位分开。

④根据病员自身活动能力差、在紧急疏散时需要他人协助这一特点，医院的楼梯、通道等安全疏散设施必须严格按照规范设置，在楼梯、通道上不得堆放物品，须保持畅通，以便在发生火灾时抢救和疏散人员。

2. 电器设备和消防设施的配置要求

①安装电器设备必须由正式电工按规范要求合理安装，电工应定期对电器设备、开关、线路等进行检查，凡不符合安全要求的要及时维修或更换，不准乱拉临时电线。

②治疗用的红外线、频谱仪等电加热器械，不可靠近窗帘、被褥等可燃物，并应有专人负责管理，用后切断电源确保安全。

③医院的放射科，病理科，手术室，药库，药房，变、配电室等部门，均应配备相应的灭火器。

④高层医院须安装自动报警、灭火系统、防排烟设备，以及防火门、防火卷帘、消火栓等防火和灭火设施，以加强自防自救的能力。

3. 明火管理的要求

①医院内要严格控制火种，病房、门诊室、检查治疗室、药房等处均禁止吸烟。

②取暖用的火炉应统一定点，指定专人负责管理。火炉、烟管的设置必须符合安全要求。

③处理污染的药棉、绷带及术后的遗弃物等，须选择安全地点设置，专人管理，及时处理。

④医院的太平间应加强防火管理，死亡病人换下的衣物要及时清理，不可堆积在太平间；病人家属烧纸悼念亡人的风俗，要加强宣传教育工作，严加劝阻。

（三）放射科防火要求

放射科是医院利用 X 射线等诊断和治疗疾病的部门，防火的重点为 X 线机室和胶片室。

1. X 线机室防火要求

①X 线机室除了保证安装机器所需的面积外，还必须有足够的余地，做到宽敞、通风良好，以保证正常工作和机器的散热。

②中型以上的诊断用 X 线机，应设置一个专用的电源变压器。

③X 线机及其设备部件应有良好的接地装置。

④控制台是控制调整 X 线机各部分电路、附属电路的总枢纽，其电路甚为复杂，日常维护很重要。控制台应置于空气流通、整洁、干燥的场所，切忌潮湿、洒水、高温和日光曝晒。应定期对内部进行检查除尘。

⑤组合机头的 X 线管，一般功率都较小，而且箱体小、油量少、散热力不强，故在使用中必须严格遵守 X 线管的使用规程，经常注意机头的散热情况。

⑥高压发生器及机头均装有绝缘油，一般不应随意打开观察窗口和拧松四周的固定螺丝，以防止油液长时间暴露于空气中吸潮或落入灰尘。

⑦在工作中要经常察听高压发生器或机头是否有异常的声音，如有吱吱或啪啪的放电声，应立即停止使用，待找出原因处理好后再用。下班时必须切断一切电源。消毒和清洗污物使用的酒精、汽油等易燃液体，室内存放量均不得超过 500mL，并要有专人负责、专柜保管。用乙酰清洗机器和电器设备时，必须打开门窗进行通风，并禁止使用明火，防止其他火花的产生。

2. 胶片室防火要求

①胶片室应独立设置，室内要阴凉、通风，理想的室温为 0℃～10℃，最高不得超过

30℃。夏季必须采取降温措施。

②胶片室是专门储存胶片的地方，不得存放其他易燃物品；除照明用电以外，室内不得安装、使用其他电气设备。

③陈旧的硝酸纤维胶片容易发生霉变分解自燃，应经常检查，其中不必要的，尽量清除处理；必须保存的，应擦拭干净存放在铁箱中，同其他胶片分开存放。

④胶片必须放在纸袋里储存，这不仅是为了保护胶片，更重要的是防止胶片相互摩擦，产生静电；存放胶片的纸袋，应放在铁橱或特制的木架上，分层竖放，不宜过紧，不得重叠平放。

⑤室内严禁吸烟，下班时应切断电源。

(四) 手术室防火要求

手术室内一般有手术台、麻醉台、麻醉机、氧气瓶、药物敷料橱、输液架、吸引器等设备。

手术室内的火灾危险性，主要同使用易燃易爆的麻醉剂有关。其防火要求包括以下几点：

1. 手术室内应有良好的通风设备，排风不得再循环。由于乙醚蒸气比空气重，大多沉于地面，经久不散，因此排风口应设在手术室的下部。在病人施行乙醚麻醉的部位，安装吸风管，实行局部吸风，可大大减少乙醚蒸气。

2. 控制易燃物。麻醉设备要完好，操作要谨慎，防止乙醚与氧的混合气体大量漏逸；用过的乙醚、酒精等要随时放入有盖的容器内；在手术室内不得使用盆装酒精泡手消毒，如果手术师必须这样做，应在与手术室分开的房间内进行。手术室内使用的易燃药品，应随用随领，不得储存。

3. 手术室内禁止使用电炉、酒精灯等明火。电源系统、动力系统的电源设备必须绝缘良好，防止短路产生火花。

4. 应有效地消除静电。应采用特制的导电软管，或在乙醚的导管内或导管外加设一条导线与麻醉机连通；麻醉机和手术床接上一条多股金属软线与大地连通；在麻醉师和医务人员的脚下，应铺接地的铜板或金属网，并穿能导电的拖鞋，不得穿塑料垫的鞋，以消除机械设备和人体上的静电。所使用的床单、敷料等都应是纯棉织品，所有人员不准穿涤纶类合成纤维衣服进手术室。

5. 在使用易燃性麻醉药的过程中，禁止使用电灼、电凝器、激光刀；凡须使用心电图、除颤器、内窥镜等带电仪器进行的各项检查工作，均应在术前做好。

6. 手术室内非防爆型的开关、插头，应在施行麻醉前合上、插好。必须等手术完毕、乙醚蒸气排除干净后，方可切断或拔去插头，以防发生爆炸。

7. 手术室内应备有二氧化碳等清洁灭火器。

（五）生化检验和实验室防火要求

从防火角度看来，医院里的实验室与生化检验室的情况差不多，工作都是实验室操作，都免不了用化学试剂，一些通用设备（烘箱等）也大致相同。这些部门的主要防火要求如下：

1. 平面布置防火要求

①生化检验室或实验室使用的醇、醚、苯、叠氮钠、苦味酸等都是易燃易爆的危险品。因此，这些实验室应布置在医院的一侧，门应设在靠外侧处，以便发生事故时能迅速疏散和施救。生化检验室和实验室不宜设在门诊病人密集的地区，也不宜设在医院主要通道口、锅炉房、药库、X线胶片室、液化石油气储藏室等附近。

②房间内部的平面布置要合理。试剂橱应放在人员进出和操作时不易靠近的室内角；电烘箱、高速离心机等设备应设在远离试剂的另外一角。同时，应注意自然通风的风向和日光的影响。试剂橱应设在实验室的阴凉地方，不宜靠近南窗，以免阳光直射。

③实验室必须通风良好，相对两侧都应有窗户，最好使自然通风在室内成稳定的平流，减少死角，使操作时逸散的有毒、易燃物质能及时排出。还应考虑到使室内排出的气体不致流进病房、观察室、候诊室等人员密集的房间里。

2. 试剂储存与保管的防火要求

①乙醇、甲醇、丙酮、苯等易燃液体应放在试剂橱的底层阴凉处，以防容器渗漏时液体流下，与下面试剂作用而发生危险。高锰酸钾、重铬酸钾等酸钾等氧化剂与易燃有机物必须隔离储存，不得混放。乙醚等遇日光易爆的过氧化物，这类试剂应避光储藏。

②开启后未用完的乙醚，不能放在普通冰箱内储存。因挥发的乙醚蒸气，遇到冰箱内电火花会发生爆炸。

③广泛用作防腐剂的叠氮钠虽较叠氮铅等稳定，但仍属起爆药类，有爆炸危险，并有剧毒，必须小心。应将包装完好的叠氮钠放置在黄沙桶内，专柜保管，储藏处力求平稳防震，双人双锁。苦味酸易爆，应先配成溶液后存放，并避免触及金属，以免形成敏感度更高的苦味酸盐。凡是沾有叠氮钠或苦味酸的一切物件均应彻底清洗，不得随便乱丢。

④试剂标签必须齐全清楚，可在标签上涂蜡保护，万一标签脱落，应即取出，未经确认，不得使用，以防弄错后发生异常反应而引起危险。

⑤试剂应有人专门负责保管，定期检查清理。

⑥如乙醇等用量大时，就不能将其作试剂看待，不得与试剂放在一起，最好不要储存在实验室内，应另外存放、随用随取。有的医院使用液化石油气或丙烷作燃料，应将它们分室储存，可用金属管道输入室内使用。

3. 其他防火要求

①容易分解的试剂或强氧化剂（如过氯酸）在加热时易爆炸或冲料，务必小心，最好

在通风橱内操作。

②每次实验操作完毕后，应将易燃、剧毒品立即归回原处，入橱保存，不得在实验台上存放。

③实验室内电气设备，应合格安装并定期检查，防止漏电、短路、过负荷等不正常情况。

④一切烘箱等发热体不得直接放在木台上，烘箱的铁皮架与木台之间应有砖块、石棉板等隔热材料垫衬。

（六）病理室防火要求

医院病理科的主要任务是，把病人身上取下的组织制成切片（亦称镜片），在显微镜下观察，根据观察结果为临床医生提供诊断依据。在制作切片过程中始终有易燃液体存在，而在烘干阶段，其蒸汽不断挥发出来，一旦与明火接触，往往引起火灾；更为严重的是将影响病情诊断，因病体组织不是随便可以从病人身上取到的。因此要特别注意防火安全工作。

病理实验室的防火要求，除参照前述的生化检验、实验室的有关要求外，还应注意以下三点：

第一，制作切片过程中的所有烘干工序都应在真空烘箱中进行，不宜使用电热烘箱，以免易燃液体蒸汽与空气形成爆炸性混合物，遇电热丝明火引起爆炸。

第二，使用易燃液体的每项操作都应在橱内进行。

第三，沾有溶剂或石蜡的物品，应集中处理，不得任意乱放或与火源接触。

（七）药库防火要求

药库指的是医院的附属药品仓库。在药库里，一般还储有危险品，例如，乙醚、苯、丙酮、石油醚、甲醇、乙醇、松节油、高锰酸钾、过氧化氢、苦味酸、叠氮钠等。一般大医院的药库储藏数量比较大，品种也多。应根据库存的规模和药品的品种决定药库的防火要求。

1. 位置选择

药库应设在医院一角或与四周建筑不相毗连的独立建筑内，不得与门诊部、病房等病员密集的地方毗连，不得靠近 X 线胶片室、手术室、锅炉房。

2. 建筑要求

药库最好为一、二级耐火等级的建筑。若耐火等级低于三级时，易燃药品或含有较多易燃品的药品，应分别放在用不燃材料砌成的药品货架（如水泥架）中。当乙醚、苯、二甲苯等危险品的库房储存总量小于 5kg 时，可以按上述方法设架存放；若大于 5kg，则应存放于一、二级耐火等级的库房内。

地下室做药库时，可储藏片剂、针剂、油膏、水剂等不燃或不挥发易燃蒸气的药品，不宜储存乙醚、乙醇、二甲苯等易燃品。

3. 储存要求

①不燃的药品或不含易燃、易爆、氧化等物质的药品与乙醇、丙酮、甲醇、乙醚、高锰酸钾等危险药品不得混放，应分间储藏，至少也应分隔储藏。

②苦味酸、叠氮钠、大量的硝酸甘油片剂、亚硝异戊酸等药品，应单独存放，如能另设危险品仓库，与药库分开则更好，叠氮钠应储存在沙盘内。

③高锰酸钾、过氧化氢等氧化剂不得与其他药品混放。前两者与过氧化氢也应分开存放。

④乙醚应避光储存，以免受日光照射后产生过氧化物，储存温度不得超过28℃，夏天应将乙醚储于冰库中。

⑤中草药库中如存放大量中草药时，应定期翻堆散热，以防自燃。

（八）药房防火要求

药房是医院向门诊病人和病房直接供药的部门。它的主要防火要求是：

1. 含醇量高的酊剂等的大包装存量不宜超过2日量。乙醇、乙醚等易燃液体以1日量为宜，不宜过多。

2. 乙醇等易燃液体，以500mL的瓶装为宜。一般医院药房内乙醇等易燃液体的总存放量不得超过5kg，否则应另室存放。

3. 配方配出高锰酸钾等氧化剂时，应该用玻璃瓶包装，不得用纸袋包装，并不得与其他药品配伍或混放，以免自燃。

4. 药品的化学性质互相抵触或互相作用后增加燃烧爆炸危险的，如：氧化剂与还原剂、氧化剂与易燃有机物、苦味酸与金属盐类等均属配伍禁忌。因为它们之间能互相作用产生高热而引起燃烧，或者生成敏感度更高的苦味酸盐而发生爆炸。遇到这类处方，不应贸然配方，应经研究后与医生联系，改变处方。苦味酸等应溶成水溶液配出，不宜将苦味酸结晶直接发出。

5. 药房内大量废弃的纸盒、说明书等可燃品，应集中放在金属桶中，不得随地乱丢。

6. 中药房内草药不得大量长期堆积，以防自燃。

7. 钴-60等放射性物品，应按有关放射性物品管理的各项规定办理。

（九）制剂室防火要求

医药制剂品种极多，配方千变万化。制剂室可分为普通制剂室、无菌制剂室及中药制剂室三类，防火要点各有不同。

1. 普通制剂室的防火要求

①普通制剂使用的大量乙醇，如果条件不允许分室储存时，应固定存放在制剂室的一角，远离明火热源，且不受行人来往影响。配制外用药时往往要加入丙酮，其防火要求与乙醇相同。制剂室中的液状石蜡、酊剂、凡士林等亦应注意保管，与明火及性质相抵触的药物（如高锰酸钾）进行隔离。

②制剂室常用火棉胶套封瓶口，火棉胶套是硝酸纤维制品，浸在80%乙醇与20%乙醚的混合液中，遇明火极易燃烧，应在铁皮桶中密封储藏。如遇铁皮桶渗漏，应立即捡出，转移到不漏的铁皮桶内。使用火棉胶套封口时，应在排气罩下进行，排气用的轴流式风机应防爆。有通风橱的，应在通风橱内操作，并存放一定时间，待火棉胶套硬化，溶剂挥发后取出。剥下的或破碎的零星火棉胶，必须放在有盖的铁皮或搪瓷桶内，严禁随便乱丢或投放纸篓内。下班时废火棉胶必须从制剂室内取出，及时处理掉，或浸没在水中。

③制剂室应通风良好。电炉、煤气火等明火的位置应固定。

2. 无菌制剂室

无菌制剂主要是注射剂，大医院里用量甚大，故生产量也大，多为水溶液。但有些制剂原料须经过精制，才能用于制备注射剂。精制多为实验室规模，有时要使用乙醚和苯等易燃液体，其防火要求与前述的系列化检验和实验室防火相同。

3. 中药制剂室

①中药制剂室经常生产流浸膏。生产中乙醇液的加热不得用明火，宜用蒸汽加热浓缩。浓缩回收乙醇时，应该用真空浓缩器，冷却要完善，以免乙醇蒸气逸出。室内应通风良好，可开气窗以加强自然通风，否则应设有防爆的机械通风。室内的电气设备应防爆。

②渗漉是一种动态浸出法，大都用乙醇为浸出剂，渗漉结束出药渣时，乙醇会大量挥发。因此，药渣应先用水淋洗，把乙醇洗去，然后出渣；但仍须通风良好，出渣时杜绝明火。

（十）高压氧舱防火要求

高压氧舱，不仅是抢救煤气中毒、溺水、缺氧窒息等危急病人必需的设备，而且是治疗耳聋、面瘫等多种疾病的重要手段。在一些大型医院或专科医院均设有高压氧舱。高压氧舱的防火要求如下：

1. 严格控制和杜绝一切火源。
2. 舱内尽量减少可燃物质。
3. 严格控制舱内氧浓度。
4. 高压氧舱房，应为一、二级耐火等级的建筑。室内的装饰材料应选用不燃烧材料或经过阻燃处理的材料，并同其他建筑用防火墙分隔。

5. 高压氧舱内不得使用有毒和有气味的灭火剂。二氧化碳、泡沫等灭火器是不能使用的。最理想的灭火剂是水，驱动水喷出的气体应是不燃烧的惰性气体。

6. 进入舱内的一切人员，事先应经安全教育，讲清注意事项。

（十一）病房防火要求

医院病房的防火工作应注意以下五点：

1. 病房通道内不得堆放杂物，应保持通道畅通，万一发生火灾事故时，便于抢救和疏散病人。

2. 给病人输氧时应注意氧气瓶的防火。工作人员应该检查氧气钢瓶有无油污，如发现油污，应立即用四氯化碳擦除，以防油与氧气接触而发生燃烧。氧气瓶应符合避热、禁油、防止撞击等常规要求。氧气瓶室内不得存放任何可燃杂物，并应及时扫除灰尘保持清洁。整个输氧系统应不漏气。病房内有人输氧时，不得点燃卫生香和使用其他明火。

3. 病房取暖应尽量使用热水或热风，如果使用电炉或火炉时，必须严格注意防火。

4. 在病区为方便病人和家属加热食品设置的炉灶，应有专门的地方，并应有专人管理。

5. 病房内的电气设备不得擅自挪动，不得擅自在病房的线路上加接电视机、电风扇、电冰箱等载荷，也不要拉接照明灯具或将灯泡换成大功率，以防电气线路超负荷熔断保险丝，使病房照明设备和急救设备失效，给抢救中的病人造成生命危险，甚至使线路发热起火，给病人密集的病房区带来严重后果。

三、商场防火要求

（一）商场的火灾危险性

1. 营业厅面积大

商场的营业厅，建筑面积一般都比较大，难以进行防火分隔。多层的商场，除楼梯相通外，安装的自动扶梯，更是层层相通，"共享空间"的设计使每层四面环通，上下左右均无防火分隔，这种空间设计，一旦发生火灾，可以很快蔓延到整个商场。近年来兴起的大型综合体，建筑面积更大，使用功能更繁杂，火灾危险性更大，对于人员疏散、火灾扑救难度也更大。

2. 可燃物多

商场的可燃物情况有三个方面：

①商品集中；

②陈列和堆放商品的柜台、货架，有不少仍用可燃材料制作；

③商场建筑的装饰材料，也多为可燃物质。

整个商场的可燃物质，构成的火灾荷载，几乎接近仓库。但就其火灾危险性来说，却又大于一般物资仓库。

3. 人员多

商场是人员密度高、流动量大的场所。在营业时间，稍有骚动，也会引起混乱。万一发生火灾，情况尤为严重，疏散困难，易造成人员重大伤亡。

4. 电气照明设备多

安装在商场顶、柱、墙上的照明、装饰灯，多采用带状方式或分组安装的荧光灯具，有些豪华商场采用满天星式深罩灯。在商品橱窗和柜台内的照明灯具，除了荧光灯外，还有各种射灯，有的还安装了操纵活动广告的电动机。在节假日，商场内外还要临时安装各种彩灯。以上各种电气照明设备，品种数量繁多、线路错综复杂，都是其他公共建筑难以比拟的。加上每天使用时间长，设计、安装、使用等稍有不慎，引起火灾的概率较大。

5. 其他危险因素

影响商场消防安全的其他因素有以下几点：

①为了方便用户，有的商场内附设服装加工部，家用电器维修部，钟表、眼镜、照相机修理部等。这些部门须使用熨斗、烙铁等电加热器和易燃的有机溶剂，容易引起火灾。

②有的商场在更新改建时，仍然照常营业。由于在更新改建施工中须使用电动工具和易燃的油漆，甚至进行明火作业，增大了其火灾危险性。

③大型综合体集餐饮、娱乐、购物于一体，用火、用电、用气量大，也大大增加了火灾危险性。

（二）商场在布局和分隔方面的防火要求

1. 商场作为公共场所，布局应满足下列要求：

①柜台、货架同顾客所占的公共面积应有适当的比例，营业厅面积指标可按平均每个售货位 $15m^2$（含顾客占用部分）计算。

②柜台分组布局时，组与组之间的距离不应小于 3m。

2. 商场内防火分区一般应符合下列规定：

①多层商场地上按 $2500m^2$ 为一个防火分区，地下按 $500m^2$ 为一个防火分区。如设置有自动喷水灭火系统时，防火分区面积可增加一倍。

②商场如设置在一、二级耐火等级的建筑内，且设有火灾自动报警系统、自动喷水灭火系统，并采用不燃或难燃材料装修时，地上高层商场的防火分区面积可扩大至 $4000m^2$，商场为单层建筑或仅设置在多层建筑的首层时，可扩大至 $10000m^2$，地下商场的防火分区面积可扩大至 $2000m^2$。

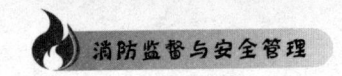

(三) 商场的安全疏散要求

1. 商场的门，既是入场的大门，又是商场的疏散通道。根据这一特点，商场的门应着重考虑安全疏散的问题。门不仅要有足够的数量，而且应该多方位地均匀设置。

2. 商场的门既要考虑顾客人流进出方便，又要考虑安全疏散的需要，因此严禁设置影响顾客人流进出和安全疏散的旋转门、弹簧门、侧拉门等。如果设置旋转门，必须在旁边另设备用的安全疏散门。

3. 商场供疏散的门、楼梯等通道，应设置明显的疏散指示标志和事故照明。

(四) 商场空调冷冻机房和通风管道的防火要求

对商场空调冷冻机房和通风管道的防火要求是：

1. 由于商场多布置在城市繁华中心地段，在选用供空调使用的冷冻机组时，应选择使用不含氟利昂或不造成破坏大气臭氧层的溴化锂冷冻机组。因为氨冷冻机房属于乙类火灾危险的厂房，氨气泄漏时既会造成人们严重惊慌（气味很臭，又有强烈的刺激性），在与空气混合达到一定比例时，遇到明火或电气火花还会发生爆炸（爆炸极限为16%~27%）。

2. 已经安装使用的氨冷冻机组（房）应做好防火防爆工作。

3. 空调机房进入每个楼层或防火分区的水平支管上，均应按规定设置在发生火灾时能自动关闭的防火阀门。

4. 空调风管上所使用的保温隔热材料，应选用不会燃烧的硅酸铝或岩棉制品。

(五) 商场防火设施

商场的消防设施，应按公共场所从严要求。

1. 应设置火灾自动报警系统和自动喷水灭火系统。

2. 常用灭火器配置，参照灭火器配置的有关规定执行。

(六) 商场的电气照明设备和电路防火要求

商场的电气装置和线路在公共建筑中是比较复杂的，因此在消防安全上应注意如下八个方面：

1. 电气线路和设备安装，必须符合低压电气安装规程的要求。

2. 在吊顶内敷设电气线路，应选用铜芯线，并穿金属管，接头必须用接线盒密封。

3. 电气线路的敷设配线应根据负载情况，按不同的使用对象来划分分支回路，以达到局部集中控制又便于检修的原则。但在全部停止营业后，仍要求做到除必要的夜间照明外，能够分楼层集中控制，将每个楼面营业大厅内的所有其他电源全部切断。

4. 安装在吊顶内的埋入式照明灯具所使用的镇流器，除安装中的防火措施外，建议在安装之前，再全部进行一次至少连续通电使用 48 小时的安全试验。

5. 注意霓虹灯防火。

6. 商场内自动扶梯的一切带电的器件都必须封闭，以防止意外接触而酿成事故。

7. 商场如果设变压器室，不应布置在疏散出口的旁边，有条件的应采用干式变压器，以减少发生火灾时因变压器油燃烧而增加危害程度。

8. 商场内严禁乱拉乱接临时电气线路。

（七）商场防火安全管理

商场从管理方面应采取以下防火措施：

1. 商场内禁止吸烟，应设置"禁止吸烟"标志。

2. 柜台内须保持整洁，废弃的包装纸、盒等易燃物不要抛撒于地面，应集中并及时处理。

3. 经营指甲油、摩丝、火柴、蜡纸、改正液、小包装的汽油等易燃危险物品的柜台，对进货量应加以限制，一般以不超过两天的销售量为宜。

4. 经营家具、沙发等大件易燃商品的地方，营业后应注意检查。

5. 在商场营业厅内禁用电炉、电热杯、电水壶等电加热器具。

6. 商场在更新、改建或房屋设备检修及安装广告装置等时，因为用电、用火和使用油漆等易燃危险物品而增加了火灾危险因素，所以尤须注意防火。特别是进行焊接、切割作业时，必须经过严格的审批，落实防火措施，方可进行作业。营业期间禁止上述作业。

7. 为了保证顾客安全疏散，商场的楼梯、通道必须保持畅通，不得堆放商品和物件，也不得临时设摊推销商品；在门外出口处 3m 以内禁止停放车辆，做好引导顾客安全疏散的录音、广播准备，以便在紧急需要时播放。

四、宾馆和饭店防火要求

（一）宾馆、饭店的火灾危险性

现代的宾馆、饭店将客房、公寓、餐馆、商场和会议中心等集于一体，向多功能方向发展，因而潜藏着较大的火灾危险，主要危险有以下几种：

1. 可燃物多

宾馆、饭店的内部装饰材料和陈设用具采用木材、塑料和棉、麻、丝、毛及其他纤维制品。这些有机可燃物质，增加了建筑物内的火灾荷载。

2. 建筑结构易产生烟囱效应

现代的宾馆、饭店很多都是高层建筑，楼梯井、电梯井、管道井、电缆井、垃圾井、污水井等竖井林立，还有通风管道纵横交错，一旦发生火灾，竖井产生的烟囱效应，使火焰沿着竖井和通风管道迅速蔓延扩大。

3. 疏散困难，易造成重大伤亡

宾馆、饭店是人员比较集中的地方，在这些人员中，多数是暂住的旅客，流动性很大。他们对建筑内的环境、安全疏散设施不熟悉，发生火灾时，由于烟雾弥漫，心情紧张，极易迷失方向，拥塞在通道上，造成秩序混乱，给疏散和施救工作带来很大困难，容易造成重大伤亡。

4. 起火因素多

宾馆、饭店起火因素主要有以下几点：
①旅客躺在床上吸烟，特别是在酒后，还会乱丢烟头和火柴梗。
②厨房用火不慎和油锅过热起火。
③在维修管道设备等时，违章动火引起火灾。
④电气线路接触不良，电热器具使用不当，照明灯具温度过高，烤着可燃物。

宾馆、饭店容易引起火灾的可燃物质主要有液体或气体燃料、化学涂料、油漆、家具、棉织品等。

宾馆、饭店最有可能发生火灾的部位是客房、厨房、餐厅及各种机房。

（二）客房的防火要求

客房的防火要求如下：

1. 客房内所用的装饰材料应采用不燃材料或难燃材料，窗帘一类的丝、棉织品，应经过防火处理。

2. 客房内除了固有电器和允许旅客使用电吹风、电动剃须刀等小型日常生活电器外，禁止使用其他电器设备，尤其是电热设备。

3. 客房内应配有禁止卧房吸烟的标志、应急疏散指示图及宾客须知和宾馆、饭店内部的消防安全指南等。

4. 服务员应经常向旅客宣传：不要躺在床上吸烟，烟头和火柴梗不要乱扔乱放，应放在烟灰缸内；入睡前应将音响、电视机等关闭，人离开客房时，应做到人走断电。

5. 服务员应保持高度警惕，在整理房间时要仔细检查，烟缸内未熄灭的烟蒂不得倒入垃圾袋；平时应不断巡视查看，发现火险隐患应及时采取措施；对酒后的宾客尤应特别注意。

6. 写字间的出租方和承租方应签订租赁合同，并明确各自的防火责任。

（三）餐厅、厨房的防火要求

1. 餐厅内不得乱拉临时电气线路，如果须增添照明设备及彩灯一类的装饰灯具，应按规定安装。餐厅内的装饰灯具，如果装饰件是由可燃材料制成的，其灯泡的功率不得超过 60W。

2. 餐厅应根据设计用餐的人数摆放餐桌，留出足够的通道；通道及出入口必须保持畅通，不得堵塞，举行宴会和酒会时，人员不应超出原设计的容量。

3. 如果餐厅内需要点蜡烛增加气氛时，必须把蜡烛固定在不燃烧材料制作的基座内，并不得靠近可燃物。供应火锅的风味餐厅，必须加强对火炉的管理。禁止使用液化石油气炉；慎用酒精炉和木炭炉，最好使用固体酒精燃料，比较安全。餐厅服务员在收台时，不应将烟灰、火柴梗卷入台布内。

4. 厨房内易燃气体管道、法兰接头、仪表、阀门必须定期检查，防止泄漏；发现易燃气体泄漏时，首先要关闭阀门，及时通风，并严禁明火和启动电源开关。

5. 楼层厨房不应使用瓶装液化石油气。煤气、天然气管道应从室外单独引入，不得穿过客房或其他公共区域。

6. 厨房内使用的绞肉机、切菜机等电气机械设备不得过载运行，并防止电气设备和线路受潮。

7. 油炸食品时，锅内的油不要超过 2/3，以防食油溢出，遇明火燃烧。

8. 工作结束后，操作人员应及时关闭厨房的所有阀门，切断气源、火源和电源后方能离开。

9. 厨房内抽烟罩每日擦洗一次，烟道每半年清洗一次。

10. 厨房内除配置常用的灭火器材外，应配置石棉毯，以便扑灭油锅起火。

（四）宾馆、饭店电气设备的防火要求

1. 所有电气设备的安装及线路敷设应符合规定。

2. 在增添大容量的电气设备时，应重新设计线路，核定容量。严禁私自在电气线路上增加容量，以防过载引起火灾。

3. 建筑内不允许采用铝芯导线，应采用铜芯导线；敷设线路进入夹层或闷顶内，应穿管敷设，并将接线盒封闭。

4. 客房内的台灯、壁灯、落地灯和厨房内的电冰箱、绞肉机、切菜机等电气设备的金属外壳，应有可靠的接地保护。床头柜内设有音响、灯光、电视等控制设备的，应做好防火隔热处理。

5. 照明灯具表面高温部位不得靠近可燃物，碘钨灯、日光灯、高压汞灯（包括日光灯镇流器），不应直接安装在可燃物件上；深罩灯、吸顶灯等，如果安装在可燃物件附近

时，应加垫石棉布或石棉板隔热层；碘钨灯、功率大的白炽灯的灯头线，应采用耐高温线穿瓷套管保护；厨房等潮湿地方应采用防潮灯具。

6. 配电室设在客房楼内时，应做防火分隔处理，其耐火极限不得低于2.00小时。

7. 火灾报警装置、自动灭火装置、事故照明等消防设施的用电，应备有应急电源；消防设施的专用电气线路应穿金属管敷设在不燃烧体结构上，并应定期进行维护检查，以保证随时可用。

8. 电气设备、移动电器、避雷装置和其他设备的接地装置每年至少进行两次绝缘及接地电阻的测试。

9. 在配电室和装有电气设备的机房内，应配置适当的灭火器材。

（五）宾馆、饭店安全疏散的要求

1. 由走道进入楼梯间前室的门，应为乙级防火门，而且应向疏散方向开启。

2. 宾馆、饭店的每层楼面应挂平面图，楼梯间及通道应有事故照明灯和疏散指示标志；装在墙面上的地脚灯最大距离不应超过20m，距地不应大于1m。

3. 不准在疏散楼梯间及通道上增设其他用房和堆放物资，以防影响紧急情况下的安全疏散。

4. 宾馆、饭店内的宴会厅、歌舞厅等人员集中的场所，应设置事故照明灯和疏散指示标志，以免疏散时造成混乱。

（六）宾馆、饭店消防应急措施

1. 宾馆、饭店应制订应急疏散和灭火作战预案，绘制出疏散及灭火作战指挥图和通信联络图。

2. 宾馆、饭店的总经理和部门经理及全体员工，均应经过消防培训，了解和掌握在发生火灾时，岗位和部门应采取的应急措施，以免临时慌乱。

3. 宾馆、饭店在夜间应留有足够的应急力量，以便在发生火灾时及时进行扑救，并组织和引导旅客及其他人员安全疏散。

4. 应急力量的所有人员应配备防烟、防毒面具、照明器材及通信设备，并应佩戴明显标志。高层宾馆、饭店在客房层还应配备救生器材。

5. 宾馆、饭店的所有保安人员，均应了解应急预案的程序，在紧急状态时能及时有效地采取措施。

6. 消防中心控制室的值班人员不得少于两人，并持证上岗，且熟练地掌握火灾自动报警系统和自动灭火系统设备的性能，在发生火灾时，做到使自动报警和灭火设备能及时准确地进行动作，并将情况通知有关人员。

7. 客房内宜备有专用逃生手电，便于在火灾情况下，起到照明和发射救生信号之用；

同时，应备有自救保护的湿毛巾，以防燃烧产生的浓烟及毒气造成危害，便于安全疏散。

8. 宾馆、饭店应每季度组织一次消防安全教育活动，每年组织一次包括旅客参加的"实战"演习。

五、高层建筑防火要求

（一）高层建筑的火灾特点

高层建筑的火灾特点主要有以下四个方面：

1. 火势蔓延途径多、速度快

高层建筑由于功能的需要，内部设有楼梯间、电梯井、管道井、电缆井、排气道、垃圾道等竖向管井。这些井道一般贯穿若干或整个楼层，如果在设计时没有考虑防火分隔措施或对防火分隔措施处理不好，发生火灾时，就好像一座座高耸的烟囱抽拔烟火，成为火势迅速蔓延的途径。

助长高层建筑火灾迅速蔓延的还有风力因素，俗话说"风助火势"，建筑越高，风速越大。风能使通常不具威胁的火源变得非常危险，或使蔓延可能很小的火势急剧扩大成灾，风越大，其严重程度也相应增大。

2. 安全疏散困难

高层建筑的特点：一是层数多，垂直疏散距离远，需要较长时间才能疏散到安全场所；二是人员比较集中，疏散时容易出现拥挤情况；三是发生火灾时烟气和火势向竖向蔓延快，给安全疏散带来困难，而平时使用的电梯由于不能在火灾时使用，所以，火灾时，高层建筑的安全疏散主要靠疏散楼梯，如果楼梯间不能有效地防止烟火侵入，则烟气会很快灌满楼梯间，从而严重阻碍人们的安全疏散，威胁人们的生命安全。

3. 扑救难度大

扑救高层建筑火灾主要立足于室内消防给水设施，由于受到消防设施条件的限制，常常给扑救工作带来不少困难。

另外，有的高层建筑没有考虑消防电梯，扑救火灾时，消防人员只得"全副武装"冲向高楼，不仅消耗大量体力，还会与自上而下疏散的人员发生"对撞"，延误灭火战机，如果遇到楼梯被烟火封住，消防人员冲不上去，消防扑救工作则更为困难。

4. 功能复杂，起火因素多

高层建筑一般来说其内部功能复杂、设备繁多、装修标准高，因此火灾危险性大，容易引起火灾事故。

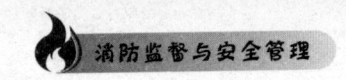

（二）高层建筑火灾防火设计注意事项

高层建筑防火设计有好的经验，也有不少教训，归纳如下：

1. 合理布置总平面，有利于扑救火灾

所谓合理布置高层建筑总平面，就是要合理设置防火间距、消防给水位置、消防道路。扑救火灾实践证明，合理的总平面布局能够为扑救活动创造有利条件，并可防止火势向相邻建筑蔓延。

2. 钢筋混凝土结构具有良好的耐火能力

大量火灾实例证明，各种钢筋混凝土结构高层建筑，都具有良好的耐火能力。燃烧数小时或数十小时的高层建筑，其柱、梁、楼板、屋顶承重构件局部被烧损有之，但很少见到整幢建筑倒塌的例子，而且火灾后修复较快。现浇或装配式钢筋混凝土结构，具有良好的耐火性能，符合一、二级耐火等级建筑要求。这种建筑结构对减少火灾损失有着明显的作用，也为火灾后修复建筑物提供了有利条件。

3. 可燃材料室内装修容易形成大面积火灾

室内装修主要指吊顶、活动隔断、墙、地面、固定陈设、家具等。可燃的装修材料会导致火灾蔓延扩大，造成较大或巨大损失。高层公共建筑的室内装修，应尽量选用不燃烧材料或难燃烧材料，如：轻钢龙骨、纸面石膏板、岩棉板、硅酸钙板、硅酸铝板等。木质活动隔断应做防火处理，采用阻燃壁纸、阻燃地毯等。

4. 玻璃幕墙防火处理不好，竖向蔓延的危险性大

火灾事故表明，玻璃幕墙防火处理不好，火灾时向上蔓延的危险性很大。

5. 各种竖向管井和孔洞是火灾向上蔓延的重要途径

高层建筑的各种竖向管井（如：楼梯井、管道井、电缆井、排气管道等），如果没有防火分隔措施，或者施工中没有达到设计要求，往往成为火灾向上蔓延的重要途径。

6. 楼梯数量少和防烟防火效果差，容易造成重大伤亡事故

有些高层公共建筑，由于管理不善，导致楼梯间没有防烟能力，发生火灾后，不能有效阻挡烟火进入楼梯间，以致形成火灾蔓延通道或造成重大伤亡事故。

7. 消防电梯前室入口处无挡水设施，造成消防电梯处于瘫痪状态

高层建筑火灾实例表明，扑救时需要大量消防用水，若在高层建筑的消防电梯前室的入口处没有考虑挡水设施，在救火过程中，灭火用水大量流入消防电梯井内，由于电梯的电器、电缆不是防水的，其绝缘性能大大降低，就会出现严重漏电而无法使用，严重影响扑救工作。

8. 自动喷水灭火设备有着良好的灭火、控火效果

国内外高层建筑火灾都证明，自动喷水灭火系统有着良好的灭火、控火效果。

9. 水量水压不足是酿成大火的重要原因

根据火灾统计，造成扑救失败，酿成大火的重要原因是消防用水缺乏、水压偏低。

10. 不合格的空气调节设备是火灾蔓延的重要途径

有的高层建筑，空气调节系统不合格，未按规定选用不燃烧的风管，未在规定部位设防火阀，未采用不燃烧或难燃烧材料做保温层，火灾时造成严重损失。

11. 良好的火灾报警系统可起到准确报警的作用

装有火灾自动报警设备的高层建筑，只要报警系统质量好、选型合适、安装正确、维护保养工作及时，均可准确报警，使单位或建筑内的消防控制室或分控制室采取补救措施，防止或减少火灾危害。

（三）高层建筑室内装修防火要求

1. 避免使用可燃建筑材料

许多高层建筑火灾实例证明，造成重大火灾的原因固然很多，但其中一条重要原因是采用了可燃建筑材料装修。

2. 严格选用室内装修材料

民用建筑内部装修设计各部位材料的燃烧性能等级有明确的要求，可以根据建筑内部装修材料的分类分级、材料燃烧性能、等级的选用范围予以选用。

（四）高层建筑在总平面布置上安全防火要求

高层建筑总平面布置上应考虑以下问题：

1. 选择较安全地区。在进行总平面设计时，应根据城市规划，合理确定高层建筑的位置、防火间距、消防车道和消防给水等。高层建筑不宜布置在火灾危险性为甲、乙类工厂、仓库，甲、乙、丙类液体和可燃气体储罐及可燃材料堆场附近。

2. 高层建筑周围应设环形消防车道（可利用交通道路）。火灾实例表明，高层建筑，尤其规模大的高层公共建筑，凡是设有环形消防车道、为扑救火灾创造条件的，就能起到良好的灭火作用；反之，则造成严重损失。

3. 应具有充足水源。据统计，扑救成功率90%以上的范例在于有充足的水量。许多高层火灾实例证明，由于缺乏充足的水量，当发生火灾后，大火延烧8~9小时，将整个高层建筑的物品化为灰烬，造成巨大损失。

4. 高层建筑的底部至少有不小于一长边或1/4周边长度，不应布置与其相连的高度超过5m、进深超过4m的裙房，作为扑救面，并应设置消防车登高操作场地，场地为15m×10m，对于高度大于50m的建筑，不应小于20m×10m。

（五）高层建筑消防设施要求

建筑防火设施是使高层建筑本身具有抵御火灾能力的一项专门工程。为了发挥其应有的作用，除了精心设计、精心施工外，还应在正式投入使用前，进行严格的验收，检查工程质量是否合乎要求、各种设计是否齐全有效。此外，在正式投入运行后，还要加强对它们的维护管理，使其保持完好，紧急时不误使用。

1. 检查和试验

①室外消防车道是否符合规范要求和保持畅通。

②防火间距是否符合要求和是否被占用。

③室内、外疏散通道，疏散出口的数量、宽度、长度等是否符合要求和保持畅通。

④防火墙和防火隔墙等是否符合要求，有没有不应有的孔洞和未被严密填塞的缝隙。

⑤电缆井、管道井等是否按要求在每层楼板处做防火分隔，有没有不应开的孔洞和未被严密填塞的缝隙。

⑥对使用防火涂料的构件，要检查是否按要求内、外两侧全部涂刷，涂刷是否均匀、牢固，有无起皮、龟裂的现象，涂覆比（单位面积防火涂料的用量）是否符合要求。对于提高钢结构耐火极限的防火涂料更要仔细检查，例如，用专用测针检查喷涂厚度是否达到要求，用小锤轻敲涂层，根据声音断定有无空鼓现象等。

⑦对于防火门，除检查其开启方向是否符合疏散要求，关门后的密闭情况外，对于常闭防火门和常开式防火门，要检查闭门器、顺序器、电磁释放器等附件是否齐备和灵活有效；对于自动控制的常开防火门和电动防火卷帘门，要与火灾报警系统及其联动控制部分的验收结合起来，进行自动控制和手动控制启闭试验，检查其是否灵敏有效。

2. 维护管理

对建筑防火设施应制定规章制度加强行政管理，譬如，严禁在防火墙、防火隔墙和各种竖井井壁上开孔洞，严禁占据防火间距和堵塞消防车道、疏散通道等。对于自动关闭防火门、防火卷帘等设施，应每月进行一次例行试验，这些试验一般与火灾自动报警试验结合进行，对防火门的合页、闭门器、顺序器、电磁释放器等要每半年至一年进行一次检查，并清除积尘和加注润滑油。

（六）高层建筑防烟、排烟系统要求

1. 对安装情况的检查

主要检查风机、排烟口等主要设备的安装是否与施工图相符，设备有无明显标志，外观有无损伤，各排烟口的安装有无被挤压变形，影响动作的情况；各排烟口处的手动操作装置操作是否方便，有无防止误动作的保护装置；结构竖井作为排烟竖井或正压送风竖井

时，要注意检查竖井中的施工垃圾是否清理干净。

2. 对综合功能的试验

①设在走道处和防烟前室的送风、排烟系统，送风口或排烟阀平时关闭，火灾时可以自动开启。对这样的系统可做下列检查：

a. 分别以通过火灾报警探测器联动、手动控制和由消防控制室遥控的方式启动，对高层建筑顶部、地下室及中间层的送风口和排烟阀进行检查，检查的楼层数应占楼层总数的1/4 以上。

b. 检查该系统风机联动投入运行情况，以及消防控制室内对有关排烟阀、送风口和风机动作的反馈信号。

c. 在相关楼层查看送风口及排烟阀是否按设计要求开启。

d. 在前室内用风速仪测试风口及排烟阀的平均风速，核算送风机及排烟机的实际风量。此数值一般比风机的额定风量小，但不应小于10%～15%。对走道内单独的排烟系统，由于建筑物的密闭性较差，排烟机的效率较低，测定的风速只能作为参考。排烟口的风速不宜大于10m/s，送风口的风速不宜大于7m/s。

e. 在消防控制室直接控制风机的启动和停止。

②设在楼梯间的正压送风防烟系统，平时送风口保持常开，火灾时可由火灾自动报警系统联动控制，由消防控制室遥控或由手动控制开启。对这种防烟系统可用微压计测定防烟楼梯间和前室的压力，以及与前室相连的内走道的压力。一般情况下，楼梯间压力>前室压力>内走道压力，差值为25～50Pa。对于非密闭的高层建筑，由于烟囱效应较明显，楼顶部和底部的测定值相差较大，只能作为参考。

3. 维护

对机械防烟、排烟系统的风机、送风口、排烟口等部位应经常维护，如：扫除尘土、加润滑油等，并经常检查排烟阀等手动启动装置和防止误动的保护装置是否完好。

每隔1～2周，由消防中心或风机房内启动风机空载运行5 分钟。

每年对全楼送风口、排烟阀进行一次机械动作试验。此试验可分别由现场手动开启、消防控制室遥控开启或结合火灾报警系统的试验由该系统联动开启。排烟阀及送风口的试验不必每次都联动风机，联动风机几次后应将风机电源切断，只做阀、口的开启试验。

（七）高层建筑在使用中的防火管理措施

1. 高层建筑的使用单位应建立逐级防火责任制，各级防火负责人应明确和履行好自己的职责。几个单位共用一幢大楼时，应协商成立防火安全委员会和联合消防指挥机构，除划分好责任区，做好各单位的防火工作外，对于事关大楼整体安全的疏散通道和楼梯、各种灭火设施、火灾自动报警系统和防、排烟待设施，应责成专人定期进行全面检查和技术培训。对检查出来的重大问题应提交防火安全委员会研究解决，并报公安消防部门备案。

2. 对高层建筑内的工作人员和常住大楼宾客须遵守的防火事宜，应做出明文规定，并宣传教育到人，对技术工种和各岗位职工应定期进行安全操作规程和防火安全应知应会内容的考核，并建立考核和奖罚制度。

3. 严格高层建筑的用电安全管理，对电气线路（特别是隐蔽部位）和各种用电器具，以及避雷设施等，应建立制度、明确责任、定期进行安全检查，并建立档案，做好记录。应规定不准超负荷用电和电器设备带病运行；不准乱拉乱接临时电线和设备；不准未经允许擅自在大楼内使用自带电器具；不准在电线、开关、插座和用电设备附近堆存易燃、可燃物品或将它们埋压住。对避雷设施应定期测试其接地电阻，发现设施有损坏、严重锈蚀等问题，或接地电阻不符合要求时，应及时修换和整改。

4. 加强对火源和易燃化学危险物品的安全管理，不能在垃圾道、各种管道井内和浴室、厕所房间内焚烧废纸杂物，办公、科研、医院等单位应建立专门的焚烧炉，要严格管理易燃、易爆化学危险物品，领、用、存、回收等环节，应有明确的制度。

5. 高层建筑使用单位应建立义务消防组织，明确责任，做好分工，学习和掌握一定的消防知识和技能，熟悉大楼各项消防设施的功能和使用要领，并明确在火灾时的具体任务。应定期进行学习、演练和考核，要求达到能防火（在本人的责任范围内）、报警、灭火及组织楼内人员安全疏散。

（八）高层建筑在使用中的防火技术措施

1. 对高层建筑内的主要用房不能随意改变使用性质，更不能随便拆改建筑构件和消防设备，以防止降低原有建筑物的耐火性能。

2. 不准在防火墙上任意开设门、窗和孔洞，以确保不影响其防火分隔作用。必须开设时，应经原设计单位同意和报请有关部门批准，还必须在开口部位装设防火门、窗。

3. 不得在电梯井内敷设燃气、液化石油气等可燃气体管道，易燃、可燃液体管道及与电梯无关的电缆等。

4. 在维修建筑物和在建筑物内加装设备时，对须拉设临时电线、进行油漆和动火作业的部位，应先了解该部位及其上、下连接部分（特别是隐蔽部分）的构造和耐火性能，并采取相应的防火措施。特别是对各种管道竖井检修或更换设备、动火切割、焊接时，必须经审批，落实防火安全措施，专人操作，并派人监护。对部件进行局部修补时，应按该构件原设计的耐火要求进行，不能降低其耐火等级；新增加的设备管道，在穿墙和穿越楼板处要用不燃烧材料将缝隙严密封堵，以防火灾由此蔓延。

5. 对原有高层建筑如有不符合防火要求的问题，应结合建筑物的维修，有计划地进行改造和补救，对重大问题应抓紧进行专门的整改。

6. 要注意保护好建筑物的一切消防设施，不能将公共消防设施封、堵、围、隔起来，或任意拆卸、改迁等。消防安全设施均要有醒目的标志，易于识别。

（九）高层建筑的人员安全疏散计划的制订

高层建筑的人员安全疏散计划的内容和要求主要有以下六点：

1. 各楼层、各部位及全楼都要制订疏散方案，并确定有关负责人，明确各自的职责。

2. 确定发布疏散信号的具体方式和手段，对疏散范围（如：起火部位、起火层，及其上、下层等）、疏散时间和疏散次序也要做具体安排。

3. 明确规定好疏散路线和人流分配，避免大量人员涌向一个出口，发生拥挤，造成伤亡事故。

4. 分工、组织明确。对应急广播、报警、灭火、接应消防队和介绍情况、组织指挥人员疏散及抢救老、弱、病、残、妇、幼等，都应分工明确。

5. 计划、方案要考虑全面。应有根据火势大小和火灾发生在大楼的上层、中层和下层等不同的方案。比较起来，火灾发生在下层或形成了大火，疏散任务就更重、更艰巨。总之，要根据意料到可能出现的各种不利的情况制订计划、方案，才能有备无患。

6. 进行定期或不定期的演习，使工作人员熟悉疏散路线，了解疏散计划和各自的行动要求，以及防烟、防毒的基本知识等。疏散路线图和疏散注意事项应张贴在主要出入口、楼梯口、客房、办公室、会议室内，做到人人皆知。

（十）高层建筑组织安全疏散时的要求

1. 发生火灾，要立即报警，及时切断起火区域的电源（消防电源除外）、可燃气体的气源及易燃、可燃液体管道；关闭与起火区域相连通的通风、空调设备，打开防排烟设施；启动消防水泵；把空调起火区域的普通电梯降到底层；关闭防火分区墙上的防火门、窗、卷帘；迅速打开疏散通道，保持疏散路线畅通，引导人员疏散。

2. 楼梯间、消防电梯间（前室）均要有层数的序号，以有利疏散和外来人员参加扑救活动。

3. 安全疏散通道上不能随便加门加锁，因管理需要加装门锁和门禁系统的门，应在火灾时能够及时开启，其他各层楼梯的疏散门均不能上锁。

4. 疏散的步骤：应当首先疏散受烟火直接危害人员（如：起火房间、部位或起火层）；接着疏散受烟火威胁最大部分（如：起火层的上一层或上二层）的人员；再疏散起火层下一层或下二层的人员，为火灾的扑救腾出必要的活动区域。然后根据火势的发展变化情况采取其他行动，如火势已控制或基本扑灭，则可不再继续疏散；如火势尚未控制或仍在发展、蔓延扩大，则应继续疏散火灾层以上的人员，特别注意容易受烟害的顶层人员的安全，可采取开窗排烟和及时离开受烟气侵袭的房间、走道或楼梯间的方法。在疏散楼梯未受烟气污染（或烟害不重）的情况下，起火层以上的人均可经楼梯往下疏散，一般在起火层以下两三层就安全了，如距离不远，也可直接疏散到室外。在楼梯已被烟气充塞情况下或人员来不及往下疏散时，可撤离到避难层（间）、屋顶临时避难，或通过屋顶设法到别的单元（如住宅）或别的楼梯间等待救援。

六、工厂建筑防火要求

（一）面粉加工厂的防火要求

面粉加工厂的消防安全要求有以下七点：

1. 面粉加工厂的厂房内表面应保持光滑，避免有凹面，一般不得用槽钢、工字钢做建筑构件，有凹面的设备外面应加防尘罩，以防止粉尘积聚。

2. 面粉加工厂大多为多层建筑，上下左右贯通，因此要采取分隔措施。管道穿过楼板、墙壁时，对孔洞要用不燃材料封堵。

3. 通风和输送物料的管道，均应保持密闭状态，防止粉尘泄漏。

4. 集尘室的电气设备应符合防爆要求。

5. 面粉加工设备中木质材料构件和其他可燃材料构件应逐步用不燃材料取代。

6. 由于制粉车间的粉尘较多，遇明火易发生燃烧、爆炸事故，所以要采用防爆或防护型电气设备，禁止使用开启式电气设备。

7. 制粉车间不得采用明火取暖，暖气管道、散热片应经常清扫，防止积尘过厚，长时间受热而发生危险。

（二）木材加工厂的防火要求

木材加工一般包括制材、胶合板、纤维板和其他人造板的制造及木器加工。

1. 木材加工，除胶料配制、油漆等工艺属甲、乙类生产外，大部分工艺都属于丙类生产，但与其他丙类生产相比较，木材加工的火灾危险性较大。因此，木材加工生产厂房的耐火等级、占地面积和防火间距均应符合要求。对目前仍在使用的易燃建筑应逐步加以改造。干燥室，胶合板的涂胶、单板整理，纤维板的热压、热处理、喷胶，塑面板的浸胶，木器加工的喷漆，以及制胶生产等工序，均应设在耐火建筑内。

2. 露天堆放的原木应堆放整齐，不得占据通道。堆放地点应在远离锅炉及其他明火作业地点，不得靠近危险物品仓库及成品仓库，不宜设在烟囱长年主导风向的下风方向。刨花、木屑、边角料不宜露天存放。对容易着火的"火烧木"（从失火林区运来的）、腐朽木，应预先做阻燃处理，堆放时应用油布等覆盖，防止外来火星引起燃烧，并与其他木材分开堆放。

3. 车间内堆放的木材量要严格控制，不得存放过多。加工的成品要及时运走。通道、门口、机器设备和电气设备周围不得堆放原料和成品。

4. 木材加工生产中产生的锯末、木屑，不得堆放在车间内。厂房内空气中如含有较多的可燃粉尘、纤维，应根据火灾危险类别及防火要求，采用机械排风，经旋风除尘器通过管道排送到车间外面的专用除尘室。除尘室应采用一、二级耐火建筑，室内不宜安装电气照明灯具。刨花和废料应每天清除，集中妥善处理。机械和厂房构件上的木粉尘每星期至少清扫一次。

5. 电气设备的安装应符合规程的要求，电动机应采用封闭型。现用开启型的，应逐步更换成封闭型。更换前，应在电动机周围增设可靠的防护装置，避免因锯屑和木粉尘侵入电动机内而发生事故。导线应用套管敷设，开关和配电箱等电气设备均应设防护装置，避免木屑粉尘入内，并经常清扫积屑，加强检查维修工作。

6. 操作场所不应采用火炉或高压蒸汽采暖，要根据安装地点和火灾危险性类别及其特殊的防火要求确定采暖方式。各种机械设备、木材与暖气设备、管道的距离应不小于1m，并应经常清除管道、设备上的木屑粉尘。

7. 一般不得在木材加工车间内使用电焊、气焊、气割或其他明火，必须使用时，应办理审批手续，采取防火措施，将动火部分及周围的可燃物彻底清除，并准备好灭火器材，动火后应有专人检查，防止留下余火。

8. 操作人员必须遵守岗位责任制，不得擅自离开工作岗位，车间内严禁吸烟。必要时，可在车间外安全地点设专门的吸烟室。

（三）服装厂的防火要求

1. 建筑防火要求

①服装厂不得设于易燃建筑内。

②服装厂应为独立建筑。在同一幢建筑内除设立服装工厂及其附属设施（如门市部）外，不得有居民混居或作其他用途。不得在服装工厂的同一建筑内建筑职工宿舍。如果现有建筑内既有服装工厂又住有居民时，应迁出一方，在服装工厂内安装消防水喷淋设施和防火墙，形成防火分隔，禁止"三合一"建筑。

③服装生产中周转性原料、半成品、成品可临时存于车间，但储存地点须用实体墙、防火门与生产场地隔离。长时间储存的原料、成品应存于库房内，库房与生产车间应完全隔离，禁止将原料、半成品、成品储存在生产工厂，尤其不可堆在机器设备边上和消防设施周围。

④服装工厂应保持疏散通道畅通，服装工厂与居民等共用一幢建筑时，应用防火墙进行防火分隔，形成独立的防火分区。

⑤设置与生产情况相适应的消防装备和灭火器材。棉花堆垛着火时，要用泡沫、直流水等对棉花有渗透性的灭火剂扑救，并在灭火后仔细检查堆垛内部深处有无持续阴燃的

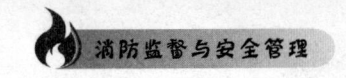

现象。

2. 安全管理要求

①厂房及库房内要设有良好的通风装置，库房内应经常保持阴凉干燥，防止物资蓄热自燃。在不影响生产的情况下，厂房内要保持较高的相对湿度，以防废絮、线绒、布屑等飞扬。

②机台布置要合理，横向相隔两行，纵向相隔十排即须留出不少于2m宽的纵横相连的通道，四周要留出不少于1.2m宽的墙距，不能在通道上堆放原材料或成品。

③生产车间和储存原料及成品的仓库内禁止一切明火，禁止使用电热器具。

④对棉、布、绒、毛等原料，要认真进行加工前的检验，防止把硝、磷、火柴、铁屑、沙粒等杂物带入加工工序。

⑤建立健全岗位防火责任制，及时清扫废絮、线绒、布屑等杂物，每天下班前要彻底清扫。

⑥生产中使用的棉花，应单独存放，从严管理。

⑦对长期堆放的棉花，为防止其受潮蓄热自燃，要注意经常检查棉堆内部的温度，如遇温度升高，应翻垛散热。

⑧机械设备要加强维护，定期检修，保障正常运行，高速转动的轴、轮等部位要定期、按时注入润滑剂。

3. 电气防火要求

①车间、库房内的电气设备宜采用防潮封闭型，非封闭型的要加防护外罩。总开关应设在车间、库房的门外。进入车间、库房的动力、照明电线束或电缆束，应穿套管保护，电气设备要有良好的保护接地或接零。

②设在车间内的电气开关及其他电气设备周围不可堆放杂物，特别是可燃物。电气设备上的飞絮、落尘应及时清除。

③各种型号的电熨斗应有温度调节自控装置，熨斗通电时应有显示标志。持温暂停使用时，要放在用不燃烧材料制成的托架上，熨烫结束必须指定专人及时断开电源，将熨斗全部收存在金属软皮箱内，并在下班后由专人负责进行认真的检查。

采用蒸汽熨烫时，应注意蒸汽管道不能靠近可燃物，对落在蒸汽管道上的飞絮、布屑等可燃物要及时清除。

（四）家具厂的防火要求

1. 配料车间

配料车间或工段，是家具生产防火的重点部位之一，应采取以下防火措施：

①各种木材加工机械应安装除尘器，采用机械排风将锯末、木屑、刨花等通过管道排

送到车间外面的除尘室。除尘室应为采用一、二级耐火等级的建筑，室内不应安装电气照明。

②除尘器总管和每个分支管口，最好安装阻火闸门，以便在起火时关闭，防止火势蔓延。

③除尘室内应安装洒水装置，使锯末、木屑、刨花等保持润湿，以免遇到火源起火，并每天清除，集中处理。

④除尘管道和除尘室起火，常见原因是吸入未熄灭的烟头和带锯等机械在加工过程中与木材摩擦产生的火花。因此，车间内必须严禁烟火；带锯等作业应严格按照操作规程，掌握速度，锯片要经常检修，锯齿保持锋利，以防钝锯摩擦产生火花。

⑤电动机须采用密闭型，以防木屑粉尘侵入电动机内引起事故；照明灯具也需要采用密闭型，以免木屑、粉尘积聚在灯具表面受热起火；电线导线须用金属管穿管敷设，配电箱、开关应加防护罩，并设在车间外面。

⑥尽管车间内安装了除尘设备，但仍有木屑粉尘飞扬，锯末、刨花抛撒在地。因此，须做好清洁除尘工作，每日清扫。

⑦车间内不应采用火炉或高压蒸汽取暖，木材和机械设备与取暖设备应保持不小于1m的距离。

⑧车间内维修机械设备须进行焊接或切割作业时，除须严格执行动火审批制度外，车间内必须停止其他生产作业，关闭除尘系统。

⑨下班后应切断电源，并有专人负责检查。

⑩生产木料，应控制在当天生产用量，加工好的细料及时运走，车间内不应堆放木料。

2. 油漆车间

油漆车间是家具生产防火的又一重点部位，应采取以下防火措施：

①家具厂虽属丙类生产，但油漆车间厂房应按甲、乙类的生产建筑要求。采用一、二级耐火等级的建筑。

②车间应独立设置，如果独立设置确实有困难时，必须同其他建筑隔断或采取其他防火分隔措施。

③车间应四面设窗，保持良好的自然通风，并安装排气风机，做好通风换气。

④电气照明等设备应符合防爆要求，电气开关应设在车间外面。

⑤油漆和稀料须设置专门的化学危险物品仓库储存。

⑥调配油漆须在车间外专门设置调配间，调配应在排风罩下进行，调配间建筑须为一、二级耐火等级，电气设备必须防爆。严禁在车间和仓库内调配油漆。严格控制油漆的使用量，每个油漆工领料时，不得超过当天的使用量。未用完的漆料等，须送回配料间。车间内严禁存放漆料。

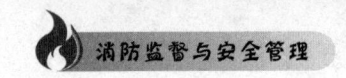

⑦车间内严禁烟火。揩擦打磨家具的竹花（竹茹）、油棉纱等可燃物应固定地点，集中存放，不要堆放在车间内。凡沾有油漆等的竹花、油棉纱，应放置在金属桶内，集中处理，以免自燃。

（五）铝制品生产厂的防火要求

1. 熔炼的防火措施

①燃油储罐与熔炼车间应保持必要的防火间距或用防火墙分隔。

②储罐、油泵、管道、阀门等燃油设备，须动火维修时，必须进行认真清洗，除去油垢，进行通风，排除油挥发气，并用检测仪器进行检测，在确认没有危险后方能动火。

③当使用锯割方法拆除连接的管道或设备时，在施工方便的情况下，要采用边锯割边冷却的方法。

2. 表面处理的防火措施

①采用水风管道，利用高速气流与水面撞击产生的水花，冲洗气流中的粉尘，使粉尘随时落入水风管道的水池里。

②降低风道中的粉尘浓度，吸收空气中的热量，提高空气中的相对湿度，达到除尘、降温、消除火源、排除静电的目的。

③风道要经常检查，清除污水、补充新水；挡水板下的挡板必须浸入水面下200mm，以保持水量，防止管道堵塞，定期清理沉淀池中的粉尘和纤维。

④没经批准，没有防范措施，严禁一切火种入内。

⑤建筑物要宽敞高大，高度应在4m以上。电气设备应采用封闭型或防爆型，开关等应集中封闭在固定的开关箱内。

⑥采暖通风的热风机等设备，其风量应与吸尘罩的排风量大致相等，以免铝粉尘在加热器上堆积。抛光时产生的抛光灰要及时清除，防止堆积。

（六）洁净厂房的防火要求

洁净厂房的消防安全要求如下：

1. 洁净厂房应进行专门设计，其主体建筑应为一、二级耐火等级；吊顶、分隔墙等构配件及保温、隔热、装饰材料，应尽量采用不燃材料或经过防火处理的材料。

2. 其他建筑改建为洁净厂房的，也应进行专门设计，并经公安消防部门审核。一般不得破坏原来的防火分隔，新用的保温、隔热、分隔等材料及装饰材料尽量不要采用可燃材料，如要使用的，应经过防火处理。

3. 为防止起火和燃烧，便利疏散与抢救，对防火墙间最大允许占地面积和防火分隔及疏散路线等，一般应比其他建筑有更高的要求。出入口或拐弯处应有紧急照明灯。

4. 洁净厂房内不得使用明火加热，采用电加热的必须密闭，并严格控制加热温度。

各种加热装置均应安装在不燃基座上。

5. 有易燃、易爆物品的洁净厂房，电气要符合防爆要求；电气敷设和安装要从严要求，暗敷的电线当中不得有接头。对电气设备要经常维修，用后及时切断电源。对需要长开的电气设备，下班后应有专人巡逻检查。

6. 洁净厂房内易燃、易爆物品只限于当班用量，下班后剩余的易燃、易爆物品应存放入其他安全场所。

7. 使用易燃液体和气体的洁净厂房，应安装排风设备，操作台应有独立的排风装置。易燃液体蒸气和气体的尾气管应与排风系统分开。

8. 洁净厂房的排风系统，应设置调节阀、止回阀或密闭阀。总风管穿过楼板和风管穿过防火墙处，必须设置防火阀。

9. 洁净厂房应有比较完善的消防设施。洁净室和技术管道层均应设置火灾报警装置和自动灭火设施。根据工艺生产的特点和要求、可燃物质的种类及其数量、建筑的耐火等级等因素来配备必需的灭火器材。有贵重、高精密仪器仪表和电气设备的洁净室，应置备二氧化碳、卤代烷或喷水灭火装置。走廊上还应设有紧急报警的按钮和电话等。

七、仓库防火要求

（一）日用百货库的防火要求

1. 仓库的布局和建筑

日用百货仓库要选择周围环境安全，交通方便，有消防水源的地方建库。

仓库建筑的耐火等级、层数、防火间距、防火分隔、安全疏散等应注意：

①仓库必须有良好的防火分隔，面积较大的或多层的仓库中，按建筑防火要求而设计的防火墙或楼板，是阻止火灾扩大蔓延的基本措施。但是，有些单位仅从装运商品的方便考虑，为了要安装吊运，传送机械，竟随意在库房的防火墙或楼板上打洞，破坏防火分隔，将整个库房搞成上、下、左、右、前、后全都贯通的"六通仓库"。万一发生火灾，火焰就会从这些洞孔向各个仓间和各个楼层迅速蔓延扩大。因此，绝不容许这种情况存在。百货仓库的吊装孔和电梯井，一定要布置在仓间外，经过各层的楼梯平台相通，井孔周围还应有围蔽结构防护。仓库的输送带必须设在防火分隔较好的专门走道内，绝对禁止将输送带随便穿越防火分隔墙和楼板。

②禁止在仓间内用可燃材料搭建阁楼，不应在库房内设办公室、休息室和住宿人员。如须设置办公室时，其耐火等级应为一、二级，且门、窗应直通库外。

③库房内不得进行拆包分装等加工生产。这类加工必须在库外专门房间内进行。拆下的包装材料应及时清理，不得与百货商品混在一起。

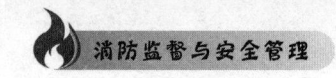

2. 储存要求

①百货商品必须按性质分类、分库储存。属于化学危险物品管理范围内的商品，必须储存在专用库中，不得在百货仓库中混放。

②规模较小的仓库，对一些数量不多的易燃品，若没有条件分库存放时，可分间、分堆隔离储存，但必须严格控制储存量，同其他商品保持一定的安全距离，并注意通风，指定专人保管。

③每个仓库都必须限额储存，否则商品堆得过多过高，平时检查困难，发生火灾时难以进行扑救和疏散，也不利于商品的养护。

④库房的主要通道宽度不应小于2m，仓库的门和通道不得堵塞。

⑤商品堆放时，垛距不小于1m、墙距不小于0.5m，柱距不小于0.3m，梁距不小于0.3m，库房照明灯应使用功率不超过60W的白炽灯，并布置在走道或垛距的上方，与可燃物的水平距离不小于0.5m。

3. 火源管理

①库内严禁吸烟、用火，严禁放烟花和爆竹。

②储存易燃和可燃商品的库房内，不准进行任何明火作业。

③库房内严禁明火采暖。商品因防冻必须采暖时，可用暖气。采暖管道的保温材料应采用不燃烧材料，散热器与可燃商品堆垛应保持0.5~1m的安全距离。

④汽车、装卸车辆进入库区时要戴防火罩，并不准进入库房。进入库房的电瓶车、铲车，必须有防止打出火花的防火铁罩等安全装置。

⑤运输易燃、可燃商品的车辆，一般应将商品用篷布盖严。随车人员不准在车上吸烟。押运人员对商品要严加监护，防止沿途飞来火星落在商品上。

4. 电气设备

①库房的电线应按有关要求安装使用。严禁在库房的闷顶内架设电线。库房内不准乱拉临时电线，确有必要时，应经批准，由正式电工安装，使用后应及时拆除。

②库房内不准使用碘钨灯照明，应采用白炽灯照明，当使用日光灯等低温照明灯具时，应对镇流器采取隔热、散热等保护措施。电灯应安装在库房的走道上方，并固定在库房顶部。灯具距离货堆、货架不应小于50cm，不准将灯头线随意延长，到处悬挂。灯具应该选用规定的形式，外面加玻璃罩或金属网保护。

③库区电源，应当设总闸、分闸，每个库房应单独安装开关箱，开关箱设在库房外，并安装防雷、防潮等保护设施，下班后库内的电源必须切断。

④库房为使用起吊、装卸等设备而敷设的电气线路，必须使用橡套电缆，插座应装在库房外，并避免被砸碰、撞击和车轮碾压，以保证绝缘良好。

⑤仓库内禁止使用不合格的保护装置。电气设备和线路不准超过安全负载。

⑥电气设备除经常检查外，每半年应进行一次绝缘测试，发现异常情况，必须立即修理。

5. 灭火设施

①在城市给水管网范围所及的百货仓库，应设计安装消火栓。室外消火栓的管道管径不应小于 100mm。为了防止平时渗漏而造成水渍损失，室内消火栓不宜设在库房内。

②百货仓库还应根据规定要求配备适当种类和数量的灭火器。

③每座占地面积大于 1500m² 或总建筑面积大于 3000m² 的仓库，应设置自动喷水灭火系统，并宜安装火灾自动报警装置。

（二）粮库的防火要求

1. 合理布局

在总体规划时，粮库应建在城、镇（村、屯）的边缘，并位于长年主导风向的上风或侧风方向，且不宜与易燃、易爆工厂、仓库邻近布置。为方便管理，防止外来人员、牲畜家禽等随意进入库内，粮库应建立围墙，采用不燃材料建造，其高度根据实际需要和环境所确定，一般应在 2m 以上。

粮库区内可根据不同建筑的使用性质分成若干小区，一般可划为 6 个区，即储粮区、化学药品区、粮食烘干区、粮食加工区、器材区、生活区。各区之间要有一定的防火间距。消防通道可与库区交通道路合用，但应成环形，通向各小区。当库区的围墙一侧长度超过 150m 时，应设两个以上的出入口。

库区内应有足够的消防水源。如：消防给水管道或备有专用泵的蓄水池、水井、水塔，也可利用天然水源。但应有停靠消防车辆的设施。供消防车取水的水池保护半径不能大于 150m，且吸水高度不能超过 6m。当消防用水与生产生活用水合用时，应有保证火灾时消防用水的措施。库区内还应设置其他的消防器材。消防设施的电源，应保证不中断供电。

粮库上方不能有架空电线通过，应尽可能地采用地埋线，以免电线杆倒断或电线松弛相碰打出火花，引起火灾。变压器不应设置在储粮区内或贴近堆场；否则，不仅增加火灾危险性，还有导致雷击的可能，从而引起火灾。

粮库区应设置避雷设施，并定期检测避雷设施和接地装置的完好情况。

2. 防火间距

粮食储存，无论采取哪种形式，都必须留有防火间距。

库房、土圆仓和堆垛与围墙之间要留有 6m 的平坦空地，库房与库房之间应视其耐火等级不同留出防火间距。

粮食库房的火灾危险性属于丙类，其耐火等级、层数和面积应符合规范的规定。

3. 严格控制火种和电源

（1）粮库内严禁吸烟和动用明火。因生产需要必须动用明火时，在动火前，应严格执行动火审批制度，切实落实防范措施，并设有专人负责。在工作结束后，要细致检查，彻底熄灭残火。在危险性大的地方作业结束后，应设专人监护，确实无火险后，方可离去，防止死灰复燃。

（2）机车或其他机动车辆进入库区时，要严格检查。机动车在排气管处必须安装防火罩（火星熄灭器）。

（3）粮库内除照明线路外不允许安装其他动力电气线路和设备，引进库房内的电线必须穿金属管配线。灯具应设在走道的上方，距离堆垛水平距离不应小于0.5m；不得采用碘钙灯；电气开关应设在库房外，并有防雨设施。

（4）动力线路应设在库房外面，使用装卸机械时，电源由橡套电缆引入库内，橡套电缆必须完好，不得损坏或有接头；机械设备的电气开关应佩戴金属防护罩。

（5）储粮区内电气线路安装应采用电缆线或地埋线。

（6）下班或作业结束后，必须切断仓库内的电源。

（7）做好库区周围居民的防火宣传教育工作，燃放鞭炮或其他动火时，应尽量远离库区。

（8）完善库区内各种防火安全管理制度。

4. 控制库区内的可燃物

①易燃、可燃材料，不应到处乱堆放，应整齐堆放在指定地点，并与库房和堆场留有一定的安全距离。

②库房外和露天堆场内要做到"三不留"，即不留杂草、不留垃圾、不留可燃物。

5. 粮食立筒仓的建筑防火要求

①筒仓的耐火等级不得低于二级，其顶部盖板应设置必要的泄压面积。作为泄压面积一部分的筒仓盖板，应采用轻质建材，每平方米重量不宜超过120kg。

②工作塔宜采用现浇钢筋混凝土框架结构建造，它的整体性好，抗爆能力较强。并应设置必要的泄压设施，泄压面积与工作塔体积的比值取0.22，有条件时可将外墙的一面做成轻质泄压外墙，但应避开人员集中的场所和主要交通道路。

③立筒仓及工作塔内壁表面应垂直，平整光滑，以减少积尘并易于清扫。储存面粉等粉料的筒仓壁应涂对人体无害的涂料，防止仓壁挂粉积尘。内墙面与地面连接处应做成圆角，以利清扫。

④变、配电室应与筒仓脱开建造，如有困难可毗邻外墙设置，但应采用加强抗爆能力、耐火极限不低于3.00小时的防爆墙隔开。

⑤安全疏散的出口不应少于两个，最远工作地点到楼梯间或外部出口的距离不应超

过30m。

⑥机械化立筒仓整体建筑应有良好的避雷装置。工作面或楼梯仓整体建筑应有良好的避雷装置。

（三）木材库的防火要求

1. 木材仓库的布局

木材仓库应选设在城镇的边缘，靠近天然水源充足的地方。厂、库合一的单位应把厂区和库区分开设置。库区最好用围墙或铁丝网围拦起来。露天储木场的围墙高度不宜低于2m。围墙外侧应留有10m宽的防火隔离带。

2. 成材储存库

成材仓库一般都是工厂的附属仓库。成材的储存形式比原木多，有露天、棚内及库内储存三种。

成材储存于棚内及库内时有面积限制。应按成材长度、垛的尺寸，因地制宜。棚间与库房应留出间距，库房的耐火等级、层数和占地面积应符合规范要求。

3. 用火管理

①库区边缘外侧与国家铁路编组站钢轨距离不应小于50m。

②库区内不准明火作业，动火修理时，必须事先经审批，开具动火证，并采取防火措施，如：清除作业点周围的可燃和易燃物质，消防、安全员到场监护，备好灭火器材等。作业后，应认真检查，确认安全，才可离开现场。大风天气应禁止一切明火作业。

③库内和周围严禁吸烟、用火，禁止燃放烟花、爆竹等。

④库区内必须用火炉取暖时，应落实防范措施，并符合火炉安全使用规定。

4. 电气防火

①电气设备的安装使用和线路敷设应按照有关规定执行。

②高压线要沿库区边缘布置，引入库区的接户线应尽量缩短引入长度，防止高压线路发生故障引起火灾。

③库房内必须设电源时，应采用钢管布线，露天储木场电气线路敷设，应尽可能采用直埋电缆。如采用架空线路，与堆垛的防火间距不应小于杆高度的1.5倍。

④启动频繁的选材运输机等的供电电压，不应低于额定电压的95%；不经常启动的电动机供电电压，不低于90%。防止电压过低烧毁电动机引起火灾。

⑤作业场所的电气设备均应装设防护罩，或采用铁壳开关和封闭型电气设备，防止原木、枝丫等碰坏设备，造成短路，或粉尘进入电气设备引起火灾。电动机应设置短路保护、过载保护和失压脱扣保护。

⑥电动车辆钢轨所有的接头，必须用钢筋全部焊接牢固，防止车辆行走时产生火花。

⑦各种电气设备的金属外壳都应有可靠的接地。门式起重机、装卸桥等设备轨道至少有两处做对角接地。其接地电阻不得大于 10Ω，钢轨接头处应用 φ10 钢筋焊接并做保护接零。

⑧库区应根据第三类工业建筑物和构筑物防雷要求，设置防雷设施。

（四）冷藏库的防火要求

1. 电气线路和照明设备安装的防火要求

冷库的电气线路如安装不当，也会引起火灾。

（1）在线路设计安装时，不应使电源进线直接从可燃隔热层中穿过，而应采取在门框边上预埋套管让电源进线从中通过。如果必须从可燃隔热层中穿过时，则必须外加套管防护，并在套管外 20~50cm 范围内，用石棉泥、玻璃纤维、蛭石或以氯化石蜡调和的瓷土等不燃烧材料填实隔断。

（2）冷库内固定安装的电气线路应采取穿管明敷，照明灯具应采用防潮型。禁止在可燃隔热层内直接敷线和将开关安装在库房内。

（3）为了防止冷库的门及内部走道地面因温度过低，而被冻住或结冰，影响操作，新的设计是在门框内及走道的地坪底下敷设一种穿于紫铜管内的软性康铜丝橡胶电阻线（防冻电热线），经调压器调压，表面温度可控制在 20℃。但若安装错误，将电源进线接头留在墙外，而使防冻电热线穿过稻壳隔热层会因电阻线过热而引起火灾。

正确的安装方法是将电源的接头盒箱安装在墙内，套管外再用不燃的隔热材料隔断。防冻电热线的电压不宜超过 36V，同时将调压器的调节范围限制在安全温度以内。

（4）施工用的临时电线，必须采用橡套电缆，并绝对不允许从可燃隔热材料内通过。大功率照明灯具不准贴近可燃物或隔热层，且必须用灯架临时固定。停止施工时，应将电源切断。

2. 氨压缩机房的防火要求

氨是可燃气体，其爆炸极限为 16%~27%。氨压缩机房列为乙类火灾危险的厂房，应采用一、二级耐火等级的建筑。

氨压缩机房的设计，应按规定有足够的泄压面积，电气设备要防爆，并设有紧急泄压装置及可供抢救时喷洒水雾的消火栓。

3. 冷库的防雷和消防给水

万吨级的冷库建筑物，高度都在 40m 以上。在设计上必须考虑可靠的防雷接地装置。可以利用土建结构的钢筋作引下线，柱子顶端的钢筋与屋面避雷带焊接连通，以基础的钢筋作接地极。

在冷库的每层常温穿堂平台或楼梯间应安装室内消防给水管、消火栓。

参考文献

[1] 徐晶,顾作为,李广龙. 消防安全管理与监督[M]. 延吉:延边大学出版社,2022.

[2] 林震,施佳颖,杜彪. 高层建筑消防安全[M]. 长春:吉林科学技术出版社,2022.

[3] 葛婧雯,宋萌萌,王晋. 现代建筑消防安全管理研究[M]. 长春:吉林科学技术出版社,2022.

[4] 河南省消防救援总队全媒体工作中心. 居民家庭消防安全30条[M]. 郑州:郑州大学出版社,2022.

[5] 《消防安全管理员》标准编制组. 消防安全管理员(初级)[M]. 北京:应急管理出版社,2022.

[6] 张际松. 消防安全知识[M]. 北京:海豚出版社,2022.

[7] 中国标准出版社. 应急与消防安全国家标准汇编[M]. 北京:中国标准出版社,2022.

[8] 刘忠伟,张光华,李昂. 市政工程建设与建筑消防安全[M]. 沈阳:辽宁科学技术出版社,2022.

[9] 应急管理部天津消防研究所. 公众消防安全教育培训教程[M]. 北京:中国计划出版社,2022.

[10] 陈铎淇,李莉,田宝新. 消防监督管理理论与实务研究[M]. 天津:天津科学技术出版社,2022.

[11] 孙建军,王杰,金业. 消防监督检查与管理工作思考[M]. 汕头:汕头大学出版社,2022.

[12] 张慧,李星顿. 消防安全管理与监督检查[M]. 长春:吉林科学技术出版社,2022.

[13] 邵琳. 新时期消防安全技能及其监督管理[M]. 长春:吉林科学技术出版社,2022.

[14] 倪照鹏. 建筑防火设计常见问题释疑[M]. 北京:中国计划出版社,2022.

[15] 李念慈,陶李华,徐亮. 建筑消防工程技术解读[M]. 北京:中国建筑工业出版社,2022.

[16] 张一莉,倪阳,巩志敏. 复杂建筑消防设计[M]. 北京:中国建筑工业出版社,2022.

[17] 孙旋. 大型交通建筑特殊消防设计与评估[M]. 北京:中国计划出版社,2022.

[18] 黄民德,胡林芳. 建筑消防与安防技术及系统集成[M]. 北京:中国建筑工业出版社,2022.

[19]杨秸,毕春秀,赵丽娜.民用建筑消防安全管理研究[M].北京:北京燕山出版社,2022.

[20]张奎杰,吴翔华,栗欣.企事业单位消防安全管理实务[M].北京:北京理工大学出版社,2022.

[21]邵琳.新时期消防安全技能及其监督管理[M].长春:吉林科学技术出版社,2022.

[22]邢志祥,郝永梅,杨克.消防科学与工程设计[M].2版.北京:清华大学出版社,2022.

[23]霍永旺.安全教育[M].2版.北京:中国劳动社会保障出版社,2022.

[24]陈铎淇,李莉,田宝新.消防监督管理理论与实务研究[M].天津:天津科学技术出版社,2022.

[25]应急管理部消防救援局.中国消防法治理论研究[M].昆明:云南科技出版社,2021.

[26]刘晅亚,周宁,宋贤生.石油化工企业火灾风险与消防应对策略[M].天津:天津大学出版社,2021.

[27]季俊贤.消防安全与信息化文集[M].上海:上海科学技术出版社,2021.

[28]优路教育注册消防工程师资格考试研究院组.消防安全技术实务(2021)[M].北京:机械工业出版社,2021.

[29]田艳荷,陈立鹏,郇倩楠.消防安全技术实务[M].北京:中国纺织出版社,2021.

[30]韩海云,郑兰芳.社区居民消防安全手册[M].北京:中国人事出版社,2021.

[31]孙旋,晏凤,袁沙沙.消防安全评估[M].北京:中国建筑工业出版社,2021.

[32]韩雪峰.消防安全技术实务(2021版)[M].北京:中国劳动社会保障出版社,2021.

[33]应急管理部消防救援局.2020年公共消防安全与应急救援理论研究[M].昆明:云南科技出版社,2021.

[34]黄剑波.应急管理与安全生产监管简明读本[M].长春:吉林人民出版社,2020.

[35]李润求,施式亮.建筑安全技术与管理[M].徐州:中国矿业大学出版社,2020.

[36]齐红军,夏芳.工程建设法规[M].北京:北京理工大学出版社,2020.

[37]余莉琪,王珏.安全防范工程法律法规[M].武汉:武汉理工大学出版社,2020.

[38]刘志宇.电网消防安全管理与智能消防系统[M].北京:中国水利水电出版社,2020.

[39]卢林刚,杨守生,李向欣.危险化学品消防[M].2版.北京:化学工业出版社,2020.

[40]闫宁,王小龙.消防安全教育18讲[M].北京:中国劳动社会保障出版社,2020.

[41]张卢妍.建筑防烟排烟技术与应用[M].北京:中国人民公安大学出版社,2020.

[42]应急管理部消防救援局.消防监督检查手册[M].昆明:云南科技出版社,2019.

[43]四川省消防总队.消防监督执法视音频记录规范化工作手册[M].成都:四川人民出版社,2019.

[44]赵杨编.建设工程建筑防火设计审核、消防验收与消防监督检查一本通[M].呼和浩特:内蒙古大学出版社,2019.

[45]应急管理部消防救援局.消防产品质量监督执法手册[M].昆明:云南人民出版

社,2019.
[46] 毕伟民.2019消防全攻略消防基础知识[M].北京:煤炭工业出版社,2019.
[47] 陈长坤.消防工程导论[M].北京:机械工业出版社,2019.
[48] 何以申.建筑消防给水和自喷灭火系统应用技术分析[M].上海:同济大学出版社,2019.
[49] 清大东方教育科技集团有限公司.危险品储运消防安全培训教程[M].北京:中国人民公安大学出版社,2019.11.
[50] 戴明月.消防安全管理手册[M].2版.北京:化学工业出版社,2019.
[51] 宿吉南.消防安全案例分析[M].北京:中国市场出版社,2019.
[52] 孙长征,徐毅,周明哲.消防安全技术综合能力[M].济南:山东人民出版社,2019.
[53] 张网,薛思强,李野.消防安全必知读本[M].天津:天津科技翻译出版有限公司,2019.
[54] 姜学鹏,程雄鹰,卢颖.城市区域消防安全评估方法与实践[M].武汉:华中科技大学出版社,2019.
[55] 顾金龙.大型物流仓储建筑消防安全关键技术研究[M].上海:上海科学技术出版社,2019.